普通高等教育"十二五"规划教材

电力系统继电保护

黄少锋　编著
尹项根　主审

中国电力出版社
CHINA ELECTRIC POWER PRESS

内 容 提 要

本书为普通高等教育"十二五"规划教材。

全书共分为 8 章，分别为概述、电流保护、输电线路距离保护、输电线路纵联保护、自动重合闸、变压器保护、发电机保护和母线保护。书中附有"＊"的章节以及"顺便指出"的段落均为拓展内容，供读者和工程技术人员了解与参考。考虑到继电保护原理与微机保护内容的衔接关系，本书在附录 A 中简要地介绍了微机保护常用的傅里叶算法，通过一个工频周期的采样值来获取继电保护最主要的工频电流、电压相量。

本书可作为高等院校电气类专业继电保护课程的本科教材，也可作为研究生、继电保护工作者的参考书。

图书在版编目（CIP）数据

电力系统继电保护/黄少锋编著. —北京：中国电力出版社，2015.4（2020.12 重印）
普通高等教育"十二五"规划教材
ISBN 978 - 7 - 5123 - 7193 - 4

Ⅰ.①电… Ⅱ.①黄… Ⅲ.①电力系统-继电保护-高等学校-教材 Ⅳ.①TM77

中国版本图书馆 CIP 数据核字（2015）第 025274 号

出版发行：中国电力出版社
地　　址：北京市东城区北京站西街 19 号（邮政编码 100005）
网　　址：http://www.cepp.sgcc.com.cn
责任编辑：雷　锦（010－63412530）
责任校对：黄　蓓
装帧设计：郝晓燕
责任印制：吴　迪

印　　刷：三河市百盛印装有限公司
版　　次：2015 年 4 月第一版
印　　次：2020 年 12 月北京第六次印刷
开　　本：787 毫米×1092 毫米　16 开本
印　　张：18.25
字　　数：441 千字
定　　价：37.00 元

序

　　黄少锋老师是国内最早跟我一起从事微机距离保护、微机成套线路保护的研究成员之一。从那时开始，他就一直从事微机继电保护的教学与研究工作。今天，很高兴地看到，他将继电保护的基本原理、分析方法以及对策与微机保护的特点相结合，写成了这本《电力系统继电保护》教材。

　　继电保护主要的基本原理并没有发生重大的改变，但是，与微机相结合之后，可以针对各种影响因素及异常工况，提出新的方案和不同的对策。在这方面，这本教材作了比较充分的介绍，仅举如下几个例子：①基于电气量特征的线路光纤差动保护同步方法，可以有效地提高线路差动保护的可靠性；②在线路差动保护中，基于相同的输入电气量构成了三种差动方法，分别克服负荷电流的影响、过渡电阻的影响；③在距离保护的阻抗特性中，既介绍了常用的圆特性和多边形特性，又说明了被常规保护所舍弃的小矩形特性可应用于振荡期间的金属性短路；④将 $U\sin\varphi$ 方法应用于振荡中心位置的识别；⑤在发电机保护中，利用裂相和端部的测量电流，分别组合出完全差动保护、不完全差动保护、横差保护。此外，这本教材又以经典和熟悉的故障分析为基础，将复合序网图的方法应用于小电流接地系统的单相接地分析中，并解释了不同接地系统的短路点零序电压高低的问题；同时，详细分析了影响线路差动保护的主要因素与对策，并与各种元件的差动保护进行了比较。

　　这本教材的内容具有新颖性、完整性和全面性，兼顾了本科生、研究生及工程技术人员的不同需求。在继电保护基本内容的介绍中，采用深入浅出、循序渐进的阐述方法，引导读者参与分析和思考，并对前后的内容进行了适当的归纳与比较，便于读者理解与掌握，此外，新增内容还起到了拓展思路的作用。因此，我很高兴地向读者推荐这本教材！

2014 年 5 月 20 日

前　言

经过 30 多年的研究、应用、推广与实践，现在，新研制和投入使用的高中压及以上电压等级的继电保护设备几乎均为微机保护产品，甚至在配电网系统中也较多地应用了微机保护，可以说电力系统的继电保护已经进入了微机保护时代，因此，本书以微机保护作为实现继电保护装置的基本条件，各种电气量的获取方法均由《微型机继电保护基础》（文献 7）来介绍。在此背景下，本书将重点介绍继电保护原理、影响因素分析及其对策的研究。考虑到配电网系统还有应用电磁型电流保护的实际情况，也为了初学者理解最简单的继电保护概念，仅在电流保护中介绍一种电磁型电流继电器。

在本书的编写过程中，既努力保持本科教学的基本内容，又尝试增加一些新思路、新方法。为了满足循序渐进、由浅入深、拓展学习与启发思考的需要，着重突出了如下的几个特点：以微机保护为基本前提，以特征差异为原理分析的基础，以渐进启发式为目标，以归纳与比较促进深入的理解，以新技术、新内容作为知识的拓展。

全书共分为 8 章，分别为概述、电流保护、输电线路距离保护、输电线路纵联保护、自动重合闸、变压器保护、发电机保护和母线保护。书中附有"*"的章节以及"顺便指出（仿宋体）"的段落均为拓展内容。

将微机保护的特点与新方法、新技术结合后，本书增加了如下的主要内容：

（1）将复合序网图应用于各种接地系统的单相接地分析中，并介绍了近似、等效方法的合理应用。

（2）详细分析了振荡、过负荷的特征与主要对策，并将 $U\sin\varphi$ 应用于识别振荡中心。

（3）完善了串补电容、双回线运行对距离保护的影响分析与对策。

（4）归纳、比较了线路差动保护和各种设备差动保护的影响因素及主要对策，包括波传输延时对线路差动保护的影响；介绍了基于电气量特征的线路差动保护同步确认方法。

（5）初步讨论了电流幅值差动保护原理。

（6）采用熟悉的电路方法，简要地阐述了和应涌流的机理和主要特征。

（7）编制了距离保护逻辑框图、三相一次重合闸原理框图、保护与重合闸配合的示意图。

承蒙华中科技大学尹项根教授审阅了全稿，并提出了许多宝贵的意见和建议，谨此致谢！感谢华北电力大学王增平、毕天姝教授参与了初稿的审核！

衷心地感谢杨奇逊院士引领作者步入了微机保护的殿堂，并为本书作序！

由于作者水平所限，书中难免有不当或疏漏之处，恳请读者批评指正！

作　者

2014 年 12 月于华北电力大学

常 用 符 号 说 明

1. 设备、元件

G	发电机	KZ	阻抗元件
KA	电流继电器、电流元件	M	电动机
KD	电流差动元件	QF	断路器
KM	中间继电器	QS	隔离开关
KS	信号继电器	T	变压器
KT	时间继电器、时间元件	TA	电流互感器
KV	电压元件	TV	电压互感器

2. 符号及角标

2.1 符号

C	电容、分配系数	U	电压
E	系统等效电动势	X	电抗
I	电流	Z	阻抗
L	电感	φ	阻抗角
l	长度	δ	功角
K	可靠系数、灵敏度	$\arg(\dot{X})$	取 $\dot{X}$ 相量的角度
P	功率或方向元件	α	百分比
R	电阻	Φ	磁通

2.2 下角标

1、2		一次侧、二次侧
1、2、0		正序、负序、零序
A、B、C		三相（一次侧）
a、b、c		三相（二次侧）
b	branch	分支
d	differential	差动
er	error	误差
ex	excitation	励磁
g	ground	接地
k		故障特征量
L	load	负荷
m	measurement	测量
max	maximum	最大
min	minimum	最小

N	nominal	额定
np	non‐periodic	非周期分量
op	operation	动作
os	oscillation	振荡（中心）
re	return	返回
rel	reliability	可靠
s、S	system	系统（也用 R、W 等）
sen	sensitivity	灵敏度
set	setting	整定
ss	self‐starting	自启动
st	same type	同型
tr	transient	暂态
unb	unbalanced	不平衡
μ		励磁
Σ		总和
（1）、（2）		基波、二次谐波

说明：①下标为数字时，也应用于代表保护、断路器的位置；②下标还包含设备和元件符号。

2.3　上角标

（1）	单相接地	$|0^-|$	短路前
（1，1）	两相接地	Y	变压器星形侧
（2）	两相相间短路	d	变压器三角形侧
（3）	三相短路	′	通常表示二次侧
Ⅰ、Ⅱ、Ⅲ	一、二、三段保护		

说明：上角标"′"还有其他的含义，参见具体的图、文注释。

目　录

第1章 概　述

1.1　电力系统继电保护的作用

电力系统就是电能生产、变换、输送、分配和使用的各种电气设备按照一定的技术与经济要求有机组成的一种能量传输网络。一般将电能通过的设备称为电力系统的一次设备，如发电机、变压器、断路器、母线、输电线路、补偿电容器、并联电抗器、电动机和其他用电设备等。对一次设备的运行状态进行监视、测量、控制和保护等的设备称为电力系统的二次设备。通常经过电压、电流互感器将一次设备的高电压、大电流信号按比例地转换为低电压、小电流信号，供二次设备使用。

电力系统的运行状态，一般可由运行参量来描述，主要的运行参量包括有功功率、无功功率、电压、电流、频率以及各电动势相量间的角度等。

根据电力系统不同的运行工况，可以将电力系统的运行状态分为正常状态、不正常状态和故障状态。

在电力系统正常运行时，各种一次设备和主要的运行参量均处于允许的偏差范围以内，电力系统及其所有设备可以长期运行，从而提供合格的电能。然而，这种运行状态并不是绝对不变的，当电力系统受到某种干扰时，主要运行参量的平衡将被打破，运行状态也将随之而变。

由于实际中的干扰总是有大有小，因此电力系统在受到干扰以后，其过渡的结果便有两种可能性：一种情况是，系统从原来的稳定状态过渡到另一种新的稳定状态后，运行参量相对于正常值的偏差能够保持在一定的允许范围内，系统仍能继续正常工作，例如负荷的增减、原动机的调整等。正常运行中的电力系统，实际上就是经常处于这种较小的变动过程中。另一种情况是，当电力系统发生各种故障的时候，系统的运行将发生剧烈变化，导致电力系统、电气设备、用户的正常供电遭到局部破坏，甚至全部破坏。

对于故障状态，如果不采取特别措施，那么系统就很难恢复正常运行，将给工农业生产、国防建设以及人们的生活带来严重的恶果，这就是电力系统运行的故障状态。

电力系统可能发生的故障类型比较多，包括短路、断相及多种故障的相继发生（简称复杂故障）等。最常见和最危险的故障是各种类型的短路，包括三相短路、两相短路、两相接地短路、单相接地短路，以及电机、变压器绕组的匝间短路等。此外，还可能发生一相或两相断线，以及上述几种故障相继发生的复杂故障。应当说明的是，大部分的继电保护原理主要讨论的是如何识别短路故障及其发生的区域，因此，一般情况下，不再详细区分短路与故障的区别。

电力系统发生短路时，可能引起以下的严重后果：

（1）很大的短路电流在短路点将燃起电弧，烧坏故障设备。

（2）短路电流通过故障设备和非故障设备时，产生发热和电动力的作用，致使绝缘遭到损坏，或缩短设备的使用寿命。

（3）部分或大部分地区的电压下降，破坏电力用户的正常工作，影响工业产品质量。

（4）破坏电力系统并列运行的稳定性，引起系统振荡，扩大事故范围，甚至造成电力系统瘫痪、大停电。

引起一次设备短路的原因很多，如雷击、台风、地震、绝缘老化、脏污、冰雪灾害等自然因素，也有误操作、设计和维护不良、风筝等人为因素。基于这些原因，导致电力系统发生短路故障是很难避免的。据 2001～2005 年的统计数据表明，220～500kV 输电线路的年故障率为 0.31～1.25 次/（百公里·年）。当然，只要正确地设计、制造、安装和维护，并采取状态监测等手段，就可以大大降低故障发生的几率。

电气设备的正常工作条件遭到破坏，但没有发生故障，这种情况属于不正常运行状态。电力系统最常见的不正常运行状态是过负荷。长时间过负荷会使载流设备和绝缘的温度升高，从而加速绝缘老化或设备损坏，甚至引起故障。此外，有功功率缺额引起的频率降低、过电压等情况也都是不正常的运行状态。

电力系统各设备之间都是电和磁的联系，当某一设备发生故障时，在极短的时间内就会影响到同一电力系统的非故障设备。为了防止电力系统事故的扩大，保证非故障部分仍能可靠地供电，并维护电力系统运行的稳定性，就必须尽快地切除故障，切除故障的时间甚至要求小于 0.1s（约为“一眨眼”的时间）。在这样短的时间内，由运行人员来发现故障并将故障设备切除是不可能的。这样的任务只能由自动装置来完成，即继电保护装置。考虑到尽可能将故障限定在最小的范围，因此，通常在每一个电气设备上都设置了继电保护装置。正由于继电保护的特殊性和重要性，故将其从自动装置中分离出来，进行专门的研究与分析。

电力系统建立初期，采用熔断器作为电气设备的保护装置。现在，家庭中经常使用的空气开关就是最简单的继电保护器件。家用空气开关只可切断很小电流，故可以将电流保护与开关的功能合并在一起。随着电气设备容量的增大、电压等级的增高以及电力系统越来越复杂，熔断器和一般的空气开关根本无法满足切断大电流和快速切除的要求。

继电保护装置就是指能反应电力系统任何故障或不正常运行，并向断路器发出跳闸命令的一种自动装置。“继电保护”则泛指继电保护技术以及由各种继电保护装置构成的继电保护系统，包括继电保护原理、设计、配置、整定、调试等技术及相关设备。继电保护装置属于二次设备，其输出的触点容量无法直接切除高电压等级的短路电流，必须通过断路器才能切断数值较大的短路电流，也就是说，继电保护装置动作后通常只是给断路器发出跳闸命令，最终还要依靠断路器来切断短路电流。综上所述，将电力系统继电保护的任务归纳为：

（1）电力设备发生短路时，由继电保护装置向断路器发出跳闸命令（也称为动作），实现切除故障设备的目的，并将被切除的设备限定在最小的范围，保证无故障设备能够迅速地恢复正常运行。

（2）反应电气设备的不正常状态，发出信号，通知值班员进行处理，或进行自动调整，甚至跳闸。反应不正常状态的继电保护装置容许带一定的延时动作。

可以将继电保护的主要作用简述为故障发跳令，异常发信号。当然，电气设备正常运行时，继电保护不应当错误地发出跳闸命令。实际上，继电保护通常不仅要识别是否发生了故障，还要判定故障的位置或区域，以便确定由谁来切除故障。另外，在一定条件下，继电保护装置还可以完成自动恢复供电的功能（参见第 5 章）。

继电保护的作用可以凝练为：继电保护装置是电力系统自动化的重要组成部分，是保证电力系统安全、可靠和稳定运行的主要措施之一。在现代电力系统中，如果没有专门的继电保护装置，那么要想维持电力系统正常工作是不可能的。虽然电力系统出现故障的几率较低，但继电保护必须时刻保护着电力系统，在没有继电保护情况下，电力设备通常是不能直接投入使用的。继电保护对于电力系统的职能类似于军队对于国家的职能。

从定义上说，短路是指电力系统正常运行情况以外的一切相与相之间、相与地之间的短接。但应当指出的是，从工程可操作性和短路危害性的角度来说，短路与非短路的一般性界定条件为：对于 110kV 及以上系统的输电线路，当短路点的电流达到 1kA 时，就认为是短路故障，必须予以切除。此界定条件的另一层含义是：对于 110kV 及以上系统的输电线路，当短路点的电流小于 1kA 时，可以按照异常状态来处理。

1.2　继电保护的基本要求

动作于跳闸的继电保护，在技术上应满足"可靠性、选择性、速动性、灵敏性"的四项基本要求（简称四性）。四性是分析、评价和研究继电保护的重要标准，下面分别予以讨论。

1. 可靠性

可靠性是指保护该动作时应动作，不该动作时应不动作。继电保护满足这个基本要求时称为正确工作，或正确动作。

可靠性包含了两方面的含义：①在设定的保护范围内发生故障时，保护应当可靠动作，不出现拒绝动作的情况，简称不拒动（也称为信赖性）。这正是继电保护的任务之一。②正常运行或故障发生在保护区域以外时，应当不出现错误的动作，以免扩大停电范围，简称不误动（也称为安全性）。

可靠性是继电保护的最基本要求。可靠性主要取决于设计、制造和运行维护水平。为保证可靠性，宜选用性能满足要求、原理尽可能简单的保护方案，应采用可靠的、具备抗干扰能力的硬件和软件构成的装置，应具有必要的自动检测、闭锁、告警等措施，并能够方便地进行整定、调试和运行维护。

评价继电保护可靠性的一项重要指标是继电保护正确动作率，计算方法如下

$$继电保护正确动作率 = \frac{继电保护正确动作次数}{继电保护总动作次数} \times 100\% \qquad (1-1)$$

式中：继电保护总动作次数包括继电保护正确动作次数、误动次数和拒动次数。

2. 选择性

选择性是指应当由故障设备本身所配置的保护来切除故障，仅当故障设备本身的保护或断路器拒动时，才允许由相邻设备的保护或断路器失灵保护来切除故障。

有选择性可以归纳为：

（1）最靠近短路点的保护动作。当然，背后无电源时，不产生短路电流，也可以不动作。

（2）对于应当动作的保护或应当跳闸的断路器，如果出现拒动，那么相当于该断路器和保护不存在，仍然采用"最靠近短路点的保护动作"来判定应当由谁来动作。

任何的拒动、误动都属于不满足选择性的要求。

以图 1-1 为例，当 K 处发生短路时，保护 1 处不流过短路电流，可以不动作，但保护

2 必须动作于跳闸，其余的保护均不动作，此时，图中的所有保护均满足可靠性和选择性的要求，称为正确动作。如果保护 2（或断路器 2）出现了拒动，就应当由保护 3 动作于切除短路，此时，保护 2 的拒动属于不正确动作，而保护 3 就属于正确动作。

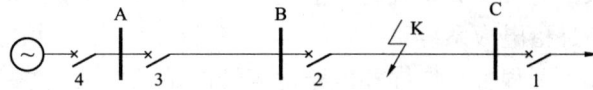

图 1-1　短路示意图

在某些条件下必须加速切除短路时，可使保护无选择动作，但必须采取补救措施，例如采用自动重合闸或备用电源自动投入等措施来补救。

3. 速动性

速动性是指尽快地切除故障。其目的是提高系统的稳定性，降低设备的损坏程度，缩小故障波及范围，提高恢复供电的效果。

要求快速切除故障的主要原因如下：

（1）由电力系统暂态稳定分析的等面积准则可以知道，当"加速面积"等于"减速面积"时，可以确定出故障的极限切除时间 $t_{c.lim}$（参见文献 9）。于是，当故障切除的时间越小于 $t_{c.lim}$ 时，对应的加速面积越小，越有利于并列运行的电力系统稳定性。

（2）影响设备损坏程度的热和电动力都与故障切除时间 t 成正比，切除时间越短就越有利于降低损坏的程度。

（3）短路点燃弧的时间越长，就越有可能扩大故障。如单相接地短路可能会发展成相间短路，甚至发展为对系统稳定性危害更严重的三相短路；可恢复供电的瞬时性短路演变为不可恢复供电的永久性短路。

（4）有利于提高自动重合闸、备用电源投入等自动装置的恢复供电效果，有利于电动机的自启动和恢复正常运行。

速动性的要求应根据电力系统稳定性、接线方式和被保护设备的具体情况来确定。动作速度的提高必须以可靠性为前提，在满足动作速度要求的情况下，稍微减缓一点动作速度意味着能够获得更多的电气量信息，也更有利于提高继电保护的可靠性。

故障切除时间等于保护动作时间、断路器跳闸时间、断路器灭弧时间之和。目前，对于 110kV 及以上电压等级的系统，故障切除时间要求不大于 90～110ms，为了配合这个总体的要求，对于瞬时（无延时）动作的继电保护，国家标准是动作时间不大于 30ms。

4. 灵敏性

灵敏性是指在设备或线路的被保护范围内发生故障时，保护装置具有的正确动作能力的裕度。一般以灵敏系数来描述。

（1）反应电气量增大而动作的保护，灵敏系数为

$$灵敏系数 = \frac{保护区内金属性短路的最小短路参数计算值}{保护的动作参数} \tag{1-2}$$

式中：保护的动作参数是可设定的，称为整定值。

（2）反应电气量减小而动作的保护，灵敏系数为

$$灵敏系数 = \frac{保护的动作参数}{保护区内金属性短路的最大短路参数计算值} \tag{1-3}$$

在后续的整定计算中，再涉及灵敏系数的具体计算方法。

应当注意的是，四性是分析、评价和研究继电保护的基础。对四性中的每一项要求都应当"有度"，应以满足电力系统的安全运行为准则，不应片面强调某一项而忽视另一项，否则会带来不良的影响。一般情况下，选择性与速动性是一对矛盾，灵敏性与可靠性是一对矛盾，防误动与防拒动是一对矛盾，因此，需要根据电力系统的实际运行情况及被保护设备的作用等，使四性要求在所配置的保护中得到辨证的统一。通常，在保证可靠性和选择性的前提下，强调灵敏性，力争速动性。

在满足要求的情况下，不要片面地提高灵敏度。灵敏度还应当按照所配置的保护功能来综合考虑，例如：高阻接地故障时，电流比较小，危害并不是很大，可以由带延时的零序过电流保护来切除。另外，对于一些发生几率较低的多重或复杂故障，在保证切除故障情况下，允许部分失去选择性，以避免因保护回路和逻辑过分复杂，反而导致保护装置的综合性能、安全性能下降。

在实际的每套继电保护装置中，一般都配置了多种的继电保护功能，表1-1列出了高压线路保护的两种典型配置。在每套保护中，各种继电保护功能相互配合、取长补短、共同作用，可以分别发出跳闸命令，从而克服了拒动的风险。但是，对于每个功能的设计与整定，就应当以不误动为基本原则。简单地说："每个功能需要防误动，多个功能配合防拒动"。对于重要的电力设备和线路，为了提高防拒动的能力，一般可配备两套保护，并在二次电气回路上相互独立，包括两套保护的跳闸命令应当分别连接到断路器的两个跳闸线圈。

表1-1　　　　　　　　　　　　**高压线路保护的两种典型配置**

保护装置	主要的继电保护功能配置		
A套保护装置	光纤分相电流差动	3段式相间距离、3段式接地距离	3～4段式零序保护
B套保护装置	高频距离保护、高频零序保护		

1.3　继电保护的基本原理与分类

1. 继电保护的基本原理

为完成继电保护的基本任务，必须正确区分正常运行、不正常运行和故障状态，以便对应地完成不动作、发信号和发跳令三种逻辑。于是，寻找这三种运行状态下的可测量（电气量和非电气量）的"差异"，就可以构成不同原理的继电保护。本书主要介绍10kV及以上电压等级电气设备的工频电气量继电保护原理，重点是介绍如何切除短路故障。

下面简单归纳一下电力系统短路故障时的主要特征，以及应用该特征所构成的继电保护方式：

（1）电流增大。利用此特征构成了电流保护。

（2）电压降低。利用此特征构成了电压保护。

（3）电流增大、电压降低的特征相结合，导致测量阻抗降低。利用此特征构成了距离保护。

（4）不对称短路时会出现零序、负序分量。利用此特征构成了零序电流保护、负序电流保护。

(5) 两侧电流大小和相位的差别。利用此特征构成了纵联保护。

具体的继电保护原理以及其他特征的应用，将在后续内容中分别予以分析与讨论。在微机保护时代，只要找出正常运行与故障的特征差异，在理论上都可以构成继电保护的原理。

对于发电机、变压器等电气设备，除了利用电气量的特征构成继电保护之外，还可以利用非电气量的特征实现保护的目的，如瓦斯保护、过热保护等，简称非电量保护。非电量保护通常属于被保护电气设备的一个部件，可以直接动作于跳闸或发信号。目前，非电量保护的动作信息一般经过电气量的微机保护进行记录。

2. 继电保护分类

继电保护分类的方法有多种，按原理可分为电流保护、方向电流保护、零序电流保护、距离保护、纵联保护、差动保护、行波保护等；按装置的结构可分为电磁式、感应式、整流式、晶体管式、集成电路式、微机式等；按被保护的对象可分为发电机保护、变压器保护、母线保护、输电线路保护、电动机保护等；还有按动作特性、信号传输方式分类等。

继电保护按作用可分为以下四种。

(1) 主保护。满足系统稳定和设备安全要求，能以最快速度、有选择地切除被保护设备和线路故障的保护。

(2) 后备保护。在主保护或断路器拒动时，用以切除故障的保护。

后备保护分为两种方式：①近后备保护。当主保护拒动时，由就地的另一个保护实现跳闸的后备保护；当断路器拒动时，由断路器失灵保护实现跳闸的后备保护。如图 1-1 中，如果保护 2 处安装了 A、B 两套保护（称为双重化配置），那么保护 A、B 互为近后备。当保护 A 拒动时，保护 B 仍然能够起到保护的作用（两套保护同时拒动的几率是很小的）。②远后备保护。当主保护、近后备保护或断路器拒动时，由上一级的远处保护实现跳闸的后备保护。如图 1-1 中，K 处短路时，如果保护 2 或断路器 2 出现了拒动，则由更靠近电源的保护 3 动作于切除短路，此时，保护 3 起到了保护 2 的远后备作用。远后备基本上属于异地的保护。

(3) 辅助保护。作为主保护和后备保护的性能补充，或当主保护和后备保护临时退出运行而增设的简单保护。

(4) 异常运行保护。反应被保护电力设备或线路异常运行状态的保护。

3. 继电保护的工作回路

在设备发生故障时，除了需要继电保护装置正确动作之外，还必须通过可靠的继电保护工作回路以及断路器的正确工作，才能完成切除故障的任务；或在系统异常时才能可靠地发出报警信号。因此，继电保护工作回路的正确性和完好性也直接影响着继电保护的可靠性，也应当予以充分地注意。

继电保护的工作回路一般包括：将一次电力设备的电流、电压线性地传变为适合继电保护等二次设备使用的电流、电压，并使一次与二次之间实现电气隔离的设备，如电流、电压互感器及其与保护装置连接的电缆；断路器跳闸线圈与保护装置的连接电缆；指示保护装置动作情况的信号设备；保护装置及跳闸、信号回路设备的工作电源等。图 1-2 以过电流保护为例，展示了一个简单的继电保护及其工作回路的连接示意图。图中，在断路器合闸的情况下，断路器辅助触点将图中的 a、b 两点接通，准备好跳闸回路的一个条件；另外，电流元件 KA 和时间元件 KT 的动作值均为可预先设定的数值，称为整定值。后续内容中会看到，在 KA 和 KT 的联合作用下，能够应用于识别短路的区域。

电流互感器 TA 将一次侧电流传变为二次侧电流，并经过交流电缆接入到保护装置的测量元件 KA 中。在被保护设备正常运行时，由于负荷电流小于电流元件 KA 设定的动作值，则电流元件不动作，从而整套保护装置不动作。

当输入的短路电流大于 KA 预定的动作值时，KA 动作，随即启动时间元件 KT。如果 KT 满足设定的时间，则驱动起执行作用的中间继电器 KM，使 KM 触点闭合，经跳闸回路电缆接通断路器跳闸线圈 YR 的电源，于是，在跳闸线圈电磁力 F_e 的作用下，使脱扣机构释放（F_e 大于弹簧力 F_{M2}），断路器在跳闸弹簧力 F_{M1} 的作用下跳开，使故障设备被切除，短路电流消失。在 KM 动作的同时，还需要使信号继电器 KS 发出动作信号，便于运行人员处理事故并记录继电保护的动作情况。当短路电流消失后，电流小于 KA 预定的动作值，使 KA、KT 均返回，恢复成不动作的状态（称为装置复归），做好下一次再动作的准备。

由上述的动作过程可见，为了安全、可靠地完成继电保护的工作任务，就要求继电保护、断路器及其回路中的每一个元件、连线都必须时时刻刻地处于正确的工作状况。换句话说，任一个元件、连线一旦出现不正确的工作状况，都会造成无法切除故障。

应当说，图 1-2 仅仅是一个最简化的示意图。在实际的继电保护工作回路中，还包括其他的辅助设备和电路（参见文献 13）。

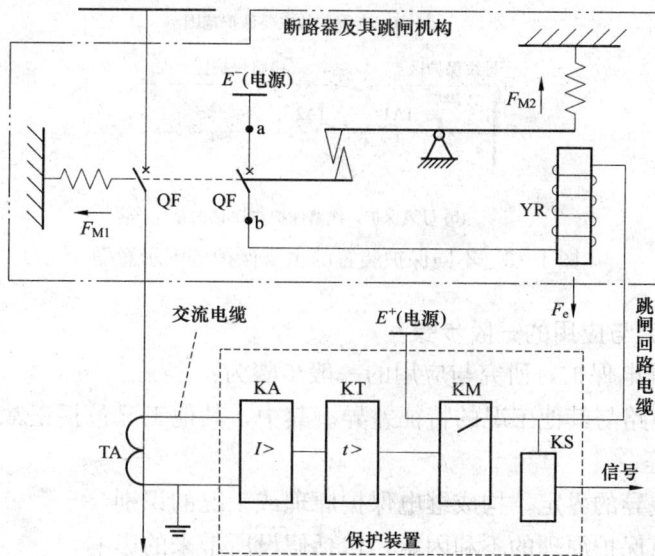

图 1-2　过电流保护及其连接示意图

4. 不同保护装置的主要保护范围

每一套继电保护装置的保护范围必须相互重叠，不允许存在无保护区域的情况，保证任何位置的故障都能被可靠地切除。图 1-3（a）给出了每一套保护装置至少应当保护的区域划分示意图，图中的每个虚线框均表示一套保护装置的主要保护范围。

实际上，继电保护的主要保护范围还与电流互感器（TA）、电压互感器（TV）的位置有密切关系。图 1-3（b）所示为母线保护、线路保护与 TA 典型配置的关系示意图。图中，TA1 接入线路保护，TA2 接入母线保护，两组 TA 的位置相当靠近，形成了最小的重叠区域。在后续课程中将分别介绍每种保护的具体保护范围。

从图 1-3 的示意图还可以看出，切断短路电流是以断路器为界的。但继电保护获得交流电气量的信息主要来自于电流互感器 TA、电压互感器 TV，这样，在信息获得的位置与断路器之间通常还存在较小的设备间隔。当然，此间隔范围也应当有保护功能予以涵盖。

每一套保护装置通常都包含了若干个保护的功能，而每一个保护功能也有预先划分的保护范围（也称保护区），只有在被保护的范围内发生故障时，该保护才允许动作，从而保证停电范围最小。在讨论、分析某一个具体的保护装置及其保护的功能时，在其保护范围之内发生的短路，称为区内短路，或内部短路；在其保护范围之外发生的短路，称为区外短路，或外部短路。

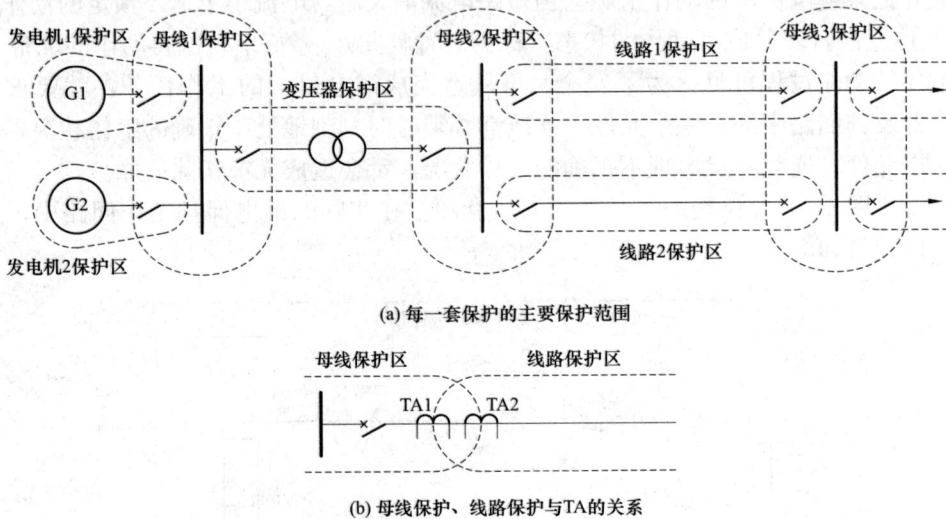

(a) 每一套保护的主要保护范围

(b) 母线保护、线路保护与TA的关系

图 1-3　不同保护装置的主要保护范围示意图

5. 继电保护研究与应用的一般步骤

作用于跳闸的继电保护，研究与应用的一般步骤为：

（1）研究内部短路与其他工况的特征差异。其中，其他工况包括正常运行、正方向外部短路、反方向短路等。

（2）通过特征差异的界定，构成继电保护原理或工况的识别。

（3）分析影响该保护原理的不利因素，包括假设所带来的影响。

（4）研究消除影响因素的对策。当然，是否应用该对策，还需要权衡利弊，因为如果对策倾向于防止误动，则很可能增大了拒动的概率，反之亦然。

（5）构成继电保护装置，并经过实践的检验。如实验室验证、动模实验、试运行，甚至现场人工短路试验，还需要长期的工程实践与积累，不断地修改与完善。

在特征和影响因素的分析过程中，为了获得具有理论指导意义的公式和方法，可以在满足工程要求的前提下，采取一些合理的假设，以便略去次要因素，突出主要矛盾，简化计算分析，得出有指导意义的理论方案。当然，最后还需要经过实际验证来证明假设的合理性，或证明误差较小，并在设置区分特征差异的门槛时，考虑足够的误差和假设所带来的影响。

在参数变化范围很大的情况下，可以设法确定极端边界的影响。例如，以一条线路为分析对象时，单个参数变化的规律通常具有单调性质，于是把握了最大、最小的两个极端数值后，其他参数的变化情况都被包括在其中了。这样，便于确定具有理论指导意义的公式和方法。变化规律不具有单调性质时，也需要设法确定极端的边界，因为有限的验证次数通常难以穷尽所有的运行条件。

在继电保护理论研究阶段，可以广开思路，但是在工程应用中，必须充分分析影响因素及其对策，权衡利弊。虽然可以利用短路时电压降低的特征构成低电压继电保护原理，但是，由于电压互感器（TV）二次侧断线后，容易引起低电压元件动作，导致误动，更为不利的是 TV 二次侧通常连接着较多的二次设备（包括继电保护设备），一旦 TV 断线就会影响所有与之相连接的低电压保护，因此，单一的低电压特征很少作为单独的继电保护原理来应用。电压互感器二次侧短路后烧断熔断器、螺钉或接头松动等都会引起 TV 断线。

应当说，本书介绍的继电保护内容仅仅是基本原理、主要的影响因素及其对策。此外，还有很多其他的影响因素、异常工况识别与处理方法，都是相当复杂的，且不少技术还属于制造厂家的知识产权范畴，限于篇幅，无法全面介绍。正是这些复杂工况的识别和处理方法，才更充分体现了我国继电保护领域和行业的技术水平。

继电保护科学与技术是随着电力系统和材料、器件、制造等相关学科一起发展起来的。在电力系统中，串联补偿电容器、并联电抗器、同杆并架线路、特高压线路、电力电子、超导器件、风力发电和太阳能发电等技术的应用，都会对继电保护提出新的要求和挑战。除了基于电气特征的原理性发明以外，载波、微波、光纤、电子器件、集成电路、计算机、网络、电子互感器等技术和数学分析手段的发展，都促进了继电保护原理和技术的发展。因此，在研究继电保护过程中，不仅要研究被保护元件的特征，提出继电保护的原理，还要不断地关注其他学科和技术的发展。例如，可以应用设备的健康状态检测信息，将事故后起作用的继电保护与事故前的检测信息相结合，构成新的继电保护方案。同时，还应当注意的是，继电保护是一门理论与实践并重的学科，需要科学性与工程技巧相结合。

需要明确指出的是：

（1）只要能够找出内部故障与其他工况（包括外部故障、正常运行）的特征区别方案，微机保护基本上都能予以实现。

（2）充分利用微机保护具有强大的计算、记忆和区分工况、时间段等特点，根据不同的运行工况，投入性能最好的判据和动作特性。

（3）既要继承传统保护的运行经验和优点，又要跳出传统保护"尽可能使用最少继电器"的局限，在获得相同电气量的情况下，可通过软件编程，组合使用多种判据、动作方程、动作特性和动作门槛，类似于同时或区分工况使用多个继电器，这样几乎不影响微机保护的可靠性。

*6. 几个与位置相关的称谓

为了便于叙述与交流，下面介绍几个与位置相关的称谓。以图 1-4 为例，图中的数字既是断路器（QF）的编号，也是保护的编号（下同），甚至只标注数字。如果以线路保护 1 为讨论对象，那么主要有以下的几个位置称谓：

（1）本线路。指保护 1 所要保护的最小范围。由保护划分的范围可以确定，在断路器 1

与母线 B 之间的任何故障，都属于保护 1 应当动作的范围，因此，对于保护 1 来说，线路 1
就称为本线路。

相应地，保护 2 对应的本线路是线路 2。

（2）本线路出口故障。指靠近保护 1 附近的 K1 点故障。

（3）本线路末端故障。指本线路靠近母线 B 的 K2 点故障。

（4）下一级线路。与保护 1 的保护范围末端相连的线路。线路 2、3 均为保护 1 的下一
级线路，而变压器 T 属于保护 1 的下一级设备；保护 2、3、4 是保护 1 的下一级保护。与此
相对应，保护 1 是保护 2、3、4 的上一级保护。对于单电源系统，靠近电源的保护为"上一
级"。

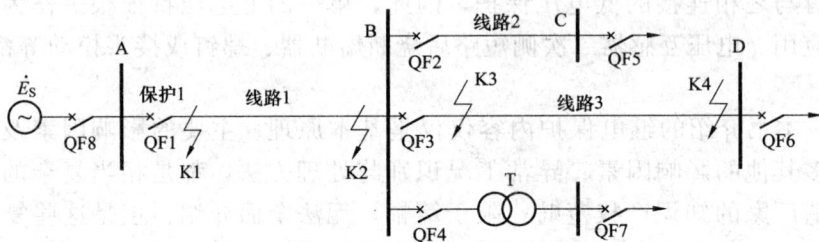

图 1-4　继电保护位置称谓的示意图

实际上，下一级线路故障时，上一级的保护将起到远后备的作用。

（5）相邻线路出口故障。指下一级线路始端附近的故障，如靠近保护 3 的 K3 点故障。

（6）相邻线路末端故障。指下一级线路末端附近的故障，如靠近母线 D 的 K4 点故障。

1.4　继电保护发展概况

随着电力系统的发展，发电机容量的增大、电网输送功率的提高、用电设备功率和短路
电流的增加，以及电网接线、结构和运行方式的日益复杂，简单的熔断器已不能满足选择性
和快速性的要求，于是，1890 年后出现了直接装在断路器上的电磁型过电流继电器。

1901 年出现了感应型过电流继电器，1908 年提出了比较被保护元件两端电流的电流差
动保护原理。1910 年方向性电流保护开始应用，并出现了将电压与电流相比较的保护原理，
导致了 1920 年后出现的距离保护。随着电力线载波技术的发展，1927 年前后出现了利用高
压输电线传送两端功率方向或电流相位的高频保护装置。1950 年后微波通信技术的应用又
促进了微波保护的产生。1975 年前后开展了行波保护的应用研究。1980 年前后出现了反应
工频故障分量（或称工频变化量）的保护原理。随着光纤通信技术的发展与推广，又促进了
光纤分相电流差动保护的广泛应用。

从实现保护装置的构成方面来说，继电保护经历了电磁型、感应型、整流型、晶体管
型、集成电路型以及微机保护的发展历程。

我国在微型机保护方面的研究进展很快。1984 年研制了第一台微机距离保护装置，
1986 年研制成功第一套微机高压线路保护装置。现在，新投入使用的高中压等级继电保护
设备几乎均为微机保护产品。在微机保护和网络通信等技术结合后，变电站综合自动化系
统、配网自动化系统也已经在全国电力系统中得到了广泛的应用。

从"点（或局部）""线"获得信息的继电保护已经广泛应用于电力系统中，其中，由"点"信息构成的继电保护包括电流保护、零序电流保护、距离保护、变压器差动保护和发电机保护等；由"线"信息构成的继电保护包括线路的光纤差动保护、高频距离保护等。目前，正在开展的智能电网应用中，通过通信网络传输、交换全站或某个区域范围内的各种信息，构成了站域保护、广域保护，这是"域"信息的应用范畴。

在结束本章之前，需要指出的是，在刚开始学习继电保护的过程中，除了特征的分析与凝练之外，较难之处还包括称谓较多、门槛值与系数较多。对此，可以将称谓与物理含义相联系，逐步加以熟悉；对于门槛值和系数，可以通过设置的目的来掌握其大小的趋势和范围。本书在附录 B 中归纳了线路保护常用的可靠系数与灵敏系数，以供读者参考。

练 习 与 思 考

1.1 继电保护的作用是什么？

1.2 电力系统发生短路故障时，会产生什么样的严重后果？

1.3 继电保护的基本要求是什么？各项要求的主要内容是什么？

1.4 评价继电保护性能的标准是什么？

1.5 依据短路的特征，已经构成了哪些继电保护的方式？

1.6 何谓主保护、后备保护？主保护和后备保护的作用分别是什么？

1.7 继电保护装置的保护范围需要重叠吗？为什么？

1.8 在图 1-5 所示的单电源系统示意图中，当 K 处发生短路时，应当由哪个保护动作于跳闸？如果该保护拒动，那么又应当由哪个保护动作于跳闸？为什么？

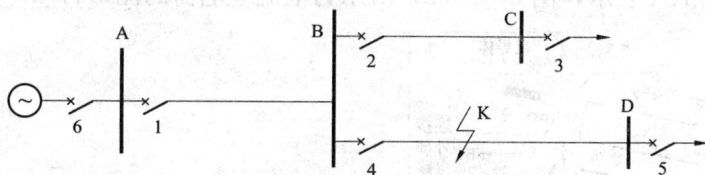

图 1-5 题 1.8 图

1.9 在图 1-6 中，TA1、TA2 为线路保护和母线保护所配置的电流互感器。如果在图中的 K1、K2、K3 处分别发生了短路故障，那么分别应当由何种保护动作于跳闸？为什么？

1.10 结合电力系统分析课程的知识，说明缩短继电保护的动作时间后，为什么可以提高电力系统的稳定性？

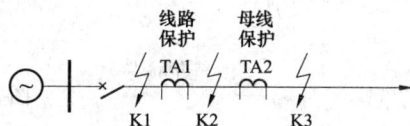

图 1-6 题 1.9 图

第2章 电 流 保 护

2.1 单电源线路相间短路的电流保护

本节介绍的电流保护主要适用于中性点非直接接地系统（小电流接地系统）。

考虑到配电网系统中还有部分使用电磁型保护的实际情况，也为了让初学者容易理解继电保护最简单的构成方式，在此，先介绍一种电磁型电流继电器的工作原理，然后再讨论电流保护的分析、原理与应用。

2.1.1 继电器

继电器是一种应用于控制电路"通""断"的器件，可以根据需要设计成识别不同的输入量，当输入的物理量大于（或低于）某个设定的数值（称为整定值）时，继电器的输出常开触点闭合，接通外部电路。例如：电流继电器、电压继电器、气体继电器、温度继电器分别可以应用于识别电流、电压、气体和温度的大小。时间继电器可以应用于识别输入量为逻辑1的持续时间。继电器的种类很多，广泛应用于自动控制、通信、遥控等场合。

1. 电磁型电流继电器

电磁型电流继电器有不同的结构形式，下面仅介绍如图2-1（a）所示的一种吸引衔铁式电流继电器，主要由触点1（点划线框内所示，包括良导体、触点c和d、对外引线a和b）、电磁铁2、线圈3、可动衔铁4、弹簧5、限制可动衔铁行程的支撑6和绝缘材料7组成。电流继电器用KA表示，图2-1（b）所示为电流继电器的图形符号。

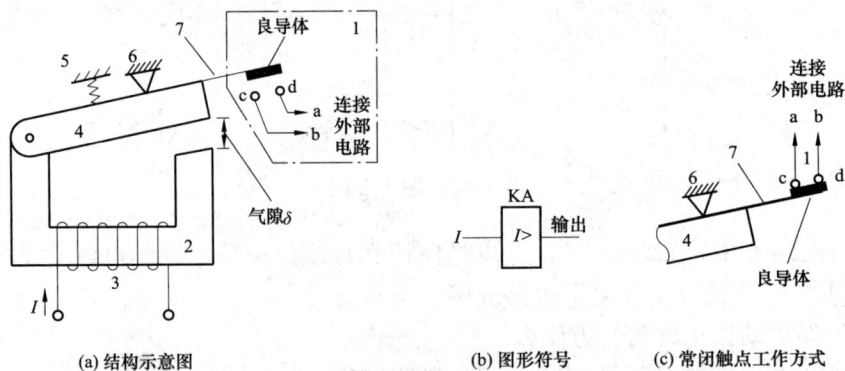

(a) 结构示意图　　　　　　(b) 图形符号　　　　　(c) 常闭触点工作方式

图2-1 电磁型电流继电器

如图2-1（a）所示，当电磁铁的线圈通入电流I时，将在电磁铁、可动衔铁和气隙δ构成的磁路上产生一个磁通。该磁通在气隙δ处产生了一个电磁力，使可动衔铁具有与电磁铁吸合的趋势。

（1）当$I < I_{op}$（动作电流）时，电磁力<（弹簧力＋摩擦阻力），衔铁不闭合，触点1依然保持断开状态，外部电路不连通（即a、b两点是断开的）。其中，I_{op}可设定❶；摩擦阻

---

❶ 动作电流I_{op}的一般调整方法如下：①改变线圈的匝数；②改变弹簧力；③改变与磁阻关联的气隙。

力包括转动轴的阻力等。

（2）当 $I \geqslant I_{op}$ 时，电磁力≥（弹簧力＋摩擦阻力），衔铁闭合，良导体将接通触点 c 和 d 两点，于是，触点 1 闭合，接通外部的电路（即接通 a、b 两点）。

因此，电流继电器能够应用于测量输入的电流是否满足 $I \geqslant I_{op}$ 的条件。若满足 $I \geqslant I_{op}$ 条件，触点 1 闭合，对应于图 2-1（b）中的输出逻辑为 1；若不满足 $I \geqslant I_{op}$，触点 1 断开，对应于图 2-1（b）中的输出逻辑为 0。

电流继电器属于过量动作的方式，即大于等于设定值时才动作。

2. 继电特性

电磁型电流继电器的动作行为与输入电流 I 之间的关系特性曲线如图 2-2 所示，该关系特性称为继电特性。其中，触点由"不动作"到"动作"、由"动作"到"不动作"的两个过程都是快速而干脆的。下面以图 2-1（a）所示的电流继电器为例进行说明。

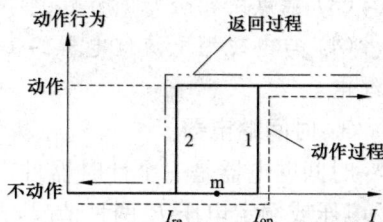

图 2-2　电磁型电流继电器继电特性

在图 2-2 中，设 m 点为弹簧的作用力；m 点到 I_{op} 之间、m 点到 I_{re} 之间与摩擦阻力的作用相对应。

当输入电流由小逐渐增大到 m 点时，电流产生的电磁力等于弹簧的作用力，此时，由于摩擦阻力的存在，促使触点维持原来的状态，即触点不闭合。当电流继续增大到 $I = I_{op}$ 时，电磁力略大于弹簧力与摩擦阻力之和，衔铁开始吸合，立即使气隙 δ 减小，在电流不变的情况下，δ 的减小又进一步增大了电磁力，从而形成了一个类似于"正反馈"的过程，使得继电器的闭合过程快速完成，如图 2-2 中的线段 1，几乎为直线的跃变。此过程称为继电器的动作，将 I_{op} 称为动作电流。

继电器动作后，如果电流逐渐由大减小到 m 点时，电磁力与弹簧力相等，但由于摩擦阻力总是起到阻碍可动衔铁改变状态的作用，因此，继电器仍然会处于闭合的状态。

当电流降低到 I_{re} 时，弹簧力略大于电磁力与摩擦阻力之和，衔铁开始被拉开，立即使气隙 δ 增大，在电流不变的情况下，δ 的增大又进一步减小了电磁力，使得继电器的断开过程也快速完成，如图 2-2 中的线段 2，几乎为直线的跃降。此过程称为继电器的返回，将 I_{re} 称为返回电流。

返回电流 I_{re} 与动作电流 I_{op} 的比值称为返回系数 K_{re}，即

$$K_{re} = \frac{I_{re}}{I_{op}} \tag{2-1}$$

由图 2-2 可以看出，由于摩擦阻力的存在，电磁型电流继电器的返回系数恒小于 1。在实际应用中，一般要求 K_{re} 为 0.85～0.95❶。

顺便指出如下几点：

---

❶　1. 选择合理的返回系数 K_{re} 时，需要综合考虑如下的主要因素：

（1）在电流波动时，为了防止继电器的动作行为也随之波动（抖动），希望 K_{re} 小一些。

（2）当电流仅比 I_{op} 大一点时，要求触点有足够的压力，以保证触点的良好接触，此时，希望 K_{re} 小一些。

（3）从过电流保护的灵敏度要求来说，希望 K_{re} 大一些（参见 2.1.3 的过电流保护整定计算）。

2. 在微机保护中，测量电流与驱动触点动作是两个独立的部件，因此，只要电流元件动作，则触点压力几乎恒定。对于微机保护，K_{re} 的取值主要考虑上述的（1）、（3）两个因素。

（1）$I < I_{op}$（包括 $I = 0$）时，图 2 - 1（a）的触点处于断开状态，称为常开触点（也称为动合触点）。当满足 $I \geqslant I_{op}$ 的动作条件后，触点立即闭合，这就是"动合触点"称谓的来历。本书主要采用图 2 - 1（b）的逻辑进行介绍。

如果仅将图 2 - 1（a）中的触点结构改为图 2 - 1（c）所示的方式，而其余结构不变，那么 $I < I_{op}$ 时，图 2 - 1（c）的触点处于闭合状态，称为常闭触点（也称为动断触点，表示 $I \geqslant I_{op}$ 后触点断开）。

（2）常开触点、常闭触点中的"常"字可以对应于输入电气量为 0 时的含义。

（3）触点的闭合与断开起到了开关的作用。

（4）与电磁型电流继电器的工作原理相类似的还有电磁型电压继电器、时间继电器、中间继电器等。

3. 时间继电器

时间继电器是一个计时器件，主要应用于识别输入信号的持续时间。输入信号通常为 0V 电压或额定电压 E 两种情况，分别对应于"逻辑 0 的无输入电压"和"逻辑 1 的有额定电压"，其中，外加电压 E 允许较大的误差。时间继电器的图形符号及工作特性如图 2 - 3 所示，时间继电器用 KT 表示，图中，t_{set} 表示可设定的延时时间（称为时间整定值），也可以将方框中的 t_{set} 更换为具体的时间数值。

（1）当输入电压为 0 时，时间继电器的常开触点处于断开的状态（输出为逻辑"0"）。

（2）当输入电压为 E 的持续时间达到 t_{set} 时，时间继电器的常开触点闭合（输出为逻辑"1"），如图 2 - 3（b）所示。

（3）当输入电压为 E 的持续时间还没有达到 t_{set} 时，如果输入电压又变为 0，那么时间继电器就立即返回，所计的时间全部清 0，其常开触点仍然处于断开的状态（输出为逻辑"0"），如图 2 - 3（c）所示。

这种时间继电器的工作过程也称为延时动作瞬时返回。

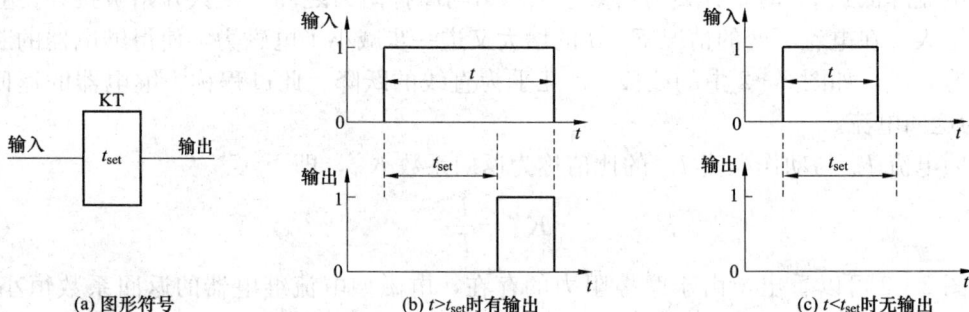

图 2 - 3　时间继电器的图形符号及工作特性

应当说，将电流继电器、时间继电器等诸多的单个继电器，按照保护电气设备的要求连接成一种自动装置，从而能够实现在短路情况下向断路器发出切除故障的命令，这就是早期的电气设备保护装置。

虽然现在已经大量使用微机保护了，但仍然沿用"继电保护"的习惯称谓。在微机保护中，将交流电流、电压经模数转换器（A/D）转换成数字量，再采用数学计算的方法实现电流、电压和其他诸多电气量的相量测量（包括幅值和相位）。本书在附录 A 中，对常用的傅里叶级数算法进行了简要介绍。

为了兼顾微机保护和电磁型保护，在下面的介绍中，采用电流元件、时间元件的称谓来涵盖电流继电器、时间继电器的对应功能，并且以微机保护已经获得电气量的相量为基础。

2.1.2 中性点接地方式

1. 中性点非直接接地系统

中性点非直接接地系统的示意图如图 2-4 的右侧所示，包括两种情况：①中性点不接地，如图 2-4 中的右上部分；②中性点经消弧线圈接地，如图 2-4 中的右下部分。在这种接地方式的系统中，发生单相接地故障时，短路点的短路电流较小，三相电流和线电压基本上还是对称的，且三相电流变化很小（参见 2.4 节），因此，一般情况下允许继续运行 1～2h，可以不必立即跳闸，这有利于提高供电可靠性。单相接地的故障情况应由继电保护装置发出告警信号，或由一种称为小电流选线的装置来指明具体的接地线路，通知值班人员进行处理，尽量避免发展为相间短路。

正是由于单相接地的短路电流较小，因此，中性点非直接接地系统也称为小电流接地系统。这种接地系统的主要优点是供电可靠性高，但是，发生单相接地故障后，非故障相的电压约为正常电压的 $\sqrt{3}$ 倍，需要考虑电压升高后的绝缘要求。

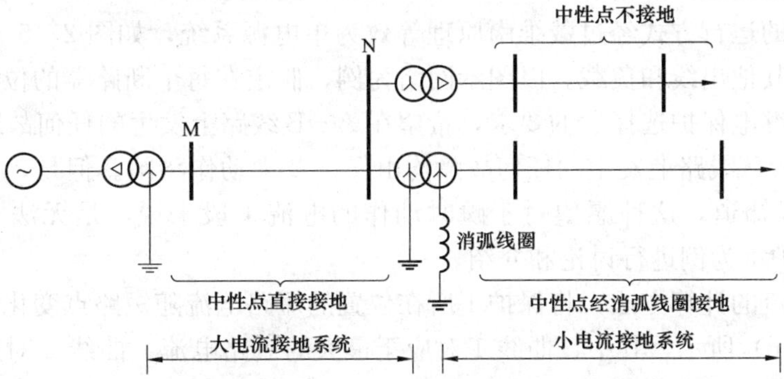

图 2-4 接地方式示意图

中性点不接地系统发生单相接地时，接地点将流过该系统的全部电容电流，进而容易在接地点燃起电弧，引起弧光过电压，使非故障相的绝缘破坏，甚至造成相间短路，扩大事故。为了防止这种情况的出现，可以在中性点接入消弧线圈，抑制电容电流。

为了防止线路检修、切除故障线路等各种情况下引起的谐振，消弧线圈通常按照过补偿方式 $I_L=(1.05\sim1.1)I_{C\Sigma}$ 进行参数的设计，并可以换算出电感与全部电容量的关系为：$\omega L=1/[(1.05\sim1.1)\omega C_\Sigma]$，其中，$\omega$ 为工频角频率，C_Σ 为全部等效电容的电容值。

2. 中性点直接接地系统

考虑到电压等级越高后绝缘的投资会急剧增大，因此，在高电压等级的系统中，通常采用中性点直接接地方式，如图 2-4 中线路 M-N 所在的系统。在中性点直接接地系统中，单相接地的短路电流会很大，为此，也称为大电流接地系统。

在我国，110kV 及以上电压等级的系统基本上为大电流接地系统。

3. 中性点经小电阻接地系统

如果将图 2-4 中的消弧线圈更换为 8～12Ω 的小电阻，那么，就叫作小电阻接地系统。

在这种接地系统中，单相接地的短路电流不太大，但是，出现了明显的故障电流，可应用于识别故障。

2.1.3　相间短路的电流保护

短路时电流通常会增大，利用这个特征构成了电流保护，这是一种反应增量的保护方式。

在仅能获得线路一侧电流的条件下，为了实现继电保护四性要求的完美协调，经过研究与实践，逐渐设计出一种很好的电流保护配置方案——三段式电流保护。在保证可靠性、选择性的前提下，第一段确保速动性；第二段确保本线路的灵敏性；第三段起后备保护作用。三段保护结合使用后，取长补短、相互配合、共同作用，最大可能地满足了四性的要求。

2.1.3.1　电流速断保护

反应电流增大而瞬时动作的电流保护，称为电流速断保护（简称电流Ⅰ段）。这里的"瞬时动作"对应于尽可能快，以便满足速动性的要求，当然，前提是必须保证可靠性、选择性，微机保护还必须考虑干扰的影响。目前，微机保护采取了多种有效的计算方法后，可以比较可靠地做到 $15\sim25\mathrm{ms}$ 以内动作，此动作时间是固有的测量时间。在叙述电流Ⅰ段的动作时间时，通常可以略去固有的时间，直接称为瞬时动作，或称为 0s 动作。

1. 分析与整定原则

将系统复杂的运行方式经过戴维南原理等效为单电源系统，如图 2-5（a）所示，图中省略了各母线的其他出线和负载。以图示网络为例，假定在每个断路器的位置都配置了电流Ⅰ段，那么依据继电保护选择性的要求，希望在 A-B 线路上发生的任何故障均由保护 1 来动作跳闸，在 B-C 线路上发生的任何故障均由保护 2 来动作跳闸。但是，在分析、研究了图 2-5 之后可以知道，这种愿望对于瞬时动作的电流Ⅰ段来说，是无法实现的。下面以图 2-5（a）保护 1 为例进行讨论和介绍。

按照短路电流的计算方法，将保护 1 所在位置的短路电流随短路点变化的情况描绘成曲线，如图 2-5（b）所示，其中，曲线 1 对应于最大的短路电流，曲线 2 对应于最小的短路电流，其他短路电流的曲线均介于曲线 1、2 之间。曲线 1 和 2 有这样的特点：①短路点越靠近电源，短路电流越大；②单电源系统的短路电流具有单调特征。

由于本线路末端（K1 点）与相邻线路出口（K2 点）的实际距离是很近的，基本上可以当作都在变电站 B 之内，两点之间的阻抗值极小（几乎为 0），这样，在电源电动势、电网结构、短路类型不变的情况下，二者的短路电流几乎完全一样，因此，保护 1 无法通过电流的大小来识别、界定"是 K1 点短路，还是 K2 点短路。"

为了优先满足可靠性、选择性和"瞬时动作"（速动性）的需要，就必须设法避免外部短路时的误动，即外部的任何短路都不动作。由图 2-5（b）短路电流曲线的单调特点可以知道，如果 K2 点出现最大短路电流时，保护 1 不会发生误动的情况，那么，比 K2 点距离电源更远的任何地点短路（如线路 B-C 的其他位置短路），都不会造成保护 1 误动。考虑到 K1 点、K2 点、母线 B 之间的阻抗值极小，几乎存在 $I_{\mathrm{k1.max}}=I_{\mathrm{k2.max}}=I_{\mathrm{k.B.max}}$（下标中的 k1、k2 对应于 K1 点、K2 点），于是，将可靠性、选择性、速动性的需要与最大短路电流的情况合并为一句简单的语言，就形成了电流Ⅰ段的整定原则：躲本线路末端出现的最大短路电流。可写为

$$I^{\mathrm{I}}_{\mathrm{set.1}}>I_{\mathrm{k.B.max}} \tag{2-2}$$

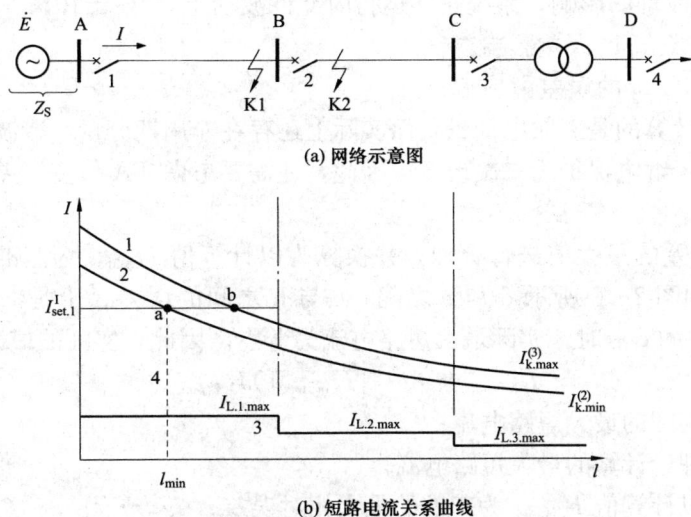

(a) 网络示意图

(b) 短路电流关系曲线

图 2-5 单电源网络及短路电流关系曲线示意图

式中 $I_{set.1}^{I}$——电流 I 段的整定值。上标代表 I 段的含义，下标中的 set 代表整定值（setting），下标中的 1 对应于保护的编号；

$I_{k.B.max}$——母线 B 的最大短路电流。实际上，采用 $I_{k.B.max}$ 表示后，可以省略图 2-5 中 K1 点、K2 点的位置标识以及短路符号。

对于小电流接地系统，需要说明如下两种短路情况：①单相接地短路时，三相电流变化很小，电流保护不会动作。识别单相接地的任务可以由其他保护去完成，参见 2.4 节。②同一地点发生两相接地短路时，短路电流的大小、计算方法与两相相间短路一致。

因此，应用于小电流接地系统的电流保护只需要分析三相短路和两相相间短路的情况。在电源电动势、电网结构相同以及同一地点短路的条件下，由短路分析可知，三相短路的短路电流 $I_k^{(3)}$ 最大，两相短路的短路电流 $I_k^{(2)}$ 最小，并且有 $I_k^{(2)} = \frac{\sqrt{3}}{2} I_k^{(3)}$。

与继电保护四性进行对应比较之后，可以知道电流 I 段的配置思想是：在确保可靠性、选择性的前提下，保证速动性，牺牲一定的灵敏性。

2. 整定计算

在式（2-2）中，还需要确定的是如何将不等式转化为可量化、可实施的计算公式。下面予以分析。

对于图 2-5（a）所示的单电源网络，母线 B 发生短路时，最大短路电流计算公式如下

$$I_{k.B.max} = \frac{E}{Z_{s.min} + Z_{A-B}} \tag{2-3}$$

式中 E——系统等效电源的相电动势，通常取平均电压；

Z_{A-B}——A-B 线路全长的阻抗；

$Z_{s.min}$——保护安装处到系统等效电源之间的最小阻抗，也称为最小的系统阻抗。

式（2-3）是一个理论值的计算公式，与实际的短路电流还存在一定的误差影响。分析式（2-3）可以知道，有如下几个产生误差的因素：

（1）电动势 E 波动的影响，系统正常运行时允许波动 $\pm 5\% \sim \pm 10\%$。

（2）系统阻抗 $Z_{s.min}$ 的误差影响。

（3）线路阻抗 Z_{A-B} 的误差影响。

（4）短路电流计算的是工频电气量，而实际上还存在非周期分量、谐波分量的影响。

（5）另外，由于继电保护为二次设备，因此，还需要考虑 TA 传变误差以及保护装置本身测量误差的影响。

将上述各项误差的最大值进行叠加，并换算为以计算值 $I_{k.B.max}$ 为基准的最大相对误差 $|K_{er.max}|I_{k.B.max}$，如图 2-6 所示 d 与 c 之间、c 与 b 之间的误差。于是，短路电流计算值 $I_{k.B.max}$ 为图 2-6 中的 c 点时，实际最大短路电流为 b 点。因此，实际的最大短路电流为

$$I'_{k.B.max} = (1 + |K_{er.max}|)I_{k.B.max} \qquad (2-4)$$

式中　$I'_{k.B.max}$——实际的最大短路电流；

　　　$I_{k.B.max}$——理论计算的最大短路电流；

　　　$|K_{er.max}|$——以计算值 $I_{k.B.max}$ 为基准的最大相对误差。

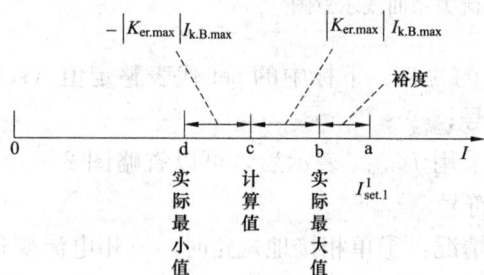

图 2-6　$I_{k.B.max}$ 计算值与实际最大
短路电流的关系

将式（2-4）代入式（2-2），得

$$I^{\mathrm{I}}_{set.1} > I'_{k.B.max} = (1 + |K_{er.max}|)I_{k.B.max} \qquad (2-5)$$

再考虑一定的裕度，确保电流Ⅰ段不误动的整定值 $I^{\mathrm{I}}_{set.1}$ 应当如图 2-6 中的 a 点所示。因此，将电流Ⅰ段的整定原则式（2-2）转化为具体的整定计算公式如下

$$I^{\mathrm{I}}_{set.1} = K^{\mathrm{I}}_{rel}I_{k.B.max} = K^{\mathrm{I}}_{rel}\frac{E}{Z_{s.min} + Z_{A-B}} \qquad (2-6)$$

式中　K^{I}_{rel}——电流Ⅰ段的可靠系数，一般取 K^{I}_{rel} 为 1.2～1.3；

　　　E——系统等效电源的相电动势，通常取平均电压；

　　　Z_{A-B}——A-B 线路全长的阻抗；

　　　$Z_{s.min}$——保护安装处到系统等效电源之间的最小阻抗。

在式（2-6）中，可靠系数 K^{I}_{rel} 对应于（$1 + |K_{er.max}|$）再加一定的裕度。因此，为了保证保护可靠不误动，经过了上述的理论分析与工程实践，在电流测量方法具有一定的躲非周期分量能力下，一般可取 K^{I}_{rel} 为 1.2～1.3。

在确定继电保护的各种系数和门槛值时，几乎都应当考虑一定的裕度，换句话说，如果直接取式（2-4）作为整定值的条件，那么还会存在误动的可能。

对于图 2-5（a）中的保护 1，Z_s 可简称为系统阻抗。Z_s 与系统运行方式、电网结构密切相关。以三相短路计算公式为基准，系统阻抗为 $Z_{s.min}$ 时，对应的短路电流为最大，将此时的系统运行方式称为最大运行方式；对应于三相短路电流最小时的系统运行方式称为最小运行方式，此时的系统阻抗取 $Z_{s.max}$。

目前，电流互感器 TA 与微机保护之间的连接方式主要采用了三相星形或两相星形连接（参见 2.1.4 的电流保护接线方式）。在此条件下，将式（2-6）计算的一次电流整定值转换为二次侧保护装置的动作值 $I^{\mathrm{I}}_{op.1}$，即

$$I_{op.1}^I = \frac{I_{set.1}^I}{n_{TA}} = \frac{K_{rel}^I I_{k.B.max}}{n_{TA}} \tag{2-7}$$

式中　n_{TA}——电流互感器的变比。

由于一次和二次电流整定值之间满足式（2-7）的固定关系，因此，除了需要特别说明以外，为了减少符号，一般均采用 $I_{set.1}^I$ 来表示一次和二次的电流整定值。

如果 TA 为非星形连接，那么就应当按照下面的思路进行二次侧动作值的换算：当一次侧电流为 $I_{set.1}^I$ 时，$I_{op.1}^I$ 应当等于此时流入二次侧保护装置的电流，以保证电流 I 段刚好动作。后面介绍的电流 II 段、III 段与此类似。

需要说明以下 3 点：

（1）其他位置的电流 I 段可以应用相同的整定原则和方法。例如图 2-5（a）保护 2 的电流 I 段整定计算公式为

$$I_{set.2}^I = K_{rel}^I I_{k.C.max} = K_{rel}^I \frac{E}{Z_{s.min} + Z_{A-B} + Z_{B-C}} \tag{2-8}$$

式中　Z_{B-C}——B-C 线路全长的阻抗，此时（$Z_{s.min} + Z_{A-B}$）是保护 2 的最小系统阻抗。

（2）在式（2-6）、式（2-8）中，应当取 E_{max} 才对应于 $I_{k.B.max}$，但是，电动势 E 的变化范围是有限且确定的，因此，将 E 的波动影响纳入可靠系数的范畴。

（3）在图 2-5（a）所示的单电源系统中，K1 点发生相间短路时，短路电流是在电源 E 和短路点 K1 之间构成回路而流动的，短路电流几乎不流经保护 2~4，所以，保护 2~4 的电流保护是不会动作的。

3. 灵敏度校验

当电流 I 段设定了整定值 $I_{set.1}^I$ 之后，只要短路电流大于 $I_{set.1}^I$，保护 1 就会立即动作，于是，满足 $I \geqslant I_{set.1}^I$ 的短路点区域，就是保护 1 的 I 段保护范围。对于电流 I 段，还需要关心的是最小保护范围 l_{min}，以便作为 I 段灵敏度计算的依据。由图 2-5（b）的曲线 1、2 可以知道，对应于 l_{min} 以内的任何短路，均满足 $I \geqslant I_{set.1}^I$ 的条件，都可以由保护 1 的 I 段动作。于是，可以采用按比例的作图法，在图 2-5（b）中求出 l_{min}。

对于单电源系统，可以采用解析的方法求解最小保护范围 l_{min} 的数值。由图 2-5（b）可以知道，在 l_{min} 处存在 $I_{k.min}^{(2)} = I_{set.1}^I$（图中的 a 点），于是，将单电源网络两相相间短路的计算方法代入，并设 $Z_{k.min} = z_1 l_{min}$（z_1 为单位长度的正序阻抗），可得

$$I_{set.1}^I = I_{k.min}^{(2)} = \frac{\sqrt{3}}{2} \frac{E}{Z_{s.max} + Z_{k.min}} \tag{2-9}$$

式中　$Z_{s.max}$——最小运行方式对应的系统阻抗。最小运行方式确定后，该参数也就确定了。

由式（2-9）可以求出唯一的待求参数 $Z_{k.min}$，得

$$Z_{k.min} = \frac{\sqrt{3}}{2} \frac{E}{I_{set.1}^I} - Z_{s.max} \tag{2-10}$$

对应的最小保护范围 l_{min} 为

$$l_{min} = \frac{Z_{k.min}}{z_1} = \frac{1}{z_1}\left(\frac{\sqrt{3}}{2} \frac{E}{I_{set.1}^I} - Z_{s.max}\right)$$

电流 I 段灵敏系数 K_{sen}^I 的定义是：最小保护范围的公里数占线路全长公里数的百分比。灵敏系数 K_{sen}^I 的计算公式如下

$$K^{\mathrm{I}}_{\mathrm{sen}} = \frac{l_{\min}}{l_{\mathrm{A-B}}} \times 100\% = \frac{z_1 l_{\min}}{z_1 l_{\mathrm{A-B}}} \times 100\% = \frac{Z_{\mathrm{k.min}}}{Z_{\mathrm{A-B}}} \times 100\% \qquad (2-11)$$

式中　$l_{\mathrm{A-B}}$——A-B线路全长的公里数；

　　　$Z_{\mathrm{A-B}}$——A-B线路全长的正序阻抗。

规程[❶]要求 $K^{\mathrm{I}}_{\mathrm{sen}} \geqslant 15\% \sim 20\%$，即最小保护范围不小于线路全长的 $15\% \sim 20\%$。

应当说，在继电保护的所有整定计算中，必须确定"整定计算三要素"：整定值、动作时间和灵敏度。对于瞬时动作的速动保护，可以不必提及动作时间。

电流I段的主要优点是动作迅速，缺点是无法保护线路全长，且受运行方式和短路类型影响比较大，尤其在线路较短时甚至没有保护范围。如图2-5所示，如果在a点到母线B之间再设置一套断路器及保护，对应于线路长度缩短了，那么该保护就没有了最小保护范围 $l_{\min}$。

顺便指出几点：①在图2-5（a）中，当E与母线A之间发生短路时，保护1没有短路电流，不会动作；在A-B线路发生短路时，保护2不会动作。②如果网络不是单电源的方式，那么式（2-10）通常不成立，一般需要按比例画出最小短路电流 $I_{\mathrm{k.min}}$ 与短路位置 l 的关系曲线，再根据 $I^{(2)}_{\mathrm{k.min}} = I^{\mathrm{I}}_{\mathrm{set.1}}$ 的条件，由a点找出 $l_{\min}$。③在微机保护中，可以利用测量电流进行小电流接地系统的三相短路、两相短路识别，使灵敏度至少增加 10.7%（参见文献7）。④仅当电网的终端线路上采用线路—变压器组的方式时，如图2-5（a）的母线C、D之间，才可以将线路与变压器当作一个被保护设备的整体，此时，由于变压器的阻抗一般较大，使得 $I_{\mathrm{k.D.max}}$ 大为降低，保护3的 I 段才有可能保护线路全长，并能保护变压器的一部分。

此外，如果将式（2-6）、式（2-10）代入式（2-11），那么，可以用阻抗参数、可靠系数来表示单电源系统电流 I 段的灵敏系数，整理得

$$K^{\mathrm{I}}_{\mathrm{sen}} = \frac{Z_{\mathrm{k.min}}}{Z_{\mathrm{A-B}}} \times 100\% = \frac{\dfrac{\sqrt{3}}{2} \dfrac{Z_{\mathrm{s.min}} - Z_{\mathrm{A-B}}}{K^{\mathrm{I}}_{\mathrm{rel}}} - Z_{\mathrm{s.max}}}{Z_{\mathrm{A-B}}} \times 100\% \qquad (2-12)$$

2.1.3.2　带时限电流速断保护

1. 分析与整定原则

通过前面的介绍可以知道，电流 I 段可以瞬时动作，但是只能保护线路的一部分，无法满足切除线路内任何短路的任务要求。于是，再设法配置另一种电流保护，实现保护线路全长的目的。

分析图2-5（b）可以知道，要想切除线路内任何短路故障，就必须满足新的电流保护整定值小于 $I_{\mathrm{k.B.min}}$。在这样的整定值条件下，B-C线路出口附近短路时新配置的电流元件也会动作，于是，为了保证选择性的需要，只好采取增加时间延时的办法。这种带小时间延时的电流保护称为带时限电流速断保护（简称电流II段），其电流定值用 $I^{\mathrm{II}}_{\mathrm{set}}$ 表示，延时用 t^{II} 表示。

对电流 II 段的要求是：在任何短路情况下，应当能够保护线路全长，并具有足够的灵敏性（留有一定的裕度）；力求延时动作的时间尽可能小，尽量减小对速动性的影响。

按照上述思路，图2-7给出了动作时间与保护范围的两种方案示意图，方案1为保护1的 II 段超出了保护2的 I 段范围；方案2为保护1的 II 段不超出保护2的 I 段范围。图中，采用折线来反映保护范围与动作时间的关系，折线末端上扬部分表示时间为无穷大（对应于

---

❶　继电保护和安全自动装置技术规程，电网继电保护装置运行整定规程。

不动作），该位置所对应的横轴 l 就是该保护范围的末端。此外，t_1^{I}、t_2^{I} 分别为保护 1、2 的电流 I 段固有动作时间（可以忽略）；a 点是保护 2 的 I 段保护范围末端；t_1^{II} 为保护 1 的电流 II 段延时，b 点是其保护范围的末端；t_2^{II} 为保护 2 的电流 II 段延时，保护 2 可以保护 B–C 线路全长；t_1^{II} 可以等于 t_2^{II}，为了清晰起见，图中将二者错开位置。显然，这两种方案均能够保护 A–B 线路全长。

在设法满足 $I_{\mathrm{set.1}}^{\mathrm{II}} < I_{\mathrm{k.B.min}}$ 的条件之后，关键的问题是需要保证相邻线路发生短路时，保护 1 的 II 段不允许误动，避免扩大停电范围。下面对两种方案进行分析、比较。

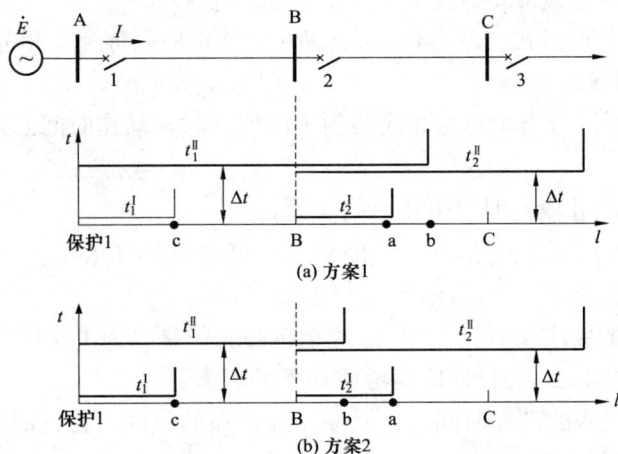

图 2–7　动作时间与保护范围的两种方案示意图

（1）对于方案 1，如图 2–7（a）所示，当短路发生在 a、b 两点之间时，保护 2 的 I 段不动作，但短路点都在保护 1、2 的 II 段范围内，如果 $t_1^{\mathrm{II}} = t_2^{\mathrm{II}}$，那么经过延时后，保护 1、2 都会动作，这样，保护 1 的动作属于误动，扩大了停电范围。增大一点 t_1^{II} 似乎可以保证选择性，但是，通过后面"动作时间选择"会发现，时间差异 Δt 不允许太小；另外，t_1^{II} 偏大后，难以满足速动性的要求。实际上，通过增大动作时间来保证选择性的思想将应用在后面介绍的电流 III 段中。

（2）对于方案 2，如图 2–7（b）所示，当短路发生在母线 B 与 a 点之间（包括 b 点）时，保护 2 的 I 段动作，切除故障；此时，保护 1、2 的 II 段电流元件虽然都动作，但延时不满足设定的时间，故障就已经被切除了，于是，保护 1、2 的电流元件返回，也迫使时间元件返回，保护 1 的 II 段不会误动。

比较方案 1、2 之后，可发现方案 2 的性能更好，既能满足保护线路全长的需要，又能更好地满足选择性的要求，同时动作时间并不大。于是，优先选择方案 2，并将方案 2 的特征提炼成电流 II 段的整定原则：II 段保护范围末端不超出相邻线路的 I 段范围，也称为躲相邻线路 I 段的末端。按照短路电流的单调特点，可以写成

$$I_{\mathrm{set.1}}^{\mathrm{II}} > I_{\mathrm{set.2}}^{\mathrm{I}} \tag{2-13}$$

式中　$I_{\mathrm{set.1}}^{\mathrm{II}}$——保护 1 的 II 段电流整定值；

　　　$I_{\mathrm{set.2}}^{\mathrm{I}}$——保护 2 的 I 段电流整定值。

与继电保护四性的要求进行比较之后，可以知道电流 II 段的配置思想是：在确保可靠性、选择性的前提下，保证灵敏性，牺牲一定的速动性。

2. 电流定值的整定

与电流Ⅰ段整定的分析相一致，引入可靠系数后，将式（2-13）转化为具体的整定计算公式如下

$$I_{\text{set.1}}^{\text{II}} = K_{\text{rel}}^{\text{II}} I_{\text{set.2}}^{\text{I}} \qquad (2-14)$$

式中 $K_{\text{rel}}^{\text{II}}$——电流Ⅱ段的可靠系数，一般取 $1.1 \sim 1.2$；

$I_{\text{set.2}}^{\text{I}}$——保护 2 的Ⅰ段电流整定值。

由于电流Ⅱ段需要经过一个 t^{II} 的延时后才能发跳令，经过此延时后，非周期分量、谐波分量都存在一定程度的衰减，因此，$K_{\text{rel}}^{\text{II}}$ 取值通常小于 $K_{\text{rel}}^{\text{I}}$。

在继电保护领域，也将式（2-14）的电流Ⅱ段整定原则称为与相邻线路的Ⅰ段配合。

3. 动作时间的选择

从图 2-7（b）可以看出，与相邻线路的Ⅰ段配合时，动作时间必须满足

$$t_1^{\text{II}} = t_2^{\text{I}} + \Delta t \qquad (2-15)$$

式中 t_1^{II}——保护 1 的Ⅱ段延时，也称时间定值；

t_2^{I}——保护 2 的Ⅰ段动作时间，时间极短，可按照 0s 对待；

Δt——时间级差❶。

从尽快切除短路的要求来看，希望 Δt 越小越好。但是，为了保证选择性的要求，Δt 又不能设计得太小。通常，Δt 的设计应当考虑如下的因素：

（1）断路器机械机构的动作时间，以及断路器灭弧的时间。在此时间内，故障电流依然存在，电流元件无法返回。

（2）故障电流消失后，电流测量元件的返回时间。

（3）时间元件的正、负误差。从式（2-15）看，最不利的情况是保护 2 电流Ⅰ段的实际动作时间比 t_2^{I} 更大一些，而保护 1 时间元件的实际延时比设定的 t_1^{II} 会更小一些。

（4）考虑一定的裕度。

经过实验与工程应用后，确定 Δt 的数值一般取 $0.3 \sim 0.5$s。本书按照 $\Delta t = 0.5$s 来对待，于是，将 $\Delta t = 0.5$s 代入式（2-15），得 $t_1^{\text{II}} = 0.5$s。

4. 灵敏度校验

根据电流Ⅱ段需要保护线路全长的要求，因此，必须校验是否满足 $I_{\text{set.1}}^{\text{II}} < I_{\text{k.B.min}}$ 的条件，且有一定的裕度，确保在本线路末端短路时，该保护一定能够可靠地动作。于是，采用灵敏系数来衡量对本线路末端短路的反应能力，即

$$K_{\text{sen}}^{\text{II}} = \frac{I_{\text{k.B.min}}}{I_{\text{set.1}}^{\text{II}}} \qquad (2-16)$$

式中 $I_{\text{set.1}}^{\text{II}}$——保护 1 的Ⅱ段电流定值；

$I_{\text{k.B.min}}$——本线路末端短路的最小短路电流。

要求 $K_{\text{sen}}^{\text{II}} \geqslant 1.25 \sim 1.5$。

参考图 2-6 中的 d 点，可得实际的最小短路电流为

$$I'_{\text{k.B.min}} = (1 - |K_{\text{er.max}}|) I_{\text{k.B.min}} \qquad (2-17)$$

---

❶ 1. 与时间相关的参数并不多，故省略其下标"set"。

2. 微机保护的时间延时误差很容易控制在几毫秒以内，精度比电磁型时间继电器提高了很多。

式中 $I'_{k.B.min}$——实际的最小短路电流;

　　　$I_{k.B.min}$——短路计算的最小短路电流;

　　　$|K_{er.max}|$——以计算值 $I_{k.B.min}$ 为基准的最大相对误差。

　　因此,"要求 $K^{II}_{sen} \geqslant 1.25 \sim 1.5$"是考虑了各种计算误差的影响,并计及短路点存在一定的过渡电阻影响(参见 2.3.3 的 4 部分),确保本线路末端的实际最小短路电流仍然大于 $I^{II}_{set.1}$,从而实现本线路任何位置发生短路时 $I^{II}_{set.1}$ 均能可靠动作。其中,经过 t^{II} 的延时后,低电压系统的非周期分量、谐波分量都出现了较大的衰减。

　　如果灵敏系数不满足要求,就无法保护线路全长了。此时,需要将电流Ⅱ段的整定原则更改为另一种方案:"与相邻线路的Ⅱ段配合❶"。通过继续降低电流的整定值来满足 $I^{II}_{set.1} < I_{k.B.min}$ 的要求,从而实现保护线路全长的目的,同时,也意味着需要进一步牺牲速动性(增加延时)才能保证选择性、灵敏性。电流定值、时间定值与保护范围的关系如图 2-8 所示。

　　与相邻Ⅱ段配合时,电流整定值的计算公式如下

$$I^{II}_{set.1} = K^{II}_{rel} I^{II}_{set.2} \tag{2-18}$$

式中 $I^{II}_{set.2}$——保护 2 的Ⅱ段电流整定值。

　　灵敏系数及其要求与式(2-16)相同。同时,时间定值也必须重新进行整定,即 $t^{II}_1 = t^{II}_2 + \Delta t = (t^I_2 + \Delta t) + \Delta t = 1.0s$。

　　实际上,这种选择的过程就是:"先考虑最好的方案,不满足要求时再退而求其次"。

　　将电流定值之间、时间定值之间的配合关系归纳为一句话:若电流定值与第 n 段配合,则时间定值也必须与第 n 段配合,即

$$\begin{cases} 若取 & I^{II}_{set.1} = K^{II}_{rel} I^n_{set.2} \\ 则 & t^{II}_1 = t^n_2 + \Delta t \end{cases}$$

$$\tag{2-19}$$

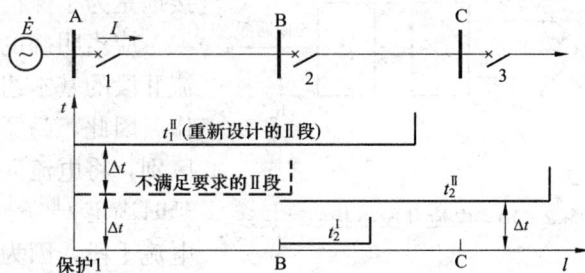

图 2-8　电流定值、时间定值与保护范围的关系

式中:n 代表相邻线路电流保护的第 n 段。当然,优先选择 n 为"Ⅰ"。

　　将上述电流保护Ⅰ段和Ⅱ段结合起来之后,可以画出电流Ⅰ段、Ⅱ段的动作时间与保护范围,如图 2-9 所示。从图中可以看出,如果继电保护及断路器都能够正确动作,那么电流Ⅰ段和Ⅱ段联合作用,实现了"能以最快速度、有选择地切除被保护设备和线路故障",二者共同构成了主保护的功能。

　　应当说明的是,图 2-7 仅画出了一条出线的示意图,而母线上通常有若干条出线,此时,电流保护 1 的Ⅱ段应当与母线 B 所有出线的电流Ⅰ段进行配合,取其中的最大值作为Ⅱ段的整定值,并要求有足够的灵敏度。

　　5. 单相原理接线

　　电流Ⅱ段的单相原理接线如图 2-10 所示。图中,KA 为电流元件,动作值设定为

---

❶ 在继电保护中,要求"配合"时,通常包含了两方面内容:测量动作值的配合,时间定值的配合。

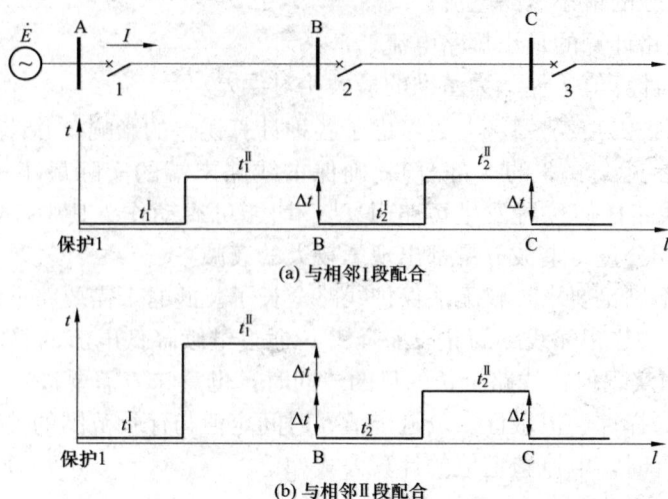

图 2-9 电流 I 段、 II 段的动作时间与保护范围

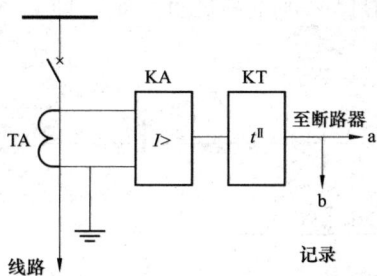

图 2-10 电流 II 段单相原理接线

$I_{set.1}^{II}$ ； KT 为时间元件，延时设定为 t^{II} ； a 端连接至断路器的跳闸线圈； b 端记录保护 II 段的动作行为；二次回路接地是为了保护人身和设备的安全。

应当明确的是，电流元件、时间元件共同构成了电流 II 段的基本组成，两个条件都满足时电流 II 段才能动作。因此，为了与保护的最终动作（发跳闸命令）进行区别，将电流元件动作称为电流保护 II 段启动；待时间延时满足 t^{II} 条件后，才称为电流保护 II 段动作。对应于电流 I 段，因为只有电流元件，而没有附加的时间元件，所以，其电流元件的启动也就完成了电流 I 段的动作。

电流 II 段的工作过程如下：如果是相邻线路短路后被切除，那么在 t_1^{II} 延时还不满足时，保护 1 的电流就已经恢复正常，电流测量元件 KA 立即返回，撤销了时间元件 KT 的计时工作，对并 KT 进行清零，保护 1 的 II 段不动作；如果确实是本线路短路，那么经 t_1^{II} 延时后，保护 1 的 II 段动作，向断路器发出跳闸命令，同时微机保护自动记录动作信息，便于运行人员记录和了解继电保护的动作情况。

顺便指出，将图 2-10 中的时间元件取消，就构成了电流 I 段的单相原理接线；将图 2-10 中的电流定值设定为 $I_{set.1}^{III}$ ，时间定值设定为 t^{III} ，就构成了电流 III 段的单相原理接线，或者说，电流 II 段与 III 段的原理接线是相同的，只是电流及时间的定值不同。

2.1.3.3 定时限过电流保护

电流保护 I 段和 II 段联合起来之后，能以最快速度、有选择地切除被保护设备和线路的任何位置故障（见图 2-9），共同构成了主保护的功能。但是，在图 2-9 中，一旦出现下面这些不正确工作的情况时，就无法再依靠 I、II 段主保护来切除短路：①保护 1 的主保护出现拒动，如 II 段范围内短路时 II 段保护拒动；②B-C 线路短路时，出现保护 2 拒动或断路器 2 拒动，甚至 B 变电站直流电源消失。为此，应当设计另一种保护，实现后备保护的功能，确保最终能够切除短路，这就是定时限过电流保护（简称电流 III 段）。

电流Ⅲ段作为相邻线路保护和断路器拒动时的远后备，保护异地发生的短路，同时作为本线路主保护拒动时的近后备，其保护范围较大，主要利用了正常与短路的电流差异来识别短路，一般按照躲最大负荷电流进行整定，再配以时间元件，进一步确定短路点的区域和时间顺序，以保证选择性。

1. 电流定值的整定

在电力系统正常运行情况下，为了保证电流Ⅲ段绝对不误动，就必须保证电流整定值大于保护安装处流过的最大负荷电流 $I_{L.max}$。最大负荷电流 $I_{L.max}$ 一般通过潮流计算或根据用户的全部电气设备确定，如图 2-5 （b）的曲线 3 所示，图中忽略了各母线的其他负荷出线。

还必须考虑到，由于短路时电压降低，母线上所连接的电动机负荷被制动，因此，在短路切除后的电压恢复期间，电动机有一个自启动的过程，此时的自启动电流要大于电动机的正常电流。通常，引入一个自启动系数 K_{ss} 来反映自启动电流的大小，即自启动电流等于 $K_{ss}I_{L.max}$。

系统正常运行和外部短路切除后，系统都属于无故障状态，此时，不仅要求继电保护不动作，还要求所有的电流元件都返回，不允许出现误动的现象。将此要求与电流元件的继电特性（见图 2-2）相结合，可以确定电流元件必须满足下列的关系

$$I_{re} > K_{ss}I_{L.max} \qquad (2-20)$$

式中　I_{re}——电流元件的返回电流；

　　$K_{ss}I_{L.max}$——电动机的自启动电流。

将电流Ⅲ段整定值（即动作值，$I_{set}^{Ⅲ}=I_{op}$）以及返回系数 $K_{re}=I_{re}/I_{op}$ 关系代入式（2-20），并引入可靠系数，整理得

$$I_{set}^{Ⅲ} = \frac{K_{rel}^{Ⅲ}K_{ss}}{K_{re}}I_{L.max} \qquad (2-21)$$

式中　$K_{rel}^{Ⅲ}$——电流Ⅲ段可靠系数，一般取 1.15～1.25；

　　K_{ss}——电动机自启动系数，数值大于 1，应由网络接线与负荷性质确定；

　　K_{re}——电流元件的返回系数，一般取 0.85～0.95；

　　$I_{L.max}$——保护安装处的最大负荷电流，根据运行方式经潮流计算获得。

为了便于记忆，在突出式（2-21）的主要关系后，电流Ⅲ段保护的整定原则可以简述为：躲最大的负荷电流。

由式（2-21）可见，当 K_{re} 越小时，电流Ⅲ段保护的整定值就越大，结合灵敏度的计算公式（2-16）可知，其灵敏性降低了，这是不利的。因此，仅从过电流元件的灵敏度来看，希望返回系数 K_{re} 应当大一些。

顺便指出，可以按照这样的方式来记忆式（2-21）各系数的大小趋势：因为电流保护是反应电流增大而动作的，所以为了保证不误动，各系数的取值都应当使 $I_{set}^{Ⅲ}$ 偏大，即 $K_{rel}^{Ⅲ}$、K_{ss} 大于 1，而 K_{re} 小于 1。

2. 动作时间的选择

略去与电流Ⅰ、Ⅱ段相关的功能描述，以图 2-11 为例，假定在每条线路上都配置了电流Ⅲ段，且电流整定值均按照躲各自的最大负荷电流来整定。这样，当 K1 点短路时，保护 1～4 的电流元件在短路电流作用下都可能启动，为了满足选择性的要求，应当只允许最靠近短路点的保护 4 动作切除短路，而保护 1～3 在短路切除后应当立即返回。这个要求只能

依靠各保护的不同动作时间来满足，也就是说，只能依靠动作时间之间的配合才能保证选择性。

保护 4 位于单电源网络的最末端，可以设计为：只要电动机内部短路，就可以快速或瞬时动作予以切除。如果保护 4 电流 Ⅰ 段的保护范围延伸到电动机内部，那么，也可将保护 4 设计为两段式（通常仅针对最末端的负荷线路），此时可取 $t_4^{\text{III}} = 0.5\text{s}$。

其余的分析与前述相类似，于是，考虑时间级差 Δt 之后，图 2-11 中各电流 Ⅲ 段的时间整定值如下

$$\begin{cases} t_3^{\text{III}} = t_4^{\text{III}} + \Delta t \\ t_2^{\text{III}} = t_3^{\text{III}} + \Delta t \\ t_1^{\text{III}} = t_2^{\text{III}} + \Delta t \end{cases} \tag{2-22}$$

式中：t_1^{III}、t_2^{III}、t_3^{III}、t_4^{III} 分别对应于保护 1~4 的 Ⅲ 段整定时间；Δt 仍取 0.5s。

电流 Ⅲ 段动作时间的整定应当从最末端的负荷侧开始，逐级增大一个 Δt 延时。

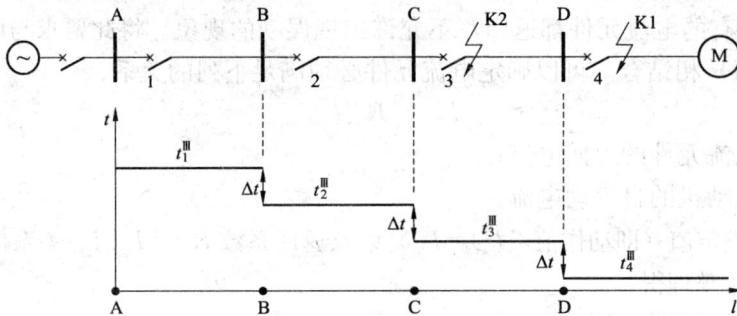

图 2-11 电流 Ⅲ 段动作时间的阶梯特性

按照式（2-22）设计后，各保护的 Ⅲ 段整定时间如图 2-11 所示，此特性被形象地称为阶梯时间特性。仅考虑电流 Ⅲ 段之间的配合时，K2 点短路就可以由保护 3 切除了。

在实际的电力系统中，母线上通常连接了多条出线或设备，如图 2-12 所示。此时，对于图 2-12 中的保护 1 而言，必须与所有的下一级保护进行配合，于是，保护 1 的电流 Ⅲ 段整定时间应当取为

$$t_1^{\text{III}} = \max\{t_2^{\text{III}},\ t_4^{\text{III}},\ t_5^{\text{III}}\} + \Delta t \tag{2-23}$$

式中 t_2^{III}——保护 2（B-C 线路保护）的 Ⅲ 段动作时间；

       t_4^{III}——保护 4（电动机保护）的 Ⅲ 段动作时间；

       t_5^{III}——保护 5（变压器保护）的 Ⅲ 段动作时间。

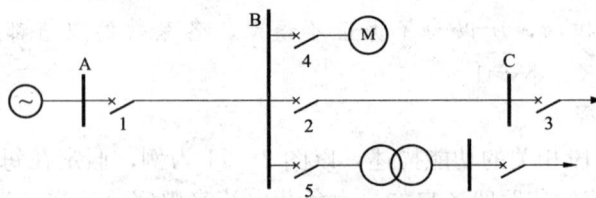

图 2-12 多条出线或设备的示意图

3. 灵敏度校验

以图 2-11 保护 1 为例，校验作为近后备的能力，即确认满足 $I_{\text{set.1}}^{\text{III}} < I_{\text{k.B.min}}$ 的程度。近后备灵敏系数计算公式为

$$K_{\text{sen(1)}}^{\text{III}} = \frac{I_{\text{k.B.min}}}{I_{\text{set.1}}^{\text{III}}} \tag{2-24}$$

要求 $K_{\text{sen(1)}}^{\text{III}} \geqslant 1.3 \sim 1.5$。也就是说，在本线路末端出现最小短路电流的短路时，电流 III 段保护具有足够的反应能力，确保电流 III 段的电流元件能够可靠启动。

校验作为相邻线路远后备的能力，即确认满足 $I_{\text{set.1}}^{\text{III}} < I_{\text{k.C.min}}$ 的程度。远后备灵敏系数计算公式为

$$K_{\text{sen(2)}}^{\text{III}} = \frac{I_{\text{k.C.min}}}{I_{\text{set.1}}^{\text{III}}} \tag{2-25}$$

要求 $K_{\text{sen(2)}}^{\text{III}} \geqslant 1.2$。也就是说，在下一级线路末端出现最小短路电流的短路时，电流 III 段保护仍具有足够的反应能力，确保电流 III 段的电流元件能够可靠启动。

将电流保护 I、II、III 的灵敏度校验方法归纳如下：由于 I 段无法保护本线路末端的短路，故采用 $K_{\text{sen}}^{\text{I}} = (l_{\text{min}}/l_{\text{A-B}}) \times 100\%$ 来描述灵敏度；II、III 段（包括近后备、远后备）均采用在校验点发生短路时，最小的短路电流超出整定值的部分来反映灵敏度。对于 II 段和 III 段的近后备，校验点为本线路末端；对于 III 段的远后备，校验点为所有相邻线路的末端。

顺便指出：①越靠近电源端，负荷电流越大，如图 2-12 中，断路器 1 的负荷电流是由断路器 2、4、5 的负荷电流叠加而成的。因此，越靠近电源端的电流 III 段，其电流整定值就大于等于下一级电流 III 段的电流整定值，在电流定值方面容易形成自然的配合关系。②按照上述方法进行 III 段整定计算时，如果灵敏度仍不满足要求，那么可以考虑下面的两种方法：一是采用第 3 章介绍的距离保护；二是进一步降低电流定值，先设法满足灵敏度的要求，再采用低电压元件和电流元件组成"与"的逻辑，构成低压开放的过电流保护（参见 6.3 节）。

*2.1.3.4　反时限电流保护

在三段式电流保护中，电流 III 段的动作时间需要依靠固定的时间级差 Δt 进行逐级配合，导致越靠近电源处，虽然短路电流越大，但是其动作时间越长，如图 2-11 中的 t_1^{III}（前提是主保护或断路器拒动）。为了克服这个缺点，可以采用动作时间与电流大小成反比关系的动作特性，称为反时限动作特性。

反时限特性是将电流元件和时间元件综合成一个元件。国际电工委员会（IEC）规定了几种反时限特性的动作方程：

（1）一般反时限特性（Normal inverse characteristic），其对数曲线簇如图 2-13 所示。

$$t = \frac{0.14K}{\left(\dfrac{I}{I_{\text{set}}}\right)^{0.02} - 1} \tag{2-26}$$

（2）非常反时限特性（Very inverse characteristic）。

$$t = \frac{13.5K}{\left(\dfrac{I}{I_{\text{set}}}\right) - 1} \tag{2-27}$$

（3）极度反时限特性（Extremely inverse characteristic）。

$$t = \frac{80K}{\left(\dfrac{I}{I_{set}}\right)^2 - 1} \qquad\qquad (2-28)$$

式（2-26）～式（2-28）中：K 为时间整定系数；I 为测量电流；I_{set} 为启动电流。

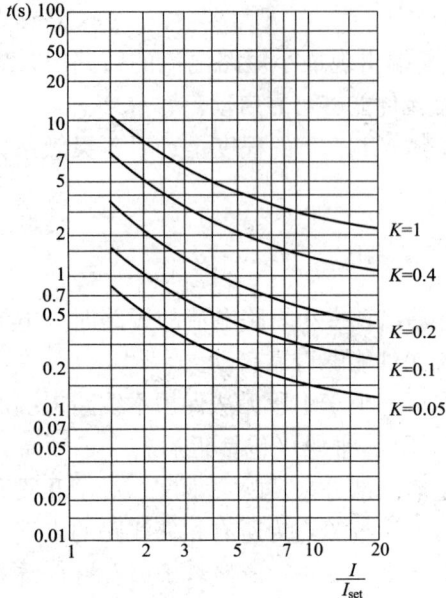

图 2-13　一般反时限特性的对数曲线簇

以一般反时限特性为例，在式（2-26）中，I_{set} 与电流保护Ⅲ段的整定方法一致，近后备、远后备的灵敏系数要求也一致。反时限参数 K 的一般选择方法是：根据本线路末端的短路电流和希望的动作时间，代入式（2-26）就可以选择 K 值的大小。在选择 K 值的过程中，只要最大短路电流能够满足上下级之间的配合关系，那么在电流为其他数值时，自然能够满足配合的需要了。

图 2-14（a）示出了电网示意图以及最大短路电流的曲线，图中，$I_{k1.max}$、$I_{k2.max}$、$I_{k3.max}$ 分别表示保护 1～3 出口处的最大短路电流；$I_{kD.max}$ 表示保护 3 线路末端的最大短路电流。为了方便，采用 $I_{set.n}$ 表示保护 n 的启动电流（$n=1$、2、3），且已经按照式（2-21）完成了计算。下面，结合图 2-14（b）的时间配合关系，说明参数 K 的选择过程。

（1）确定最末端线路的时间整定系数 K_3。

先设定保护 3 所在线路末端的最小动作时间 $t_{3.a}$（例如取 0.1～1.0s），于是，将已确定和计算的 $I_{kD.max}$、$I_{set.3}$、$t_{3.a}$ 代入式（2-26），就可以选择保护 3 的参数 K_3。

也可以设定 $t_{3.b}$ 为电流测量元件瞬时动作的固有动作时间，与 $I_{k3.max}$、$I_{set.3}$ 一起代入式（2-26）求取参数 K_3。

（2）依据 $t_{2.a}$ 点的关系，确定保护 2 的参数 K_2。

将母线 C 处的最大短路电流 $I_{k3.max}$ 代入已确定的曲线 K_3 计算式中，计算出 $t_{3.b}$，从而确定 $t_{2.a} = t_{3.b} + \Delta t$。再将保护 2 启动值 $I_{set.2}$ 以及计算的 $I_{k3.max}$、$t_{2.a}$ 代入式（2-26），就可以确定保护 2 的参数 K_2。

（3）依据 $t_{1.a}$ 点的关系，确定保护 1 的参数 K_1。

与步骤（2）类似。将母线 B 处的最大短路电流 $I_{k2.max}$ 代入已确定的曲线 K_2 计算式中，计算出 $t_{2.b}$，从而确定 $t_{1.a} = t_{2.b} + \Delta t$。再将保护 1 启动值 $I_{set.1}$ 以及计算的 $I_{k2.max}$、$t_{1.a}$ 代入式（2-26），就可以确定保护 1 的参数 K_1。

反时限特性构成了电流越大动作时间越短的特点，比较符合危害越大动作越快的实际需要，且靠近电源端的动作时间不至于太长，上、下级线路保护之间容易形成配合关系。但是，其整定配合比较复杂，远后备的动作时间可能比较长，最长延时出现在：相邻线路末端短路时，出现最小短路电流的情况。

反时限特性还广泛应用于零序电流保护、发电机-变压器组过负荷保护中，如定子绕组反时限过负荷保护、励磁回路过负荷保护，反映过负荷的热效应等。

在工程应用中，有时为了增强适应于各种电网结构的需要，可能会对式（2-26）进行部分改造，不再赘述。

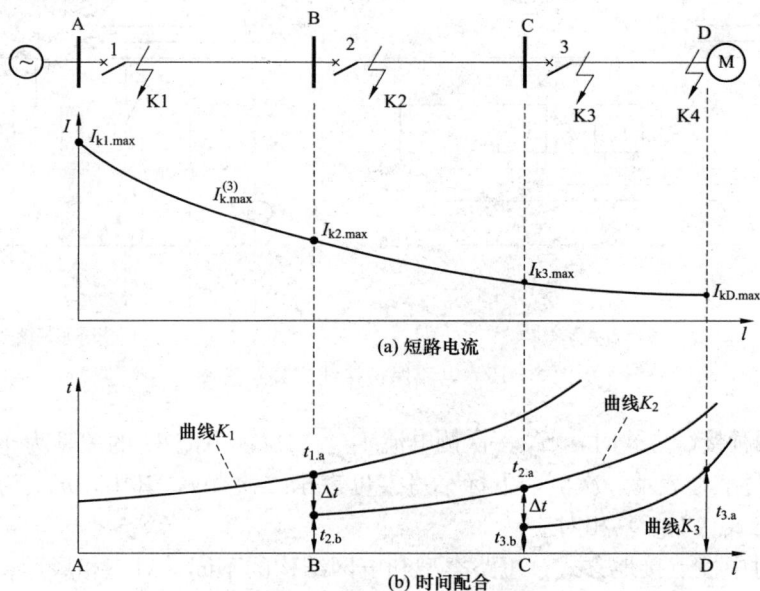

图 2-14　反时限电流保护的时间配合

*2.1.4　相间电流保护的接线方式

上述介绍的电流保护原理均以单相为例，那么，是否需要在三相系统的每相上都装设单相式电流保护才能保护任意相别的相间短路呢？有何优缺点？讨论接线方式的目的，就是要回答这样的问题。

在本书中，对于电流互感器 TA，均假定：一次电流从极性端流入，二次电流从极性端流出，如图 2-15 所示。这样，TA 的两侧就满足磁势平衡关系，TA 的一次和二次电流就可以按照同相位的关系来对待。在 TA 符合设计和参数选择的要求时，TA 一次和二次电流之间的相位差一般不超过 7°。

电流保护的接线方式是指电流互感器 TA 的二次回路与保护装置的连接方式。对于相间短路的电流保护，根据 TA 的安装条件，广泛使用的是三相星形接线和两相星形接线两种方式。图 2-15 示出了两种接线方式的电流Ⅰ段连接示意图，图中，KAa、KAb、KAc 对应于 A、B、C 三相的电磁型电流继电器，对于微机保护则对应于三个电流元件的计算与比较。

三相星形接线和两相星形接线方式分别介绍如下：

（1）三相星形接线如图 2-15（a）所示，三个相电流互感器的二次侧分别接到对应相别的电流测量元件，互感器和电流元件均接成星形方式，在中性线上流回的电流为 $\dot{I}_a + \dot{I}_b + \dot{I}_c = 3\dot{I}_0$；三相保护的跳闸命令构成"或"的逻辑，即任一相动作都作用于三相跳闸。由于在每相上都装设了电流元件，因此，可以反应各种相间短路和大电流接地系统的接地短路。

（2）两相星形接线如图 2-15（b）所示，通常在 A、C 两相装设 TA，B 相不装设 TA，可以节省 TA 的投资。A、C 两相电流互感器的二次侧分别接到对应相别的电流测量元件，在中性线上流回的电流为 $\dot{I}_a + \dot{I}_c$；两相保护的跳闸命令构成"或"的逻辑，即任一相动作都作用于三相跳闸。显然，这种接线方式无法直接反应 B 相电流。

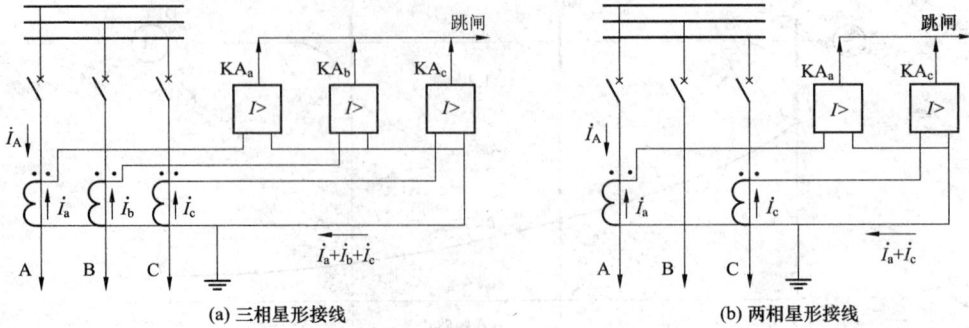

(a) 三相星形接线　　　　　　　　　　(b) 两相星形接线

图 2-15　电流保护接线方式示意图

当采用这两种接线方式时，TA 一次侧电流 I_1 与二次侧电流 I_2 的关系为 $I_1 = n_{TA} I_2$（$I_A = n_{TA} I_a$，下标大写字母表示一次侧，下标小写字母表示二次侧），其中，n_{TA} 为电流互感器的变比。此关系与式（2-7）相对应。

下面，针对中性点接地方式、短路类型和电网结构的不同，对三相星形、两相星形的接线方式进行性能的分析与比较。

（1）对于三相短路和两相相间短路，由短路分析可以知道，两种接线方式中至少有一个电流元件能够准确地反应短路电流，从而发出跳闸命令。不同之处仅是动作的电流元件数不一样，如 A、B 两相相间短路时，三相星形接线的 A、B 相均动作，而两相星形接线只有 A 相动作，但不影响跳三相断路器。

（2）小电流接地系统发生单相接地时，三相电流变化很小，两种接线方式都不反应。实际上，这种情况包括：某个地点发生了单相接地；不同的两个地方（异地）发生了同一相的两点接地，如两处均为 A 相接地。

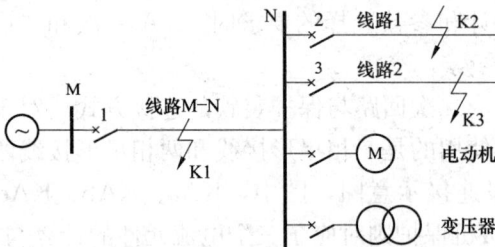

(a) 单电源电网的一般结构示意图

(b) 串联线路两点接地的 $3\dot{I}_0$ 特征

图 2-16　异地两点接地示意图

（3）小电流接地系统如果出现两个接地点都发生在同一条线路上，如图 2-16（a）所示，在线路 M-N 的两个地点分别发生了 A 相接地和 B 相接地（省略了标示），那么，其特征十分类似于线路 M-N 发生了两相相间短路，两种接线方式均可以切除短路。

（4）排除了（1）～（3）的情况后，需要重点分析、比较的是，对于小电流接地系统，在不同线路上发生了不同相别的两点接地情况。由于单相接地时可以允许继续运行 1～2h，因此，异地两点接地短路时，希望继电保护装置只切除一个接地点，争取停电范围最小，即仅切除靠近负荷端的接地点。

图 2-16（a）所示为单电源电网的一般结构示意图，仅从继电保护的动作行为和停电范围的角度，分析串联、并联线路的两种情况。当然，在发生一点接地故障后，应当由运行人员及时处理，尽量避免出现两点接地的情况。

1）串联线路发生异地两点接地。如图 2-16（a）所示，如果在线路 M-N 和线路 1 上分别发生了不同相别的一点接地，那么按照前面介绍的保护整定方案，保护 1、2 之间满足配合关系，在此条件下，将两条线路不同相别接地的组合以及实际切除线路的情况列于表 2-1 中，并将两条线路同时被切除的不好效果用"×"进行了标注。

可以看出，三相星形接线方式能够满足选择性的要求；但对于两相星形接线方式，由于无法反应 B 相电流，因此有 1/3 的几率会切除线路 M-N，扩大了停电范围。故对于串联线路，采用三相星形接线方式为好。

2）并联线路发生异地两点接地。如图 2-16（a）所示，如果在线路 1 和线路 2 上分别发生了不同相别的一点接地，那么考虑到保护 2、3 之间没有配合关系，将两条线路不同相别接地的组合以及切除线路情况列于表 2-2 中，并将仅切除 1 条线路的有利情况用"√"进行了标注。

表 2-1　　　　　　　　　　　　　　串联线路的故障组合情况

线路 M-N 的接地相别	A		A		C	
线路 1 的接地相别	B	C	A	C	A	B
三相星形接线 切除的线路	线路 2	线路 2	线路 2	线路 2	线路 2	线路 2
A、C 两相星形接线 切除的线路	线路 M-N ×	线路 2	线路 2	线路 2	线路 2	线路 M-N ×

表 2-2　　　　　　　　　　　　　　并联线路的故障组合情况

线路 1 的接地相别	A		B		C	
线路 2 的接地相别	B	C	A	C	A	B
三相星形接线 切除的线路	线路 1、 线路 2	线路 1、 线路 2	线路 1、 线路 2	线路 1、 线路 2	线路 1、 线路 2	线路 1、 线路 2
A、C 两相星形接线 切除的线路	线路 1 √	线路 1、 线路 2	线路 2 √	线路 2 √	线路 1、 线路 2	线路 1 √

可以看出，三相星形接线方式比较容易切除两条线路，扩大了停电范围（在一条线路出口附近接地、另一条线路末端接地时，可能仅切除一条线路）；而两相星形接线方式有 2/3 的几率仅切除一条线路。因此，对于并联线路，采用两相星形接线方式为好。

通过上述的分析、比较可知，两种接线方式各有利弊，在工程中都有应用。当然，还必须考虑一点接地之后，由运行人员处理一点接地故障的速度。

考虑到母线 N 上通常连接着多条出线和设备，按照相同的每百公里故障概率来计算，显然，在多条并联线路上发生异地两点接地的可能性要大，于是，从故障概率的角度来说，应当采用两相星形接线方式。但是，应当指出的是，在异地两点接地后，一旦出现图 2-16（a）中的保护 1 跳闸，就会将母线 N 及其所有出线切除（不仅仅是两条出线），导致更大的停电范围，造成更不利的后果；另外，与供电可靠性相比较，TA 投资的增加是值得的。因此，现在的微机保护逐渐倾向于采用三相星形接线方式。

采用三相星形接线方式后，在图 2-16 (b) 中的 K1 点发生 C 相接地、K2 点 B 相接地时，短路电流经两个接地点之间构成回路（如虚线所示），于是，不考虑负荷电流时，分别对保护 1、2 进行分析：①保护 1 感受到类似于两相相间短路的特征，存在 $\dot{I}_{B.k}=-\dot{I}_{C.k}$（不接地系统的特征），所以，保护 1 有 $3\dot{I}_0=\dot{I}_{A.l}+\dot{I}_{B.l}+\dot{I}_{C.l}=\dot{I}_{B.k}+\dot{I}_{C.k}=0$；②保护 2 只流过 $\dot{I}_{B.k}$ 的故障电流，有 $3\dot{I}_0=\dot{I}_{A.l}+\dot{I}_{B.l}+\dot{I}_{C.l}=\dot{I}_{B.k}\neq0$。实际上，有负荷电流时，保护 1、2 的 $3\dot{I}_0$ 结论仍然成立。因此，有 $3\dot{I}_0$ 存在基本上就是异地两点接地时靠近负荷端的特征，可以利用有 $3\dot{I}_0$ 来加速保护 2 动作。

2.1.5　三段式电流保护的应用与评价

三段式电流保护主要应用于保护小电流接地系统的相间短路。电流 I、II、III 段保护都是反应电流增大而动作的保护，它们之间的主要区别在于：按照不同的原则来选择保护的启动电流和延时时间。通过电流与时间的两个条件来共同确定短路发生的区域。

现将三段式电流保护的整定原则、应用效果进行简单地归纳和评价：I 段躲线路末端最大的短路电流，能够无延时地切除最小保护范围 $l_{\min}$ 以内的相间短路；II 段增加小延时，确保线路末端有灵敏度；III 段躲最大的负荷电流，通过整定时间实现配合，需验证近后备、远后备有灵敏度。实际上，电流保护都是按照最大的短路电流进行整定，按照最小的短路电流验证灵敏度。三段电流保护之间相互配合，最大限度地满足了继电保护"四性"的要求。

所有仅利用线路一侧电气量构成的继电保护可以统称为单端电气量保护，其配置、整定原则和阶梯时限配合的关系都与三段式电流保护相类似，如后面将介绍的零序电流保护、距离保护等。

图 2-17 所示为微机型三段式电流保护的逻辑示意图，其工作过程如下：

(1) 测量三相电流。

(2) 取电流最大值分别与 I、II、III 段的整定值进行比较，其中，整定值可以通过人机接口进行设置。

(3) 如果满足 $I\geqslant I_{\text{set}}^{\text{I}}$，则立即驱动执行继电器（对应于向断路器发跳闸命令），接通断路器跳闸线圈的电源，实现跳闸，并记录"电流 I 段动作"的信息。

(4) 如果 $I\geqslant I_{\text{set}}^{\text{II}}$，则启动 II 段的时间元件，又满足 t^{II} 时，立即发跳闸命令，并记录"电流 II 段动作"的信息。

(5) III 段与 II 段类似，主要是电流与时间的整定值不同。

(6) 如果上述任何一个环节不满足条件，则保护不会动作，并且电流小于三个电流整定值时，所有电流元件、时间元件都返回，保护装置准备好下一次动作。

对于同一个位置的继电保护，由于通常满足 $I_{\text{set}}^{\text{I}}>I_{\text{set}}^{\text{II}}>I_{\text{set}}^{\text{III}}$ 的关系，因此，I 段电流元件动作时，II、III 段电流元件也动作；II 段电流元件动作时，III 段电流元件也动作。

微机保护通过 FLASH 内存的存储，很容易实现记录 10～20 次以上的保护动作信息，并且在直流电源消失的情况下，也不会丢失已经保存的动作信息。

在继电保护、断路器及二次回路均正确工作情况下，各处三段式电流保护的动作时间与保护范围示意图如图 2-18 所示，其中，II 段按照与 I 段配合进行绘制，且保护 4 只配置了

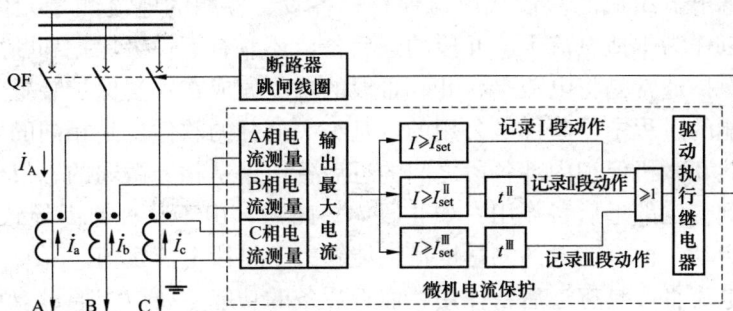

图 2-17 微机型三段式电流保护逻辑示意图

Ⅰ段和Ⅲ段。由图 2-18 可以看出，Ⅰ、Ⅱ段保护共同起到了快速保护线路全长的目的，构成了主保护的功能；在主保护正确工作时，Ⅲ段保护只启动但不动作；如果Ⅲ段的后备起作用，那么越靠近电源端，其动作时间越长，这是不利的地方。

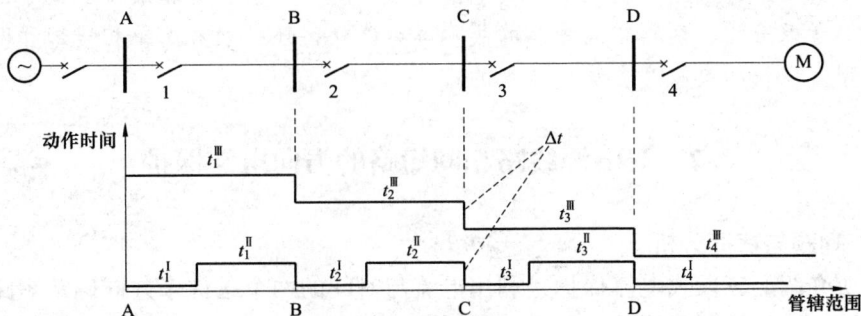

图 2-18 三段式电流保护的动作时间与保护范围示意图

图 2-19 所示为近后备与远后备的说明示意图。当线路 B-C 的末端发生短路时，应当由保护 2 的电流Ⅱ段动作跳闸，但是，如果某种原因导致保护 2 的电流Ⅱ段拒动时，就可以由保护 2 的电流Ⅲ段动作跳闸，这种在同一地点所起到的后备作用就是近后备；如果某种原因导致保护 2 或断路器 2 拒动，那么保护 1 的电流Ⅲ段会动作于跳闸，此时，保护 1 的电流Ⅲ段就是保护 2 和断路器 2 的远后备。

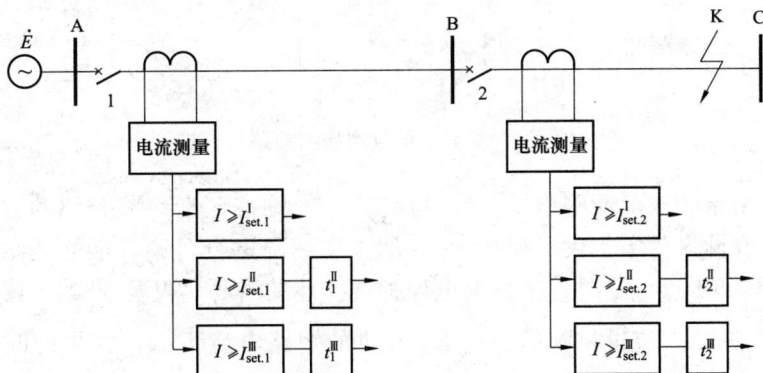

图 2-19 近后备与远后备说明示意图

对于电磁型继电器组成的三段式电流保护，各段、各相的电流测量元件是独立的，因此，电流Ⅲ段可以作为本地电流Ⅰ、Ⅱ段的近后备，还兼有下一级保护和断路器的远后备作用。但是，微机保护通常是将电流Ⅰ、Ⅱ、Ⅲ段的功能集成在一套保护装置中，在执行电流Ⅰ、Ⅱ、Ⅲ段功能的过程中，硬件是公用的，且绝大部分的软件也是相同的，主要是整定值大小的差异，因此，微机保护内部各段之间的近后备作用是相当微弱的。仅仅在下面这样较少的情况下才起到一定的近后备作用：如Ⅱ段内短路时，由于某种原因导致测量电流偏小，Ⅱ段电流元件不启动，而有差异的测量电流还能够大于Ⅲ段电流定值。

微机保护的电流Ⅲ段具有远后备作用，而近后备的功能主要应当通过双重化来实现。

对于非微机构成的电流保护（如电磁型），其主要优点是简单、经济、可靠；而应用微机构成的电流保护，具有维护调试方便、可靠性高、具备远程通信等功能，故障特征和工况差异的识别等方面都得到了充分利用，且微机保护具有很强的自检功能，可以做到"只要不报警，装置基本上就是完好的"，实际上，这些特点是所有微机保护的共同特点，是非微机保护难以比拟的。因此，微机保护被越来越广泛地应用于电力系统中。

顺便指出：如果将电流保护应用于大电流接地系统，那么在计算最大、最小的短路电流时，除了需要考虑三相、两相相间短路的故障类型以外，还必须考虑单相接地和两相接地短路的故障类型，保护的灵敏度会受到很大的影响。

2.2　双电源线路相间短路的方向电流保护

2.2.1　问题与特征分析

上一节所介绍的三段式电流保护是利用电流与时间的两个条件来共同确定短路发生的区域，从而保证有选择性地尽快切除短路。但是，这种原理的电流保护在双电源、多电源的网络中使用时，会遇到困难。下面以双电源网络为例予以说明。

对于如图2-20所示的双电源供电网络，必须在线路两端都装设断路器和保护装置，以便在线路上发生短路时，线路两侧的断路器能够跳闸并切除短路。图2-20中的K1点短路时，如果仅仅由断路器3、4跳闸，切除故障线路，那么母线A、B、C、D均有电源向其供电，从而提高了各母线供电的可靠性。

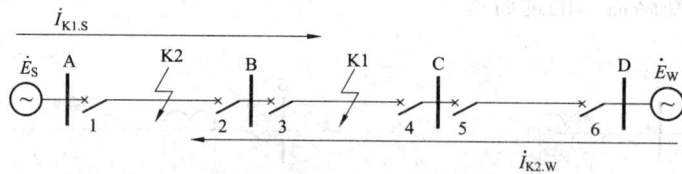

图 2-20　双电源供电网络的短路与保护

在图2-20所示的双电源网络中，假设保护1~6均按照上一节介绍的方法进行了各保护定值的整定，在此条件下，仅对保护2、3的工作情况进行讨论，最终的结论可以适用于其他位置的保护。K1点短路时，依据继电保护选择性的需要，仅要求保护3、4应当动作于跳闸，但是，保护2、3流过相同的、由$\dot{E}_S$提供的短路电流$\dot{I}_{K1S}$，如果此时出现了$I_{K1S} > I_{set.2}^I$的情况，那么保护2也会瞬时动作（属于误动），从而使变电站B全部停电，这是不能容许的；同样地，K2 点短路时，如果出现了 $I_{K2.W} > I_{set.3}^{I}$，则保护 3 也会误动。另外，对于电流Ⅲ段来说，为了保证选择性，在 K1 点短路时，希望 $t_2^{Ⅲ} > t_3^{Ⅲ}$，以便保护 3 动作跳闸，保护 2 不动作；而在 K2 点短路时，又希望 $t_2^{Ⅲ} < t_3^{Ⅲ}$，以便保护 2 动作跳闸，保护 3 不动作。显然，这是矛盾的，在所讨论的保护 2、3 之间，无法整定Ⅲ段时间的定值。这就是双电源网络带来"会误动和无法整定时间"的新问题。如何解决呢？答案是：寻找特征的差异。

从图 2 - 20 可以看出，当 K1 点发生三相短路时，如果短路点到保护 3 安装处的阻抗为 Z_{1k}，那么，可得母线 B 处的电压、电流关系为

$$\dot{U}_B = Z_{1k} \dot{I}_{k1.S} \tag{2-29}$$

式中 $\dot{U}_B$——母线 B 的测量电压；

     $\dot{I}_{k1.S}$——由电源 $\dot{E}_S$ 流向短路点 K1 的电流（下标 "k1" 表示 K1 点短路）；

     Z_{1k}——短路点 K1 到母线 B 之间的正序阻抗（下标 "1" 表示正序分量，Z_{1k} 为继电保护常用的参数之一，可简写为 Z_k，其阻抗角用 φ_k 表示，下同）。

在式（2-29）的基础上，如果将保护 2、3 的电流正方向均规定为：由母线指向线路，如图 2-21（a）中的 $\dot{I}_{m.2}$、$\dot{I}_{m.3}$ 及其箭头所示。这样，规定了正方向之后，K1 点短路就位于保护 3 的正方向，按照选择性的要求，应当动作；但 K1 点属于保护 2 的反方向短路，不应当动作。

类似地，在图 2-20 中，K2 点属于保护 2 的正方向短路，但属于保护 3 的反方向短路。

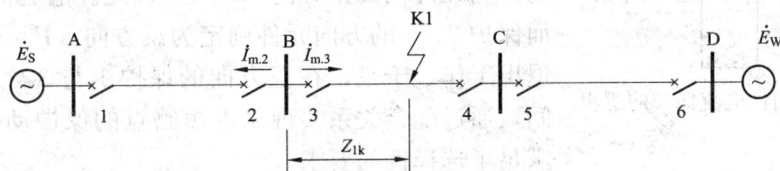

(a) 保护2、3的正方向

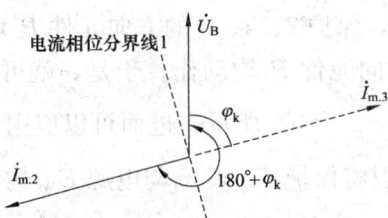

(b) K1时保护2的相量   (c) K1时保护3的相量

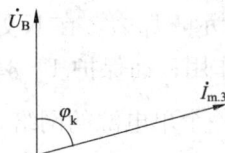

图 2 - 21   正方向规定与保护的相量

正如《电路》中介绍的一样，参考方向是任意选定的一个方向。规定正方向的目的是：在列写电路关系和方程时，起到一个参考方向的作用。这样，在确定了保护 2、3 的电流正方向之后，由图 2-21（a）可以得到 K1 短路时保护 2、3 的电压、电流相量关系分别为

$$\dot{U}_B = -Z_{1k} \dot{I}_{m.2} \tag{2-30}$$

$$\dot{U}_B = Z_{1k} \dot{I}_{m.3} \tag{2-31}$$

两式中 $\dot{U}_B$——母线 B 的测量电压；

     $\dot{I}_{m.2}$、$\dot{I}_{m.3}$——分别为保护 2、3 按照规定正方向所得到的测量电流。

将式（2-30）、式（2-31）的相量关系画出，如图 2-21（b）、（c）所示，可以发现：利用母线测量电压 $\dot{U}_B$ 作为参考相量时，在同一个 K1 点短路情况下，按照规定正方向所绘制的电流与电压相位关系存在极大的差异，$\dot{I}_{m2}$ 与 $\dot{I}_{m3}$ 的相位相反。于是，完全可以设法利用这个差异，在差异的中间划定一条特征分界线，如图 2-21（b）中的虚线 1 所示，从而设法实现 K1 点短路时仅让识别为"正方向短路"的保护 3 动作，而让识别为"反方向短路"的保护 2 不动作。应用于识别正方向短路、反方向短路，而仅让正方向短路才动作的元件，叫作功率方向元件（可简称为方向元件，一般用符号 P 表示）。

应当说明的是：①确定了正方向的规定之后，对于拟讨论的保护，电路计算和分析通常都以规定正方向为前提；②在方向元件中，保护 2、3 共有的母线测量电压 $\dot{U}_B$ 实际上是起到了一个参考相量的作用。保护 2、3 短路方向识别的结论可以推广到其他位置的保护中，于是，线路保护统一规定正方向为由母线指向线路。

如果将方向元件 P 和电流测量元件 I 构成如图 2-22 所示的"与"逻辑关系，那么在正方向短路时 P＝1，允许电流元件动作；在反方向短路时 P＝0，不允许电流元件动作。这种通过加装方向元件所构成的电流保护称为方向性电流保护。相当于将图 2-22 的逻辑代替图 2-17 中的电流元件。

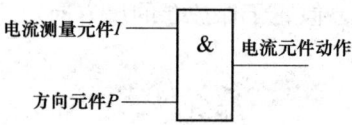

图 2-22 方向性电流保护的逻辑

这样，在图 2-21 的 K1 点短路时，保护 1、3、4、6 的方向元件均为正方向（P＝1），允许电流保护投入工作；而保护 2、5 的方向元件确定为反方向（P＝0），电流保护退出工作。于是，在正方向的保护 1 与 3 之间、4 与 6 之间，通过配合关系实现靠近短路点的保护动作跳闸，从而满足了选择性的要求。

假设将方向元件应用到双电源网络的每一个保护中，各保护正方向如图 2-23（a）中的 $P_1 \sim P_6$ 箭头所示，那么，在 K 处短路时，保护 2、4、6 的方向元件 P 均不动，保护 2、4、6 相当于不起作用；而保护 1、3、5 的方向元件 P 均动作。于是，就可以将保护 1、3、5 与电源 $\dot{E}_S$ 构成一个单电源的网络，如图 2-23（b）所示，进而可以应用上一节介绍的电流保护配合、整定方法和思路。同样地，可以将保护 2、4、6 与电源 $\dot{E}_W$ 构成另一个单电源

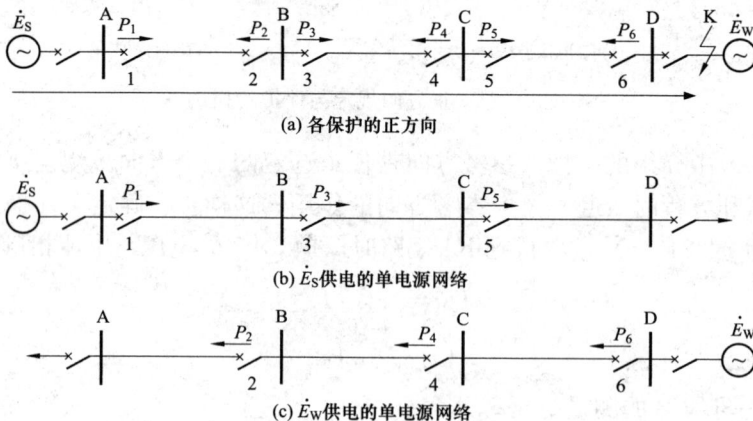

(a) 各保护的正方向

(b) $\dot{E}_S$ 供电的单电源网络

(c) $\dot{E}_W$ 供电的单电源网络

图 2-23 双电源网络的分解

的网络，如图 2-23（c）所示。

　　顺便指出，对于各种被保护设备（也统称为元件，包括线路），继电保护通用的规定正方向为：指向被保护设备。图 2-24（a）用箭头标示了线路保护 1、2 和母线保护的规定正方向，并画出了各保护应当接入的电流互感器。

　　另外，继电保护通常规定的电压正方向为由参考地指向被保护元件。此规定并不改变欧姆定律的关系，但方便了在作图中实现电压相量的加、减，因为继电保护经常需要进行相量的作图分析。如图 2-24（b）所示，a、b 点分别为 A 相、B 相的对地电压 $\dot{U}_A$ 和 $\dot{U}_B$，那么，直接由 b 点指向 a 点的相量就是 $\dot{U}_A - \dot{U}_B = \dot{U}_{AB}$。

　　明确了正方向概念之后，再与第 1 章中的位置称谓相比较，会发现：继电保护的保护区域通常都是正方向范围。所以，反方向的设备虽然紧邻保护安装处，但一般不算相邻设备，如图 2-23（b）所示，虽然线路 A-B 与保护 3 紧邻，但属于保护 3 的反方向，不在保护 3 的保护范围内；顺着 P_3 箭头的正方向"往前看"，线路 B-C 才是保护 3 的主保护及近后备的保护范围，线路 C-D 是保护 3 远后备的保护范围，相应地，将保护 5 称为保护 3 的下一级，则保护 3 是保护 5 的上一级。

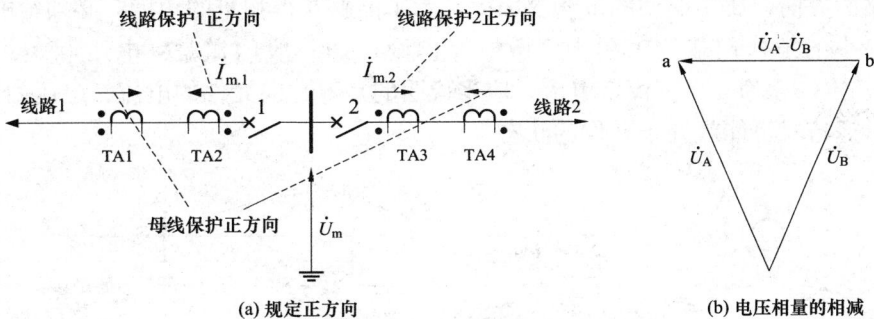

(a) 规定正方向　　　　　　　　　　　　(b) 电压相量的相减

图 2-24　各保护规定的正方向

2.2.2　方向元件的初步设想

　　经过上述的分析之后发现，问题的关键转化为：如何实现短路方向的识别，以及如何设计图 2-22 中的（正）方向元件 P。这就是下面要研究和讨论的方向元件及其设计。

　　实际上，图 2-21（b）已经指明了短路方向的识别方法，即采用保护安装处的测量电压相量作为参考，再根据测量电流相量的相对关系，从而实现短路方向的识别。将图 2-21（b）、(c) 归纳为具有普遍意义的方向元件相位关系及其动作区域，如图 2-25 所示，阴影部分的那一侧为正方向动作区域。于是，根据图 2-25 的相位关系，可以写出方向元件（正方向动作）的相位比较动作方程

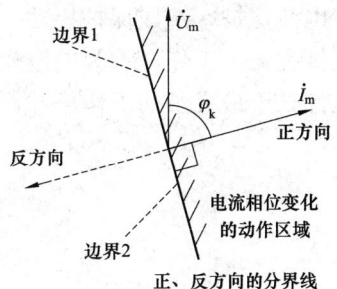

图 2-25　分界线及动作区

$$-（90° - \varphi_k）< \arg \frac{\dot{U}_m}{\dot{I}_m} < （90° + \varphi_k）\qquad (2-32)$$

式中　$\dot{U}_m$、$\dot{I}_m$——保护的测量电压、测量电流；

　　　　φ_k——线路的正序阻抗角，小电流接地系统的阻抗角为 $60° \sim 75°$；

$\arg \dfrac{\dot{U}_{m}}{\dot{I}_{m}}$——取相量 $\dfrac{\dot{U}_{m}}{\dot{I}_{m}}$ 的相位，也就是 $\dot{U}_{m}$ 超前 $\dot{I}_{m}$ 的角度。

在式（2-32）中，$-(90°-\varphi_{k})$ 对应于边界 1，$(90°+\varphi_{k})$ 对应于边界 2。

由于式（2-32）与 $P=U_{m}I_{m}\cos\left(\arg\dfrac{\dot{U}_{m}}{\dot{I}_{m}}-\varphi_{k}\right)>0$（有功功率为正）的条件相对应，于是，也将方向元件称为功率方向元件。

为了避免方向元件对电流保护的整定值、灵敏度产生不利的影响，为此，对方向元件的基本要求是：

（1）具有明确的正方向识别能力。

（2）正方向短路时应可靠动作，并有足够的灵敏性。

第（1）项是引入方向元件的目的；第（2）项是在引入方向元件之后，要求方向元件的灵敏度应当高于电流保护的灵敏度，如图 2-26 所示。

另外，在式（2-32）中，任何一个电气量为 0 时，均无法进行相位的正确比较，此时，如果方向元件出现了动作的情况，则称发生了潜动。一般情况下，方向元件出现潜动时，无法识别短路的方向，属于误动的范畴。因此，为了能够获得相量的角度，必须给电压、电流设定一个最小的工作门槛。工程中，微机保护设计的一般门槛是：电压 $0.5\sim1V$，电流 $0.05I_{N}$，其中，I_{N} 为二次侧额定电流。应当说明的是，方向元件的电流、电压门槛值较小，在系统正常运行时可能就处于动作的状态。

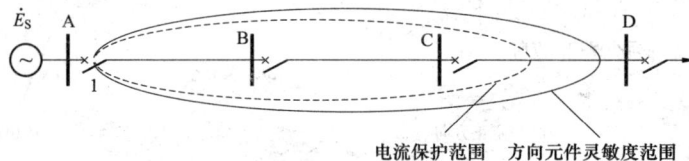

图 2-26 方向元件灵敏度与电流保护的配合

2.2.3 方向元件的接线方式及动作方程

系统最小的短路电流通常都大于 $0.05I_{N}$，所以，方向元件的电流门槛一般不会影响电流保护的灵敏度，但是，出口短路时电压为 0，将导致方向元件不动作（$P=0$），从而闭锁了电流保护，造成保护拒动。实际上，对应于测量电压小于电压门槛（$0.5\sim1V$）时，方向元件都无法工作，称为电压死区现象。为了尽可能减少电压死区的影响，并尽可能地使方向元件处于最灵敏的工作条件，于是，就需要讨论方向元件的接线方式，即接入什么电压、电流才能使方向元件的工作性能达到最好、动作最灵敏。

考虑到在两相相间出口短路时，非故障相电压不为 0，于是，设法在电压信号中尽可能包含非故障相的电压。经过分析与研究，方向元件广泛采用的是 90°接线方式，三个相别的方向元件接入的电流、电压如表 2-3 所示。所谓 90°接线方式是指，在三相对称且 $\cos\varphi=1$ 时，接入的电流和电压相位相差 90°，称谓参考如图 2-27 所示。这个称谓仅仅是为了称呼和交流的方便，没有什么

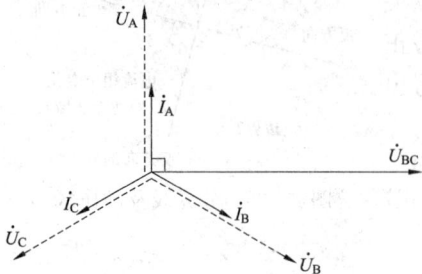

图 2-27 90°接线称谓参考图

物理意义。

采用表 2-3 所示的 90°接线方式后，由于接入的电压发生了改变，因此不能再使用式（2-32）的动作方程了。于是，需要分析方向元件新的动作方程。下面将对各种相间短路的相量关系进行讨论，以便确定新的动作方程。

表 2-3　　　　　　　　　　90°接线方式接入的电流、电压

方向元件	A 相 P_A	B 相 P_B	C 相 P_C
接入电流 $\dot{I}_m$	$\dot{I}_A$	$\dot{I}_B$	$\dot{I}_C$
接入电压 $\dot{U}_m$	$\dot{U}_{BC}$	$\dot{U}_{CA}$	$\dot{U}_{AB}$

1. 正方向三相短路的相量关系

如图 2-21 所示，发生 K1 点（非近处，即 $Z_{1k} \neq 0$）的三相短路时，对于保护 3 来说是正方向发生了三相短路，保护安装处的相量图如图 2-28 所示（省略保护和电流的编号），于是，按照表 2-3 可得 90°接线方式的相位关系为

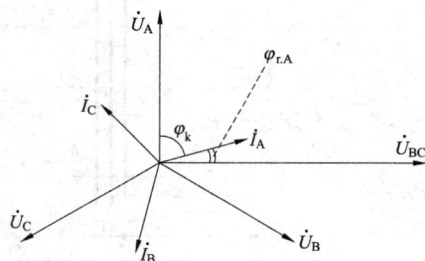

图 2-28　正方向三相短路相量图

$$
\begin{cases}
\arg \dfrac{\dot{U}_{BC}}{\dot{I}_A} = \varphi_{r.A} = -(90° - \varphi_k) \\[2mm]
\arg \dfrac{\dot{U}_{CA}}{\dot{I}_B} = \varphi_{r.B} = -(90° - \varphi_k) \quad (2\text{-}33) \\[2mm]
\arg \dfrac{\dot{U}_{AB}}{\dot{I}_C} = \varphi_{r.C} = -(90° - \varphi_k)
\end{cases}
$$

式中　φ_k——线路正序阻抗 Z_{1k} 的阻抗角；

$\varphi_{r.A}$——A 相方向元件 P_A 的相位角度；

$\varphi_{r.B}$——B 相方向元件 P_B 的相位角度；

$\varphi_{r.C}$——C 相方向元件 P_C 的相位角度。

2. 正方向两相相间短路的相量关系

为了涵盖任意位置的正方向两相短路情况，按照继电保护的一般分析方法，考虑两种极端的短路点位置情况：出口处和极远处。其他位置短路的相量关系均介于这两种情况之间。

（1）出口处 BC 两相相间短路。短路示意图如图 2-29（a）所示，出口处对应于 $Z_k = 0$。根据短路分析可知，短路电流 $\dot{I}_B (= -\dot{I}_C)$ 由电动势 $\dot{E}_{BC}$ 产生，$\dot{I}_B$ 落后 $\dot{E}_{BC}$ 的角度为 φ_k。保护安装处的电压、电流为

$$
\begin{cases}
\dot{U}_A = \dot{U}_{kA} = \dot{E}_A \\[2mm]
\dot{U}_B = \dot{U}_{kB} = \dfrac{\dot{E}_B + \dot{E}_C}{2} = -\dfrac{1}{2}\dot{E}_A \\[2mm]
\dot{U}_C = \dot{U}_{kC} = \dot{U}_{kB} = -\dfrac{1}{2}\dot{E}_A \\[2mm]
\dot{I}_B = -\dot{I}_C = \dfrac{\dot{E}_B - \dot{E}_C}{2(Z_s + Z_k)}
\end{cases}
\qquad (2\text{-}34)
$$

式中　$\dot{U}_A$、$\dot{U}_B$、$\dot{U}_C$——保护的三相测量电压；

$\dot{U}_{kA}$、$\dot{U}_{kB}$、$\dot{U}_{kC}$——短路点的三相电压；

$\dot{E}_A$、$\dot{E}_B$、$\dot{E}_C$——电源的电动势；

$\dot{I}_B$、$\dot{I}_C$——B、C 相的测量电流；

Z_s——保护安装处的系统正序阻抗；

Z_k——短路点到保护安装处之间的正序阻抗。

绘制出出口处 BC 两相相间短路的电流、电压相量关系，如图 2-29（b）所示。

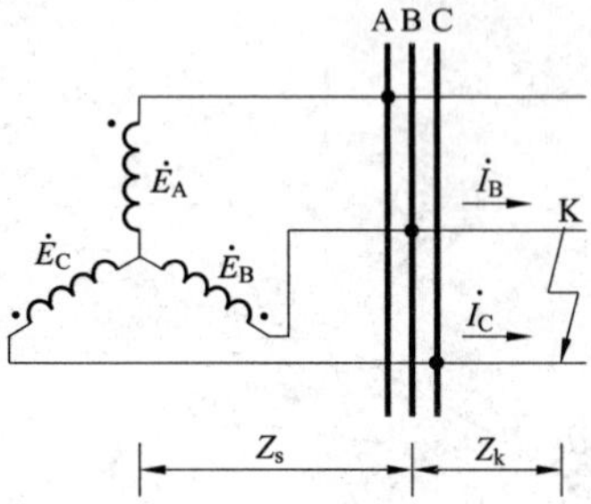

(a) 短路示意图 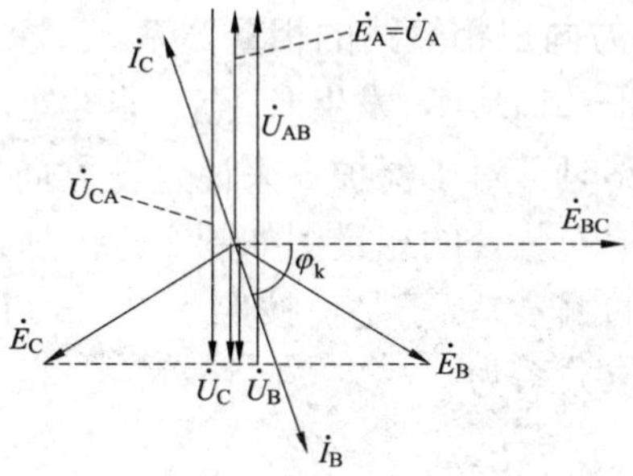　　　　　　　　　(b) 相量图

图 2-29　出口处 BC 两相相间短路

BC 两相短路时，A 相电流基本上仍为负荷电流，A 相电流元件不动作，其方向元件可以不必关心。

根据图 2-29（b）的相量关系，可得 90°接线方式的 B 相方向元件动作条件为

$$\arg \frac{\dot{U}_{CA}}{\dot{I}_B} = \varphi_{r.B} = -(90° - \varphi_k) \qquad (2-35)$$

C 相方向元件的动作条件为

$$\arg \frac{\dot{U}_{AB}}{\dot{I}_C} = \varphi_{r.C} = -(90° - \varphi_k) \qquad (2-36)$$

式中　$\varphi_{r.B}$、$\varphi_{r.C}$——分别为 B、C 相方向元件的相位角度。

（2）极远处 BC 两相相间短路。取 $Z_k \gg Z_s$，短路电流 $\dot{I}_B(=-\dot{I}_C)$ 由电动势 $\dot{E}_{BC}$ 产生，

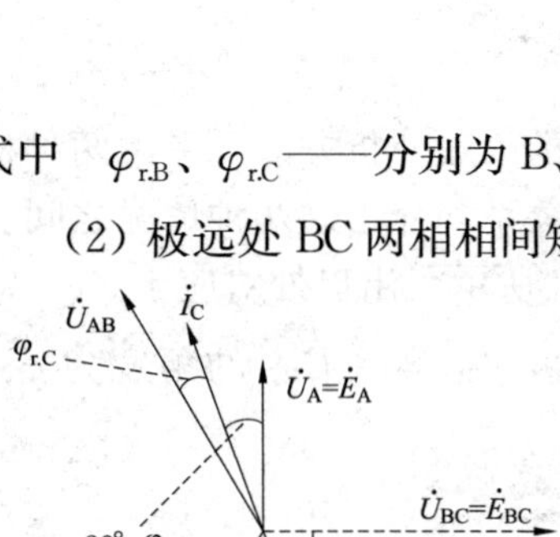

图 2-30　极远处 BC 两相相间
短路相量图

$\dot{I}_B$ 落后 $\dot{E}_{BC}$ 的角度为 φ_k，保护安装处的电压近似等于电动势，于是，绘制出极远处 BC 两相相间短路的电流、电压相量关系，如图 2-30 所示。根据图 2-30 的相量关系，可得 90°接线方式的 B 相方向元件动作条件为

$$\arg \frac{\dot{U}_{CA}}{\dot{I}_B} = -(120° - \varphi_k) \qquad (2-37)$$

C 相方向元件的动作条件为

$$\arg \frac{\dot{U}_{AB}}{\dot{I}_C} = 30° - (90° - \varphi_k) = -60° + \varphi_k \qquad (2-38)$$

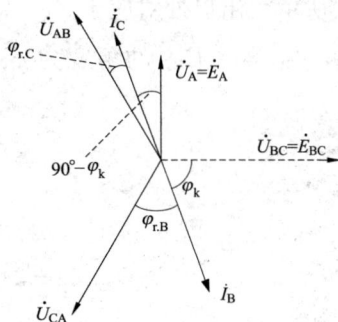

3. 动作区域及动作方程

输电线路的阻抗角 φ_k 约为 $60°\sim85°$，计及短路点存在过渡电阻时会使得等效的 φ_k 偏小（参见 3.5），于是，将 φ_k 的变化范围放大到 $0°\sim90°$，并代入式（2-33）~式（2-38）的正方向动作条件中，列于表 2-4。

将表 2-4 正方向动作条件的角度关系在角度平面上画出，如图 2-31（a）所示，其中，直线 1 对应于表 2-4 中的最大角度 $30°$，直线 2 对应于表 2-4 中的最小角度 $-120°$，于是，综合各种情况的相间短路和应当动作的各种相别保护之后，直线 1 与直线 2 之间就是属于方向元件应当动作的角度范围。

如果采用类似的方法分析反方向短路，会确定：反方向角度区域位于图 2-31（a）直线 3、4 的阴影区内，与正方向角度区域正好相反。

表 2-4   **动 作 条 件 归 纳**

短路情况	金属性短路的动作条件	含过渡电阻影响，并代入线路阻抗角大小范围的动作条件
正向 $K^{(3)}$、近处 $K^{(2)}$	$\varphi_k - 90°$	$-90°\sim0°$
远处 $K_{bC}^{(2)}$ 的 B 相	$\varphi_k - 120°$	$-120°\sim-30°$
远处 $K_{bC}^{(2)}$ 的 C 相	$\varphi_k - 60°$	$-60°\sim30°$

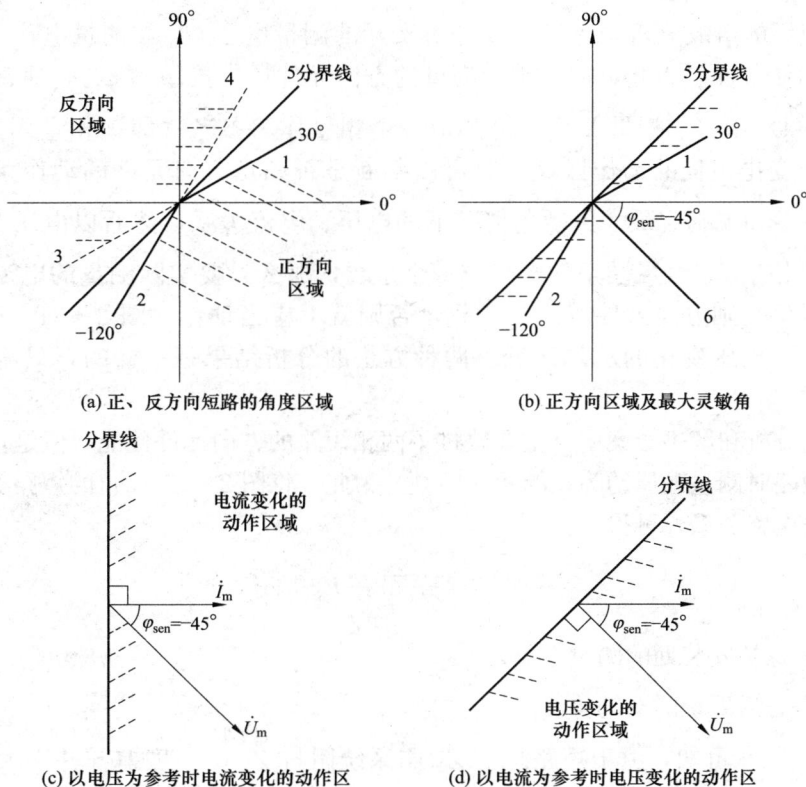

(a) 正、反方向短路的角度区域   (b) 正方向区域及最大灵敏角

(c) 以电压为参考时电流变化的动作区   (d) 以电流为参考时电压变化的动作区

图 2-31 分界线与最大灵敏角

考察图 2-31（a）发现，直线 1 与 4、2 与 3 之间存在无重叠区域，说明正方向与反方向的特征差异十分明显，于是，取正方向、反方向边界的角平分线后，就确定了直线 5 为正、反方向的分界线，其中直线 1 与 4 的角平分线角度为 45°；直线 2 与 3 的角平分线角度为 −135°。因此，可以写出 90°接线方式的方向元件动作方程为

$$-135° \leqslant \arg \frac{\dot{U}_\text{m}}{\dot{I}_\text{m}} \leqslant 45° \tag{2-39}$$

式中，$\dot{U}_\text{m}$、$\dot{I}_\text{m}$ 为按照表 2-3 接入方向元件的测量电压与电流。

这样，采用式（2-39）的一个动作方程就可以适用于 A、B、C 三相的正方向短路识别。或者说，只要满足式（2-39）的条件，则图 2-22 中"方向元件 P"的逻辑就等于 1，从而开放电流保护。从前面的分析和归纳可以看出：按照这个角度范围设计时，兼顾了各种正方向、反方向短路以及经过渡电阻的影响，方向元件动作最可靠。

将图 2-31（a）的正方向动作区域重新绘制成图 2-31（b）的形式。将直线 1、2 角平分线所对应的角度称为最大灵敏角 φ_sen，得：$\varphi_\text{sen}=(-120°+30°)/2=-45°$。实际上，最大灵敏角对应的射线 6 与分界线 5 构成了垂直的关系，即射线 6（最灵敏线）离两侧分界线的裕度均为 90°。最大灵敏角 φ_sen 标注的是：方向元件动作区域的中间位置。按照此设计，方向元件动作最可靠，性能最好，动作边界还留有裕度，如图 2-31 所示，直线 1 与直线 5 之间就是裕度。

在工程应用的事故分析中，经常要分析实际的测量电压 $\dot{U}_\text{m}$ 与测量电流 $\dot{I}_\text{m}$ 是否满足方向元件的动作条件。为此，按照装置提供的方向元件最大灵敏角 φ_sen，通常先确定在最灵敏条件下的 $\dot{U}_\text{m}$ 和 $\dot{I}_\text{m}$ 相量关系，再选定一个相量作为参考（即该相量固定不变），然后分析另一个变化相量的动作区域，就可以判断是否满足方向元件的动作条件了。如图 2-31（c）所示，先确定最大灵敏角情况下的电压、电流关系，然后以电压 $\dot{U}_\text{m}$ 为参考相量时，过变化相量 $\dot{I}_\text{m}$ 最灵敏角的端点作一个垂线，那么只要实际测量的电流相量位于该垂线的阴影一侧，则方向元件就应当动作，否则就不应当动作。图 2-31（d）示出了以电流为参考时，电压变化的动作区域。两种方法的分析结果是一样的，只需要熟练掌握一种即可。

在上述的分析和解决方案中，主要改进了两相短路的方向元件性能，但是，仍然没有解决出口三相短路时测量电压约为 0 的死区问题。为此，将图 2-29（a）的短路类型改为三相短路后，根据电路关系，可得

$$\dot{U}_\text{m}=\frac{Z_\text{k}}{Z_\text{s}+Z_\text{k}}\dot{E}_\text{S} \tag{2-40}$$

式中 $\dot{U}_\text{m}$——保护安装处的测量电压；

$\dot{E}_\text{S}$——背后系统的电动势。

从式（2-40）可知，由于短路阻抗 Z_k 与系统阻抗 Z_s 的角度差异并不大，因此，$\dot{U}_\text{m}$ 与 $\dot{E}_\text{S}$ 近似同相位，这样，在 $\dot{U}_\text{m}$ 很小甚至为 0 时，可以设法利用电动势 $\dot{E}_\text{S}$ 的相位来反映测量电压 $\dot{U}_\text{m}$ 的相位，进而与测量电流 $\dot{I}_\text{m}$ 进行短路方向的识别；类似地，反方向三相短路

时，可以利用对侧系统的电动势与测量电流进行短路方向的识别。但问题是，无法获取两侧电动势的相位，于是，进一步考虑到正常运行时功角 δ 并不大，两侧电动势与保护安装处的电压相位差异也不大，如图 2-32（a）所示，因此，可以采用短路前的测量电压 $\dot{U}_{m}^{|0-|}$ 与短路后的电流 $\dot{I}_{m}$ 进行方向比较，实现出口三相短路的方向识别，其中，$\dot{U}_{m}^{|0-|}$ 称为记忆电压，可短时起到参考相量的作用。

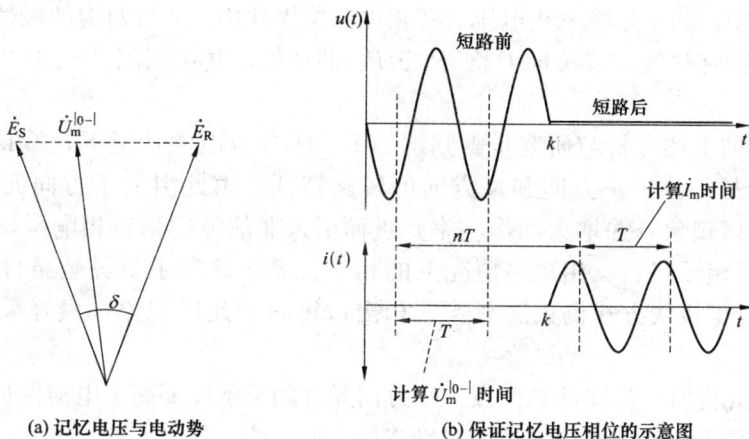

(a) 记忆电压与电动势　　　　　(b) 保证记忆电压相位的示意图

图 2-32　记忆电压的应用

使用记忆的时间不能维持太长，否则会受频率波动的影响，导致相位差异变大。好在主要应用于正方向、反方向的出口短路识别，在正方向出口短路时，电流 I 段会快速跳闸。当然，毕竟记忆电压 $\dot{U}_{m}^{|0-|}$ 与电动势存在角度的差异，因此，测量电压大于门槛 0.5～1V 时，优先使用实测的电压相量进行方向识别。

如图 2-32（b）所示，应当注意的是，如果短路后的电流相量计算时间段（数据窗）为一个工频周期 T，那么应当回推 nT 时刻取得记忆电压 $\dot{U}_{m}^{|0-|}$ 的相量计算值，且在记忆电压相量的计算时间 T 之内都应当是短路前的状态。图 2-32（b）中，k 为短路时刻；T 为工频周期；n 为整数，宜取较小的整数（较多地采用 $n=2$），以避免频率波动的影响；nT 是为了保证短路前、后的电压相位维持一致，即尽量满足 $n\times360°$ 的角度差。

由以上的分析可知，90°接线方式的主要优点是：①对各种两相短路，接入的线电压都比较大，没有死区现象；②选择最大灵敏角 φ_{sen} 后，对线路发生的各种相间短路，都能保证正确的方向性。

在式（2-33）～式（2-38）的动作条件分析中，针对的是动作电流为 $\dot{I}_{\varphi}$（$\varphi=$A、B、C 相）所对应的方向元件 P_{φ}，因此，还应当注意以下两点：

（1）在上述方向元件动作区域的分析中，方向元件的动作特性仅针对表 2-3 中的故障相电流及其对应电压之间的相位（如 $\dot{I}_{B}$ 与 $\dot{U}_{CA}$），因此，方向元件、电流元件应当是"按相开放"，即 A 相方向元件开放 A 相电流，B 相方向元件开放 B 相电流，C 相方向元件开放 C 相电流，如图 2-33（a）所示。

（2）方向元件用到了两个电气量的相位比较，所以接入的电压、电流必须按照规定的极性进行正确的连接❶，才能保证方向元件的正确工作，否则方向元件的动作行为将是错误的。如图 2-33（b）所示为 A 相方向元件的正确极性连接方法，图中，一次侧规定正方向的电流 $\dot{I}_A$ 由 TA 的极性端进入，则 TA 二次侧极性端出来的 $\dot{I}_a$ 就是正方向的电流，应接入装置的 a 相极性端。按照这种方式连接 TA 时，$\dot{I}_a$ 与 $\dot{I}_A$ 几乎是同相位的。对于 A 相的方向元件 P_A，应当将测量电压 $\dot{U}_b$ 作为极性端接入装置中，$\dot{U}_c$ 接至另一端。

在微机保护中，通常是将三相电压、三相电流按极性接入装置对应的极性端，由微机保护按照表 2-3 的 90°接线方式实现 P_A、P_B、P_C 的功能，并按照图 2-33（a）构成按相开放的逻辑。

将方向元件的上述分析与研究步骤归纳如下：①在双电源情况下，2.1 节介绍的电流保护会误动，于是，分析正方向和反方向的短路特征，由此引入了方向元件；②为了消除电压为 0 的死区现象，并增大动作功率，进而引入非故障的第三相电压，为此，分析了 90°接线方式在两相短路、三相短路情况下的相位关系，确定了最灵敏条件下的动作区域和动作方程；③90°接线方式仍无法消除三相出口短路的死区现象，只好采用记忆电压的办法。

在应用方向元件时，需要注意两点：①方向元件的灵敏度要高于电流保护；②采用按相开放的逻辑，并要求电流和电压极性的正确连接。

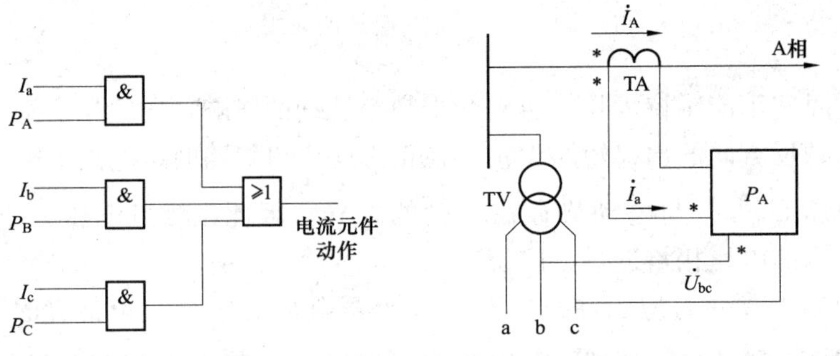

(a) 按相开放的逻辑　　　　　　(b) A 相方向元件的正确极性连接方法

图 2-33　按相开放和 A 相的极性

顺便指出两点：①在系统振荡期间（见 3.4.1），功角 δ 在 0°～360°范围内变化，此时，记忆电压 $\dot{U}_m^{|0-|}$ 难以反映双电源系统中任一侧电势的角度；②在实际装置的设计中，还可能应用到反方向动作的特性，如果需要，可参考上述方法进行构造，只需要改变式（2-39）的角度区域即可。

2.2.4　方向性电流保护的应用

由以上的分析可知，在双电源（包括多电源）的网络中，通过加装方向元件而构成的方向性电流保护才能确保各保护动作的正确性和选择性。但是，当 TV 回路断线时电压为 0，方向元件无法进行方向的识别，从而闭锁保护，造成保护拒动，因此，如果能用整定值保证选择性时，就尽量不加方向元件。另外，由于多个电源的存在，将导致短路电流的计算以及

---

❶　在所有涉及与角度相关的继电保护方式中，电流、电压都应当按照"规定的正方向"进行电气量的正确连接，如方向元件、距离保护、电流差动保护等，否则会出现工作不正确。

流过保护安装处的电流发生变化。下面，就方向性电流保护的具体应用问题进行介绍。

1. 电流 I 段可以取消方向元件的情况

以图 2-20 的保护 3 为例，如果反方向短路时流过保护 3 的实际最大短路电流小于保护 3 的电流 I 段整定值，即

$$I_{\text{set.3}}^{\text{I}} \geqslant K_{\text{rel}}^{\text{I}} I_{\text{k.B.max}} \tag{2-41}$$

那么，保护 3 的 I 段可以不必采用方向元件，因为电流定值已经能够可靠地躲过了反方向短路时流过保护的最大短路电流，不会误动。

式（2-41）中，$I_{\text{k.B.max}}$ 为反方向短路时流过保护 3 的最大短路电流（由对侧电源提供的短路电流）；$K_{\text{rel}}^{\text{I}}$ 仍为计及各种误差和裕度的可靠系数。

2. 分支电流对电流 II、III 段的影响

对于双电源网络的电流 II 段保护，优先考虑的整定原则仍为"与相邻线路的 I 段配合"，即不超过相邻线路 I 段的末端。以图 2-34 所示的网络结构为例，分析保护 1 的 II 段与保护 3 的 I 段配合方法。

如果 D 处短路时保护 3 正好流过电流 $\dot{I}_{\text{set.3}}^{\text{I}}$，那么要求此时保护 1 的 II 段应当不动作，以便满足配合的需要。考虑到图 2-34 中母线 B 的各支路电流关系，可得

$$\dot{I}_{\text{A-B}} = \dot{I}_{\text{set.3}}^{\text{I}} + \dot{I}_{\text{B-C}}' - \dot{I}_{\text{W}} \tag{2-42}$$

式中　　$\dot{I}_{\text{A-B}}$——保护 3 电流为 $\dot{I}_{\text{set.3}}^{\text{I}}$ 时，流过保护 1 的电流；

　　　　$\dot{I}_{\text{W}}$——母线 B 处其他电源 $\dot{E}_{\text{W}}$ 支路的短路电流，对于短路点的电流来说，$\dot{I}_{\text{W}}$ 起增大作用，故称为助增电流；

　　　　$\dot{I}_{\text{B-C}}'$——对流过保护 3 的短路电流起到分流作用，称为外汲电流。

由式（2-42）可见，流过保护 1 的短路电流受电流 $\dot{I}_{\text{set.3}}^{\text{I}}$、$\dot{I}_{\text{B-C}}'$、$\dot{I}_{\text{W}}$ 的影响。

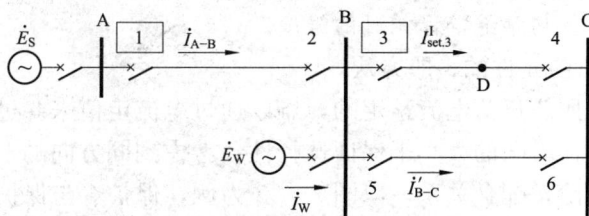

图 2-34　双电源网络的电流 II 段整定计算

通过整定计算后，$I_{\text{set.3}}^{\text{I}}$ 已经为确定的数值，在此情况下，为了保证保护 1 的 II 段不误动，就必须设法求出 $I_{\text{B-C}}'$ 为最大值、I_{W} 为最小值的情况，以便获得保护 1 处的电流为最大。于是，得到保护 1 的 II 段整定计算公式

$$I_{\text{set.1}}^{\text{II}} = K_{\text{rel}}^{\text{II}} I_{\text{A-B.max}} \big|_{I_{\text{set.3}}^{\text{I}}}$$

$$= K_{\text{rel}}^{\text{II}} \big| \dot{I}_{\text{set.3}}^{\text{I}} + \dot{I}_{\text{B-C.max}}' - \dot{I}_{\text{W.min}} \big| \tag{2-43}$$

式中　　$I_{\text{A-B.max}} \big|_{I_{\text{set.3}}^{\text{I}}}$——保护 3 电流为 $I_{\text{set.3}}^{\text{I}}$ 时，流过保护 1 的最大电流；

　　　　$K_{\text{rel}}^{\text{II}}$——电流 II 段的可靠系数；

　　　　$\dot{I}_{\text{B-C.max}}'$——短路点的最大外汲电流；

$\dot{I}_{W.min}$——短路点的最小助增电流。

$\dot{I}'_{B-C.max}$ 和 $\dot{I}_{W.min}$ 称为保护 1 的分支电流。为了获得流过保护 1 的最大短路电流，应当取这样的运行方式：由 $\dot{I}_{W.min}$（助增最小）确定了电源 $\dot{E}_W$ 为最小运行方式；由 $\dot{I}'_{B-C.max}$（外汲最大）确定了线路 B-C 为双回线运行；此外，电源 $\dot{E}_S$ 应当取最大运行方式。在这样的运行方式条件下，有以下两种人工计算 $\dot{I}'_{B-C.max}$ 和 $\dot{I}_{W.min}$ 的方法：

（1）由于 $I'_{B-C.max} < I^I_{set.3}$，因此，粗略计算时，取 $I'_{B-C.max} = I^I_{set.3}$，随后，根据图 2-34 中 $\dot{E}_S$、$\dot{E}_W$ 分别到母线 B 之间的阻抗，应用简单的阻抗分流关系即可求出 $\dot{I}_{W.min}$。

（2）以 $I^I_{set.3}$ 为已知量，先计算母线 B 到 D 点之间的阻抗，再计算出具体的 $\dot{I}'_{B-C.max}$ 和 $\dot{I}_{W.min}$，随后，代入式（2-43），即可求出电流 II 段的整定值 $I^{II}_{set.1}$。

时间整定、灵敏度验证仍然同单电源网络的电流 II 段一样。类似地，如果与相邻线路的 I 段配合不满足灵敏度要求时，再修改为与相邻线路的 II 段配合，重新计算整定值。

此外，在进行保护 1 电流 III 段的远后备验证时，应当考虑母线 C 短路时，流过保护 1 的最小短路电流仍具有足够的灵敏度，即

$$K^{III}_{sen} = \frac{I_{A-B.min}\mid_{KC}}{I^{III}_{set.1}} \tag{2-44}$$

式中：$I_{A-B.min}\mid_{KC}$ 为母线 C 短路时，流过保护 1 的最小短路电流。参考式（2-42）的电流关系，应当取助增最大、外汲最小的情况，即电源 $\dot{E}_W$ 为最大运行方式，线路 B-C 为单回线运行，电源 $\dot{E}_S$ 为最小运行方式。

顺便指出，目前已经有完善的短路电流计算程序，可以方便地获得分支电流 $\dot{I}'_{B-C.max}$ 和 $\dot{I}_{W.min}$，代入式（2-43）计算即可求得 $I^{II}_{set.1}$。另外，计及分支电流影响的计算方法将在第 3 章中进行介绍，以便降低初学继电保护时的难度。

3. 电流 III 段装设方向元件的一般方法

电流 III 段通常是按照躲负荷电流整定的，难以通过电流定值来躲过反方向短路电流的影响，因此，主要依靠动作时间的大小来保证选择性。考虑到同方向的电流 III 段中，上、下级之间实现了动作时间的阶梯配合关系，以图 2-23 为例，保护 3 与保护 5 配合，保护 1 再与保护 3 配合，保护 2、4、6 之间也同样进行了时间配合。于是，在保证不误动的前提下，电流 III 段装设方向元件的一般方法如下：

（1）反方向短路时，如果本保护的电流不会增大，那么不必装设方向元件。例如保护的正方向为无电源的负荷线路。

（2）对于同一母线上的电流保护 III 段，如果存在最大的两个 t^{III} 都一样时，那么只能依靠方向元件来保证选择性，此时，各侧都必须装设方向元件；如果只有某一侧的 t^{III} 延时最大，则该保护可以通过延时来躲过反方向短路电流的影响，于是，仅此一个电流保护 III 段可以不必装设方向元件，而其余的保护都要装设方向元件。

如图 2-23 所示的保护 2 和 3，如果 $t^{III}_2 \geqslant t^{III}_3 + \Delta t$，则保护 2 可以不装设方向元件，但保护 3 必须装设方向元件；如果 $t^{III}_2 = t^{III}_3$，则保护 2、3 都必须装设方向元件。

归纳方向性电流保护的要点如下：采用方向元件解决双电源的短路方向识别问题，

再由方向元件的死区问题引申出接线方式和动作方程，以及记忆电压的应用。同时，在双电源网络中，最大、最小的短路电流还受到其他电源和网络结构的影响，在整定计算中应当进行充分考虑。另外，方向性电流保护受 TV 断线的影响，应当尽可能不使用方向元件。

2.3 零 序 电 流 保 护

中性点直接接地的电网（大电流接地系统）发生接地短路时，将出现很大的零序电流；而正常运行时三相是对称的，零序电流、零序电压在理论上应当等于 0。二者的特征差异是十分明显的，于是，利用零序电流构成的接地短路保护，就具有显著的优点。另外，考虑到在 110kV 及以上的系统中，单相接地故障占全部故障的 70%～90%。因此，零序电流保护被广泛应用于大电流接地系统中。

2.3.1 特征与分析

在电力系统发生接地短路时，如图 2-35（a）所示，可以利用对称分量法将电流、电压分解为正序、负序、零序分量，并利用复合序网图来表示三序之间的关系。现仅画出短路计算中的零序等效网络进行分析，如图 2-35（b）所示，零序电流 $\dot{I}_0$ 是由短路点施加的零序电压 $\dot{U}_{0k}$ 产生的，$\dot{I}_0$ 经过短路点、线路、接地变压器的接地支路（中性点接地）构成回路。零序电流的规定正方向仍然是指向被保护设备（线路保护为母线流向线路为正），而对零序电压的正方向也是指向被保护设备，即大地为参考电位 0（如图 2-35 中的虚线）。利用电路方法分析图 2-35（b）可见，零序分量具有如下特点：

1. 零序电压

零序电压源位于短路点，对于大电流接地系统，短路点的零序电压 $\dot{U}_{0k}$ 为最高，系统中距离短路点越远处的零序电压越低，在变压器接地的中性点处零序电压为 0。零序电压的分布如图 2-35（c）所示。

应当说，短路点的零序电压源是由系统的电动势产生的。

2. 零序电流

零序电流是由短路点零序电压 $\dot{U}_{0k}$ 产生的，由短路点经线路、变压器接地中性点流向大地。零序电流的分布主要取决于输电线路和中性点接地变压器的零序阻抗。例如图 2-35（a）中，当变压器 T2 的中性点不接地时，则 T2 处有 $\dot{I}_0' = 0$。

如果输电线路和中性点接地变压器位置、数目不变，则零序阻抗和零序网络也是不变的。以图 2-35（a）为例，在电力系统运行方式变化时，变压器以外的系统正序阻抗、负序阻抗随着运行方式而变化，将引起短路点处的 $\dot{U}_{1k}$、$\dot{U}_{2k}$、$\dot{U}_{0k}$ 三序电压之间的分配关系发生改变，但由于零序阻抗不变且数值一般较大，因此，由复合序网图以及短路电流计算过程可以知道，零序电压、零序电流受运行方式的影响是间接的。

3. 零序电压、电流相位及零序方向

对于发生接地短路的线路，两侧的零序功率方向与正序功率方向正好相反，零序功率方向实际上都是由线路流向母线的。但是，这并不影响按照规定正方向所列写的电路关系表达式。

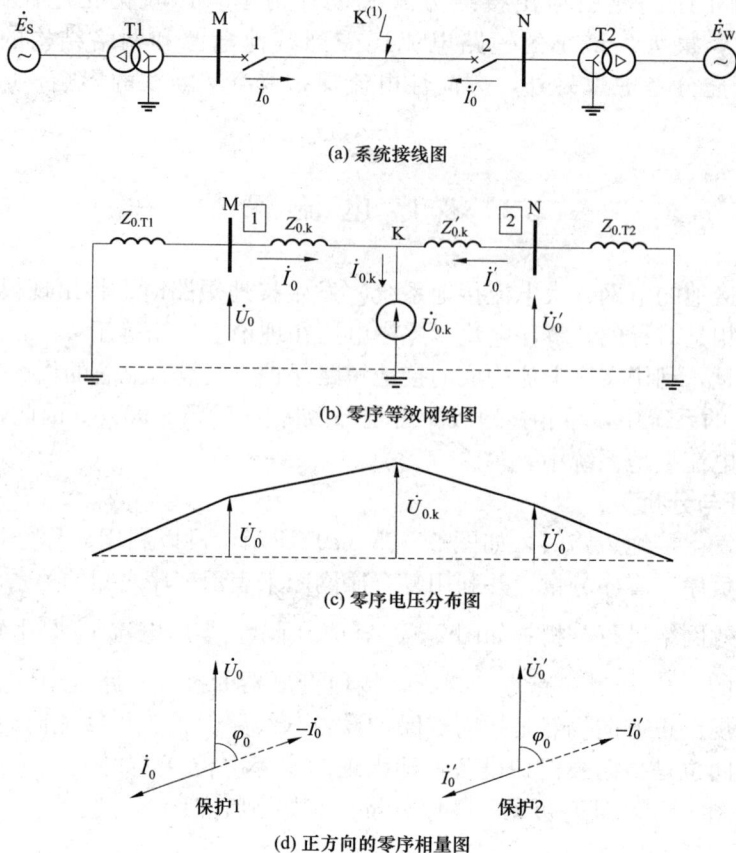

(a) 系统接线图

(b) 零序等效网络图

(c) 零序电压分布图

(d) 正方向的零序相量图

图 2-35　接地短路时的零序等效网络及其相量

从任一保护安装处的零序电压、零序电流的关系看，例如保护 1，由于母线 M 的零序电压 $\dot{U}_0$ 实际上是从 M 点到零序网络中性点之间零序阻抗上的压降，因此，按照正方向的规定，保护 1 存在以下关系

$$\dot{U}_0 = -Z_{0.T1} \dot{I}_0 \qquad (2-45)$$

式中　$Z_{0.T1}$——保护 1 背后系统的变压器零序阻抗，在图 2-35（b）中，保护 1 的系统零序阻抗角为 $\varphi_0 = \varphi_{0.T1}$；

$\dot{U}_0$、$\dot{I}_0$——按照规定的正方向，保护 1 所测量到的零序电压、零序电流。

正方向接地短路时，保护 2 也存在与式（2-45）的类似关系。于是，绘制出保护 1、2 的零序相量关系，如图 2-35（d）所示。

由式（2-45）可知，正方向短路时，保护 1、2 的零序电压、零序电流之间的相位关系将由 $Z_{0.T1}$、$Z_{0.T2}$ 的阻抗角 φ_0 决定，而与被保护线路的零序阻抗及正方向短路点的位置无关，进一步分析还表明，φ_0 也与短路点的过渡电阻无关。

用零序电流、零序电压以及它们的相位关系，就可以实现接地短路的零序电流保护和零序方向保护。

2.3.2　零序分量的获取方法

由对称分量法可知 $3\dot{F}_0 = \dot{F}_A + \dot{F}_B + \dot{F}_C$，其中，$\dot{F}$ 可以代表电压、电流的工频相量。于

是，零序分量的获取方法主要由对称分量法产生。

1. 零序电压的获取方法

如图 2 - 36 （a） 所示，三个单相式电压互感器的一次侧接成星形方式，并将中性点接地，二次绕组按照 $\dot{U}_a + \dot{U}_b + \dot{U}_c$ 方式连接，并注意连接的极性，这样，从 m、n 端得到的输出电压就是 $3\dot{U}_0$，即

$$\dot{U}_{mn} = \dot{U}_a + \dot{U}_b + \dot{U}_c = 3\dot{U}_0 \tag{2-46}$$

图 2 - 36 （a） 中，以 A 相 TV 为例，一次侧的 $\dot{U}_A$ 为指向极性端，那么二次侧指向极性端的 $\dot{U}_a$ 就与 $\dot{U}_A$ 几乎是同相位的。

图 2 - 36 （b） 所示的三相式电压互感器在工程中广泛应用，其中，输出端 m、n 之间的 $3\dot{U}_0$ 也称为开口三角输出；$\dot{U}_a$、$\dot{U}_b$、$\dot{U}_c$ 端就是 TV 的二次侧输出；而发电机不接地的中性点实际上就是对应于一次侧的零序电压，于是，在中性点处安装电压互感器，二次侧绕组中就可以直接得到零序电压 $\dot{U}_0$，如图 2 - 36 （c） 所示。需要注意的是：①一次侧某一个位置的三相零序电压都相等，均为 1 倍的零序电压；②二次侧 TV 的不同连接方式、不同变比，将获得不同倍数的零序电压。在不计 TV 变比关系的情况下，图 2 - 36 （a）、（b） 获得的是 $3\dot{U}_0$，图 2 - 36 （c） 获得的是 $\dot{U}_0$。

在微机保护中，通常接入二次侧的 $\dot{U}_a$、$\dot{U}_b$、$\dot{U}_c$ 三相电压，然后直接应用对称分量法公式 $3\dot{U}_0 = \dot{U}_a + \dot{U}_b + \dot{U}_c$ 来获取零序电压，这种方式得到的零序电压也叫做自产 $3\dot{U}_0$；与此相对应，直接测量开口三角（m、n 端）的零序电压叫做外接 $3\dot{U}_0$。

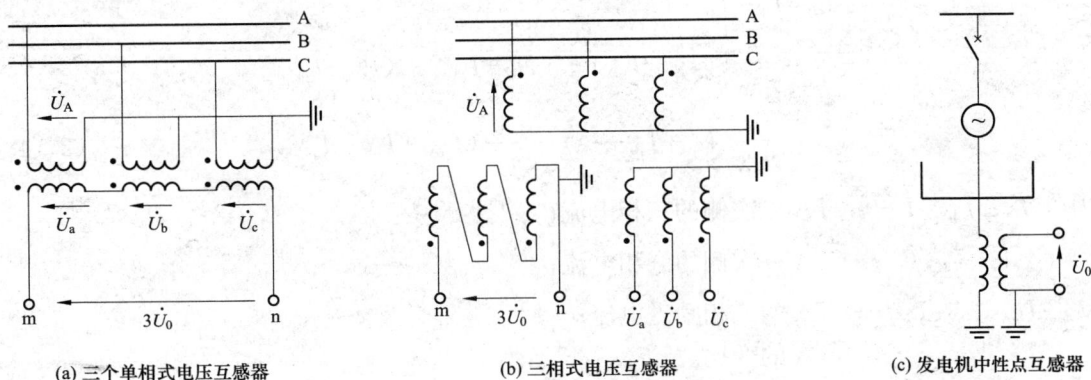

(a) 三个单相式电压互感器　　　(b) 三相式电压互感器　　　(c) 发电机中性点互感器

图 2 - 36　零序电压的获取

2. 零序电流的获取方法

架空线路的三相电流互感器通常采用三相星形接线方式，于是，可以通过三相电流 $\dot{I}_a$、$\dot{I}_b$、$\dot{I}_c$ 采样后，直接在微机内部进行 $\dot{I}_a + \dot{I}_b + \dot{I}_c$ 计算，获得零序电流 $3\dot{I}_0$；也可以在三相中性线上直接获得零序电流，如图 2 - 37 （a） 所示，因为中性线上流过的电流就是三相电流之和，即 $3\dot{I}_0 = \dot{I}_a + \dot{I}_b + \dot{I}_c$。

图 2 - 37 （a） 突出了 $3\dot{I}_0$ 的获取方法，省略了二次设备在三相上的其他连接情况。

对于电缆送电的线路，由于三相之间的间距较小，因此还广泛采用了零序电流互感器的方式来获取 $3\dot{I}_0$，如图 2-37 （b）所示。将电流互感器套在三相电缆的外面，互感器的一次电流就是 $\dot{I}_A + \dot{I}_B + \dot{I}_C$，二次侧直接输出的就是 $3\dot{I}_0$，故这种互感器称为零序电流互感器。零序电流互感器没有不平衡电流，接线简单，但主要应用于电缆线路中。

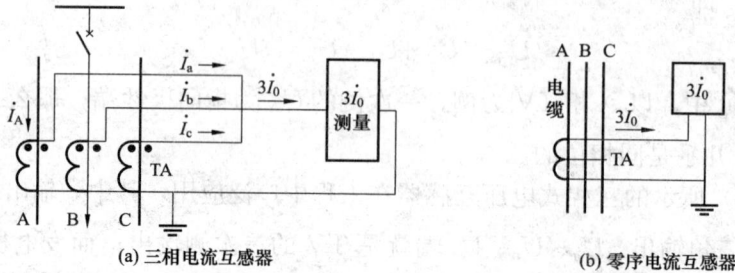

(a) 三相电流互感器　　　　　　　　　(b) 零序电流互感器

图 2-37　零序电流的获取

3. 不平衡零序电流

采用三相电流互感器获取零序电流的过程中，还会产生不平衡电流，在整定计算和分析中应当予以考虑。图 2-38 （a）所示为单相电流互感器折算到同一侧后的等效电路，其中，Z_L 为电流互感器的负载。考虑励磁电流 $\dot{I}_\mu$ 的影响后，二次电流 $\dot{I}_2$ 与一次电流 $\dot{I}_1$ 的关系为

$$\dot{I}_2 = \frac{1}{n_{TA}}(\dot{I}_1 - \dot{I}_\mu) \tag{2-47}$$

将式（2-47）应用于三相电流之后，零序电流为

$$\begin{aligned}
3\dot{I}_0 &= \dot{I}_a + \dot{I}_b + \dot{I}_c \\
&= \frac{1}{n_{TA}}[(\dot{I}_A - \dot{I}_{\mu A}) + (\dot{I}_B - \dot{I}_{\mu B}) + (\dot{I}_C - \dot{I}_{\mu C})] \\
&= \frac{1}{n_{TA}}(\dot{I}_A + \dot{I}_B + \dot{I}_C) - \frac{1}{n_{TA}}(\dot{I}_{\mu A} + \dot{I}_{\mu B} + \dot{I}_{\mu C})
\end{aligned} \tag{2-48}$$

式中　$\dot{I}_a$、$\dot{I}_b$、$\dot{I}_c$——TA 二次侧的三相电流；

$\dot{I}_A$、$\dot{I}_B$、$\dot{I}_C$——TA 一次侧的三相电流；

$\dot{I}_{\mu A}$、$\dot{I}_{\mu B}$、$\dot{I}_{\mu C}$——TA 的三相励磁电流；

n_{TA}——TA 的变比。

在正常运行和相间短路时，一次侧的三相电流之和等于 0，因此，式（2-48）转化为

$$3\dot{I}_0 = -\frac{1}{n_{TA}}(\dot{I}_{\mu A} + \dot{I}_{\mu B} + \dot{I}_{\mu C}) = \dot{I}_{unb} \tag{2-49}$$

式中　$\dot{I}_{unb}$——不平衡电流，由三个电流互感器的励磁电流之和不为 0 而产生的。

三相励磁电流之和不为 0 的主要原因是三相不同的剩磁和非周期分量的影响。其中，一次侧的非周期分量主要流入 TA 的励磁支路 Z_μ 中。

选择 TA 时，有如下的基本要求：①三相应当采用相同型号的互感器；②满足 10% 误差曲线的要求；③TA 的角度误差不大于 7°。所谓 10% 误差曲线，是指电流互感器的稳态传变误差不超过 10%。如图 2-38 （b）所示，直线 1 是理想的、按额定变比计算的一次电流 I_1 和

二次电流 I_2 的关系曲线，即 $I_1 = n_{TA} I_2$；而电流互感器受磁化曲线的影响，实际的传变关系如曲线 2 所示。当传变误差为 10% 时，对应于 TA 的一次侧最大电流为 I_{max}，于是，为了满足稳态传变误差不超过 10% 的需要，就必须要求一次侧最大的稳态短路电流应当不大于 I_{max}。

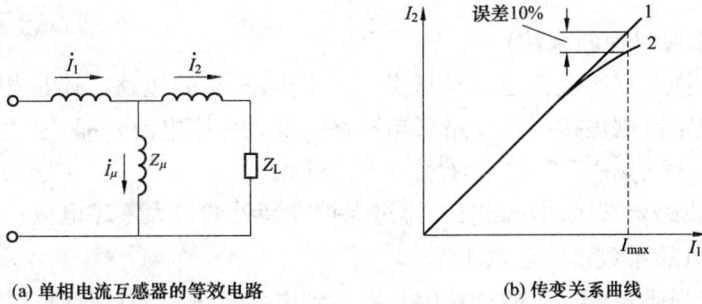

(a) 单相电流互感器的等效电路   (b) 传变关系曲线

图 2-38 电流互感器的等效电路和传变关系曲线

在三相电流互感器同型号且稳态传变误差不超过 10% 的条件下，如果系统发生三相短路时某相互感器的误差达到 10%，那么其他两相互感器的误差也接近于 10%（可按 5%～10% 之间考虑）。以三相短路时的最不利误差为例，设 A 相误差为 10%、B 相和 C 相误差为 5%，代入式（2-49），并计及一次侧存在 $\dot{I}_{A.k.max} + \dot{I}_{B.k.max} + \dot{I}_{C.k.max} = 0$，于是，可得

$$I_{unb} = \left| -\frac{1}{n_{TA}}(10\% \dot{I}_{A.k.max} + 5\% \dot{I}_{B.k.max} + 5\% \dot{I}_{C.k.max}) \right|$$

$$= \left| \frac{1}{n_{TA}}[5\% \dot{I}_{A.k.max} + (5\% \dot{I}_{A.k.max} + 5\% \dot{I}_{B.k.max} + 5\% \dot{I}_{C.k.max})] \right|$$

$$= \frac{1}{n_{TA}} 5\% I_{A.k.max} \qquad (2-50)$$

其中，$I_{A.k.max}$ 为一次侧的 A 相最大短路电流。

应当说明的是，三相短路时，如果 A 相误差为 10%，而 B、C 相误差大于 5%，那么可以计算得到 $I_{unb} < \frac{1}{n_{TA}} 5\% I_{A.k.max}$。因此，在电流互感器为同型号且满足 10% 误差的条件下，有

$$I_{unb.max} \leqslant \frac{5\% I_{k.max}}{n_{TA}} = \frac{10\%}{2} \frac{I_{k.max}}{n_{TA}} \qquad (2-51)$$

此外，对于两相相间短路（以 BC 相短路为例），一次侧故障分量满足 $\dot{I}_{Bk} + \dot{I}_{Ck} = 0$、三相负荷电流之和为 0，且两相相间的短路电流小于三相短路电流，因此，进一步分析后可知，式（2-51）也是成立的。

减小 TA 误差的主要方法如下：①减小 TA 的负载 Z_L（包括增大导线的截面积，达到减小 $\dot{I}_\mu$ 分流的作用）；②增大变比（但也可能会影响电流较小时的测量精度，需验算）；③采用带小气隙的 TA，不易饱和，但体积大些。

2.3.3 零序电流保护

正常运行时，电力系统没有零序分量，接地短路时零序电流通常会增大，二者差异十分明显，利用这个特征构成了零序电流保护，这是一种属于反应增量的保护方式。零序电流保护的配置、整定思路与相间电流保护相类似，即Ⅰ段躲相邻线路的出口短路；Ⅱ段保护线路

全长，并优先考虑与相邻线路的Ⅰ段进行配合；Ⅲ段作为后备。但是，也有一些不同之处，下面予以具体介绍。

需要说明的是，零序电流直接获取的是 $3I_0$，所以在整定计算和校验中，一般都按照 $3I_0$ 来计算。

1. 零序电流Ⅰ段（速断保护）

同电流保护一样，零序电流也无法区分是本线路末端的短路，还是相邻线路的出口短路。因此，Ⅰ段整定原则也按照躲线路末端短路的最大零序电流，即

$$I_{0.set}^{I} = K_{rel}^{I} 3I_{0.max} \tag{2-52}$$

式中　$3I_{0.max}$——线路末端接地短路时，流过保护安装处的最大零序电流；

　　　K_{rel}^{I}——可靠系数，一般取 $1.2 \sim 1.3$。

接下来，就应当确定 $3I_{0.max}$ 的计算值。考虑到电力系统三相运行时，零序电流只可能在单相接地、两相接地情况下出现，于是，计及 $Z_{1\Sigma} = Z_{2\Sigma}$ 时，由短路分析可知

$$I_{0.k}^{(1)} = \frac{E}{2Z_{1\Sigma} + Z_{0\Sigma}} \tag{2-53}$$

$$I_{0.k}^{(1,1)} = \frac{E}{Z_{1\Sigma} + 2Z_{0\Sigma}} \tag{2-54}$$

两式中　$I_{0.k}^{(1)}$——单相接地短路时短路支路的零序电流；

　　　$I_{0.k}^{(1,1)}$——两相接地短路时短路支路的零序电流；

　$Z_{1\Sigma}$、$Z_{0\Sigma}$——分别为归并到短路点的正序、零序综合阻抗。

比较式（2-53）、式（2-54），就可以确定短路支路的最大零序电流。当 $Z_{0\Sigma} > Z_{1\Sigma}$ 时，单相接地的零序电流为最大，取 $I_{0k.max} = I_{0.k}^{(1)}$；当 $Z_{0\Sigma} < Z_{1\Sigma}$ 时，两相接地的零序电流为最大，取 $I_{0k.max} = I_{0.k}^{(1,1)}$。

将图 2-35（b）的零序网络绘制成如图 2-39 所示的零序网络，并标注相应的参数及符号，于是，由 K 点两侧的阻抗关系对 $I_{0.k}$ 进行分流，可得保护 1 安装处的零序电流为

$$I_0 = \frac{Z_{0.N}}{Z_{0.M} + Z_{0.N}} I_{0.k} = C_{0.M} I_{0.k} \tag{2-55}$$

式中　I_0——保护 1 安装处的零序电流（省略下标的位置标注时，均表示保护安装处，下同）；

　　　$I_{0.k}$——短路支路的零序电流；

　　　$Z_{0.M}$——短路点的 M 侧零序阻抗，按图示有 $Z_{0.M} = Z_{0.S} + Z_{0.k}$；

　　　$Z_{0.N}$——短路点的 N 侧零序阻抗，按图示有 $Z_{0.N} = Z_{0.W} + Z_{0.k}'$；

　　　$C_{0.M}$——M 侧的零序电流分配系数，$C_{0.M} = \dfrac{Z_{0.N}}{Z_{0.M} + Z_{0.N}}$，其物理含义是分流的份额（N

　　　　　　侧的零序电流分配系数为 $C_{0.N} = \dfrac{Z_{0.M}}{Z_{0.M} + Z_{0.N}}$，且 $C_{0.M} + C_{0.N} = 1$）。

将式（2-53）～式（2-55）的关系代入式（2-52），得到零序Ⅰ段的整定公式

$$I_{0.set}^{I} = K_{rel}^{I} (C_{0.M.max} 3I_{0.k.max})$$

$$= K_{\mathrm{rel}}^{\mathrm{I}} 3 C_{0.\mathrm{M.max}} \max\left\{\frac{E}{2Z_{1\Sigma} + Z_{0\Sigma}}, \frac{E}{Z_{1\Sigma} + 2Z_{0\Sigma}}\right\} \tag{2-56}$$

式中：$C_{0.\mathrm{M.max}} = \dfrac{Z_{0.\mathrm{N.max}}}{Z_{0.\mathrm{M.min}} + Z_{0.\mathrm{N.max}}}$，即 M 侧最大的零序电流分配系数。

灵敏度验证时，通常按比例绘制出最小零序电流 $3I_{0.\min}$ 随短路点变化的曲线，再根据 $I_{0.\mathrm{set}}^{\mathrm{I}} = 3I_{0.\min}$ 的条件求出最小的保护范围 $l_{0.\min}$（类似于图 2-5 中的 $l_{\min}$ 点）。零序电流 I 段的灵敏度要求是：$K_{\mathrm{sen.0}}^{\mathrm{I}} = \dfrac{l_{0.\min}}{l_{0.\mathrm{M-N}}} \times 100\% \geqslant 15\% \sim 20\%$。

对于零序电流 I 段保护，还应当考虑非全相运行（跳开一相）和断路器三相触头不同时合闸的情况，二者实际上都是需要防止负荷电流情况下的误动，甚至还需要考虑非全相振荡的影响（见 3.4 节），例如，A 相跳闸后的非全相期间，零序电流为 $3I_0 = |\dot{I}_{a\mathrm{L}} + \dot{I}_{b\mathrm{L}} + \dot{I}_{c\mathrm{L}}| = |0 + \dot{I}_{b\mathrm{L}} + \dot{I}_{c\mathrm{L}}| = I_{\mathrm{L}}$，其中，下标 L 表示负荷。在非全相振荡时，$I_{\mathrm{L}}$ 变化很大。目前，较多的设计为：非全相运行时，退出有可能会误动的零序电流 I 段和 II 段；在断路器手动合闸及重合闸（见第 5 章）时，零序 I 段在合闸后增加 $50 \sim 100\mathrm{ms}$ 的延时，以便躲过断路器三相触头不同时的影响；由于非全相运行工况存在的时间不允许太长，因此，对于零序电流 III 段，一般可通过其整定的动作时间来躲过非全相的影响。

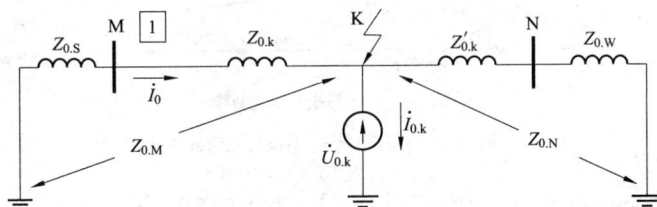

图 2-39 电流分配系数示意图

为了让零序电流的保护范围比较稳定，通常要求每个变电站的接地阻抗尽可能变化小。其目的是让 $Z_{0\Sigma}$ 变化最小，争取零序电流保护受运行方式、电网结构变化的影响最小。例如，变电站有两台变压器时，通常是一台变压器接地，另一台不接地；当接地的变压器检修时，将另一台接地，实现接地阻抗尽可能变化最小的目的。

2. 零序电流 II 段

零序电流 II 段的工作原理与相间电流 II 段保护一样，启动电流应优先考虑与下一级线路的零序电流 I 段进行配合，即不超出相邻线路 I 段保护范围的末端，并带有高出一个 Δt 的时限，以保证动作的选择性。如图 2-40（a）所示，当保护 2 的零序电流等于 $I_{0.2.\mathrm{set}}^{\mathrm{I}}$ 时，流过保护 1 的最大零序电流应当确保保护 1 零序 II 段的电流元件不启动，从而达到配合的目的。

当上下级保护之间的母线上接有中性点接地的变压器时，如图 2-40（a）所示，由于存在变压器接地支路的零序分流影响，使零序电流的分布情况发生变化，此时，K 点左侧的零序等效网络如图 2-40（b）所示（右侧类似），零序电流随短路点位置变化的曲线如图 2-40（c）所示。当线路 M-N 上发生 K 点接地短路时，流过保护 1、2 的零序电流分别为 $\dot{I}_{0.1}$、$\dot{I}_{0.2}$，两者之差就是从变压器 T2 中性点流回的零序电流 $\dot{I}_{0.\mathrm{T}}$。

(a) 网络示意图

(b) 零序等效网络图

(c) 零序电流变化曲线

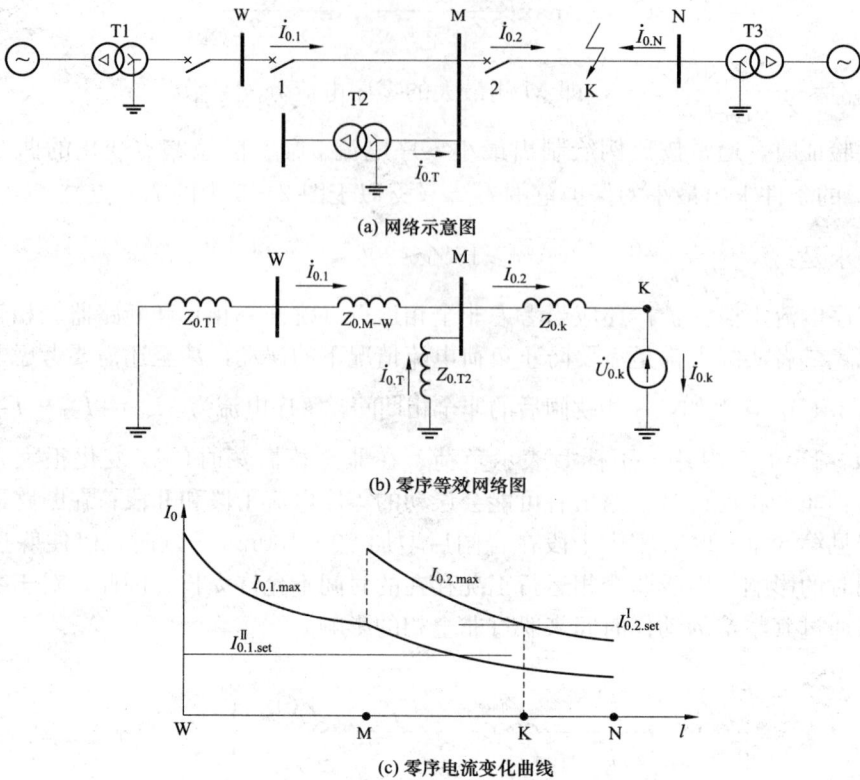

图 2-40　有分支电路时零序 II 段的动作特性分析图

当保护 2 流过的零序电流正好等于 $I_{0.2.set}^{I}$ 时，按照图 2-40（b）所示的阻抗分流关系，可得此时流过保护 1 的零序电流为 $\dfrac{Z_{0.T2}}{Z_{0.T1}+Z_{0.M-w}+Z_{0.T2}}I_{0.2.set}^{I}$，于是，保护 1 的 II 段与保护 2 的 I 段配合时，保护 1 的 II 段整定值为

$$I_{0.1.set}^{II} = K_{rel}^{II}(I_{0.1.max}\mid_{I_{0.2.set}^{I}})$$

$$= K_{rel}^{II}\frac{Z_{0.T2}}{Z_{0.T1}+Z_{0.M-w}+Z_{0.T2}}I_{0.2.set}^{I}$$

$$= K_{rel}^{II}K_{0.b.max}I_{0.2.set}^{I} \tag{2-57}$$

式中　$I_{0.1.max}\mid_{I_{0.2.set}^{I}}$ ——保护 2 流过的零序电流为 $I_{0.2.set}^{I}$ 时，流过保护 1 的最大零序电流；

K_{rel}^{II} ——II 段的可靠系数，一般取 1.1~1.2；

$I_{0.2.set}^{I}$ ——保护 2 的零序 I 段电流整定值；

$K_{0.b}$ ——分支系数，$K_{0.b}=\dfrac{Z_{0.T2}}{Z_{0.T1}+Z_{0.M-w}+Z_{0.T2}}$，其中，$Z_{0.T1}$、$Z_{0.M-w}$、$Z_{0.T2}$

对应于图 2-40（b）所标示的零序阻抗，整定时取最大的 $K_{0.b.max}$。

分支系数 $K_{0.b}$ 的含义是 $K_{0.b}=I_{0.1}/I_{0.2}$，即保护安装处的零序电流 $I_{0.1}$ 与被配合线路的零序电流 $I_{0.2}$ 之比。也可以理解为：被感受到的倍数（即 $I_{0.2.set}^{I}$ 被保护 1 感受为 $K_{0.b}I_{0.2.set}^{I}$）。

仅以图 2-40（a）为例，可知电流分配系数 $C_{0.M}$ 是指 $I_{0.2}$ 从 $I_{0.k}$ 中分流的份额；分支系

数 $K_{0.b}$ 是指 $I_{0.1}$ 从 $I_{0.2}$ 中分流的份额。

当变压器 T2 切除或中性点改为不接地运行时，则 T2 支路从零序等效网络中断开，此时 $K_{0.b}=1$。如果图 2-40（a）中的线路 M-N 为双回线，那么粗略计算时，可将短路点移到母线 N 处，此时，2 倍的 $I_{0.2.set}^{I}$ 在 $Z_{0.T1}+Z_{0.M-w}$ 和 $Z_{0.T2}$ 之间进行分流，得

$$K_{0.b.max} \approx 2 \frac{Z_{0.T2.max}}{Z_{0.T1.min}+Z_{0.M-w}+Z_{0.T2.max}}$$

实际上，此系数偏大，即 $I_{0.2}$ 电流被放大了一些。按此 $K_{0.b.max}$ 计算 II 段整定值时，保护的整定值偏于保守，不会误动，但是会影响零序 II 段的灵敏度。

零序 II 段的作用是保护本线路全长，因此，其灵敏系数应当按照本线路末端接地短路时的最小零序电流来校验。对于保护 1，灵敏系数的计算方法为

$$K_{sen}^{II} = \frac{3I_{0.M.min}}{I_{0.set.1}^{II}} = 3\frac{\min\{I_0^{(1)}, I_0^{(1,1)}\}}{I_{0.set.1}^{II}}$$

$$= 3\frac{\min\left\{\dfrac{E}{2Z_{1\Sigma}+Z_{0\Sigma}}, \dfrac{E}{Z_{1\Sigma}+2Z_{0\Sigma}}\right\}}{I_{0.set.1}^{II}} \geqslant 1.25 \tag{2-58}$$

保护的动作时间整定为 $t_{0.1}^{II}=\Delta t$。

当灵敏系数 K_{sen}^{II} 不满足要求时，可采用下列方法来解决：

（1）与下一级的零序 II 段配合，即

$$\begin{cases} I_{0.1.set}^{II} = K_{rel}^{II}K_{0.b}I_{0.2.set}^{II} \\ t_{0.1}^{II} = t_{0.2}^{II}+\Delta t \end{cases} \tag{2-59}$$

（2）将分别与下一级的零序 I 段、II 段配合的两个零序电流保护均保留。这样，便构成了四段式的零序电流保护，这是目前工程中常用的一种配置。

（3）改用接地距离保护（将在第 3 章讨论）。

3. 零序电流 III 段

零序电流 III 段的作用对应于相间短路的过电流保护，在一般情况下，作为后备保护使用，但在中性点直接接地系统的终端线路上，也可以作为主保护使用。

零序电流 III 段的整定原则是：躲过下一级线路出口处三相短路时出现的最大不平衡电流 $I_{unb.max}$❶，目的仍然是为了防止误动。引用"不平衡零序电流"部分的分析结论［见式（2-51）］，在三相互感器同型号时，以图 2-40（a）中的保护 1 为例，可得

$$I_{0.1.set}^{III} = K_{rel}^{III}I_{unb.max} = K_{rel}^{III}(5\%I_{k.M.max}) \tag{2-60}$$

式中 $I_{k.M.max}$——线路末端相间短路的最大短路电流；

      K_{rel}^{III}——可靠系数，一般取 1.1～1.2。

作为近后备，灵敏系数要求是

$$K_{sen(1)}^{III} = \frac{3I_{0.M.min}}{I_{0.set.1}^{III}} \geqslant 1.5 \tag{2-61}$$

式中 $I_{0.M.min}$——本线路末端发生接地短路时，流过保护 1 的最小零序电流。

作为远后备，应当按照相邻线路末端短路时流过保护的最小零序电流来校验灵敏系数，即

---

❶ 零序电流 I、II 段的整定值通常满足：大于不平衡电流。

$$K_{\text{sen}(2)}^{\text{III}} = \frac{3I_{0.1.\text{min}} \mid_{\text{K.N}}}{I_{0.\text{set}.1}^{\text{III}}} = \frac{K_{0.\text{b.min}} 3I_{0.\text{N.min}}}{I_{0.\text{set}.1}^{\text{III}}} \geqslant 1.2 \tag{2-62}$$

式中　$I_{0.1.\text{min}} \mid_{\text{K.N}}$——相邻线路末端短路时，流过保护 1 的最小零序电流；

　　　　$I_{0.\text{N.min}}$——相邻线路末端短路时，流过相邻线路的最小零序电流；

　　　　$K_{0.\text{b.min}}$——最小的分支系数。

在取最小分支系数 $K_{0.\text{b.min}}$ 时，即使图 2-40（a）的线路 M-N 为双回线运行，那么 $K_{0.\text{b.min}}$ 也需要按照单回线进行计算。也就是说，下一级线路为双回线时，应当考虑一回线正处于检修状态，此时流过保护 1 的零序电流才是最小的，确保单回线、双回线情况下，零序 III 段都有远后备的作用。最小分支系数的计算方法要简单一些，即

$$K_{0.\text{b.min}} = \frac{Z_{0.\text{T2}}}{Z_{0.\text{T1}} + Z_{0.\text{M-W}} + Z_{0.\text{T2}}}$$

从整定和校验两方面来看，各母线单相接地、两相接地的短路零序电流通常都需要计算，最大的零序电流应用于整定，最小的零序电流应用于校验。

按照上述原则整定的零序 III 段保护，其启动电流一般较小，因此，在本电压等级的网络中发生接地短路时，它都有可能启动，于是，为了保证选择性的需要，就要在上下级的保护之间按照时间级差 Δt 进行配合。在图 2-41 所示的网络中，安装在受端变压器 T2 处的零序电流保护 3 可以瞬时动作，因为在变压器三角形（△）联结侧发生的任何故障，都不会在星形（Y）联结侧产生零序电流，零序保护 3 无需考虑与保护 4、5 的配合。于是，按照阶梯时限配合的需要，有 $t_{0.2} = t_{0.3} + \Delta t \approx \Delta t$，$t_{0.1} = t_{0.2} + \Delta t$。

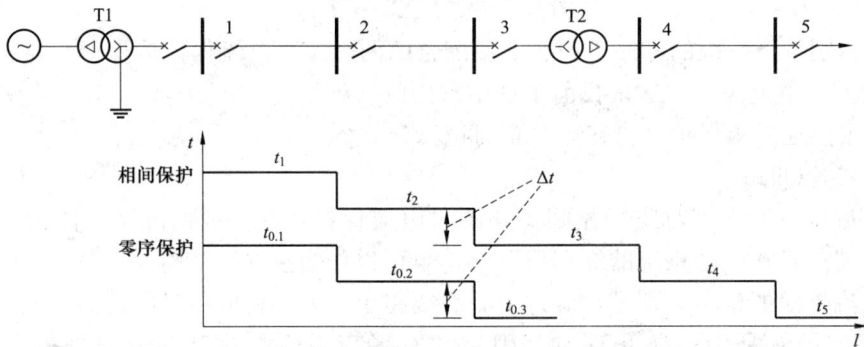

图 2-41　零序电流 III 段动作时间的阶梯特性

为了进行比较，在图 2-41 中还绘制了相间过电流保护的动作时限，从保护 5 开始，逐级向保护 1 方向递增时间 Δt。通过图 2-41 的比较可见，对于同一个地点的保护，零序过电流保护的延时小于相间过电流保护的延时，这也是零序过电流保护的一个优点。

实际上，在输电线路发生单相接地短路时，有可能会出现导线对下方的树木、竹子等放电，可等效为经过了一个电阻的接地短路（见 3.5.2），此时，短路电流可能不是很大，其他保护都难以进行准确的识别，主要依靠零序过电流保护来切除故障。

在工程应用中，也有将零序电流 III 段的一次整定值设定为 300～400A（见下面的说明）。

*4. 需要切除的最小短路电流与过渡电阻

对于 110kV 及以上电压等级的输电线路，当线路经电阻 R_{g} 接地短路时，如果短路点的

电流达到 1kA，就必须予以切除。由于相间经电阻短路时，主要属于弧光短路，短路点的弧光压降约为额定电压的 5%，对保护的影响不太大，因此，重点分析单相经电阻 R_g 接地短路的情况，如图 2-42 所示。当 $I_k=1kA$ 时，有以下两种极端的情况：

（1）保护 1、2 分别流过 500A 的电流。如图 2-42 所示，有 $3I_0=3I_0'=500A$。于是，将零序电流Ⅲ段的一次整定值设定为 300～400A，保证两侧保护均有灵敏度，能够可靠动作。

（2）一侧保护的电流为 1kA，另一侧保护的电流为 0，例如：$3I_0=1kA$、$3I_0'=0$。此时，电流为 1kA 侧的保护能够满足动作条件先跳闸，随后，电流先为 0 的那一侧就会增大零序电流，最终也能够动作跳闸，只是需经过延时动作。在这种特殊情况下，继电保护允许先后跳闸，称为相继动作。当然，如果确实没有电流，也不必跳闸了。

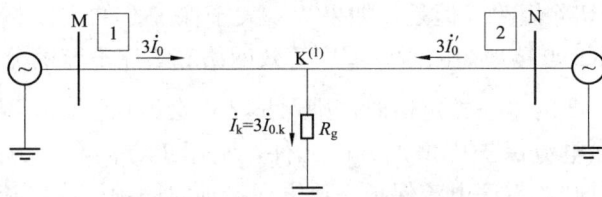

图 2-42　经电阻接地短路的示意图

在 110kV 及以上系统中，导线对树木、竹子等放电时，接地电阻（称为过渡电阻）可能达到 100～300Ω，此时，主要靠零序电流Ⅲ段来切除短路。

单相接地短路时，由短路分析的复合序网图可知，短路支路有 $\dot{I}_{1.k}=\dot{I}_{2.k}=\dot{I}_{0.k}$，于是，得

$$I_k^{(1)}=|3\dot{I}_{0.k}|=\left|3\frac{\dot{E}}{Z_{1\Sigma}+Z_{2\Sigma}+Z_{0\Sigma}+3R_g}\right|<3\frac{E}{3R_g}=\frac{E}{R_g} \qquad (2-63)$$

式（2-63）中，由于 $Z_{1\Sigma}$、$Z_{2\Sigma}$、$Z_{0\Sigma}$ 的参数变化范围是很大的，因此，按照继电保护的典型分析方法，取一个极限的情况，即 $Z_{1\Sigma}$、$Z_{2\Sigma}$、$Z_{0\Sigma}$ 均为 0，这样，将 $I_k^{(1)}=1kA$ 和对应电压等级的电动势 E 代入式（2-63），即可估算出要验证的最大过渡电阻数值。如 220kV 线路，有 $R_{g.max}<\dfrac{220kV/\sqrt{3}}{1kA}=127\Omega$，可近似取 100Ω 进行验证。

*5. 零序电流反时限保护

110kV 及以上系统的变电站通常都连接着接地的变压器，于是，在如图 2-40（a）所示的 K 处发生接地短路情况下，容易满足 $I_{0.2}=|\dot{I}_{0.1}+\dot{I}_{0.T}|>I_{0.1}$，即故障线路的零序电流通常大于非故障线路的零序电流，如图 2-40（c）所示，因此，在应用反时限特性［如式（2-26）］时，即使采用相同的时间整定参数 K，保护 2 的动作速度要快于保护 1，容易实现保护 1 与保护 2 之间的自然配合。为此，工程中的零序反时限保护也有采用相同的时间整定参数 K，以简化整定计算。

对于零序电流反时限保护，应当采用零序电流代入反时限公式（2-26）中进行计算。

但是，应当注意的是，如果图 2-40（a）的线路 M-N 为双回线，那么短路点 K 位于母线 N 附近时，将出现双回线零序电流之和 $2\dot{I}_{0.2}$ 等于（$\dot{I}_{0.1}+\dot{I}_{0.T}$），其中，$\dot{I}_{0.2}$ 为双回线中

的一回线零序电流。此时，$I_{0.1}$ 与 $I_{0.2}$ 的大小关系需要根据具体的电网零序阻抗参数才能确定，因此，需要验证图 2-40（a）中保护 1 与保护 2 反时限特性的配合关系。

2.3.4 方向性零序电流保护

1. 方向性零序电流保护原理

在双侧或多侧电源的大电流接地系统中，电源处的变压器中性点一般至少有一台要接地，由于零序电流的实际流向是由短路点流向每个变压器接地的中性点，因此，在变压器接地数目比较多的网络中，零序网络构成了多接地回路的复杂网络，就需要考虑零序电流保护的方向性问题。

在图 2-43（a）所示的网络中，两侧电源处的变压器中性点均直接接地，这样，当 K1 点接地短路时，零序等效网络和零序电流的分布如图 2-43（b）所示，按照选择性的要求，应当由保护 1、2 动作切除短路，但是，如果 $i''_{0.k1}$ 大于保护 3 的 I 段整定值时，则保护 3 就会误动；同样地，当 K2 点接地短路时，零序等效网络和零序电流的分布如图 2-43（c）所示，如果 $i'_{0.k2}$ 大于保护 2 的 I 段整定值时，则保护 2 也会误动。此情况类似于 2.2 节中的分析，因此，必须在零序电流保护中增加方向元件，利用正方向和反方向接地的方向特征差异，实现正方向接地时开放零序电流保护，反方向接地时闭锁零序电流保护。

2. 零序方向元件

零序方向元件接入零序电压 $3\dot{U}_0$ 和零序电流 $3\dot{I}_0$，反应正方向接地短路而动作。零序方向元件规定的正方向、工作原理、实现方法均与前面介绍的相间方向元件类似。

以图 2-43 的保护 2 为例，正方向 K1 接地短路时，由图 2-43（b）可知，保护 2 的测量电压 $\dot{U}_{0.2}$ 和测量电流 $\dot{I}_{0.2}$ 满足 $\dot{U}_{0.2} = -(Z_{0.B-C} + Z_{0.T2})\dot{I}_{0.2}$，$\dot{U}_{0.2}$ 超前 $\dot{I}_{0.2}$ 的角度为

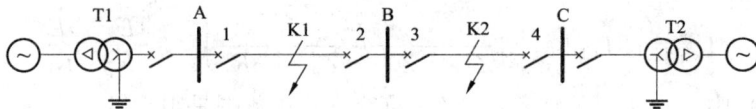

(a) 网络接线图

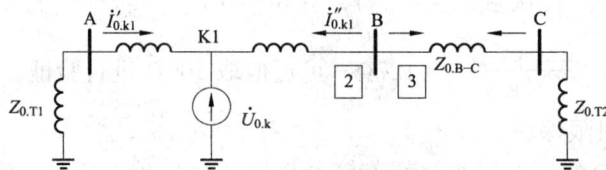

(b) K1点短路的零序等效网络

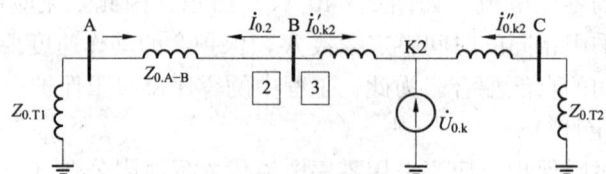

(c) K2点短路的零序等效网络

图 2-43 方向性零序保护原理的分析

$(-180°+\varphi_0)$，如图 2 - 44 的 $\dot{U}_0$ 与实线相量 $\dot{I}_0$ 所示，其中，$\varphi_0 = \arg(Z_{0.B-C} + Z_{0.T2})$；反方向 K2 接地短路时，由图 2 - 43（c）可知，有 $\dot{U}_{0.2} = (Z_{0.T1} + Z_{0.A-B})\dot{I}_{0.2}$，$\dot{U}_{0.2}$ 与 $\dot{I}_{0.2}$ 相位关系与正方向几乎相反，如图 2 - 44 的 $\dot{U}_0$ 与虚线相量 $\dot{I}_0$ 所示。利用此特征差异就构成了零序方向元件。

工程中，考虑到线路阻抗角 $\arg Z_{0.B-C} = 70° \sim 85°$、变压器阻抗角 $\arg Z_{0.T} \approx 90°$，综合并兼顾二者的角度之后，较多地取 $\varphi_0 = 80°$，于是，以 $\dot{U}_0$ 为参考相量，绘制出正方向、反方向短路时 $\dot{U}_0$ 和 $\dot{I}_0$ 相量关系，如图 2 - 44 所示。若取正方向和反方向的角平分线，就得到图示的分界线，那么将零序方向元件的正方向区域设计为图 2 - 44 中的阴影部分，对应的正方向动作方程为

$$-190° \leqslant \arg\frac{\dot{U}_0}{\dot{I}_0} \leqslant -10° \qquad (2-64)$$

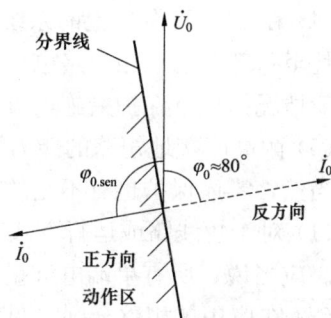

图 2 - 44 零序方向元件动作区

式（2 - 64）对应的最大灵敏角为 $\varphi_{0.sen} = \arg(\dot{U}_0/\dot{I}_0) = -100°$。

对于大电流接地系统，在接地短路期间，短路点的零序电压是最高的，所以，零序方向元件没有出口短路的电压死区问题。但是，应当关注的是，在保护范围末端经过渡电阻接地时，需要验证最小零序电压是否满足方向元件的最低门槛要求（一般为 0.5~1V）。

另外，当短路点距保护安装处越远时，保护测量到的零序电压就越低，零序电流就越小，因此，必须验证远后备零序保护的方向元件灵敏度。目前，微机保护零序方向元件的电流门槛较低（一般不大于 $I_{0.set}^{\text{III}}$），且有足够的灵敏度。

顺便指出，正方向短路时，$3\dot{U}_0$ 和 $3\dot{I}_0$ 的相位关系主要由背后系统的零序阻抗角决定（如图 2 - 43 中的 $Z_{0.T1}$），相位关系比较稳定，而与正方向短路点的位置无关，也与短路点的过渡电阻无关，因此，零序方向元件的接线方式和最大灵敏角 $\varphi_{0.sen}$ 几乎是固定的。

2.3.5 对零序电流保护的评价

在中性点直接接地的高压电网中，由于零序电流保护简单、可靠，故获得了广泛应用。在我国继电保护的实际工程中，零序电流保护成了直接接地系统的标准配置之一。零序电流保护与相间电流保护相比较，具有以下独特的优点：

（1）相间短路的过流保护按照大于负荷电流整定，一般为 $(1.2\sim1.5)I_N$；而零序过电流保护则按照躲开不平衡电流的原则整定，其值一般为 $(0.2\sim0.5)I_N$。一般情况下，零序过电流保护的灵敏度要高。

此外，在图 2 - 41 所示的网络中，零序过电流保护的动作时限也小于相间过电流保护。尤其是对于两侧电源的线路，当线路内部靠近任一侧母线附近发生接地短路时，近短路侧的零序Ⅰ段动作跳闸后，对侧的零序电流会增大，可促使对侧零序Ⅰ段容易满足动作条件，形成相继动作，因而使总的故障切除时间更加缩短。

（2）相间电流保护Ⅰ、Ⅱ段直接受系统运行方式变化的影响很大，而零序电流保护受系统运行方式变化的影响要小得多，即 $Z_{1\Sigma}$ 对 $3\dot{I}_0$ 的影响是间接的。

此外，由于线路零序阻抗要大于正序阻抗，一般有 $Z_0 = (2\sim3.5)Z_1$，故线路始端与末

端短路时，零序电流变化显著，短路电流曲线较陡，因此，零序Ⅰ段的保护范围较大，也较稳定，零序Ⅱ段的灵敏系数也易于满足要求。

（3）当系统发生某些不正常运行状态时，如系统振荡、短时过负荷等（参见第3章），三相依然是对称的，相间短路的电流保护均受它们的影响而可能误动作，因此，需要采取必要的措施予以防止，但零序电流保护则不受三相振荡、过负荷的影响。

（4）在110kV及以上的系统中，单相接地故障占全部故障的70%～90%，而且两相接地，甚至一部分的三相短路也往往是由单相接地发展起来的，这样，零序保护就为绝大部分的故障情况提供了保护措施，具有显著的优越性。

（5）耐高阻接地短路的能力强。

当然，零序保护也有不足的地方，如：

（1）对于短线路或运行方式变化很大的情况，零序保护往往不能满足系统运行所提出的要求。应当说，所有单端电气量的保护都难以满足短线路的需要。

（2）在应用单相重合闸（见第5章）的系统中，由于跳开单相时将出现非全相运行状态，再考虑系统两侧等效电动势发生摇摆，可能出现较大的零序电流，因而影响零序保护的正确工作，此时，应当从整定计算中予以考虑，或在非全相运行期间自动地短时退出零序电流保护。

（3）当采用自耦变压器联系两个不同电压等级的电网，如110kV和220kV电网，则任一电网中的接地短路都将在另一个电网中产生零序电流，导致零序保护的整定、配合复杂化，并将增大零序Ⅲ段保护的动作时间。

顺便指出，在微机保护中，已经应用了不对称故障情况下有负序分量的特征，构成了负序电流保护的功能。负序分量按照对称分量法进行分解，即 $3\dot{I}_{2a}=\dot{I}_a+a^2\dot{I}_b+a\dot{I}_c$，其中，$a=e^{j120°}$，当然，也可以采取其他类似的方法获得 $3\dot{I}_{2a}$。需要注意的是，在分解负序分量时，三相电气量应当都采用故障后的测量值进行分解，如果一部分是故障前、另一部分是故障后的电气量，那么得到的负序分量将是错误的。

*2.4　小电流接地系统的单相接地特征及其保护

中性点不接地、中性点经消弧线圈接地的系统统称为中性点非直接接地系统，又称为小电流接地系统（如图2-4的右侧示意图所示）。在这种系统中发生单相接地时，由于故障电流很小（主要是电容电流），三相电流和线电压基本上还是对称的，且三相电流变化很小，因此，一般情况下允许继续运行1～2h，可以不必立即跳闸，这有利于提高供电可靠性。在单相接地期间，非故障相的电压约为正常电压的 $\sqrt{3}$ 倍，为了防止故障进一步扩大，避免一点接地发展为两点接地或相间短路，应当及时地发出信号，以便由运行人员查找发生接地的线路，采取措施予以消除。因此，小电流接地系统发生单相接地时，一般只要求继电保护能够发出信号，当然，最好能够指示出哪条线路发生了接地。如果单相接地会危及人身和设备安全时，则应当设计为动作于跳闸。

2.4.1　复合序网图分析法

复合序网图方法已经广泛且成功地应用于大电流接地系统中，成为经典的短路计算与分析方法。在此，对复合序网图做以下的几点归纳：

（1）正序、负序、零序的序网图都是"由短路点 K 往里看"而得到的，即各序的序网图都归并到短路点。

（2）将正序、负序、零序的序网图连接成一个复合序网图时，连接方式仅取决于短路点的边界条件。

（3）上述两点还表明另一层的含义：对短路点 K 以外的接地方式没有明确的要求。

因此，进行这样的思考：能否将复合序网图方法应用于小电流接地系统的分析中呢？

考察图 2-45 所示的输电线路不同等效电路，可知图 2-45（a）是由 n 个 π 型单元组成的等效电路，当 $n \rightarrow \infty$ 时，就是线路的精确模型，但是，应用于工程分析却是比较困难的，难以凝练出具有指导意义的参数变化规律；图 2-45（c）是由 R、L 组成的等效电路，广泛应用于电力系统的潮流计算、短路计算中，计算精度能够满足电力系统的基本需要，成为电力系统最经常使用的线路模型，在工频量的计算中，还可以用 $Z = R + jX$ 来表示 R 和 L 的组合，甚至还可能忽略电阻的影响，进一步简化计算；而图 2-45（b）是一个 π 型单元的等效电路，是介于图 2-45（a）、（c）之间的一种线路模型，其中，R、L、C 为线路全长的电阻、电感、对地电容。可以确定，图 2-45（b）的精度优于图 2-45（c）。

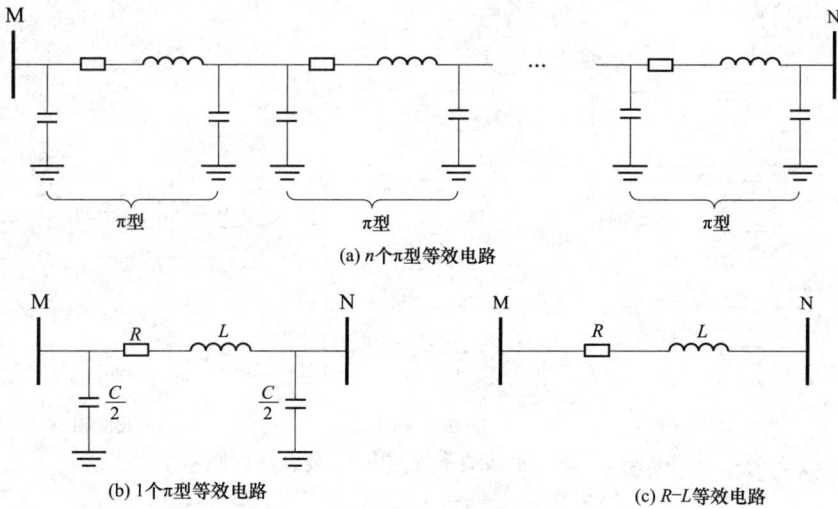

(a) n 个 π 型等效电路

(b) 1 个 π 型等效电路   (c) R–L 等效电路

图 2-45   输电线路的不同等效电路

将图 2-45（b）的一个 π 型等效电路应用于中性点不接地系统的各序网络中，并注意到中性点不接地时，需要将零序网络中性点断开（这是大、小电流接地系统序网图的根本区别）。对于大、小电流接地系统，发生单相接地故障时，短路点的边界条件都是一样的，均可以由图 2-46 所示的示意图列写出来。由短路分析的知识可知，发生单相接地故障时，可以将正序、负序、零序的三个序网图连接成如图 2-47（a）所示的复合序网图。

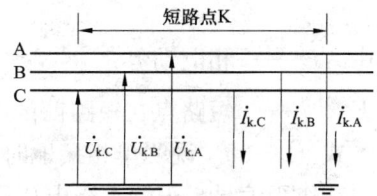

图 2-46   A 相接地示意图

在获得复合序网图之后，还可以进行一定的近似分析。在下面的分析中，应用了两个元

件串联、并联的工程近似方法。如果 $|Z_A| \gg |Z_B|$，则 Z_A 与 Z_B 串联后，总阻抗约等于 Z_A；Z_A 与 Z_B 并联后，总阻抗约等于 Z_B。

在图 2-47（a）的负序网络中，左侧虚线所示的电容 $C_2/2$ 被负序中性点短接了，可以略去；另外，由于 $|Z_{2\Sigma}| \ll 1/[\omega\,(C_2/2)]|$，因此，可以忽略负序网络右侧并联电容 $C_2/2$ 的影响。

在零序网络中，由于左侧 $C_0/2$ 与 $Z_{0\Sigma}$ 构成串联的关系，且 $|Z_{0\Sigma}| \ll 1/[\omega\,(C_0/2)]|$，因此，可以忽略 $Z_{0\Sigma}$ 的影响，这样，零序网络就成为一个电容 C_0 了。随后，C_0 与 $Z_{2\Sigma}$ 构成串联的关系，还可以忽略 $Z_{2\Sigma}$ 的影响。同理，进一步还可以忽略 $Z_{1\Sigma}$，于是，形成了图 2-47（b）所示的等效复合序网图。进一步还可以简化为图 2-47（c）所示的电路。

应当说，将图 2-47（a）中的 a、b 两点直接相连，并忽略电容的影响后，就是大电流接地系统单相接地的复合序网图。在大电流接地系统单相接地时，如果分布电容不能忽略，那么仅需要在图 2-47（a）的基础上，将 a、b 两点直接相连即可，例如，可应用于大电流接地系统的电缆线路单相接地的短路分析。

图 2-47（a）中，在 a、b 两点间接入 $3R$ 时，就是中性点经小电阻 R 接地系统的单相短路复合序网图，小电阻 R 一般设计为 $8\sim12\Omega$。

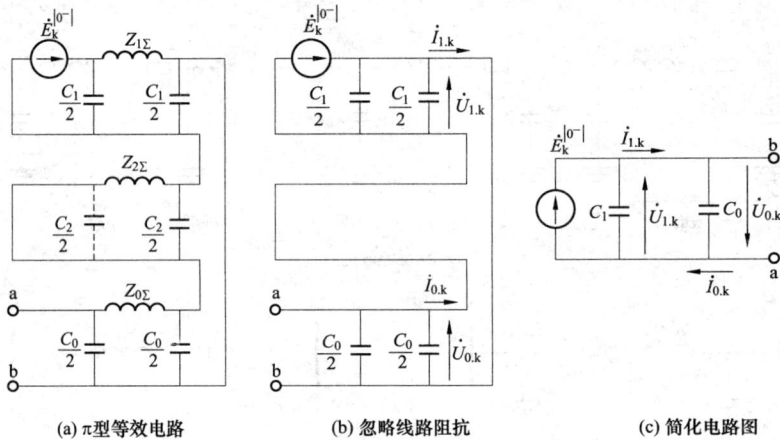

(a) π型等效电路　　(b) 忽略线路阻抗　　(c) 简化电路图

图 2-47　不接地系统的 $K^{(1)}$ 复合序网图

2.4.2　特征与保护方式

由图 2-47（c）可以确定，小电流接地系统单相接地时，有

$$|\dot{U}_{0.k}| = |-\dot{E}_k^{|0^-|}| \approx E \tag{2-65}$$

式中　E ——相电动势；

$\dot{E}_k^{|0^-|}$ ——短路点在短路前的电势。

式（2-65）说明单相接地时有较高的零序电压。利用此特征构成了零序电压保护，带延时动作于信号，表明本级电压网络中出现了单相接地故障。这种方法给出的信号是没有选择性的，因为网络上各处零序电压的差异是很小的，为此，要想发现故障在哪条线路上，还需要由运行人员依次短时断开每条线路，随后再将断开的线路合上。当断开某条线路时，如果零序电压信号消失，就表明故障发生在该线路上。

由图 2-47（c）还可以计算出单相接地的零序电流，即

$$\dot{I}_{0.k} = j\omega C_0 \dot{E}_k^{|0^-|} \tag{2-66}$$

式中　C_0——零序网络的全部电容。

由于 C_0 的数值不大，因此，在小电流接地系统发生单相接地短路时，短路点的电流是较小的。但是，接地点流过的 $3\dot{I}_{0.k}$ 接地电流仍然可能引起接地点燃起电弧。为了抑制电容电流 $3\dot{I}_{0.k}$，可以采用消弧线圈接地方式，其分析方法相当于在图 2-47 中的 a、b 两点之间接入 $3X$ 的电抗，其中，X 为消弧线圈的电抗值。原因是，消弧线圈流过的实际电流是 $3\dot{I}_{0.X}$，而在图 2-47 中 a、b 两点之间的消弧线圈电流仅仅是 $\dot{I}_{0.X}$，在满足 $(jX)3\dot{I}_{0.X} = (j3X)\dot{I}_{0.X}$ 时，才符合消弧线圈两端零序压降不变的条件。

顺便指出，将实际系统的多条输电线路代入图 2-47 (c) 所示的零序网络后，得到图 2-48 (a) 所示的全网零序电流分布图，通过比较各条线路的零序电流大小以及零序方向，如图 2-48 (b) 所示，还出现了"接地选线装置"，期望指明具体的接地线路。图 2-48 中，$\dot{I}_{0.I}$、$\dot{I}_{0.II}$、…、$\dot{I}_{0.N}$ 分别为每条线路规定正方向的零序电流，如线路 II 有 $\dot{I}_{0.II} = j\omega C_{0.II}\dot{U}_{0.k}$；$\alpha$ 表示接地点到保护安装处的距离与线路全长的比值；$\dot{I}_{0.X}$ 为消弧线圈的零序电流。

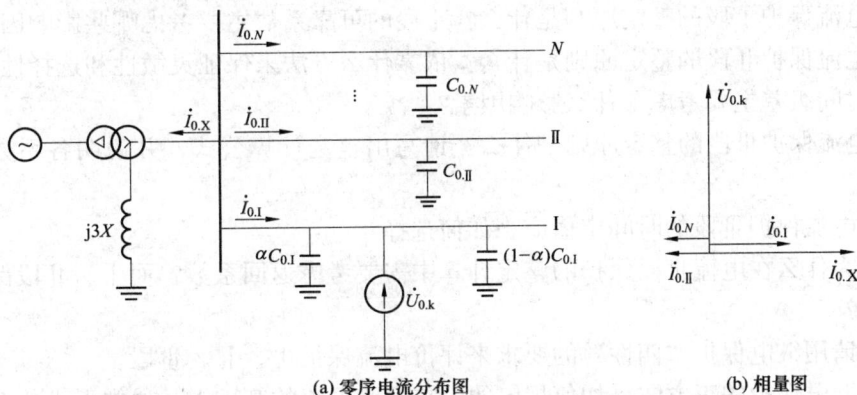

(a) 零序电流分布图　　　　　(b) 相量图

图 2-48　单相接地时的零序电流分布图及相量图

2.4.3　不同地点的零序电压比较

在图 2-47 (b) 的基础上，保留 $Z_{1\Sigma}$ 和 $Z_{0\Sigma}$，如图 2-49 所示，可以解析更多的现象，更接近于真实的故障情况。如保护安装处 $3U_0$ 与短路点 $3U_{0.k}$ 的大小关系，下面予以分析。

设 $X_{C0} = \dfrac{1}{\omega(C_0/2)}$，于是，根据图 2-49 可得

$$\dot{U}_{0.m} = \frac{-jX_C}{Z_{0\Sigma} - jX_C}\dot{U}_{0.k} = \frac{-jX_C}{(R_{0\Sigma} + jX_{0\Sigma}) - jX_C}\dot{U}_{0.k}$$

$$\approx \frac{-jX_C}{jX_{0\Sigma} - jX_C}\dot{U}_{0.k} = \frac{1}{1 - \dfrac{X_{0\Sigma}}{X_C}}\dot{U}_{0.k} \tag{2-67}$$

式（2-67）中，X_C、$X_{0\Sigma}$ 均为正的数值，且 $X_C \gg$

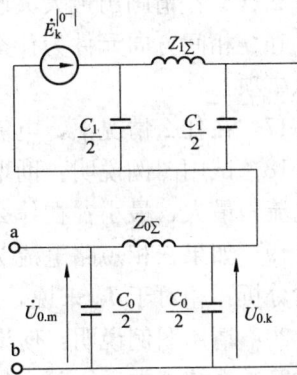

图 2-49　保留 $Z_{1\Sigma}$ 和 $Z_{0\Sigma}$ 的电路图

$X_{0\Sigma}$，因此，可得 $U_{0.m}>U_{0.k}$。也就是说，对于小电流接地系统，短路点的零序电压是最低的。这一点与大电流接地系统的结论正好相反，应当予以注意。

另外，随着短路点与保护安装处距离的增加，$X_{0\Sigma}$ 和 C_0 均增大，而 X_C 却减小，导致式（2-67）中的 $U_{0.m}/U_{0.k}$ 出现进一步增大的现象。

顺便指出，对于较长的线路，在线路一侧的断路器合闸后，线路末端（未合闸侧）的电压会升高，其分析方法与式（2-67）类似。

练 习 与 思 考

2.1 电流继电器的作用是什么？时间继电器的作用是什么？

2.2 何谓继电器的继电特性？为什么继电器的动作过程是干脆而利索的？

2.3 电流继电器的返回系数大约是多少？返回系数过高或过低时，各有什么利弊？

2.4 中性点接地方式有哪几种？各有什么主要的特征和优缺点？

2.5 相间电流保护主要针对何种中性点接地方式？在电流保护的整定计算中，需要考虑什么故障类型？

2.6 电流保护Ⅰ段的整定原则是什么？Ⅰ段的可靠系数主要考虑哪些影响因素？

2.7 电流保护Ⅱ段的整定原则是什么？依靠什么方法来保证灵敏性和选择性？

2.8 时间级差主要考虑了什么影响因素？

2.9 电流保护Ⅲ段的整定原则是什么？请写出整定计算公式，并说明各系数的含义和大致的范围。

2.10 电流保护Ⅲ段的时间定值应当如何选择？

2.11 为什么在电流Ⅲ段保护的整定计算中需要考虑返回系数？而Ⅰ、Ⅱ段保护没有考虑返回系数？

2.12 请用继电保护"四性"的要求来评价电流保护Ⅰ、Ⅱ、Ⅲ段。

2.13 继电保护的正方向是如何规定的？在短路电流的基础上，通常引入什么电气量才能识别正方向的短路？

2.14 方向元件与电流元件相比较，要求哪个元件的灵敏度更高？为什么？

2.15 对于 $90°$ 接线方式的方向元件，引入的是何种电压与电流？方向元件的最大灵敏角是什么含义？请画出最大灵敏角为 $-30°$ 时的动作区。

2.16 相间方向元件为什么会存在"死区"的问题？为什么需要采用记忆电压？应当注意什么事项？

2.17 在什么情况下，电流保护Ⅰ、Ⅲ段可以取消方向元件？

2.18 试用图例说明：助增电流、外汲电流都是相对于什么电流来说的？在什么情况下助增电流为最大、最小？在什么情况下，外汲电流为最大、最小？

2.19 如果三相短路电流为 I_k，而 A、B、C 三相的相对误差分别为 10%、7%、5%，那么请分析：相对于 I_k 来说，此时的不平衡电流是多少？

2.20 请用图例说明：何谓电流分配系数？何谓电流分支系数？

2.21 系统正常运行时，如果仅一相 TA 的极性接反了，那么请推导出零序电流与负荷电流的关系。

2.22　在大电流接地系统中，零序方向元件存在出口死区吗？为什么？

2.23　试分析正方向经过渡电阻接地时，保护安装处的零序电压和零序电流的相量关系。该相量关系与渡电阻接地有关否？为什么？

2.24　在中性点不接地系统中，发生单相接地故障时，最明显的特征是什么？短路点的零序电压是否为最高？

2.25　在图 $2-50$ 中，系统参数为 $E=115/\sqrt{3}$ kV，$X_{s.max}=10\Omega$，$X_{s.min}=8\Omega$，线路 A-B 的最大负荷电流为 400A，线路单位阻抗为 $0.4\Omega/km$，保护 3 的 $t_3^{III}=1s$。取 $K_{rel}^{I}=1.25$，$K_{rel}^{II}=K_{rel}^{III}=1.15$，$K_{re}=0.85$，自启动系数为 1.4。请完成保护 1 的 I、II、III 段整定计算。

图 $2-50$　题 2.25 图

2.26　在图 $2-51$ 中，设发电机 G1、G2、G3 的参数完全相同，试分析：对于保护 1 来说，何种工况对应于最大和最小运行方式？为什么？

2.27　如图 $2-52$ 所示，保护 9、10、11 的第 III 段动作时间已经标注于图中。试分析：保护 $1\sim8$ 的第 III 段动作时间应当如何设计？并说明哪些保护需要配置方向元件？为什么？

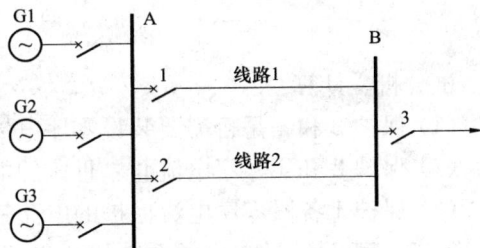

图 $2-51$　题 2.26 图

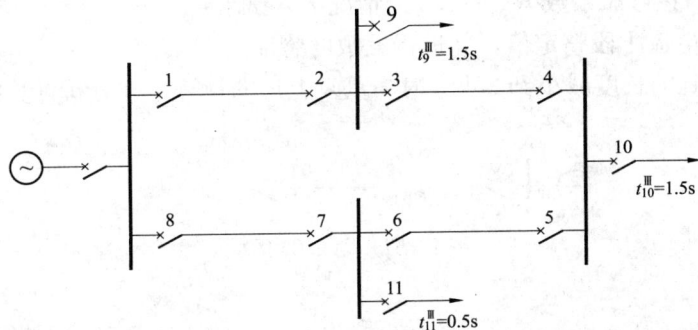

图 $2-52$　题 2.27 图

2.28　某 110kV 系统示意图如图 $2-53$ 所示，线路长度已标注于图中。已知：

(1) 电源等值电抗分别为：$X''_{1s.max}=X_{2s.max}=20\Omega$，$X''_{1s.min}=X_{2s.min}=15\Omega$。

(2) 线路电抗 $X_1=0.4\Omega/km$，$X_0=1.4\Omega/km$。

(3) 变压器 T1 的中性点接地，其额定参数为 60MVA、10.5/110kV、$U_k\%=10.5\%$。

(4) 变压器 T2、T3 的中性点不接地，其额定参数为 15MVA、10.5/110kV、$U_k\%=10.5\%$。

(5) 在不同运行方式下，按照平均电压 115kV 计算，各点 $K^{(1)}$ 和 $K^{(1,1)}$ 的零序电流计算结果如表 $2-5$ 所示。

表 2－5	题 2.28 的表	
运行方式及故障类型 故　障　点	最大运行方式下 $K^{(1)}$（A）	最小运行方式下 $K^{(1.1)}$（A）
母线 A 的出口处	670	745
线路 A－B 的中点处	402	358
母线 B	287	236
母线 C	194	150
母线 D	208	163.5

（6）在断路器 1～5 上流过的最大负荷电流分别为 1070、810、381、850、390A。

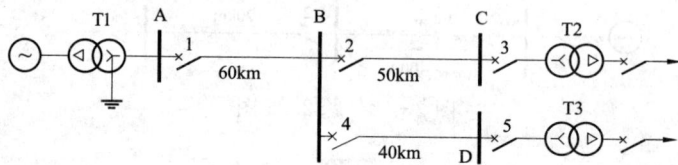

图 2－53　题 2.28 图

试分析、计算：

（1）保护 2 和 4 是否需要装设零序电流 I 段保护？为什么？

（2）保护 2 和 4 零序电流 II、III 段的电流整定值及时间整定值。

（3）保护 1 各段零序电流保护的电流整定值、时间整定值及灵敏度。

2.29　某 110kV 单电源系统如图 2－54 所示，其中 $Z_{s.min}=10\Omega$，$Z_{s.max}=13.5\Omega$，线路的单位阻抗为 0.4Ω。在可靠系数 $K_{rel}^{I}=1.3$ 的情况下，试求：

（1）保护 1 的电流 I 段整定值，并进行灵敏度验证。

（2）当线路 AB 的长度减小到 25km 时，重复上述的计算，并分析计算结果。

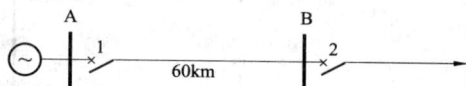

图 2－54　题 2.29 图

第3章 输电线路距离保护

对于（相间）电流保护，从原理上说，整定值的选择、保护范围及灵敏度等方面都直接受系统运行方式变化和故障类型的影响，所以在35kV及以上电压等级的复杂电网中，难以满足选择性、灵敏性、速动性的要求，为此，还需要研究其他的保护方式，以便克服电流保护的不足。距离保护就是一种性能较好的继电保护方式，保护范围和灵敏度受运行方式的影响较小，尤其是距离保护Ⅰ段的保护范围比较稳定，同时，还具备判别短路点方向的功能，因此在电网中得到了广泛应用。

3.1 距离保护的原理与动作特性

3.1.1 距离保护的基本原理

电流保护是利用短路时电流增大的单一特征，而距离保护则利用了短路时同时出现电流增大、电压降低的双重特征，即利用保护安装处测量电压 $\dot{U}_m$ 和测量电流 $\dot{I}_m$ 的比值特征。由于 $\dot{U}_m/\dot{I}_m$ 的物理量为阻抗，故这种方式所构成的继电保护称为阻抗保护。对于输电线路，$\dot{U}_m/\dot{I}_m = z_1 l_k$ 还能反映短路点到保护安装处的距离 l_k，所以也称为距离保护，具有测距的功能，其中，z_1 为输电线单位长度的正序阻抗，是一个实测的已知参数。为了简便、直观，又不失去普遍意义，在分析距离保护时，通常可以忽略影响较小的输电线路分布电容。

在系统发生短路时，电压降低、电流增大，对应的测量阻抗绝对值是变小的，因此，距离保护是一种欠量动作的保护方式，即测量值偏小时动作。

在电流、电压互感器的一次侧和二次侧，阻抗关系为

$$Z_m = \frac{\dot{U}_m}{\dot{I}_m} = \frac{\dot{U}_1/n_{TV}}{\dot{I}_1/n_{TA}} = \frac{\dot{U}_1}{\dot{I}_1}(n_{TA}/n_{TV})$$
$$= Z_k(n_{TA}/n_{TV}) \tag{3-1}$$

式中　Z_m——二次侧保护装置的测量阻抗；

$\dot{U}_m$、$\dot{I}_m$——二次侧的测量电压、测量电流；

$\dot{U}_1$、$\dot{I}_1$——一次侧的测量电压、测量电流；

Z_k——一次侧的测量阻抗；

n_{TA}、n_{TV}——电流、电压互感器的变比。

式（3-1）表明，一次、二次之间的阻抗关系是由电流互感器变比 n_{TA}、电压互感器变比 n_{TV} 唯一确定的。于是，在完成了阻抗值的整定计算后，均应当将一次阻抗值经过式（3-1）折算成二次值，再输入到距离保护中。为了简化符号和下标，在本书中，如果没有特殊说明，不再区分一次侧和二次侧的电气量符号。

由于测量阻抗 $Z_m = \dot{U}_m/\dot{I}_m$ 通常为复数，因此，可以采用极坐标方式或直角坐标方式表

示，即

$$Z_m = \frac{\dot{U}_m}{\dot{I}_m} = z_1 l_m = |Z_m| \angle \varphi_m = R_m + jX_m \qquad (3-2)$$

式中　z_1——单位长度的正序阻抗，其角度 φ_1 称为阻抗角（也用 φ_k 表示，为 $65° \sim 89°$）；

$\quad\quad l_m$——短路点到保护安装处的测量距离（本书中用 l_k 表示实际的短路距离）；

$\quad\quad |Z_m|$——测量阻抗的绝对值；

$\quad\quad \varphi_m$——测量阻抗的角度；

$\quad\quad R_m$——测量电阻；

$\quad\quad X_m$——测量电抗。

为了更直观地描述阻抗的大小与角度，可以采用直角坐标系来反映阻抗的复数关系，横坐标对应于阻抗 Z 的实部 R，纵坐标对应于阻抗 Z 的虚部 jX，并直接将横坐标、纵坐标用具体的物理量 R 和 jX 进行标注，于是，此直角坐标系可称为阻抗复平面，也称为 R-X 平面，如图 3-1（b）所示。实际上，由图 3-1（b）可见，该坐标也完全反映了极坐标相量 Z_m 的大小 $|Z_m|$ 与角度 φ_m。通常，将所讨论的距离保护放置在 R-X 平面的坐标原点 0 处，并让保护的正方向位于第一象限。

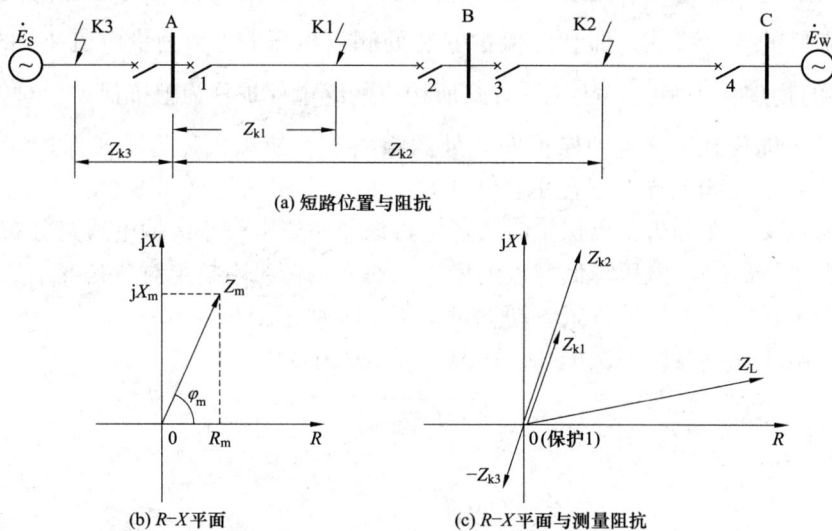

(a) 短路位置与阻抗

(b) R-X 平面

(c) R-X 平面与测量阻抗

图 3-1　短路位置与 R-X 平面

在图 3-1（a）所示的网络中，Z_{k1}、Z_{k2}、Z_{k3} 分别为短路点 K1、K2、K3 到保护 1 的正序阻抗。按照保护 1 规定的正方向，由 $\dot{U}_m / \dot{I}_m$ 可得：

（1）K1 点三相短路时，有 $Z_m = Z_{k1} = z_1 l_{k1}$。

（2）K2 点三相短路时，有 $Z_m = Z_{k2} = z_1 l_{k2}$。

（3）反方向 K3 点三相短路时，有 $Z_m = -Z_{k3} = -z_1 l_{k3}$。

（4）系统正常运行时，有 $Z_m = \dot{U}_L / \dot{I}_L = Z_L$，其中，$\dot{U}_L$、$\dot{I}_L$ 为负荷状态的电压和负荷电流，Z_L 为负荷阻抗。Z_L 的绝对值较大、角度较小（一般小于 $30°$）。

将这几个短路点和负荷阻抗均绘制于以保护 1 为坐标原点的图 3-1（c）中，可以发现：反方向短路的测量阻抗位于第三象限；负荷阻抗的绝对值较大，其角度一般小于 $30°$；正方向的 K1 点、K2 点短路时，在阻抗绝对值方面存在区别，金属性短路的阻抗角通常在 $65°\sim89°$ 之间。因此，将这些差异与继电保护的要求相结合，就可以构成距离保护的原理了。

目前，较多地将计算 $Z_{\mathrm{m}}=\dot{U}_{\mathrm{m}}/\dot{I}_{\mathrm{m}}$ 并与设定区域进行比较的元件称为阻抗元件，该元件的主要目的是识别短路点的具体位置或区域，相当于代替图 2-22 中电流元件和方向元件的综合作用，而将阻抗元件以及一系列复杂逻辑构成的保护系统称为距离保护。

3.1.2　动作特性及其动作方程

不同位置发生金属性短路时，测量阻抗如图 3-1（c）所示，似乎可以采用一个小区域来界定正方向某一个范围内短路时允许动作，如图 3-2 所示的小矩形阴影部分。但是，考虑到二次侧的测量阻抗受电流、电压互感器和输电线路阻抗角的误差影响，并且测量阻抗还会受到过渡电阻的影响（见 3.5 节），因此，通常将阻抗元件的保护范围扩大为一个面或圆的形式❶，如图 3-2 所示的圆形区域，该区域称为动作特性。当测量阻抗落在动作特性范围内时，阻抗元件动作；否则不动作。

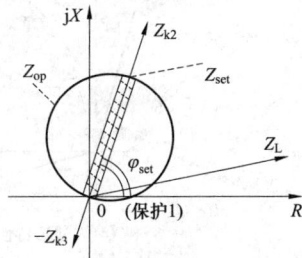

图 3-2　测量阻抗与动作特性

对于动作区域为圆的特性，保护范围由设定的整定阻抗 Z_{set} 来确定。Z_{set} 一般为圆的直径方向；Z_{set} 的角度 φ_{set}（与 R 轴的夹角）称为最大灵敏角 φ_{sen}，如图 3-2 所示。工程中，应当将 φ_{set} 设计为与线路的正序阻抗角 φ_1 相等，以保证在金属性短路时，相同的整定阻抗 Z_{set} 能够获得最大的保护范围（即最灵敏）。

整定阻抗 Z_{set} 为设计（或计算）的理论值，是一个点的参数，而距离保护实际动作范围的所有边界称为动作阻抗 Z_{op}（也称为临界阻抗，以圆为例，包含了圆的所有边界）。在 φ_{set} 方向，Z_{op} 与 Z_{set} 的差异就是由各种误差造成的。

1. 阻抗元件的动作特性

阻抗元件是距离保护的基本元件，其主要作用是测量短路点到保护安装处之间的阻抗（通常为正序阻抗），并与设定的动作特性进行比较，以便确定阻抗元件是否应当动作。图 3-3（a）、（b）、（d）是输电线路常用的阻抗元件动作特性，当测量阻抗落在动作特性范围以内时，阻抗元件动作。

图 3-3（a）所示为方向圆特性，这是最常用的阻抗特性之一，其特点是具有明确的方向性（即反方向肯定不动作），正方向的保护范围则由整定阻抗 Z_{set} 确定。通常 Z_{set} 为圆的直径，在 Z_{set} 的方向发生金属性短路时，保护范围最大，因此，Z_{set} 的角度 φ_{set} 就是最大灵敏角 φ_{sen}。通常将 φ_{set} 设置为线路的阻抗角。但是，与方向元件类似也存在出口死区的问题，在出口附近短路时电压约为 0，无法进行正确的比较，于是，同样需要采用记忆电压作为参考相量，与短路电流进行方向比较，以便消除死区的影响。

图 3-3（b）所示为偏移圆特性，其特点是可以由整定阻抗 Z_{set} 和 α 来确定保护范围，

---

❶　对于非微机保护的时代，为了避免器件、连接导线，以及切换回路太多而导致保护的可靠性降低，较多地采用一种特性（类似于 1 个继电器），试图适用于所有的应用场合。

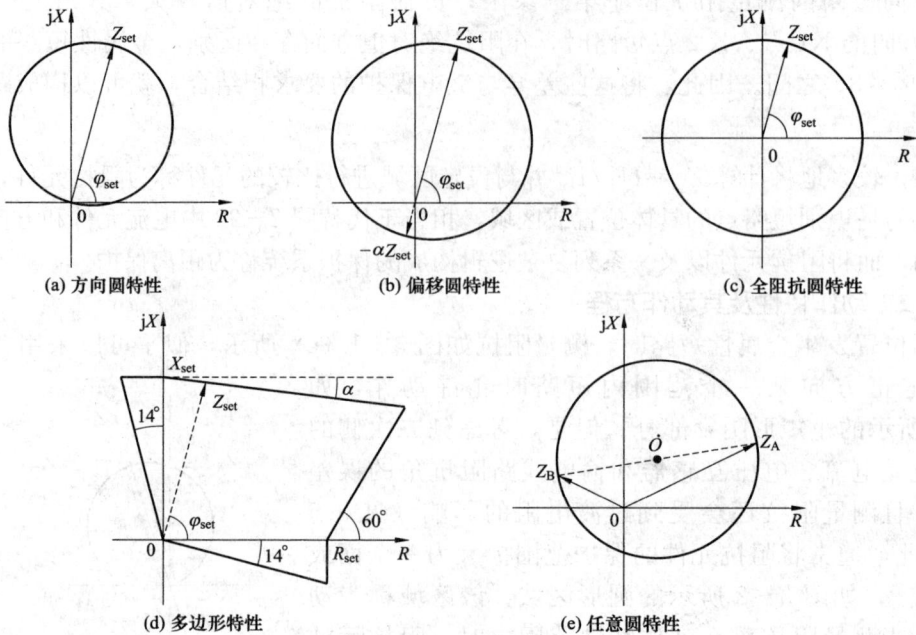

图 3-3 距离保护的动作特性

没有出口死区，但是，反方向出口短路会动作。在图 3-3（b）中，Z_{set} 的起始点为坐标的原点；$-\alpha Z_{set}$ 的起始点也是坐标的原点，但是与 Z_{set} 的方向相反，其中，α 称为偏移度，通常设计为 $\alpha = 0 \sim 1$ 之间的数值。Z_{set} 与 $-\alpha Z_{set}$ 两个相量通常构成了圆的直径。对于偏移圆特性，φ_{set} 仍可以称为最大灵敏角。在线路保护中，这种偏移特性通常在断路器手动合闸、自动重合闸的一小段时间以内投入使用，以适应于保护采用线路侧 TV 的需要，确保合闸于出口短路时，即使电压为 0 也能可靠动作。

图 3-3（c）所示为全阻抗圆特性，其特点是可以由 Z_{set} 确定保护范围，但没有方向性，也没有出口死区。圆的边界到圆心的距离相等，因此，没有最大灵敏角的概念。

图 3-3（d）所示为多边形特性，属于方向特性的一种，也是最常用的阻抗特性之一。整定值为 X_{set} 与 R_{set} 两项，其特点及每条边界的设计思想将在 3.5.2 中介绍。在图 3-3（d）多边形特性的基础上，微机保护也很容易将其拓展为偏移特性。

图 3-3（e）所示为其他的任意圆特性。

下面将介绍圆特性的实现方法。

2. 圆特性的幅值比较动作方程

列写圆特性幅值比较动作方程的基本要点是：圆周上任何一点到圆心的距离均等于半径。动作特性设计为圆内动作时，基本要点转化为：圆内任何一点到圆心的距离均小于半径。

根据圆的这个特征，可以方便地写出幅值比较动作方程为

$$|Z_m - \dot{O}| \leqslant r \tag{3-3}$$

式中 Z_m——测量阻抗；

$\dot{O}$——圆心的相量；

r——圆的半径。

于是，只要明确了圆直径的两个端点，那么应用式（3-3）的基本关系，就可以列写出任意的圆特性幅值比较动作方程。以图 3-3（b）所示的偏移圆特性为例，由于直径的一端相量为 Z_{set}，另一端相量为 $-\alpha Z_{set}$，这两个相量均以坐标原点 O 为起始点，因此，可得半径和圆心相量为

$$\begin{cases} r = \left| \dfrac{Z_{set} + |-\alpha Z_{set}|}{2} \right| = \left| \dfrac{1+\alpha}{2} Z_{set} \right| \\ \dot{O} = \dfrac{Z_{set} + (-\alpha Z_{set})}{2} = \dfrac{1-\alpha}{2} Z_{set} \end{cases} \tag{3-4}$$

将式（3-4）代入式（3-3），就可以得到偏移圆特性的幅值比较动作方程为

$$\left| Z_{m} - \frac{1-\alpha}{2} Z_{set} \right| \leqslant \left| \frac{1+\alpha}{2} Z_{set} \right| \tag{3-5}$$

于是，将实测的 Z_{m} 代入式（3-5），就可以确定阻抗元件是否满足圆内的动作条件。

在式（3-5）中，当 $\alpha=0$ 时，有 $\left| Z_{m} - \frac{1}{2} Z_{set} \right| \leqslant \left| \frac{1}{2} Z_{set} \right|$，该方程对应于图 3-3（a）方向圆特性的幅值比较动作方程；当 $\alpha=1$ 时，有 $\left| Z_{m} \right| \leqslant \left| Z_{set} \right|$，该方程对应于图 3-3（c）全阻抗圆特性的幅值比较动作方程。

式（3-3）也可以写成直角坐标的动作方程，即

$$(X_{m} - O_{X})^2 + (R_{m} - O_{R})^2 \leqslant r^2 \tag{3-6}$$

式中　X_{m}、R_{m}——测量电抗和测量电阻，即 $Z_{m} = R_{m} + jX_{m}$；

　　　O_{X}、O_{R}——圆心相量 $\dot{O}$ 的纵轴、横轴坐标，即 $\dot{O} = O_{R} + jO_{X}$；

　　　r——圆心的半径。

顺便指出，如果希望构造图 3-3（e）所示的以 Z_{A} 和 Z_{B} 端点为直径的圆特性，那么容易确定 $r = \left| \dfrac{Z_{A} - Z_{B}}{2} \right|$，$\dot{O} = \dfrac{Z_{A} + Z_{B}}{2}$，代入式（3-3），得到其幅值比较的动作方程为 $\left| Z_{m} - \dfrac{Z_{A} + Z_{B}}{2} \right| \leqslant \left| \dfrac{Z_{A} - Z_{B}}{2} \right|$，其中，$Z_{A}$ 和 Z_{B} 为两个任意的设定阻抗。

另外，还可以应用幅值比较方法实现任意的方向元件特性。如图 3-4（a）所示，Z_{A}、Z_{B} 为任意的、可设置的两个相量，可以构造一个与 Z_{A}、Z_{B} 连线呈垂直平分线的方向元件动作边界。由图 3-4（a）可以容易地确定，阴影部分为动作区的方程为 $\left| Z_{m} - Z_{A} \right| \geqslant \left| Z_{m} - Z_{B} \right|$；如果将符号"$\geqslant$"修改为"$\leqslant$"时，则动作区域相反。于是，可以根据方向特性的边界与角度要求，设计具体的 Z_{A}、Z_{B} 参数，例如图 2-31（b）的方向元件，可以设计为 $Z_{B} = 1\angle -30°$、$Z_{A} = -Z_{B}$，其中，$Z_{B} = 1\angle -30°$ 的角度与最大灵敏角 $\varphi_{sen} = -30°$ 相同，Z_{B} 绝对值的大小影响并不大，于是，$\left| Z_{m} + 1\angle -30° \right| \geqslant \left| Z_{m} - 1\angle -30° \right|$ 就是图 2-31（b）方向元件的幅值动作方程。

如果需要实现图 3-4（b）的电抗线特性，那么只需要比较 $X_{m} \leqslant X_{set}$ 即可；如果需要实现图 3-4（c）的电阻线特性，那么只需要比较 $R_{m} \leqslant R_{set}$ 即可。

实际上，还可以将图 3-3、图 3-4 等特性进行各种的"与""或"组合，从而派生出更多的阻抗元件动作特性。

3. 圆特性的相位比较动作方程

列写圆特性相位比较动作方程的基本要点是：圆周上任何一点到直径两个端点所形成的

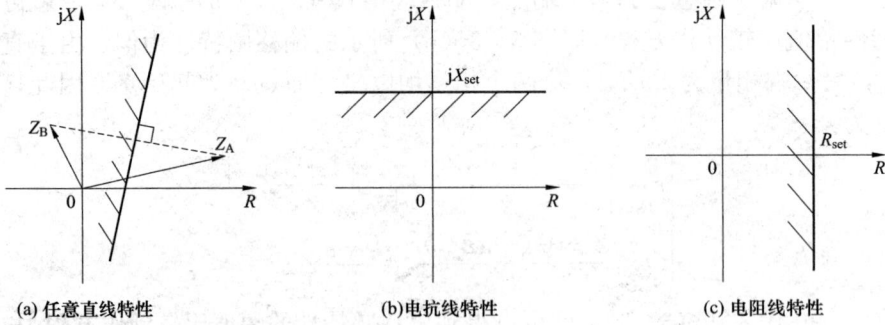

(a) 任意直线特性　　　　　　(b)电抗线特性　　　　　　(c) 电阻线特性

图 3-4　直线特性

圆周角均等于 $90°$。

仍以偏移圆特性为例，如图 3-5（a）所示，虚线 1 与 2 之间的夹角就等于 $90°$ 圆周角。根据圆周角的角度特征，当 Z_m 位于圆周上时，构造两个相量来反映图 3-5（a）中的虚线 1 与 2，如图 3-5（b）所示，若用相量 $Z_{set}-Z_m$ 来反映虚线 1，用相量 $Z_m-(-\alpha Z_{set})=Z_m+\alpha Z_{set}$ 来反映虚线 2，那么 $Z_{set}-Z_m$ 与 $Z_m+\alpha Z_{set}$ 的夹角就是 $90°$。由图 3-5（b）可以确定，当 Z_m 位于直径右侧的圆周上时，根据相量 $Z_{set}-Z_m$ 与 $Z_m+\alpha Z_{set}$ 的关系，有

$$\arg \frac{Z_{set}-Z_m}{Z_m+\alpha Z_{set}}=90° \tag{3-7}$$

当 Z_m 位于直径左侧的圆周上时（读者可自己画图），可以确定

$$\arg \frac{Z_{set}-Z_m}{Z_m+\alpha Z_{set}}=-90° \tag{3-8}$$

于是，由式（3-7）、式（3-8）可以知道，$90°$ 与 $-90°$ 均为动作区域的角度边界，二者合并为图 3-5（c）中的角度分界线 3。

确定了角度边界之后，还需要确定图 3-5（c）中的哪一侧对应于圆内动作。可以假设测量阻抗 Z_m 位于圆内（或圆外）的一个点，以便进一步确定动作的角度区域。分析图 3-5（b）可知，如果 Z_m 偏离直径右侧的圆周而向圆内移动一点时，有

$$0° < \arg \frac{Z_{set}-Z_m}{Z_m+\alpha Z_{set}} < 90° \tag{3-9}$$

更简单的是，假设 Z_m 位于圆心，于是，有 $Z_{set}-Z_m=Z_{set}$，$Z_m+\alpha Z_{set}=\alpha Z_{set}$，二者为同方向，即

$$\arg \frac{Z_{set}-Z_m}{Z_m+\alpha Z_{set}}\bigg|_{Z_m=0}=0°$$

将式（3-7）~式（3-9）的角度关系绘制于图 3-5（c）中，可知当 Z_m 位于圆内时，所构造相量的角度关系对应于图 3-5（c）中的右侧。于是，可以确定偏移圆特性的相位比较动作方程为

$$-90° \leqslant \arg \frac{Z_{set}-Z_m}{Z_m+\alpha Z_{set}} \leqslant 90° \tag{3-10}$$

同样，在式（3-10）中，当 $\alpha=0$ 时，有 $-90° \leqslant \arg \dfrac{Z_{set}-Z_m}{Z_m} \leqslant 90°$，该方程对应于

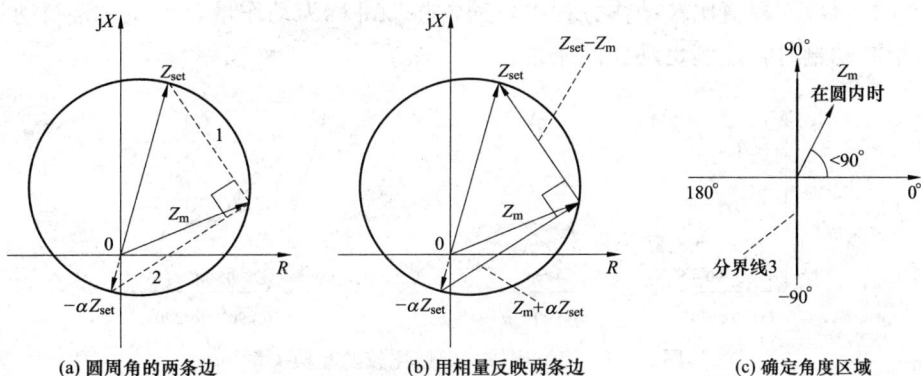

图 3-5　相位比较动作方程参考图

图 3-3（a）方向圆特性的相位比较动作方程；当 $\alpha=1$ 时，有 $-90°\leqslant\arg\dfrac{Z_{set}-Z_m}{Z_m+Z_{set}}\leqslant90°$，该方程对应于图 3-3（c）全阻抗圆特性的相位比较动作方程。

在图 3-5（a）、（b）中，需要说明的是：①有两个相量均可以反映虚线 1——相量 $Z_{set}-Z_m$ 或相量 $-(Z_{set}-Z_m)$；②有两个相量也可以反映虚线 2——相量 $Z_m+\alpha Z_{set}$ 或相量 $-(Z_m+\alpha Z_{set})$。于是，选取不同的相量进行角度比较时，都能够构造出圆内动作的相位比较动作方程，不同之处是会出现不同的角度动作范围。因此，在式（3-7）～式（3-10）中，一旦选定使用相量 $Z_{set}-Z_m$ 和 $Z_m+\alpha Z_{set}$ 来反映图 3-5（a）中的虚线 1、2，那么就应当一直采用这两个相量；另外，在角度比较中，如果采用比较 $Z_{set}-Z_m$ 超前 $Z_m+\alpha Z_{set}$ 的角度关系，那么就应当一直采用这个角度比的关系。

4. 幅值比较与相位比较动作方程的互换关系

对于圆特性，当相位比较动作方程的角度边界为 $\pm90°$ 时，相位比较动作方程与幅值比较动作方程之间存在着可以互相转换的关系，也称为互换关系。设相位比较动作方程的两个电气量为 $\dot{C}$、$\dot{D}$，幅值比较动作方程的两个电气量为 $\dot{A}$、$\dot{B}$，则有：

（1）当 $\theta=\arg(\dot{C}/\dot{D})=\pm90°$ 时，满足如图 3-6（a）所示的 $|\dot{A}|=|\dot{B}|$ 条件。

（2）当 $\arg(\dot{C}/\dot{D})$ 在 $-90°\sim90°$ 范围时，满足如图 3-6（b）所示的 $|\dot{A}|>|\dot{B}|$ 条件。

（3）当 $\arg(\dot{C}/\dot{D})$ 在 $90°\sim270°$ 范围时，满足如图 3-6（c）所示的 $|\dot{A}|<|\dot{B}|$ 条件。

可见，按照图 3-6 所示的 $\dot{C}$、$\dot{D}$ 两个比较相量的相位变化正好反映了 $|\dot{A}|$ 与 $|\dot{B}|$ 的大小关系。所以，根据平行四边形的特点，可推导出相位比较与幅值比较的相量之间满足如下的互换关系

$$\begin{cases}\dot{A}=\dot{C}+\dot{D}\\\dot{B}=\dot{C}-\dot{D}\end{cases}\tag{3-11}$$

及

$$\begin{cases}\dot{C}=\dfrac{\dot{A}+\dot{B}}{2}\\\dot{D}=\dfrac{\dot{A}-\dot{B}}{2}\end{cases}\tag{3-12}$$

在 $|\dot{A}| > |\dot{B}|$ 的幅值比较动作方程中，通常将 $|\dot{A}|$ 称为动作量，$|\dot{B}|$ 称为制动量，只有动作量大于制动量时，才满足动作的条件。

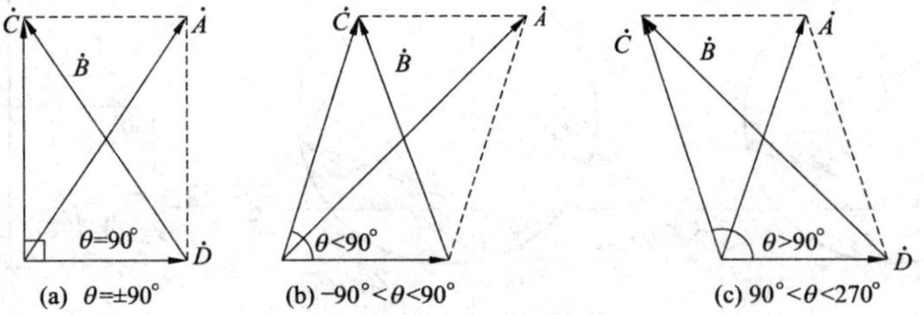

图 3-6　相位比较与幅值比较的互换关系

3.2　距离保护的接线方式

3.2.1　基本要求和常用的接线方式

上述讨论的内容实际上是以三相短路为前提的，但是在三相系统中，可能发生各种类型和相别的短路，因此也需要讨论距离保护的接线方式，其目的是设法让阻抗元件的工作性能达到最好。

对距离保护接线方式的基本要求是：

（1）测量阻抗 Z_m 正比于短路点到保护安装处之间的距离，即 $Z_m = Z_{1k} = z_1 l_k$，其中，Z_{1k}、l_k 分别为短路点到保护安装处的正序阻抗和短路距离。

（2）$Z_m = Z_{1k} = z_1 l_k$ 的关系与故障类型无关。

虽然人们研究了很多种的接线方式，但遗憾的是，到目前为止还没有一种接线方式能够同时满足上述两条基本要求。本书不讨论各种类型的接线方式，仅介绍两种常用的距离保护接线方式：相间阻抗元件的 0°接线方式（可简称为相间阻抗）、带零序补偿的接地阻抗元件 0°接线方式（可简称为接地阻抗）。二者称谓依然源于图 2-27 接线称谓的参考图。具体接入的电压、电流如表 3-1、表 3-2 所示，可以看出，相当于有 6 个阻抗元件。

表 3-1　　　　　　　　　　　　　相间距离的 0°接线方式

相间阻抗元件	Z_{AB}	Z_{BC}	Z_{CA}
测量电压 $\dot{U}_m$	$\dot{U}_{AB}$	$\dot{U}_{BC}$	$\dot{U}_{CA}$
测量电流 $\dot{I}_m$	$\dot{I}_A - \dot{I}_B$	$\dot{I}_B - \dot{I}_C$	$\dot{I}_C - \dot{I}_A$

表 3-2　　　　　　　　　　带零序补偿的接地距离 0°接线方式

接地阻抗元件	Z_A	Z_B	Z_C
测量电压 $\dot{U}_m$	$\dot{U}_A$	$\dot{U}_B$	$\dot{U}_C$
测量电流 $\dot{I}_m$	$\dot{I}_A + K3\dot{I}_0$	$\dot{I}_B + K3\dot{I}_0$	$\dot{I}_C + K3\dot{I}_0$

表 3-2 中，$K = \dfrac{Z_0 - Z_1}{3Z_1}$ 称为零序补偿系数，其中，Z_1、Z_0 分别为线路全长的正序阻抗和零序阻抗，为实测的已知参数。

3.2.2　常用接线方式的测量阻抗

现以图 3-7 所示线路为例，对常用的两种接线方式进行测量阻抗的分析。在保护 1 与 K 点之间未短路且未断开时，按照对称分量法可以求出二者之间的电压与电流关系为

$$\dot{U}_A = \dot{U}_{A1} + \dot{U}_{A2} + \dot{U}_{A0}$$

$$= \dot{U}_{Ak} + Z_{1k}(\dot{I}_{AL} + \dot{I}_{A1}) + Z_{2k}\dot{I}_{A2} + Z_{0k}\dot{I}_0$$

$$= \dot{U}_{Ak} + Z_{1k}(\dot{I}_{AL} + \dot{I}_{A1}) + Z_{1k}\dot{I}_{A2} + Z_{0k}\dot{I}_0$$

$$= \dot{U}_{Ak} + Z_{1k}(\dot{I}_{AL} + \dot{I}_{A1}) + Z_{1k}\dot{I}_{A2} + (Z_{1k}\dot{I}_0 - Z_{1k}\dot{I}_0) + Z_{0k}\dot{I}_0$$

$$= \dot{U}_{Ak} + Z_{1k}[\dot{I}_{AL} + (\dot{I}_{A1} + \dot{I}_{A2} + \dot{I}_0)] + (Z_{0k} - Z_{1k})\dot{I}_0$$

$$= \dot{U}_{Ak} + Z_{1k}(\dot{I}_{AL} + \dot{I}_{Ak}) + z_1\left(\frac{Z_{0k} - Z_{1k}}{3z_1}\right)3\dot{I}_0$$

$$= \dot{U}_{Ak} + Z_{1k}(\dot{I}_{AL} + \dot{I}_{Ak}) + z_1\left(\frac{z_0 l_k - z_1 l_k}{3z_1}\right)3\dot{I}_0$$

$$= \dot{U}_{Ak} + Z_{1k}\dot{I}_A + z_1 l_k\left(\frac{z_0 - z_1}{3z_1}\right)3\dot{I}_0$$

$$= \dot{U}_{Ak} + Z_{1k}\dot{I}_A + Z_{1k}\left(\frac{z_0 - z_1}{3z_1}\right)3\dot{I}_0$$

$$= \dot{U}_{Ak} + Z_{1k}(\dot{I}_A + K3\dot{I}_0) \tag{3-13}$$

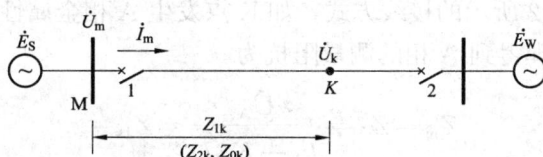

图 3-7　线路及序阻抗示意图

同理，可得

$$\dot{U}_B = \dot{U}_{Bk} + Z_{1k}(\dot{I}_B + K3\dot{I}_0) \tag{3-14}$$

$$\dot{U}_C = \dot{U}_{Ck} + Z_{1k}(\dot{I}_C + K3\dot{I}_0) \tag{3-15}$$

三式中　$\dot{U}_A$、$\dot{U}_B$、$\dot{U}_C$——保护 1 的 A、B、C 三相测量电压；

$\dot{U}_{Ak}$、$\dot{U}_{Bk}$、$\dot{U}_{Ck}$——K 点的 A、B、C 三相电压；

Z_{1k}、Z_{2k}、Z_{0k}——K 点到保护 1 处的正序、负序、零序阻抗（Z_{1k} 也称为短路阻抗），且输电线路满足 $Z_{1k} = Z_{2k}$ 的条件；

$\dot{I}_{AL}$——A 相负荷电流；

$\dot{I}_{A1}$、$\dot{I}_{A2}$、$\dot{I}_0$——A 相正序、负序、零序电流的故障分量；

$\dot{I}_A$、$\dot{I}_B$、$\dot{I}_C$——保护 1 的 A、B、C 三相测量电流，包含了负荷分量与故障分量，如 A 相有 $\dot{I}_A = \dot{I}_{AL} + \dot{I}_{Ak} = \dot{I}_{AL} + (\dot{I}_{A1} + \dot{I}_{A2} + \dot{I}_0)$；

z_1、z_2、z_0——单位长度的正序、负序、零序阻抗；

l_k——短路点到保护安装处的距离（公里数）；

K——零序补偿系数，$K=\dfrac{z_0-z_1}{3z_1}=\dfrac{Z_0-Z_1}{3Z_1}$，通常由实测参数获得。

在式（3-13）的推导过程中，第2步对应于：K点的电压 $\dot{U}_{Ak}$ 加上保护1与K点之间的三序压降，就等于保护1的A相测量电压；在第3步中，计及输电线路满足 $Z_{1k}=Z_{2k}$ 的条件；在第4步中，加一项、减一项（即 $Z_{1k}\dot{I}_0-Z_{1k}\dot{I}_0$）的目的是为了获得 $\dot{I}_{A1}+\dot{I}_{A2}+\dot{I}_0$，从而直接构成了A相电流的故障分量，再加上负荷分量后，得到的就是A相的测量电流；另外，还考虑到零序电流通常直接获得的就是 $3\dot{I}_0$ 的形式。

分析式（3-13）～式（3-15）的推导过程可以确定：

1) 推导过程基于三相对称的线性系统；

2) 式（3-13）～式（3-15）是保护1关于K点与M点之间的三相测量电压通用表达式，且与K点是否短路无关；

3) 式中的测量电气量包含了故障分量和负荷分量；

4) 各电气量之间的关系几乎与系统电动势 $\dot{E}_s$ 无关（只要求 $\dot{E}_s$ 不出现突变）❶。

分析式（3-13）～式（3-15）可以发现，除了K点电压与短路阻抗 Z_{1k} 为未知数之外，其余的相电压、相电流和零序电流均为保护处可以得到的测量电气量，且零序补偿系数 K 为已知常数，而未知数 Z_{1k} 正是距离保护最关心的短路距离参数，因此，只需要设法求出或消除掉无法测量的K点电压，那么距离测量的问题就迎刃而解了。正是基于这样的分析，容易得到表3-1、表3-2所示的接线方式，如K点发生A相金属性接地短路时，有 $\dot{U}_{Ak}=0$，代入式（3-13），整理得到A相的测量阻抗为

$$Z_m=Z_A=\frac{\dot{U}_A}{\dot{I}_A+K3\dot{I}_0}=Z_{1k} \tag{3-16}$$

式中　Z_m——测量阻抗的通用符号，可以表示为表3-1、表3-2中任意相别的阻抗元件；

Z_A——具体的A相测量阻抗；

Z_{1k}——短路点到保护安装处的正序阻抗。

式（3-16）就是"带零序补偿的接地距离0°接线方式"的来历。进一步分析还可以知道，只要短路点K的某相电压为0时，那么该相的阻抗元件就能准确测量短路点到保护处的正序阻抗 Z_{1k}，详见表3-3。如发生BC两相金属性接地短路时，有 $\dot{U}_{Bk}=\dot{U}_{Ck}=0$，于是，得 $Z_B=\dot{U}_B/(\dot{I}_B+K3\dot{I}_0)=Z_{1k}$，$Z_C=\dot{U}_C/(\dot{I}_C+K3\dot{I}_0)=Z_{1k}$；三相短路时，短路点电压均为0，所以三个接地阻抗元件都能够准确测量 Z_{1k}。

对于K点发生两相相间短路，以 $K_{BC}^{(2)}$ 为例，有 $\dot{U}_{Bk}\neq0$、$\dot{U}_{Ck}\neq0$，由于保护安装处无法获得 $\dot{U}_{Bk}$、$\dot{U}_{Ck}$，不能直接利用式（3-14）和式（3-15）。但是，在 $K_{BC}^{(2)}$ 金属性短路时，有这样的特征：$\dot{U}_{Bk}=\dot{U}_{Ck}$。于是，将式（3-14）和式（3-15）做减法计算，就可以消除短路

❶ 在测量电压、测量电流的计算数据中，如果包含了 $\dot{E}_s$ 发生跃变前、后的两种状态信息，那么关系式会受到影响，此时相当于采用了过渡过程的数据进行相量计算。尤其是 $\dot{E}_s$ 对应于直流换流站时，直流系统的换相失败就相当于 $\dot{E}_s$ 跃变的情况。

点电压不为 0 的影响，整理得到 BC 相的测量阻抗为

$$Z_m = Z_{BC} = \frac{\dot{U}_{BC}}{\dot{I}_B - \dot{I}_C}$$

$$= \frac{[\dot{U}_{Bk} + Z_{1k}(\dot{I}_B + 3K\dot{I}_0)] - [\dot{U}_{Ck} + Z_{1k}(\dot{I}_C + K3\dot{I}_0)]}{\dot{I}_B - \dot{I}_C}$$

$$= Z_{1k} \qquad\qquad (3-17)$$

其中，Z_{BC} 表示具体的测量阻抗相别为 BC 相。

　　式（3-17）就是"相间距离 0°接线方式"的来历。进一步分析还可以知道，只要短路点 K 存在两相电压差为 0 时，相间 0°接线方式的对应相别阻抗元件就能准确测量短路点到保护处的正序阻抗 Z_{1k}，如 $K_{BC}^{(1,1)}$、$K^{(3)}$ 时，也满足 $Z_{BC} = Z_{1k}$。其他故障相别的测量阻抗与 Z_{1k} 的关系，详见表 3-3。

　　实际上，式（3-13）～式（3-15）中已经包含了负荷分量的影响，也就是说，在金属性短路情况下，故障相的测量阻抗不受负荷电流影响，也几乎不受振荡（3、4 节将介绍）的影响，都能准确地测量短路点到保护处的正序阻抗 Z_{1k}。还应指出，接线方式的分母等于 0（如 $I_A + 3K\dot{I}_0 = 0$）时，测量阻抗 Z_m 是不确定的，在这种情况下该距离保护可以不动作。

表 3-3　　　　　　　　　　　两种常用接线方式在不同类型短路时的测量阻抗

测量阻抗　　接线方式　　短路类型		接地阻抗元件			相间阻抗元件		
		A 相	B 相	C 相	AB 相	BC 相	CA 相
		$\dfrac{\dot{U}_A}{\dot{I}_A + 3K\dot{I}_0}$	$\dfrac{\dot{U}_B}{\dot{I}_B + 3K\dot{I}_0}$	$\dfrac{\dot{U}_C}{\dot{I}_C + 3K\dot{I}_0}$	$\dfrac{\dot{U}_{AB}}{\dot{I}_A - \dot{I}_B}$	$\dfrac{\dot{U}_{BC}}{\dot{I}_B - \dot{I}_C}$	$\dfrac{\dot{U}_{CA}}{\dot{I}_C - \dot{I}_A}$
$K^{(1)}$	A	Z_{1k}					
	B		Z_{1k}				
	C			Z_{1k}			
$K^{(1,1)}$	AB	Z_{1k}	Z_{1k}		Z_{1k}		
	BC		Z_{1k}	Z_{1k}		Z_{1k}	
	CA	Z_{1k}		Z_{1k}			Z_{1k}
$K^{(2)}$	AB				Z_{1k}		
	BC					Z_{1k}	
	CA						Z_{1k}
$K^{(3)}$	ABC	Z_{1k}	Z_{1k}	Z_{1k}	Z_{1k}	Z_{1k}	Z_{1k}

　　注　当功角 δ 在 $-90°$～$+90°$ 以内时，受非故障相的电气量影响，对于表中的空白处，其测量阻抗的绝对值都大于 $|Z_{1k}|$。

　　在 0°接线方式的相间、接地阻抗测量中，测量电压、测量电流均为故障相别的电气量时，测量阻抗均等于短路点到保护处的正序阻抗 Z_{1k}，即 $Z_m = Z_{1k}$，因此，在各种类型和各种相别的短路时，表 3-3 中的 6 个阻抗元件中必有一个能够准确测量 Z_{1k}。

　　对于两种常用的接线方式，各自故障相别的测量阻抗能够准确反映 Z_{1k} 的故障类型如图 3-8 所示。也就是说，接地阻抗元件能够反映单相接地、两相接地和三相短路的短路距离 $Z_{1k} = z_1 l_k$，如图 3-8 的虚线框内所示；相间阻抗元件能够反

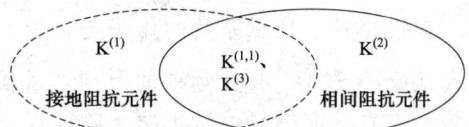

图 3-8　两种常用接线方式反映的故障类型

映两相相间、两相接地和三相短路的短路距离 $Z_{1k}=z_1 l_k$，如图 3-8 的实线框内所示；两种接线方式都能够反映两相接地和三相短路的短路距离 $Z_{1k}=z_1 l_k$，如图 3-8 的实线框与虚线框的相交部分。

顺便指出如下几点：

（1）在微机保护中，通常将接地阻抗元件仅应用于单相接地短路，而将相间阻抗元件应用于图 3-8 中实线圈定的故障类型。这种做法的好处之一是相间阻抗元件受过渡电阻（见 3.5.1）的影响较小。

（2）在一些特殊情况下，当故障相的测量阻抗动作时，非故障相的测量阻抗（包含非故障相电气量的测量阻抗）有可能也会因进入到阻抗特性范围以内而动作，为此，在单相故障仅需要跳开单一的故障相时，还需要采用选相元件（见 3.6 节）予以辅助确定。

（3）考虑到篇幅及学时的限制，本书不再分析含非故障相电气量的测量阻抗，但基本的结论是：当功角 δ 在 $-90° \sim +90°$ 以内时，含非故障相电气量的测量阻抗，其绝对值都大于 $|Z_{1k}|$，如果 Z_{1k} 不动作，那么含非故障相电气量的阻抗元件通常不会误动。

（4）在接地短路时，还可以采用按相补偿接线方式（参见文献 7），这有利于提高非故障相的防误动能力。按相补偿接线方式如下

$$Z_{\varphi}=\frac{\dot{U}_{\varphi}}{\dot{I}_{\varphi}+m_{\varphi}3K\dot{I}_0} \tag{3-18}$$

式中　　Z_{φ}——各相接地阻抗元件（下标 φ 分别对应于 A、B、C 的相别，下同）；

$\dot{U}_{\varphi}$、$\dot{I}_{\varphi}$——相电压、相电流的测量相量；

$m_{\varphi}=\dfrac{\Delta I_{\varphi}}{\Delta I_{\max}}$——按相补偿的修正系数；

ΔI_{φ}——相电流的故障分量；

$\Delta I_{\max}$——三相电流故障分量的最大值，即 $\Delta I_{\max}=\max\{\Delta I_A,\ \Delta I_B,\ \Delta I_C\}$。

以 A 相接地故障为例，由于存在 $\Delta I_{\max}=\Delta I_A$，于是，对应于式（3-18）的故障相测量阻抗为

$$Z_A=\frac{\dot{U}_A}{\dot{I}_A+3K\dot{I}_0\left(\dfrac{\Delta I_A}{\Delta I_{\max}}\right)}=\frac{\dot{U}_A}{\dot{I}_A+3K\dot{I}_0}=Z_{1k}$$

上式表明，故障相的实际接线方式与表 3-2 相同，测量阻抗等于 Z_{1k}，没有产生不利的影响。

A 相接地故障时，对于非故障相（以 B 相为例），考虑到 $\Delta I_{\max}=\Delta I_A$ 通常都远大于 ΔI_B，于是，B 相测量阻抗为

$$Z_B=\frac{\dot{U}_B}{\dot{I}_B+3K\dot{I}_0\left(\dfrac{\Delta I_B}{\Delta I_{\max}}\right)}\approx\frac{\dot{U}_B}{\dot{I}_B}$$

在按相补偿修正系数的作用下，有 $|Z_B|\approx|\dot{U}_B/\dot{I}_B|>|\dot{U}_B/(\dot{I}_B+K3\dot{I}_0)|$，也就是说，极大地减小了 $3\dot{I}_0$ 在分母中的影响，从而增大了非故障相测量阻抗的绝对值，因此，按相补偿接线方式具有较好的防止非故障相误动的能力。

实际上，对于表 3-2 的传统接线方式，在 A 相接地故障情况下，非故障的 B、C 相测

量阻抗受 $3\dot{I}_0$ 影响，$3\dot{I}_0$ 越大，则 $|Z_B|$ 越小，越容易动作。

3.3 距离保护的整定计算及对距离保护的评价

距离保护也是利用线路一侧电气量构成的继电保护方式，其配置、整定原则和阶梯时限配合的关系都与三段式电流保护相类似。距离保护的整定计算就是根据电力系统的实际情况，计算出距离Ⅰ、Ⅱ、Ⅲ段的阻抗整定值和动作时限，并确保有足够的灵敏度。距离Ⅰ段和距离Ⅱ段作为本线路的主保护，距离Ⅲ段作为本线路的近后备和相邻线路的远后备。

当距离保护应用于双侧电源网络时，通常都采用具有明确方向性的方向阻抗元件进行短路位置和方向的识别。以图 3-9 中的保护 1 为例，图中给出了各段距离保护的保护区域示意图，不反应反方向的短路。在整定计算中，应当结合 0°接线方式相间阻抗、接地阻抗的如下特点：

（1）故障相阻抗元件能够准确测量短路点到保护安装处的正序阻抗 Z_{1k}。

（2）包含非故障相电气量的测量阻抗，其绝对值一般都大于 $|Z_{1k}|$。

（3）方向阻抗元件是一种欠量动作的元件，即测量阻抗的绝对值越小越容易动作。

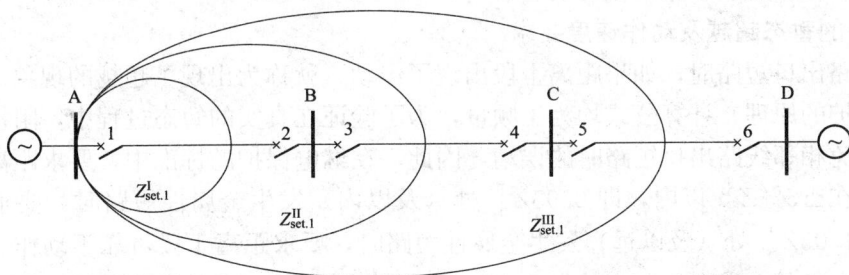

图 3-9　距离保护各段动作区域示意图

3.3.1 整定计算

在距离保护的整定计算中，方向圆阻抗元件的最大灵敏角 φ_{set} 通常都设计为线路的正序阻抗角 φ_k，以便在金属性短路时能够获得最大的保护范围，达到最灵敏的目的，因此，在下面的整定计算中，不再提及最大灵敏角 φ_{set}。

3.3.1.1 距离Ⅰ段的整定

1. 阻抗整定值的计算

距离保护Ⅰ段为无延时的速动段。与所有的单端电气量保护相类似，阻抗元件也无法区分本线路末端与相邻线路的出口短路，因此，距离Ⅰ段应当按照躲过相邻线路出口短路时的测量阻抗来整定。以图 3-9 中的保护 1 为例，要求 $Z_{set.1}^{I} < Z_{A-B}$，于是，与电流保护的误差分析相类似，引入可靠系数后，可得距离Ⅰ段的整定阻抗为

$$Z_{set.1}^{I} = K_{rel}^{I} Z_{A-B} \tag{3-19}$$

式中　$Z_{set.1}^{I}$——距离Ⅰ段的整定阻抗；

　　　Z_{A-B}——线路 A-B 全长的正序阻抗；

　　　K_{rel}^{I}——可靠系数，由于距离保护为欠量动作，因此，$K_{rel}^{I} < 1$。

考虑到 Z_{A-B} 参数的误差、互感器误差、保护的测量误差、非工频量影响等因素的相对误差后，再计及一定的裕度，一般取 K_{rel}^{I} 为 0.8~0.85。与电流Ⅰ段相比较可知，在距离Ⅰ

段可靠系数 K_{rel}^{I} 的误差影响中，几乎不涉及电动势波动、系统阻抗 $Z_{s.min}$ 的误差影响。

从式（3-19）可以看出，整定值只与线路全长的正序阻抗密切相关，与系统的运行方式几乎无关，保护范围十分稳定，这是距离保护的优点之一。

如果要验证距离 I 段的灵敏度，可得

$$K_{sen}^{I} = \frac{Z_{set.1}^{I}}{Z_{A-B}} = K_{rel}^{I}$$

因此，距离 I 段的灵敏系数 K_{sen}^{I} 就等于可靠系数 K_{rel}^{I}，无需验算。

将式（3-19）应用于保护 3 的距离 I 段整定，得 $Z_{set.3}^{I} = K_{rel}^{I} Z_{B-C}$。

顺便指出，式（3-19）中的可靠系数只考虑了各种影响因素的相对误差，适合于中等长度以上的线路；当线路较短时，绝对误差将起主要作用，甚至可能需要退出距离 I 段。在工程中，一种兼顾相对误差和绝对误差的可靠系数经验值为：

（1）相间距离取 $K_{rel}^{I} = 0.82(1-5/l)$，其中，$l$ 为线路全长的公里数。当 $l < 5km$ 时，取 $K_{rel}^{I} = 0$，即退出距离 I 段。

（2）接地距离取 $K_{rel}^{I} = 0.72(1-5/l)$。主要考虑到接地阻抗的测量误差会更大一些，如增加了零序补偿系数和零序电流的误差影响。

2. I 段的暂态超越及动作速度要求

相邻线路出口短路时，如果距离 I 段出现了误动，就称为出现了超越的现象。

距离保护的原理、计算公式均为工频量，为了验证在真实的暂态过程中，阻抗元件的测量精度，避免相邻线路出口短路时的误动，因此，在继电保护的标准中，要求距离 I 段的暂态误差限定在 $\pm 5\% Z_{set}^{I}$ 以内，即 $0.95 Z_{set}^{I}$ 处（及以内）发生金属性短路时，要求距离 I 段可靠动作；$1.05 Z_{set}^{I}$ 处（及以远）发生金属性短路时，要求距离 I 段可靠不动作。这个要求的另外两层含义是：①在 $0.95 Z_{set}^{I} \sim 1.05 Z_{set}^{I}$ 范围内短路时，距离 I 段可以动作，也可以不动作；②在 $0.95 Z_{set}^{I} \sim 1.05 Z_{set}^{I}$ 范围内短路时，对动作时间没有要求，因为不动作时对应的时间可以看成是 ∞。

对于 110kV 及以上电压等级的输电线路，还对距离 I 段的动作速度提出了明确的要求：在 $0.7 Z_{set}^{I}$ 处短路时，要求动作时间不大于 30ms。实际上，要求在 $0 \sim 0.7 Z_{set}^{I}$ 范围内短路时，动作时间不大于 30ms，这个动作时间对应于"瞬时动作"，在上下级配合计算时，几乎可以忽略不计。

3.3.1.2　距离 II 段的整定

1. 阻抗整定值的计算

距离 II 段的任务是保护线路全长，或者说，线路末端短路时应当有足够的灵敏度。与电流保护类似，先考虑与相邻线路的距离 I 段进行配合。如图 3-10 所示，虚线为保护 3 的 I 段保护范围，实线为保护 1 的 II 段保护范围，要求保护 1 的 II 段不超过保护 3 的 I 段末端。

对于图 3-10 所示的简单网络，如果保护 1、3 流过的短路电流相同，那么在 $Z_{set.3}^{I}$ 范围末端短路时，保护 1 的测量阻抗为 $Z_{A-B} + Z_{set.3}^{I}$。于是，保护 1 的 II 段与 $Z_{set.3}^{I}$ 配合的整定计算公式如下

$$Z_{set.1}^{II} = K_{rel}^{II}(Z_{A-B} + Z_{set.3}^{I}) \tag{3-20}$$

式中　K_{rel}^{II}——距离 II 段的可靠系数，一般取 0.8。

但是，对于复杂的电网结构，在 $Z_{set.3}^{I}$ 范围末端短路时，保护 1 的测量阻抗受到网络中

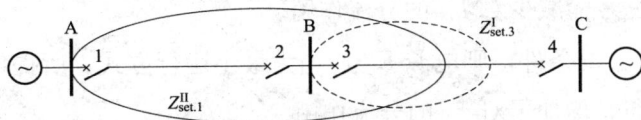

图 3-10　距离 Ⅱ 段与相邻距离 Ⅰ 段的保护范围配合

各支路电流差异的影响。下面，以图 3-11（a）所示的通用网络为例进行分析，掌握了该通用网络的分析方法之后，可以推广、应用于任意的网络中。

由于保护 3 的 Ⅰ 段范围末端是一个比较明确的位置 D 点，由 $Z_{set.3}^{I}$ 的具体数值确定，如图 3-11（a）所示，于是，在 D 点发生金属性短路时，根据电路关系可得保护 1 的测量电压为

$$\dot{U}_{m} = Z_{A-B}\dot{I}_{m} + Z_{set.3}^{I}\dot{I}_{k}$$

因此，保护 1 的测量阻抗（也称为感受阻抗）为

$$
\begin{aligned}
Z_{m} = \frac{\dot{U}_{m}}{\dot{I}_{m}} &= Z_{A-B} + \frac{\dot{I}_{k}}{\dot{I}_{m}} Z_{set.3}^{I} \\
&= Z_{A-B} + K_{b} Z_{set.3}^{I}
\end{aligned}
\tag{3-21}
$$

式中　Z_{A-B}——线路 A-B 的正序阻抗，为已知参数；

$Z_{set.3}^{I}$——保护 3 的 Ⅰ 段整定值，为已计算的参数；

$\dot{U}_{m}$、$\dot{I}_{m}$——保护 1 处的测量电压、测量电流，按接线方式取故障相的电气量；

$\dot{I}_{k}$——流过保护 3 的电流，也可以称为下一级线路的测量电流；

K_{b}——分支系数，$K_{b} = \dfrac{\dot{I}_{k}}{\dot{I}_{m}}$（可以理解为被感受到的倍数关系）。

式（3-21）中，保护 1 除了无法获得 $\dot{I}_{k}$ 以外，其余各电气量均为已知或可以通过测量得到，因此，$\dot{I}_{k}$ 的变化将影响保护 1 的阻抗测量。

考虑到方向阻抗元件在测量阻抗绝对值越小时，越容易动作，因此，为了保证选择性，应当取式（3-21）的最小测量阻抗作为保护 1 的 Ⅱ 段整定计算依据，即

$$
\begin{aligned}
Z_{set.1}^{II} &= K_{rel}^{II} Z_{m.min} \big|_{KD} \\
&= K_{rel}^{II} (Z_{A-B} + K_{b.min} Z_{set.3}^{I})
\end{aligned}
\tag{3-22}
$$

式中　K_{rel}^{II}——可靠系数，一般取 0.8；

$Z_{m.min} \big|_{KD}$——$Z_{set.3}^{I}$ 末端（D 点）短路时，保护 1 的最小测量阻抗；

$K_{b.min}$——最小分支系数。

在式（3-22）中，还应当确定最小分支系数 $K_{b.min}$。由于 $K_{b} = \dot{I}_{k}/\dot{I}_{m}$，因此，应当取下式计算最小分支系数

$$K_{b.min} = \frac{\dot{I}_{k.min}}{\dot{I}_{m.max}} \tag{3-23}$$

参照图 3-11（a）的通用网络，从电路的基本电气量关系，可以分析并确定与式（3-23）对应的系统运行方式如下：

（1）希望取得 $\dot{I}_{m.max}$ 的条件，则电源 $\dot{E}_{S}$ 应当为最大运行方式才能够提供 $\dot{I}_{m.max}$；线路

A－B 为单回线运行，才能减少对 $\dot{I}_{\mathrm{m}}$ 的分流作用。

（2）希望取得 $\dot{I}_{\mathrm{k.min}}$ 的条件，则电源 $\dot{E}_{\mathrm{T}}$ 应当为最小运行方式，所提供的 $\dot{I}_{\mathrm{T}}$ 为最小；线路 B－C 为双回线运行，增加了对 $\dot{I}_{\mathrm{k}}$ 的分流作用。

电源 $\dot{E}_{\mathrm{T}}$ 对于故障线路的 $\dot{I}_{\mathrm{k}}$ 起到了增大影响，称为助增支路；双回线电流 $\dot{I}_{\mathrm{B-C}}$ 对于 $\dot{I}_{\mathrm{k}}$ 起到了分流的作用，称为外汲支路。因此，在整定时，为了获得 $\dot{I}_{\mathrm{k.min}}$，应当取助增最小、外汲最大。

（3）电源 $\dot{E}_{\mathrm{W}}$ 对分支系数的影响主要反映在母线 C 与短路点 D 之间的压降。一般情况下，由于 $\dot{E}_{\mathrm{W}}$ 向 D 点提供的短路电流会提升母线 C 的电位，从而减小了 $\dot{I}_{\mathrm{B-C}}$ 的外汲作用，因此，忽略 $\dot{E}_{\mathrm{W}}$ 的影响时，增加了对 $\dot{I}_{\mathrm{k}}$ 的分流作用，所计算的分支系数比实际的要偏小。于是，近似计算时，可以忽略 $\dot{E}_{\mathrm{W}}$ 的影响，既可以简化计算，又确保所采用的 $K_{\mathrm{b.min}}$ 偏于更安全、更保守，不会带来误动的影响。当然，忽略 $\dot{E}_{\mathrm{W}}$ 的影响后，距离Ⅱ段整定值会偏小一些。

在分支系数 $K_{\mathrm{b}}=\dot{I}_{\mathrm{k}}/\dot{I}_{\mathrm{m}}$ 中，电流 $\dot{I}_{\mathrm{m}}$、$\dot{I}_{\mathrm{k}}$ 应当是包括了故障分量与负荷分量。如果忽略负荷电流的影响，那么根据上述（1）、（2）的运行方式绘制出故障分量的网络，如图 3－11（b）所示，图中短路点 D 处存在一个故障分量网络的等值电势，为清晰起见，未画出该等值电势。设保护 3 的电流为 $\dot{I}_{\mathrm{k}}$，并取 $K^{\mathrm{I}}_{\mathrm{rel}}=0.8$，则有

$$\dot{I}_{\mathrm{B-C}}=\frac{\dot{U}_{\mathrm{B-D}}}{Z_{\mathrm{B-C}}+(1-K^{\mathrm{I}}_{\mathrm{rel}})Z_{\mathrm{B-C}}}=\frac{K^{\mathrm{I}}_{\mathrm{rel}}Z_{\mathrm{B-C}}\dot{I}_{\mathrm{k}}}{(2-K^{\mathrm{I}}_{\mathrm{rel}})Z_{\mathrm{B-C}}}=\frac{0.8}{2-0.8}\dot{I}_{\mathrm{k}}=0.67\dot{I}_{\mathrm{k}}$$

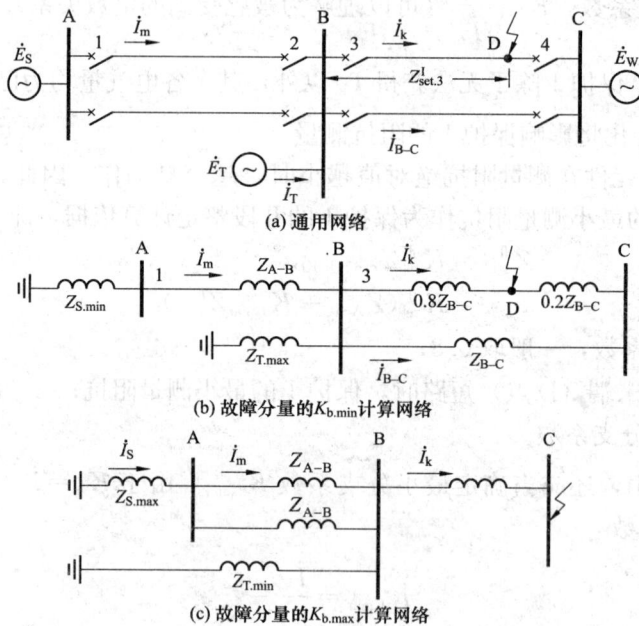

(a) 通用网络

(b) 故障分量的 $K_{\mathrm{b.min}}$ 计算网络

(c) 故障分量的 $K_{\mathrm{b.max}}$ 计算网络

图 3－11　计算分支系数 K_{b} 的通用例图

于是，$\dot{I}_{\mathrm{k}}+\dot{I}_{\mathrm{B-C}}$ 分流到保护 1 的最大电流为

$$\dot{I}_{m.max} = \frac{Z_{T.max}}{Z_{S.min} + Z_{A-B} + Z_{T.max}}(\dot{I}_k + \dot{I}_{B-C})$$

$$= \frac{Z_{T.max}}{Z_{S.min} + Z_{A-B} + Z_{T.max}} \times 1.67\dot{I}_k \tag{3-24}$$

按照上述 (1)、(2) 确定了运行方式和短路点后,图 3-11 (b) 中的 $\dot{I}_k$ 就已经是最小短路电流 $\dot{I}_{k.min}$ 了。因此,由式 (3-24) 得

$$K_{b.min} = \frac{\dot{I}_{k.min}}{\dot{I}_{m.max}} = \frac{Z_{S.min} + Z_{A-B} + Z_{T.max}}{1.67Z_{T.max}} \tag{3-25}$$

式 (3-25) 就是针对图 3-11 (a) 且忽略了负荷电流情况下的最小分支系数 $K_{b.min}$ 计算公式,将具体的阻抗参数代入后,即可求得 $K_{b.min}$。

当图 3-11 (b) 中的线路 B-C 为单回线时,$\dot{I}_m$ 与 $\dot{I}_k$ 就是简单的分流关系了,可得 $K_{b.min} = (Z_{S.min} + Z_{A-B} + Z_{T.max})/Z_{T.max}$。

最后,将式 (3-25) 的 $K_{b.min}$ 代入式 (3-22),就可以计算出距离Ⅱ段的阻抗整定值 $Z_{set.1}^{II}$。

应当注意的是,式 (3-25) 只是针对图 3-11 (a) 而确定的 $K_{b.min}$;而对于具体的系统结构,可参照图 3-11 (a) 通用网络的 $K_{b.min}$ 求解过程,求出相应的最小分支系数 $K_{b.min}$。

在电流保护的 2.2.4 部分,当存在分支电流的影响时,可参照上述的思路和方法进行分析与计算。

2. 灵敏度的验证

考虑本线路末端短路时,Ⅱ段应当有足够的灵敏度。于是,计及各种误差因素后,要求灵敏系数应当满足

$$K_{sen.1}^{II} = \frac{Z_{set.1}^{II}}{Z_{A-B}} \geqslant 1.25 \tag{3-26}$$

式中　Z_{A-B}——线路 A-B 全长的正序阻抗,对应于距离Ⅱ段要求的主要保护范围。

式 (3-26) 表明,线路 A-B 的全长都位于 $Z_{set.1}^{II}$ 方向圆特性以内,且线路末端处还留有不小于 25% 的裕度。

如果灵敏系数 $K_{sen.1}^{II}$ 不满足要求,则距离保护 1 的Ⅱ段改为与相邻线路的距离Ⅱ段配合,将式 (3-22) 中的 $Z_{set.3}^{I}$ 更换为 $Z_{set.3}^{II}$ 即可,整定计算、灵敏系数验证均与上述类似,当然,应当增加与 $Z_{set.3}^{II}$ 配合所需要的延时。

3. 动作时间的整定

与电流保护类似,为了保证选择性,动作时间应当比下一级被配合保护的动作时间大一个时间级差 Δt,即

$$t_1^{II} = t_3^n + \Delta t \tag{3-27}$$

式中　t_3^n——被配合保护的动作时间。

与相邻Ⅰ段($Z_{set.3}^{I}$)配合时 $n=I$,$t_3^n = t_3^I = 0$;与相邻Ⅱ段($Z_{set.3}^{II}$)配合时 $n=II$,$t_3^n = t_3^{II} = 0.5$。

3.3.1.3　距离Ⅲ段的整定

1. 阻抗整定值的计算

距离Ⅲ段可以按照与相邻线路的Ⅱ段或Ⅲ段进行配合,计算方法与上述的Ⅱ段过程相类

似，不再重复。但在工程中，较多地采用躲过最小负荷阻抗（对应于躲最大的事故过负荷电流）进行整定。

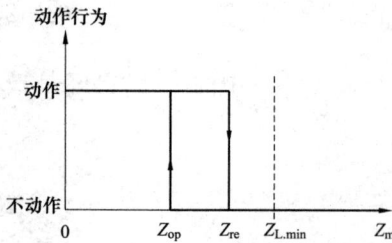

图 3-12　阻抗元件的继电特性

对于欠量动作的阻抗元件，存在如图 3-12 所示的继电特性（注意与图 2-2 过量动作的继电特性区别），其中，Z_{re} 为返回阻抗，Z_{op} 为临界动作阻抗。于是，定义阻抗元件的返回系数为 $K_{re}=Z_{re}/Z_{op}$（恒大于 1）。为了确保故障切除后，在最小负荷阻抗 $Z_{L.min}$ 的情况下，阻抗元件能够可靠返回，因此，由图 3-12 可知，必须满足下式

$$Z_{L.min} > Z_{re} \tag{3-28}$$

式（3-28）应当是绝对值的关系，为了简便，省略了绝对值符号，下同。

在线路正常运行的情况下，当负荷电流最大且母线电压最低时，对应的负荷阻抗为最小，其值为

$$Z_{L.min}=\frac{U_{L.min}}{I_{L.max}}=\frac{(0.9\sim0.95)U_N}{I_{L.max}} \tag{3-29}$$

式中　$I_{L.max}$——保护安装处流过的最大负荷电流，根据运行方式经潮流计算获得；

　　　U_N——母线的额定电压；

　　　$U_{L.min}$——正常运行时母线电压的最低值，考虑电压波动±（5%～10%）后，取最低电压为（0.9～0.95）U_N。

再参照过电流保护的整定原则，在电动机自启动的情况下，将出现最大的负荷电流，于是，得到电动机自启动时的最小负荷阻抗为

$$Z_{L.min}=\frac{U_{L.min}}{K_{ss}I_{L.max}}=\frac{(0.9\sim0.95)U_N}{K_{ss}I_{L.max}} \tag{3-30}$$

考虑到距离保护Ⅲ段在负荷状态下必须可靠返回的要求，将式（3-30）代入式（3-28），并经过返回系数 $K_{re}=Z_{re}/Z_{op}$ 的关系换算为动作阻抗，得

$$Z_{op}=\frac{Z_{re}}{K_{re}}<\frac{Z_{L.min}}{K_{re}}=\frac{(0.9\sim0.95)U_N}{K_{ss}K_{re}I_{L.max}} \tag{3-31}$$

计及各种误差和裕度后，引入可靠系数 $K_{rel}^{Ⅲ}$，得到Ⅲ段阻抗的临界动作值为

$$Z_{op}=K_{rel}^{Ⅲ}\frac{(0.9\sim0.95)U_N}{K_{ss}K_{re}I_{L.max}} \tag{3-32}$$

式中　$K_{rel}^{Ⅲ}$——可靠系数，一般取 0.8；

　　　K_{ss}——电动机自启动系数，数值大于 1，应由网络接线与负荷性质确定；

　　　K_{re}——阻抗元件的返回系数，取 1.15～1.25。

为了防止误动，要求 $I_{L.max}$ 取最大的事故过负荷电流。例如，对于双回线的线路，当一回线因事故跳闸后，在无故障的运行线路上就流过最大的负荷电流。

当采用全阻抗圆特性时，由图 3-3（c）可知 $Z_{set}^{Ⅲ}=Z_{op}$。

当采用方向圆特性时，参考图 3-13（a）的直角三角形关系，由 Z_{op} 的模值折算出 $Z_{set}^{Ⅲ}$ 的模值为

$$Z_{set}^{\text{III}} = \frac{Z_{op}}{\cos(\varphi_{set} - \varphi_{L.max})}$$

$$= K_{rel}^{\text{III}} \frac{(0.9 \sim 0.95)U_N}{K_{ss}K_{re}I_{L.max}\cos(\varphi_{set} - \varphi_{L.max})} \tag{3-33}$$

式中 φ_{set}——整定阻抗的最大灵敏角；

    $\varphi_{L.max}$——最大负荷的阻抗角，一般不大于 $30°$，其中，$\varphi_L = \arg(\dot{U}_L/\dot{I}_L)$，而 $\dot{U}_L$、$\dot{I}_L$ 为正常运行（非振荡的负荷状态）时保护安装处的测量电压、测量电流。

可以按照下面的方式来记忆式（3-33）中各系数的大小趋势：因为距离保护是一种欠量的保护方式，反应测量阻抗减小而动作，所以，除了 $\cos(\varphi_{set} - \varphi_{L.max})$ 为固定的折算关系外，其余各系数的取值都应当使 Z_{set}^{III} 偏小，确保不误动，即分子中的 K_{rel}^{III} 应当取小于 1 的参数，分母中的 K_{ss}、K_{re} 均应当取大于 1 的参数。

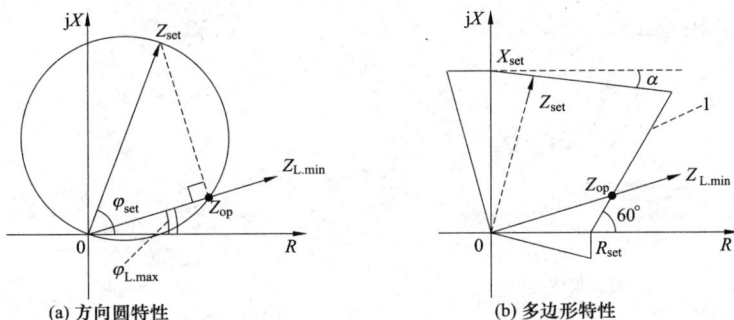

图 3-13 躲最小负荷阻抗的说明图

对于如图 3-13（b）所示的多边形特性阻抗元件，可近似取 $X_{set} \approx |Z_{set}|$，也可以按照图中的几何关系求出 X_{set} 的整定值。另外，再根据式（3-32）的临界动作阻抗 Z_{op} 值来确定最右边的直线 1（躲负荷边界线），于是，按照图中的几何关系可计算出 R_{set} 的定值，有

$$R_{set} = |Z_{op}|\left(\cos\varphi_{L.max} - \frac{\sin\varphi_{L.max}}{\sqrt{3}}\right) \tag{3-34}$$

由于多边形特性在第二象限与纵轴的夹角、在第四象限与横轴的夹角均为确定的 $14°$ [见图 3-3（d）]，且 $\alpha = 7° \sim 10°$，因此，确定了 X_{set}、R_{set} 两个定值参数之后，多边形特性的所有边界也就唯一确定了（实际上，方向圆特性的 Z_{set} 也包含了两个参数：$|Z_{set}|$ 与 φ_{set}）。

*2. 功角 δ 在 $80°$ 以内的最大负荷阻抗角

对于如图 3-7 所示的双电源系统，在 $|\dot{E}_S| = |\dot{E}_W|$ 的条件下，绘制出正常运行时送电侧保护 1 的电压、电流相量关系，设 $\dot{I}_L$ 落后于 $\dot{E}_{SW}$ 的角度为系统综合阻抗角 φ_Σ，如图 3-14（a）所示。可见 $\dot{U}_m$（即 $\dot{U}_L$）越靠近 $\dot{E}_S$ 时，$\dot{U}_m$ 超前 $\dot{I}_L$ 的负荷阻抗角就越大。于是，考虑 $\dot{U}_m$ 位于 $\dot{E}_S$ 处的极端情况，如图 3-14（b）所示，可得

$$\varphi_{L.max} = \frac{\delta}{2} - (90° - \varphi_\Sigma) \tag{3-35}$$

式中 δ——两侧电势的角度差，即功角；

φ_Σ——系统综合阻抗的角度，可近似取为线路阻抗角 φ_k。

将最大负荷电流对应的功角 δ 和线路阻抗角 φ_k 代入式（3 - 35），即可确定最大的负荷阻抗角 $\varphi_{L.max}$。例如，当 $\varphi_\Sigma = 80°$ 时，按较严酷的功角 $\delta = 80°$ 来考虑（当 $\delta > 90°$ 时，系统进入失稳状态），代入式（3 - 35）可得 $\varphi_{L.max} = 30°$。于是，对于 $\dot{U}_m \neq \dot{E}_S$ 的其他送电侧保护安装处，负荷阻抗角 φ_L 一般不大于 $30°$。

另外，如果考虑 $\dot{U}_m$ 位于 $\dot{E}_W$ 处的另一种极端情况，那么经过类似的分析可得：在 $\delta = 80°$ 的条件下，最小的负荷阻抗角为 $\varphi_{L.min} = -50°$。

综上所述，对于送电侧的距离保护，在 $\delta = 80°$、$\varphi_\Sigma = 80°$ 的条件下，负荷阻抗角 φ_L 在 $-50° \sim 30°$ 之间。

对于图 3 - 7 中的受电侧保护 2，与上述分析相类似。主要的区别在于：按照保护 2 规定的正方向，其负荷电流应当是图 3 - 14（a）中的 $-\dot{I}_L$。于是，保护 2 的负荷阻抗角与保护 1 的负荷阻抗角几乎相差 $180°$。

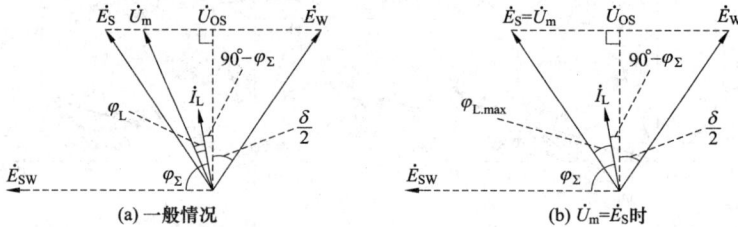

图 3 - 14　正常时电压、电流相量关系

3. 灵敏度的验证

距离保护Ⅲ段既作为本线路Ⅰ、Ⅱ段保护的近后备，又作为相邻线路的远后备，灵敏度应当分别进行校验。

仍以图 3 - 11（a）为例，作为近后备时，要求本线路末端短路时有足够的灵敏度，即

$$K_{sen(1)}^{Ⅲ} = \frac{Z_{set}^{Ⅲ}}{Z_{A-B}} \geqslant 1.5 \tag{3 - 36}$$

式中　Z_{A-B}——被保护线路全长的正序阻抗。

作为远后备时，要求相邻线路末端短路时具有足够的灵敏度。具体的要求是，在相邻线路末端短路时，保护 1 的最大测量阻抗应当仍然落在动作特性范围以内，这样，其他运行工况的测量阻抗肯定能够都落在动作特性范围以内了。于是，参照式（3 - 21）的测量阻抗关系，得

$$K_{sen(2)}^{Ⅲ} = \frac{Z_{set}^{Ⅲ}}{Z_{A-B} + K_{b.max} Z_{B-C}} \geqslant 1.2 \tag{3 - 37}$$

式中　Z_{B-C}——相邻线路全长的正序阻抗；

$K_{b.max}$——最大的分支系数，对应于 $K_{b.max} = \dot{I}_{k.max} / \dot{I}_{m.min}$。

$Z_{A-B} + K_{b.max} Z_{B-C}$ 为相邻线路末端短路时，保护 1 的最大测量阻抗。满足式（3 - 37）的要求后，能够确保在任何运行方式下，相邻线路末端短路时至少有 1.2 的灵敏度。

与 $K_{b.min}$ 的分析和取值过程相类似。对于图 3 - 11（a）所示的网络，可以得到与 $K_{b.max} =$

$\dot{I}_{\text{k.max}}/\dot{I}_{\text{m.min}}$ 对应的运行方式：电源 $\dot{E}_{\text{S}}$ 为最小运行方式；线路 A–B 为双回线运行方式；电源 $\dot{E}_{\text{T}}$ 为最大运行方式；线路 B–C 为单回线运行方式。忽略负荷电流的影响时，与这些运行方式相对应的故障分量网络如图 3 – 11（c）所示，于是，根据图中的阻抗分流关系，可得

$$\dot{I}_{\text{m}} = \frac{1}{2}\dot{I}_{\text{S}} = \frac{1}{2}\frac{Z_{\text{T.min}}}{Z_{\text{S.max}} + \frac{1}{2}Z_{\text{A-B}} + Z_{\text{T.min}}}\dot{I}_{\text{k}}$$

$$= \frac{Z_{\text{T.min}}}{2Z_{\text{S.max}} + Z_{\text{A-B}} + 2Z_{\text{T.min}}}\dot{I}_{\text{k}}$$

在上式中，由于运行方式对应的 I_{k} 就已经是 $I_{\text{k.max}}$、I_{m} 就是 $I_{\text{m.min}}$，因此，可得最大的分支系数为

$$K_{\text{b.max}} = \frac{I_{\text{k.max}}}{I_{\text{m.min}}} = \frac{2Z_{\text{S.max}} + Z_{\text{A-B}} + 2Z_{\text{T.min}}}{Z_{\text{T.min}}} \tag{3-38}$$

将式（3 – 38）代入式（3 – 37），即可求出距离Ⅲ段的远后备灵敏系数 $K^{\text{Ⅲ}}_{\text{sen(2)}}$。

当线路 A–B 仅为单回线时，容易得到

$$K_{\text{b.max}} = \frac{I_{\text{k.max}}}{I_{\text{m.min}}} = \frac{Z_{\text{S.max}} + Z_{\text{A-B}} + Z_{\text{T.min}}}{Z_{\text{T.min}}}$$

当相邻线路有多条出线时，还应当逐一验证远后备的灵敏度。

4. 动作时间的整定

动作时间整定的基本思想与电流保护Ⅲ段的时间设置相类似，也是按照阶梯型时限进行配合，每一个保护的 $t^{\text{Ⅲ}}$ 都应当比下一级保护的动作时间高一个 Δt。在单电源系统中，按此方案配置 $t^{\text{Ⅲ}}$ 即可，但是，在双电源系统中，考虑到振荡的影响，并计及距离Ⅲ段一般不经振荡闭锁（见 3.4 节），因此，$t^{\text{Ⅲ}}$ 动作时间不应小于最大的振荡周期 1.5～2s。一般按照 $t^{\text{Ⅲ}}$≥1.5s 考虑，剩下的问题就是逐级进行时间配合了。

对于两大系统间的振荡，其振荡周期可达 3s 或略长，当另作特殊考虑（参见文献 5）。

*5. 环网的特殊性

对于图 3 – 15 所示的环网系统，如果仅考虑环网内部的Ⅲ段时间相互配合，那么按照保护的同方向进行配合的要求，就会出现保护 1 与保护 3 配合、保护 3 与保护 5 配合、保护 5 与保护 1 配合，形成了一个死循环，保护 2、4、6 之间也存在这样的配合死循环，为此，只好选定一条重要性最低的线路作为不配合的线路，例如，假设选定线路 A – C 作为不配合线路时，保护 1 与保护 3 配合、保护 3 与保护 5 配合，保护 5 就不再与保护 1 进行配合；同样，保护 4 与保护 2 配合、保护 2 与保护 6 配合，保护 6 就不再与保护 4 进行配合。

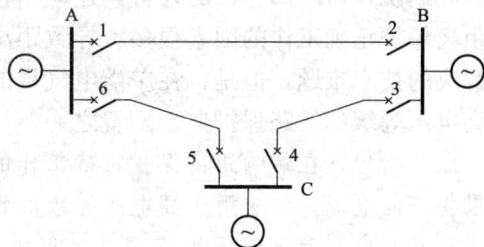

图 3 – 15　环网示意图

工程中，在环网情况下，通常根据电网的需要，可以设法加强主保护和全线速动保护的配置，降低Ⅲ段动作的可能性。当然，还有其他的工程配合方案，在此不再赘述。

3.3.2　对距离保护的评价

根据上述的分析和实际运行经验的总结，对距离保护可以做出如下的评价：

（1）由于同时利用了短路时电压降低、电流增大的双重特征，短路的特征信息量更多。通过测量短路阻抗，兼有确定短路点方向和位置（或范围）的功能，保护范围比较稳定，灵敏度较高，动作行为受电网运行方式变化的影响较小，能够应用在多电源的高压及超高压的复杂电力系统中。

（2）距离Ⅰ段几乎不受系统运行方式变化的影响，容易确定Ⅰ段保护范围的末端；距离Ⅱ段受系统运行方式变化的影响比较小。对于本线路范围内的短路，故障相的测量阻抗反映了短路点的距离，金属性短路时，通常可以采用 $l_k = X_m/x_1$ 来获得具体的距离公里数，实现故障测距的功能，其中，X_m 为测量阻抗中的电抗分量，受过渡电阻的影响比 R_m 要小很多；x_1 为每公里线路的正序电抗。

（3）由于只利用了线路一侧的电气量，因此，距离保护Ⅰ段的保护范围只能达到线路全长的 80%～85%（与 K_{rel}^I 密切相关），这样，对于双侧供电系统，在线路两端各有 15%～20% 的区域内故障时，只有一侧能够快速切除故障，另一侧保护需要经 Δt（如 0.5s）的延时才动作，如图 3-16 所示。对于 110kV 及以下电压等级的系统中，距离保护基本上可以满足继电保护的需要，但在 220kV 及以上电压等级的系统中，难以满足电力系统稳定性对切除全线短路的速动性要求时，还应当配置能够快速切除全线短路的其他保护，如第 4 章介绍的纵联保护。

（4）基于阻抗测量原理的距离保护，除了作为输电线路的保护之外，还可以应用于发电机、变压器保护中，作为后备保护使用。

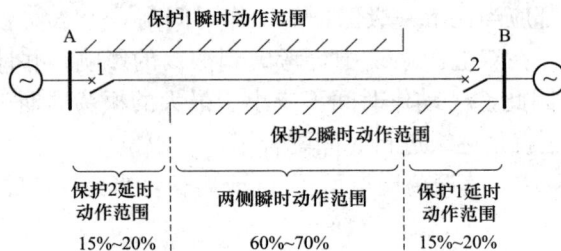

图 3-16　两侧Ⅰ、Ⅱ段的动作范围

应当说，对距离保护的评价，还应当包括本章后续几节要介绍的各种影响因素。虽然影响距离保护正确工作的因素很多，导致距离保护的逻辑关系相当复杂，甚至还有一些没有很好解决的技术难题，但是，在单端电气量的保护中，距离保护的优点是相当突出的，已经成为高电压等级的线路保护典型配置之一。

顺便指出，在影响距离保护正确工作的诸多因素中，几乎也都影响着方向性电流保护。如果将方向电流保护应用于高电压等级的线路中，那么与距离保护相比较，需要解决的问题几乎没有减少，而电流保护范围受运行方式、故障类型影响的原理性问题则无法克服。另外，对于微机方向电流保护和微机距离保护，交流输入回路、跳闸回路以及微型机等硬件电路几乎是一样的，可以通过编程、验证和自检等方法，降低逻辑回路复杂性的影响，因此，只要编程正确，微机方向电流保护与微机距离保护的可靠性差别就几乎可以忽略。

3.4　系统振荡和过负荷对距离保护的影响及对策

相间电流保护主要应用于较简单的低电压网络中，并没有继续分析更多的影响因素，但是，对于应用在高电压等级系统中的距离保护，为了确保系统运行的可靠性和安全性，就需要充分分析各种影响距离保护正确工作的因素，并研究应当采取的对策，以便消除或降低不利因素的影响。对距离保护产生不利影响的主要因素包括系统振荡、过负荷、TV 断线、过渡电阻、串补电容、双回线运行、非全相运行、暂态分量、分布电容以及电压和电流的测量精度等。

对于非全相运行，可以通过选相的方法避免其影响；对于暂态分量、分布电容的影响，可以通过良好的滤波和算法（如采用长线路的传输方程）来消除或降低其影响，并在可靠系数中考虑误差的影响。对于电压和电流的测量精度，微机保护要求测量电压的精确工作范围是 $(0.01 \sim 1.1)U_N$，测量电流的精确工作范围是 $(0.05 \sim 20)I_N$ 或 $(0.1 \sim 40)I_N$，在此工作范围内的测量误差要求不大于 $\pm 5\%$，其中，U_N、I_N 为二次侧额定电压和额定电流。

本节将介绍电力系统振荡和过负荷对距离保护的影响，并说明主要的对策。对于 TV 断线、过渡电阻、串补电容、双回线运行的影响因素及其对策将在下一节介绍。

3.4.1　系统振荡对电气量的影响

电力系统正常运行时，所有接入系统的发电机都处于同步运行状态。当系统因短路切除太慢或遭受较大冲击（如突然投、切较大的电源或负荷）时，并列运行的发电机将失去同步，电力系统或发电厂之间出现功率在大范围内的周期性变化，此现象称为电力系统振荡。电力系统振荡时，系统两侧等效电动势间的夹角（功角）δ 可能在 $0° \sim 360°$ 范围内变化，从而使系统中各点的电压、电流、功率大小和方向以及距离保护的测量阻抗也都呈现周期性变化，因此，可能导致距离保护在系统振荡时出现误动作。

电力系统的振荡属于严重的不正常运行状态，但不是故障状态。大多数情况下的振荡能够通过自动装置的调节作用，可以被拉入同步，系统恢复正常运行；或者在预定的地点由专门配置的振荡解列装置动作，解开已经失步的系统，这种解列属于有计划的范畴。在振荡过程中，如果继电保护装置无计划地动作，切除了重要的联络线，或断开了电源和负荷，不仅不利于振荡的恢复，而且还可能扩大事故，造成更严重的后果，国际上的多次大停电事故大多与振荡后的保护误动相关。因此，在系统振荡时，必须采取措施，防止继电保护因测量元件的不正确工作而导致误动。在系统振荡期间，对于会误动的保护通常采取暂时退出使用的措施（目的是防止误动），将工况与措施相结合之后该措施就称为振荡闭锁。"闭锁"一词含有暂时退出使用的含义。

电流保护及方向电流保护通常都应用在电压等级较低的中低压配电系统，而这些系统出现振荡的可能性较小，另外，振荡时保护误动所产生的后果相对于整个系统来说也不会太严重，因此，一般不需要采取振荡闭锁的措施。距离保护一般应用于较高电压等级的电力系统，振荡时的误动将造成严重损失，因此，必须考虑振荡时距离保护不误动的问题。如果没有特殊说明，那么振荡闭锁就是指距离保护防止振荡误动的措施。

应当说，对于应用在单电源系统中的距离保护，基本上不受振荡的影响。因此，振荡影响的分析重点在于双电源和多电源的系统情况。

1. 系统振荡时电流和电压的变化规律

多电源电力系统的真实模型是十分复杂的，但是，为了简化分析，凝练出具有指导意义的特征，同时又不失去普遍意义，通常应用戴维南电源等效原理，将系统等效为如图 3-17 所示的双电源系统，突出需要重点分析的线路 M-N 以及保护 1、2，并且线路 M-N 及其保护可以代表多电源系统中的任意线路。

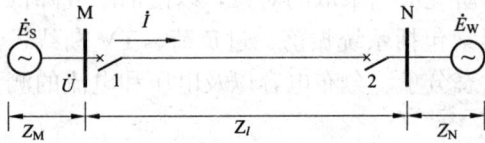

图 3-17　双电源系统示意图

在图 3-17 中，设系统两侧的等效电动势分别为 $\dot{E}_S$ 和 $\dot{E}_W$，二者的相位差就是功角 δ，即 $\delta = \arg(\dot{E}_S / \dot{E}_W)$；等效电动势之间的系统综合阻抗为 $Z_\Sigma = Z_M + Z_l + Z_N$，其中，$Z_M$ 为 M 侧系统的等值阻抗，Z_N 为 N 侧系统的等值阻抗，Z_l 为线路 M-N 的阻抗。

电力系统正常运行时，功角应当控制在 $-90° < \delta < 90°$ 之间；当不考虑发电机励磁调节器的影响时，一般认为 $\delta = 90°$ 是稳定运行的极限；$|\delta| > 90°$ 时，系统处于失步状态。

按照如图 3-17 所示保护 1 的电流方向，可得线路电流和母线 M、N 的电压分别为

$$\dot{I} = \frac{\dot{E}_S - \dot{E}_W}{Z_M + Z_l + Z_N} = \frac{\dot{E}_S - \dot{E}_W}{Z_\Sigma} \qquad (3-39)$$

$$\dot{U}_M = \dot{E}_S - Z_M \dot{I} \qquad (3-40)$$

$$\dot{U}_N = \dot{E}_W + Z_N \dot{I} \qquad (3-41)$$

假设两侧等效电动势的幅值相等、各阻抗元件的阻抗角相等，即 $|\dot{E}_S| = |\dot{E}_W| = E$，$\arg Z_M = \arg Z_l = \arg Z_N$，那么可得各处电压、电流的相量关系，如图 3-18 (a) 所示，图中 $\varphi_\Sigma = \arg Z_\Sigma$。在系统振荡情况下，两侧等效电动势是以不同的角频率旋转的，设 $\dot{E}_S$ 的角频率为 ω，$\dot{E}_W$ 的角频率为 $\omega \pm \Delta\omega$，其中，$\Delta\omega$ 对应于滑差。若以 $\dot{E}_S$ 为参考相量，那么当电力系统发生振荡时，可以等效为 $\dot{E}_W$ 相量环绕着 $\dot{E}_S$ 相量在 0°～360°范围内旋转，对应于功角 δ 在 0°～360°之间发生变化。

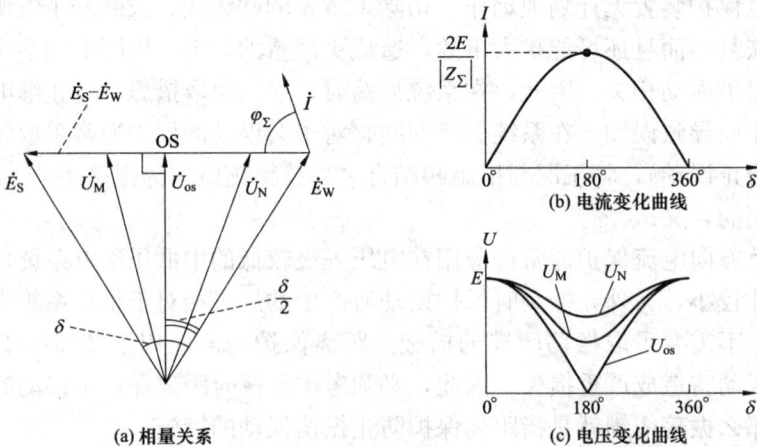

(a) 相量关系

(b) 电流变化曲线

(c) 电压变化曲线

图 3-18　振荡时的电流和电压

于是，将功角 δ 作为变量，根据图 3-18（a）和电路的关系，可得

$$E_{SW} = |\dot{E}_S - \dot{E}_W| = 2E\sin\frac{\delta}{2} \qquad (3-42)$$

线路电流的有效值为

$$I = \frac{E_{SW}}{|Z_\Sigma|} = \frac{2E}{|Z_\Sigma|}\sin\frac{\delta}{2} \qquad (3-43)$$

在系统结构不变的情况下，Z_Σ 也不变，于是，由式（3-43）可以得到电流有效值 I 随 δ 的变化曲线，如图 3-18（b）所示。当 $\delta=180°$ 时，出现 $I_{max}=2E/|Z_\Sigma|$。电流的相位滞后于 $\dot{E}_S - \dot{E}_W$ 的角度为 φ_Σ。

系统中任意一点的电压相量末端都必然落在 $\dot{E}_S$ 和 $\dot{E}_W$ 的连线上。母线 M、N 处的电压相量 $\dot{U}_M$ 和 $\dot{U}_N$ 标示在图 3-18（a）中，其有效值随 δ 变化曲线如图 3-18（c）所示（略去推导过程），当 $\delta=180°$ 时，母线 M、N 处的电压会出现最低值。

在图 3-18（a）中，$\dot{U}_{os}$ 与 $\dot{E}_S - \dot{E}_W$ 呈垂直关系，在 $\delta=0°$ 以外的任意值时，电压 U_{os} 都是全系统最低的。特别是当 $\delta=180°$ 时，$\dot{U}_{os}$ 的有效值为 0，如图 3-18（c）所示。为此，在 $\delta=180°$ 情况下，将对应于电压最低点的线路位置称为振荡中心。由后面的分析可以知道，在 $|\dot{E}_S|=|\dot{E}_W|$ 和 $\arg Z_M = \arg Z_l = \arg Z_N$ 的条件下，振荡中心的位置位于系统综合阻抗的中心，即 $\frac{1}{2}Z_\Sigma$ 处，与保护安装的位置无关。

在图 3-18（a）中，$\dot{E}_W$ 与 $\dot{U}_{os}$ 构成了直角三角形的两个边，二者的夹角为 $\delta/2$，于是，振荡中心的电压有效值可以表达为

$$U_{os} = E\cos\frac{\delta}{2} \qquad (3-44)$$

图 3-18（c）中的 U_{os} 曲线正是根据式（3-44）绘制而成的。

由上述的分析可知，在振荡期间，随着功角 δ 在 $0°\sim360°$ 范围变化，电压、电流有效值都随之出现波动。当 $\delta=180°$ 时，电流为最大，振荡中心 OS 的电压为 0。

2. 系统振荡时测量阻抗的变化规律

系统振荡时，由图 3-17 和式（3-39）、式（3-40）可得保护 1 的测量阻抗为

$$Z_m = \frac{\dot{U}_M}{\dot{I}} = \frac{\dot{E}_S - Z_M\dot{I}}{\dot{I}} = \frac{\dot{E}_S}{\dot{I}} - Z_M$$

$$= \frac{\dot{E}_S}{\dfrac{\dot{E}_S - \dot{E}_W}{Z_\Sigma}} - Z_M = \frac{Z_\Sigma}{1 - h\,e^{-j\delta}} - Z_M \qquad (3-45)$$

式中：$h = E_W/E_S$ 为两侧电动势的比值；$\delta = \arg(\dot{E}_S/\dot{E}_W)$ 为功角。

（1）$h = E_W/E_S = 1$ 时。在式（3-45）中，先分析 $\dfrac{1}{1 - e^{-j\delta}}$ 项的变化规律，再分析测量阻抗 Z_m 的变化规律。

因为

$$\frac{1}{1-\mathrm{e}^{-\mathrm{j}\delta}}=\frac{1}{1-\cos\delta+\mathrm{j}\sin\delta}=\frac{1}{2\sin^2\dfrac{\delta}{2}+\mathrm{j}2\sin\dfrac{\delta}{2}\cos\dfrac{\delta}{2}}$$

$$=\frac{1}{2\sin\dfrac{\delta}{2}\left(\sin\dfrac{\delta}{2}+\mathrm{j}\cos\dfrac{\delta}{2}\right)}$$

$$=\frac{\sin\dfrac{\delta}{2}-\mathrm{j}\cos\dfrac{\delta}{2}}{2\sin\dfrac{\delta}{2}}=\frac{1}{2}\left(1-\mathrm{j}\cot\dfrac{\delta}{2}\right) \tag{3-46}$$

所以，将式（3-46）代入式（3-45），整理得

$$Z_{\mathrm{m}}=\left(\frac{1}{2}Z_{\Sigma}-Z_{\mathrm{M}}\right)-\mathrm{j}\,\frac{1}{2}Z_{\Sigma}\cot\frac{\delta}{2} \tag{3-47}$$

在系统结构不变（即 Z_{Σ}、Z_{M} 不变）的情况下，由式（3-47）可见，保护 1 的测量阻抗 Z_{m} 随功角 δ 发生变化。特别是，当 $\delta=180°$ 时有 $Z_{\mathrm{m}}=Z_{\Sigma}/2-Z_{\mathrm{M}}$，此时 Z_{m} 的端点位于 $Z_{\Sigma}/2$ 处，该处就是振荡中心的位置。

在 $\arg Z_{\mathrm{M}}=\arg Z_{l}=\arg Z_{\mathrm{N}}$ 的条件下，将式（3-47）的测量阻抗绘制在阻抗复平面上，如图 3-19（a）所示。图中，坐标原点 M 为保护 1 安装处；S、W 两点分别对应于两侧等值电动势 $\dot{E}_{\mathrm{S}}$ 与 $\dot{E}_{\mathrm{W}}$ 所在的端点，S 与 W 之间的阻抗就是系统综合阻抗 Z_{Σ}。在式（3-47）中，$Z_{\Sigma}/2-Z_{\mathrm{M}}$ 项与变量 δ 无关，该项的相量对应于由 M 点指向振荡中心 OS；另外，由于 $\cot(\delta/2)$ 为实数，因此，与 Z_{Σ} 构成垂直关系（对应于 $-\mathrm{j}Z_{\Sigma}$），并由振荡中心 OS 向右下方向延伸的相量为 $-\mathrm{j}\,\dfrac{1}{2}Z_{\Sigma}\cot\dfrac{\delta}{2}$，该相量的角度不变，落后于 Z_{Σ} 的角度为 $90°$，但大小随 δ 变化，该相量的端点就是测量阻抗 Z_{m} 的端点。

进一步分析可知，保护 1 的背后系统阻抗 Z_{M} 只影响坐标原点（观测点）在 Z_{Σ} 中的位置，但不影响振荡中心 OS 与 Z_{Σ} 的关系，振荡中心始终位于 $Z_{\Sigma}/2$ 处，也就是说，振荡中心与保护安装处无关。

综上所述，在 $h=E_{\mathrm{W}}/E_{\mathrm{S}}=1$、$\arg Z_{\mathrm{M}}=\arg Z_{l}=\arg Z_{\mathrm{N}}$ 的条件下，当 δ 在 $0°\sim360°$ 范围变化时，测量阻抗 Z_{m} 端点的轨迹就是垂直于 Z_{Σ} 的直线 $\overline{OO'}$，且经过振荡中心 $Z_{\Sigma}/2$ 处，如图 3-19（a）所示。

另外，分析图 3-19（a）可知，OS 点到 W 端的长度为 $|Z_{\Sigma}/2|$，OS 点到 Z_{m} 端点的长度为 $\left|\dfrac{1}{2}Z_{\Sigma}\cot\dfrac{\delta}{2}\right|$，所以，根据二者构成的直角三角形关系，可以确定两条直线 $\overline{Z_{\mathrm{m}}O'}$ 与 $\overline{Z_{\mathrm{m}}W}$ 之间的夹角就等于 $\delta/2$；继续分析另一侧的直角三角形关系，可得 $\overline{Z_{\mathrm{m}}O'}$ 与 $\overline{Z_{\mathrm{m}}S}$ 之间的夹角也等于 $\delta/2$（为了清晰起见，图中未画出直线 $\overline{Z_{\mathrm{m}}S}$）。因此，$Z_{\mathrm{m}}$ 端点到 S 点（直线 $\overline{Z_{\mathrm{m}}S}$）与 Z_{m} 端点到 W 点（直线 $\overline{Z_{\mathrm{m}}W}$）之间的夹角就是功角 δ。

当 $\delta=0°+\Delta$（Δ 为正的极小值）时，测量阻抗 Z_{m} 位于 $R-X$ 复平面的右下侧无穷远处；当 $\delta=180°$ 时，测量阻抗 Z_{m} 绝对值最小，等于振荡中心 OS 到保护 1 处的正序阻抗 $Z_{\Sigma}/2-Z_{\mathrm{M}}$，特征与振荡中心 OS 发生三相短路相类似，可能引起距离保护误动；当 $\delta=360°-\Delta$ 时，测量阻抗 Z_{m} 位于复平面的左上侧无穷远处。因此，按照 $\delta=\arg(\dot{E}_{\mathrm{S}}/\dot{E}_{\mathrm{W}})$ 的定义，δ

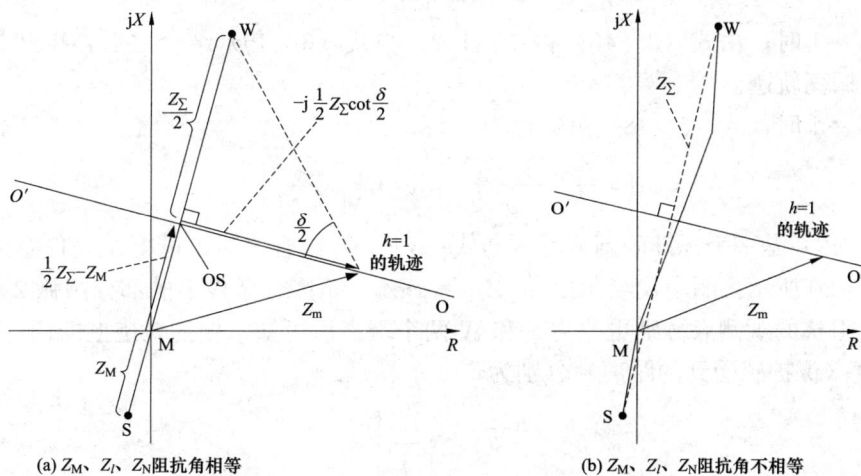

(a) Z_M、Z_l、Z_N阻抗角相等　　　　(b) Z_M、Z_l、Z_N阻抗角不相等

图 3 - 19　$h = E_W / E_S = 1$ 时振荡的测量阻抗轨迹

由 0°变化到 360°时，振荡轨迹是从图 3 - 19 中的 O 端向 O′端变化的；δ 由 360°变化到 0°时，振荡轨迹是从图 3 - 19 中的 O′端向 O 端变化的。

应当说明，负荷状态与振荡状态的主要区别在于：在负荷状态下，$|\delta|$ 稳定地运行在小于 90°的条件下；而振荡时，δ 在 0°～360°范围内变化。因此，负荷阻抗 Z_L 的端点也在振荡轨迹上。

保护 2 的测量阻抗与上述分析相类似，主要的区别是，测量电流的正方向与图 3 - 17 中的 $\dot{I}$ 相反。

在 $Z_\Sigma = Z_M + Z_l + Z_N$ 中，并没有限定 Z_M、Z_l、Z_N 三个阻抗的角度，因此，在 Z_M、Z_l、Z_N 三者阻抗角为任意值的情况下，式（3 - 47）仍然成立，振荡轨迹依然穿过 $Z_\Sigma/2$ 处，如图 3 - 19 （b）所示。也就是说，在 $E_W/E_S = 1$ 的条件下，振荡轨迹始终与 Z_Σ 构成垂直且平分的关系。

*（2）$h = E_W/E_S \neq 1$ 时。式（3 - 45）中的复数变化项 $\dfrac{1}{1 - h\mathrm{e}^{-j\delta}}$ 难以直接分解，于是，将其转换成另一个复数的表达方式 $x + jy$。令 $\dfrac{1}{1 - h\mathrm{e}^{-j\delta}} = x + jy$，于是，得

$$1 - h\mathrm{e}^{-j\delta} = \frac{1}{x + jy}$$

即

$$1 - \frac{1}{x + jy} = h\mathrm{e}^{-j\delta}$$

转化为

$$\frac{x + jy - 1}{x + jy} = h\mathrm{e}^{-j\delta}$$

两边取模值的平方，得

$$\frac{(x - 1)^2 + y^2}{x^2 + y^2} = h^2$$

整理得

$$(1-h^2)x^2 - 2x + 1 + (1-h^2)y^2 = 0 \qquad (3-48)$$

1）当 $h=1$ 时，由式（3-48）得 $x=1/2$。与式（3-45）结合之后，得到与图 3-19 （a）一样的振荡轨迹。

2）当 $h \neq 1$ 时，式（3-48）可转化为

$$\left(x - \frac{1}{1-h^2}\right)^2 + y^2 = \left(\frac{h}{1-h^2}\right)^2 \qquad (3-49)$$

式（3-49）是一个标准的圆方程。与式（3-45）结合之后，可得 h 为任意值的振荡轨迹，如图 3-20 所示，图中仅绘制出 $\arg Z_M = \arg Z_l = \arg Z_N$ 条件下的部分圆弧 2 和 3。

将测量阻抗的观测点分别更改为 S 和 W 两个端点后可知，振荡轨迹上的任一点 Q 到 S、W 端的长度（保护感受到的距离）分别为

$$\begin{cases} \overline{SQ} = \left| \dfrac{\dot{E}_S}{\dot{I}} \right| \\[3mm] \overline{WQ} = \left| \dfrac{\dot{E}_W}{-\dot{I}} \right| \end{cases} \qquad (3-50)$$

在式（3-50）中，二者的比值为

$$\frac{\overline{WQ}}{\overline{SQ}} = \frac{E_W}{E_S} = h \qquad (3-51)$$

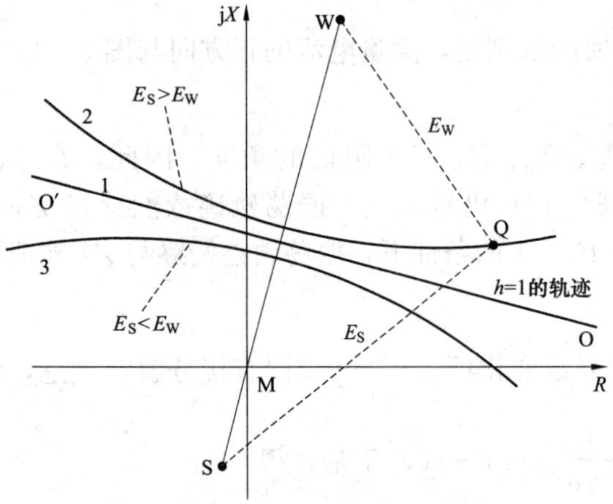

图 3-20　任意 h 值的振荡轨迹

于是，在 $h \neq 1$ 的情况下，可以应用式（3-51）来确定振荡轨迹是图 3-20 中的曲线 2 还是曲线 3。如 $E_S > E_W$ 时，S 端到 Q 端的长度（距离）大于 W 端到 Q 端的长度，因此，振荡轨迹应当是曲线 2。

图 3-20 中的曲线 1、2、3 均符合式（3-51）的关系，特别是当 $\overline{WQ}/\overline{SQ} = E_W/E_S = 1$ 时，振荡轨迹就是 S、W 两个端点连线的垂直平分线，如直线 1。

实际上，式（3-51）在几何中的描述是：一动点（Q）到两个定点（S、W）之间的距离相等时，该动点的轨迹就是两个定点的垂直平分线；当动点到两个定点之间的距离比为常数时，该动点的轨迹就是一个圆。

3. 系统振荡对距离保护的影响

将上述的分析归纳为：在 $h = E_W/E_S = 1$ 的条件下，振荡阻抗轨迹与 Z_Σ 构成垂直平分线的关系，与保护安装处无关。但是，在阻抗复平面上，如果振荡阻抗轨迹穿过了保护的阻抗动作区，那么该阻抗元件在振荡情况下就会误动，如图 3-21（a）所示，其中，实线圆为图 3-17 中保护 1 距离 I 段的动作特性；虚线圆为保护 2 距离 I 段的动作特性；R'、jX' 为保护 2 的坐标轴。由图 3-21（a）可见，在振荡情况下，保护 1、2 的阻抗元件都会误动。

距离 II 段的动作特性大于 I 段的动作特性，因此，在不考虑动作延时作用的情况下，距

离Ⅱ段的阻抗元件本身更容易受振荡的影响；距离Ⅲ段的动作特性最大，其阻抗元件最容易受振荡的影响。

还应当指出的是，系统综合阻抗 Z_Σ 受电网结构参数变化的影响，如投入、退出一条线路或电源时，Z_Σ 都会发生变化，因此，在特定的电网结构参数情况下，即使振荡轨迹不会落入某个距离保护的阻抗动作特性范围内，但仍然需要考虑 Z_Σ 变化后的误动影响。于是，对于应用在双（多）电源系统中的距离保护，一般都要求采取防止振荡影响的措施。

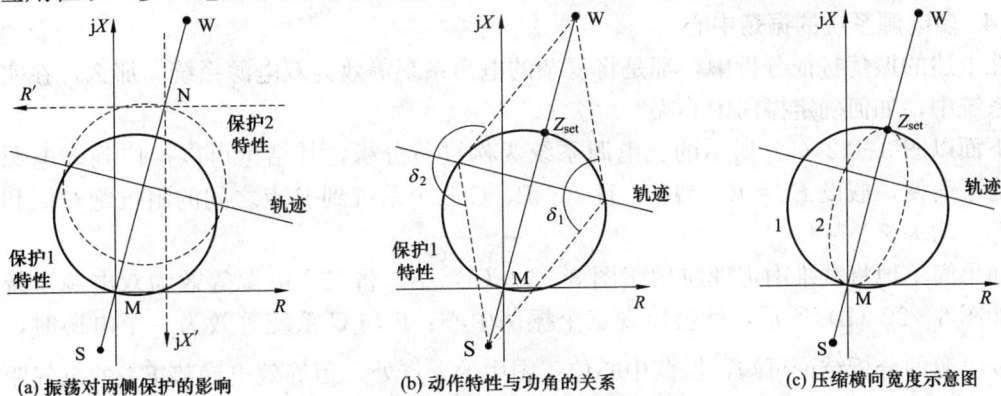

图 3 - 21　振荡对阻抗元件的影响

将功角 δ 与保护 1 的动作特性联系起来，如图 3 - 21（b）所示，可以确定，在 $\delta_1 \sim \delta_2$ 的范围内，保护 1 的阻抗元件会误动。在系统参数 Z_Σ、Z_M 以及阻抗特性给定的情况下，误动边界对应的功角 δ_1、δ_2 通常可以通过作图法来求取。

考虑到 δ 由 0° 变化到 360° 时，对应于一个振荡周期 T_{os}，于是将一个振荡周期内的滑差 $\Delta\omega$ 近似当作匀速对待时，可得图 3 - 21（b）所示阻抗特性的误动时间关系为

$$\frac{t}{T_{os}} \approx \frac{\delta_2 - \delta_1}{360°}$$

即

$$t \approx \frac{\delta_2 - \delta_1}{360°} T_{os} \tag{3-52}$$

式中　t——阻抗元件的误动时间；

　　　T_{os}——振荡周期，一般情况下，最大的振荡周期按 1.5～2s 考虑（联络线除外）。

综上所述，电力系统振荡时，距离保护的阻抗元件容易发生误动，保护安装位置离振荡中心越近、整定值越大、振荡轨迹穿过动作特性的区域越大，则距离保护越容易受振荡的影响。总之，阻抗元件是否误动、误动时间的长短与系统阻抗 Z_Σ、保护安装位置、保护动作特性和振荡周期等因素有关。

分析图 3 - 21（b）可以知道，在整定阻抗 Z_{set} 不变的情况下，如果希望降低一些振荡轨迹穿越阻抗特性的误动时间，那么，一种方案是压缩阻抗特性的横向宽度，如图 3 - 21（c）所示，将特性 1 修改为特性 2，但是，在 3.5.2 部分的分析中会看到，此方案又不利于提高阻抗元件的耐受过渡电阻能力。

如果将图 3 - 21（b）中的圆设计为以 S、W 两个端点为直径，即构造一个以 Z_Σ 为直径的圆特性（读者可自行绘图），那么由式（3 - 52）就可以计算出该圆的误动时间为：$t = (270° - 90°) T_{os}/360° = T_{os}/2$。

顺便指出，仅从动作特性来说，可行的办法是：①压缩第二象限的动作区域，如多边形特性，在一定程度上可降低振荡对阻抗元件的影响。②在图3-21（c）中，特性1、2均使用，利用特性2在振荡期间误动时间较短的特点，确保金属性短路时能以较快的速度动作于跳闸；利用特性1耐受过渡电阻能力强于特性2的优点，提高耐受过渡电阻的能力，但需要增大延时的时间，防止振荡引起的误动。同时使用特性1、2，并采取不同延时的方法，在微机保护中很容易实现。

*4. 多电源系统的振荡中心

在上述的振荡特征分析中，都是将复杂的电力系统等效为双电源系统。那么，在实际多电源系统中，如何确定振荡中心呢？

下面以图3-22（a）所示的三电源系统为例进行分析，其结论可以推广到多电源系统中。为了简便，假设$E_A=E_B=E_C$，且A、B、C三个系统到P点之间的阻抗绝对值和角度都相等，均为Z。

如果简单地将戴维南定理应用于图3-22（a）中，将三个电源等效为双电源系统，那么，如图3-22（b）所示，就会出现三个振荡中心：B与C系统等效为一个电源时，应用上述双电源的分析结论可知，振荡中心位于图中的a点处，距等效电动势$\dot{E}_A$的电气距离为$3Z/4$；A与B系统等效为一个电源时，振荡中心位于图中的c点处；C与A系统等效为一个电源时，振荡中心位于图中的b点处。

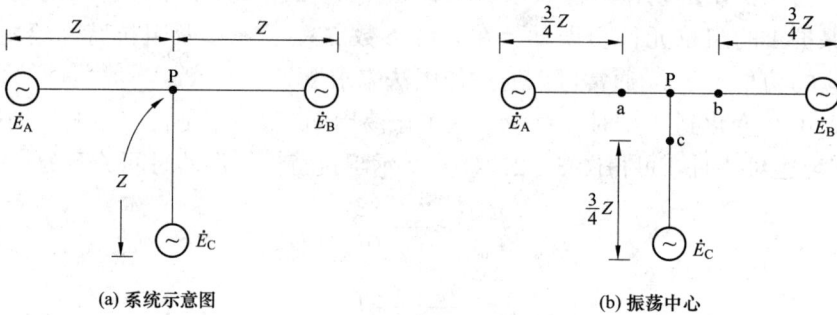

(a) 系统示意图　　　　(b) 振荡中心

图3-22　三个系统的振荡中心

实际上，频率相同的电压源可以采用戴维南定理等效为电动势不变的一个电压源；频率不同的电压源虽然也可以采用戴维南定理进行等效，但是等效电源的电动势是变化的（类似于图3-18中的振荡中心电压、或M处的电压），此时不能直接采用图3-17所示的双电源系统进行振荡测量阻抗的轨迹分析，因为式（3-47）的振荡轨迹公式是在双电源电动势不变的条件下推导出来的。因此，在多电源系统中，需要先确定哪些电源是同频率的。以电源A与B保持同频率为例，此时，可以将电源A与B等效为一个电源，于是，振荡中心位于图3-22（b）中的c点处。

系统失步时，如果三个电源为三个不同的频率，那么可以应用叠加原理等方法进行分析。可以证明，此时的振荡中心将在图3-22（b）中a、b、c三点之间变动，包括了三点所构成的范围以内；仅当$\dot{E}_A$、$\dot{E}_B$、$\dot{E}_C$三个电源的相位各自相差120°时，振荡中心就位于P点了。因此，实际电力系统发生振荡时，会出现类似于多个振荡中心的现象。

3.4.2 防止振荡影响的对策

在振荡期间，距离保护 I、II 段通常采用"振荡闭锁"的方法，从而防止振荡的影响，避免保护误动。对使用于 220kV 及以上电压等级的线路保护，其振荡闭锁措施应满足如下要求：

（1）系统发生全相或非全相振荡时，保护装置不应误动作跳闸。

（2）系统在全相或非全相振荡过程中，被保护线路如发生各种类型的不对称故障，保护装置应有选择性地动作跳闸，纵联保护（见第 4 章）仍应快速动作。

（3）系统在全相振荡过程中发生三相故障，故障线路的保护装置应可靠动作跳闸，并允许带短延时。

根据上述的要求，先分析振荡与短路电气量的特征差异，再结合特征差异构成距离保护通常采用的几种振荡闭锁措施。

1. 系统振荡与短路的电气量差异

根据上述振荡时电气量的分析，将振荡与短路的主要特征差异归纳如下：

（1）振荡时，三相完全对称，没有故障分量和负序、零序分量；而短路时，总是存在故障分量或负序、零序分量。

（2）振荡时，电气量出现周期性的变化，分析表明，dU/dt、dI/dt、dZ/dt、dR/dt 等变化速度与系统功角 δ 的变化速度是一致的，虽然变化速度比较慢，但一直处于变化的状态，即使两侧功角摆到 180° 时（电气特征相当于在振荡中心处发生三相短路），随后，电气量还会随着功角而变化；而短路时，短路前后的电气量会出现突然的变化，随后，金属性短路的故障相测量阻抗又几乎不变。

将这些主要的特征归纳成如图 3-23 所示的变化示意图（仅画出工频电流的有效值）。图中，投入、退出电源或线路引起的静稳定破坏时，振荡电流 I_{os} 如曲线 1 所示。曲线 2 为短路电流的变化规律。如果短路发生在阻抗元件的动作范围之外，那么考虑到电力系统将经历电磁暂态阶段再到机电暂态阶段，并且稳定极限的切除时间为 90ms～110ms，于是，经过理论分析与工程实践表明，短路后引起的动稳定破坏，在 0～0.15s 期间电流变化曲线近似与曲线 2 相同；而在 0.15s 之后，才可能导

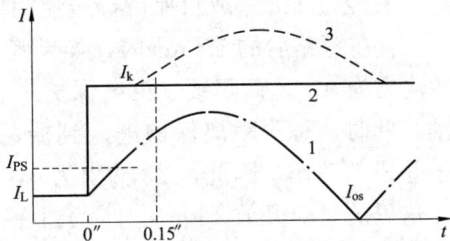

图 3-23 振荡与短路的电流有效值示意图

致阻抗元件误动，其示意图如曲线 3 所示，当然，其前提是阻抗元件需要进行合理的整定。

（3）振荡时，电气量呈现周期性的变化，若阻抗元件会误动作，那么在一个振荡周期内，动作与返回各出现一次；而短路时，如果是区内短路，则故障相阻抗元件会持续处于动作的状态，区外短路则一直不动作。

（4）由接线方式的分析与推导可以知道，金属性短路时，故障相的阻抗元件不受负荷的影响，也就意味着，只要 δ 不等于 180°，故障相就依然能够正确测量短路点到保护处的正序阻抗 Z_k。

2. 利用故障分量短时开放距离保护 I、II 段

利用上述归纳的特征差异（1）和（2），构成了故障后"短时开放"距离保护 I、II 段的逻辑，如图 3-24 所示。图中，电流启动元件 KA 可以由突变量（故障分量）、零序电流、负序电流等构成"或"的逻辑关系。当 KA 启动时，其逻辑输出为 1，经 H4 实现自保持

（类似于记忆作用），直至整组复归。DW 为实现"短时开放 150ms"的时间元件，对应于图 3-23 中的 0.15s。当 DW 输入为 1 时，输出立即为 1，但 DW 在 150ms 后输出为 0（类似于单稳触发器的功能）。

为了提高保护动作的可靠性，阻抗元件 I、II、III 段均经过了启动元件 KA 才能允许动作，如图 3-24 所示的 Y1、Y2、Y3，这样，在系统振荡或没有故障的情况下，距离保护一直处于闭锁的状态。为此，在距离 III 段末端发生任何类型的短路时，要求启动元件 KA 应有足够的灵敏度，不对距离保护的灵敏度产生不利的影响。

在保护范围内发生故障时，启动元件 KA 能够可靠动作，随后，短时开放距离保护 I、II 段。图 3-24 的具体逻辑工作过程如下：

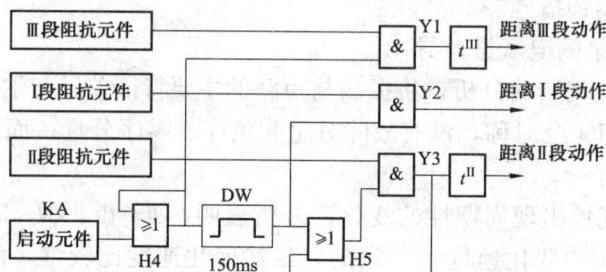

图 3-24　故障开放及短时开放的示意图

（1）在短路后的 150ms 内，DW 输出 1，如果确认 I、II 段阻抗元件动作，则经 Y2 允许距离保护 I 段直接跳闸，经 Y3 允许距离保护 II 段启动 t^{II} 延时；在此时间内，II 段阻抗元件动作后，又经过 H5 形成自保持，避免距离 II 段在短时开放 150ms 后受 DW 变为 0 的影响。

（2）在短路后的 150ms 内，如果确认 I、II 段阻抗元件均不动作，则短时开放时间元件 DW 输出为 0，从而闭锁了距离保护 I、II 段（即退出距离保护 I、II 段），避免振荡导致误动，此时，称为距离保护进入到振荡闭锁状态，直到整组复归。在 KA 启动 150ms 后，由于 II 段不动作，因此，Y3 输出为 0，H5 就不存在自保持的信号了。

这里的短时开放 150ms 对应于上述归纳的特征差异（2）的结论，目的是避免动稳定破坏而导致保护误动。

当故障切除后，距离保护就进入整组复归的状态。所谓整组复归，就是判别故障切除、振荡停息并经过一定的延时（约 4s）确认之后，让所有动作或自保持的元件、逻辑全部恢复到初始的状态，以便准备好保护装置的下一次再动作。图 3-24 中，整组复归之后，主要是让处于自保持状态的 H4、H5 输出为 0，恢复到初始状态。顺便说明，本书均以逻辑 1 表示元件的动作或有输出。

根据图 3-23 所示的特征，还可以设定一个电流定值 I_{PS}（要求大于 $I_{L.max}$），与启动元件 KA 相结合，可以将静稳破坏引起的振荡与短路区分开来。当 KA 与 I_{PS} 几乎同时动作时，判定为短路（包括短路后的振荡）；当 I_{PS} 动作而 KA 不动作时，判定为静稳定破坏。图 3-24 仅仅是一个局部的逻辑关系示意图，较完整的逻辑及其动作过程可参阅 3.8 节。

应当说，在距离保护进入到振荡闭锁状态后，系统可能会出现振荡，而更多的情况是系统没有振荡，但是，每一个继电保护的功能还是以防误动为主。于是，短时开放的设计思想几乎成为我国距离保护的规范设计。

3. 距离保护Ⅲ段利用延时躲过振荡的影响

如果距离保护Ⅲ段也像Ⅰ、Ⅱ段那样采用短时开放的方法，那么，当区外短路或正常操作时，在启动元件 KA 动作 150ms 之后，将导致所有的Ⅰ、Ⅱ、Ⅲ段距离保护均退出工作，这样，在随后的一段时间内（即整组复归之前）将没有任何的距离保护功能了，这是不允许的。

为此，将归纳的特征差异（3）与式（3-52）相结合，可以确定，对于按躲最小负荷阻抗整定的Ⅲ段阻抗元件，在振荡期间，阻抗元件动作的功角范围 $\delta_2 - \delta_1$ 肯定小于 360°，对应的阻抗元件误动作时间小于最大的振荡周期 $T_{os.max}$，因此，距离保护Ⅲ段依靠不小于 1.5s 的 $t^{\text{Ⅲ}}$ 延时来躲过振荡的影响，不经过短时开放元件 DW 的输出控制，如图 3-24 所示。这就是整定计算中要求 $t^{\text{Ⅲ}} \geqslant 1.5s$ 的原因。

即使按照 $T_{os.max} = 2s$ 来考虑，$t^{\text{Ⅲ}} \geqslant 1.5s$ 通常也都能够躲过振荡的影响。

*4. 利用阻抗变化率的差异构成振荡闭锁

在电力系统发生短路时，测量阻抗 Z_m 由负荷阻抗 Z_L 突变为短路阻抗 Z_k，随后，又几乎不变；而在系统振荡时，测量阻抗 Z_m 端点沿振荡轨迹缓慢且持续地变化，最小的幅值为保护处到振荡中心的线路阻抗。这样，利用二者阻抗变化的速度和特征差异，就构成了诸多的振荡闭锁方案。

图 3-25 就是其中的一种原理示意图，图中，KZ1 为整定值较大的阻抗元件；KZ2 为整定值较小的阻抗元件。实质是，在 KZ1 动作后先开放一个较小的 t_Δ 时间，如果在 t_Δ 时间内 KZ2 也动作，则表明 Z_m 的变化速度很快，具有短路的特征，于是，开放距离保护；如果在 t_Δ 时间内 KZ2 不动作，则表明 Z_m 的变化速度缓慢，属于振荡的特征，于是，闭锁距离保护。对于图 3-25 的这种方式，只要测量阻抗进入到 KZ1 的范围，就会开放一次 t_Δ 的时间。

在图 3-25 中，KT 是整定值为 t_Δ 的时间元件。KT 延时 t_Δ 后输出才为 1。必须设计为：在最小的振荡周期情况下，由 KZ1 边界（a 点）到 KZ2 边界（b 点）的时间应当小于 t_Δ，即振荡轨迹由 a 点到 b 点的最快时间应当大于 t_Δ，否则，会将振荡状态误认为是短路状态，仍然会误动。

由于对测量阻抗变化率的判断是由两个不同大小的阻抗圆完成的，因此，这种振荡闭锁方式通常俗称为"大圆套小圆"原理。

应当说，由于系统的结构是相当复杂的，Z_Σ 会发生变化，难以在阻抗平面上确定比较通用的 a 点到 b 点最短时间，因此，该原理在最小振荡周期（如 $T_{os.min} = 0.1 \sim 0.15s$）时，容易失去闭锁作用，从而造成距离保护误动。

另外，还有基于 dR/dt 的振荡与短路识别方案，限于篇幅，不再赘述。

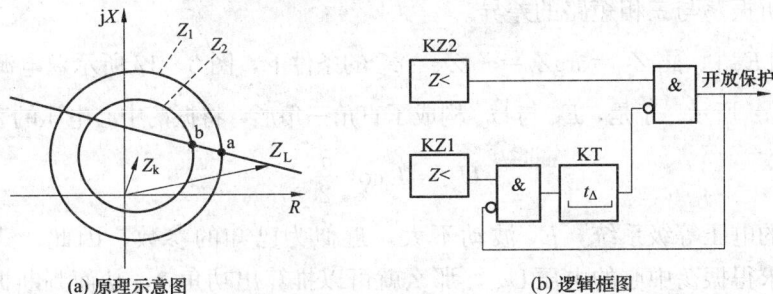

(a) 原理示意图　　　　　　(b) 逻辑框图

图 3-25　利用电气量变化速度差异构成的振荡闭锁

*3.4.3 振荡闭锁期间再故障的判断

距离保护一旦进入到振荡闭锁状态，就会将Ⅰ、Ⅱ段退出运行，在此期间，如果又发生内部短路，则距离保护的Ⅰ、Ⅱ段将不能动作，只能依靠Ⅲ段的长延时来切除短路，导致距离保护本身已经无法快速切除短路了。为了克服这个缺点，在微机距离保护的振荡闭锁逻辑中，还增加了振荡过程再故障的判别逻辑，在确认又发生故障后，将距离保护再次开放。当然，振荡闭锁再开放时，最好仅投入故障相别的阻抗元件，因为金属性短路时，故障相别的阻抗元件不受负荷影响，而振荡过程可以看成一种持续在变化的负荷状态（参见 3.2 节接线方式的推导）。

1. 不对称故障的判断

根据短路分析可知，保护安装处的序电流分量与短路支路特殊相的序电流之间满足表 3-4 的关系，其中，$C_1 = C_2$ 分别为正序、负序电流分配系数；C_0 为零序电流分配系数。

于是，依据保护安装处的序电流关系，通常采用下式作为不对称短路的重新开放条件

$$|\dot{I}_2| + |\dot{I}_0| \geqslant m|\dot{I}_1| \tag{3-53}$$

式中 $|\dot{I}_1|$、$|\dot{I}_2|$、$|\dot{I}_0|$——保护安装处正序、负序、零序电流的有效值；

m——比例系数，一般取 0.5~0.7。

三相系统振荡时，几乎没有 $|\dot{I}_2|$ 和 $|\dot{I}_0|$，式（3-53）不会满足开放的条件。

如果 $|\dot{I}_1|$ 为故障分量，那么在单相接地和两相相间短路情况下，由表 3-4 可知，均有 $|\dot{I}_2| = |\dot{I}_1|$，仅仅依靠这个条件就可以满足式（3-53）的开放条件；在两相接地短路时，满足式（3-53）开放条件的可能性较大。

考虑到单相接地故障占全部故障的 70%~90%，因此，式（3-53）被广泛地应用于微机保护中。

表 3-4   测量序电流与短路支路序电流之间的关系

故障类型	$K^{(1)}$	$K^{(2)}$	$K^{(1,1)}$
短路支路的序电流	$\dot{I}_{1k} = \dot{I}_{2k} = \dot{I}_{0k}$	$\dot{I}_{1k} = -\dot{I}_{2k}$	$\dot{I}_{1k} + \dot{I}_{2k} + \dot{I}_{0k} = 0$
保护测量的序电流	$\dot{I}_1 = \dot{I}_2 = C_1\dot{I}_{1k}$, $\dot{I}_0 = C_0\dot{I}_{1k}$	$\dot{I}_1 = -\dot{I}_2 = C_1\dot{I}_{1k}$	$\dot{I}_1 + \dot{I}_2 + \dfrac{C_1}{C_0}\dot{I}_0 = 0$

2. 对称故障的判断

在振荡期间，如果功角 $\delta \approx 180°$，则保护感受到的电气量类似于三相对称短路的特征，因此，需要分析振荡与三相短路的差异。

在 $|\dot{E}_S| = |\dot{E}_W|$、$\arg Z_M = \arg Z_l = \arg Z_N = \varphi_k$ 的条件下，图 3-17 所示双电源网络的相量关系如图 3-18（a）所示。于是，$\dot{E}_S$ 与 $\dot{U}_{os}$ 构成了直角三角形，将振荡中心电压的表达式重写如下

$$U_{os} = E\cos\frac{\delta}{2} \tag{3-54}$$

对于具体的电压等级系统，E_S 波动不大，近似为已知的参数，因此，式（3-54）表明，如果能够求得振荡中心的电压 U_{os}，那么就可以推算出功角 δ，从而判断振荡的状态。

由图 3-18（a）还可以确定，测量电压 $\dot{U}_M$ 与 $\dot{U}_{os}$ 也构成了直角三角形的关系。将

图 3-18 (a) 的 $\dot{E}_{SW}$ 和 $\dot{I}$ 相量进行平移，得到图 3-14 (a) 中更清晰的角度关系（两图中有 $\dot{I}=\dot{I}_L$、$\varphi=\varphi_L$），于是，可得

$$U_{os}=U_M\cos\left[\varphi+(90°-\varphi_\Sigma)\right] \tag{3-55}$$

式中　U_M——保护 1 的测量电压；

　　　φ——保护 1 测量电压 $\dot{U}_M$ 超前测量电流 $\dot{I}$ 的角度，即 $\varphi=\arg(\dot{U}_M/\dot{I})$；

　　　φ_Σ——系统综合阻抗的角度，可近似取为线路阻抗角 φ_k。

式 (3-55) 右侧的各项参数均为保护 1 可以得到的测量值或计算值，因此，可以应用于估计振荡中心的电压 U_{os}。另外，将式 (3-55) 代入式 (3-54)，消去 $\dot{U}_{os}$ 项，可得

$$U_M\cos\left[\varphi+(90°-\varphi_k)\right]=E\cos\frac{\delta}{2} \tag{3-56}$$

这样，式 (3-56) 就可以应用于估计功角 δ 了。在实际应用中，也可以将作为判别条件的 δ 值代入式 (3-56) 的右侧，从而得到与 $E\cos(\delta/2)$ 对应的具体数值。考虑到 φ_Σ 接近于 90°，满足 $U_M\cos\left[\varphi+(90°-\varphi_\Sigma)\right]\approx U_M\cos\varphi$，因此，通常将 $U_M\cos\left[\varphi+(90°-\varphi_\Sigma)\right]$ 项简称为 $U\cos\varphi$。

将短路时测量阻抗几乎不变、振荡时测量阻抗持续变化的特征，与式 (3-56) 相结合，构成了对称故障判别元件的常用动作判据，即

$$\begin{cases} -0.03E<U\cos\left[\varphi+(90°-\varphi_k)\right]<0.08E \\ t>t_{os} \end{cases} \tag{3-57}$$

式中　E——额定电压；

　　　t_{os}——在最大振荡周期时，振荡轨迹由 $\cos(\delta_1/2)=0.08$ 变化到 $\cos(\delta_2/2)=-0.03$ 所需的时间，再加一个裕度时间；

　　　t——满足 "$-0.03E<U\cos\left[\varphi+(90°-\varphi_\Sigma)\right]<0.08E$" 条件时就开始计时的时间元件。

在任何振荡周期情况下，测量阻抗在持续地变化，不满足式 (3-57) 的两个条件；但在三相短路情况下，测量阻抗几乎不变，经过 t_{os} 延时，能够同时满足式 (3-57) 的两个条件。这就是一种用时间换取短路识别的措施。

此外，还可以应用 $\mathrm{d}R/\mathrm{d}t$、$\mathrm{d}(U\cos\varphi)/\mathrm{d}t$ 等变化率的特征，区分三相短路与振荡，不再赘述。

3. 应用 $U\sin\varphi$ 判断振荡中心

分析图 3-14 (a) 的电压相量关系，由 $\dot{U}_M$、$\dot{U}_{os}$ 组成的直角三角形可知

$$\dot{U}_{M-os}=\dot{U}_M\sin\left[\varphi+(90°-\varphi_\Sigma)\right] \tag{3-58}$$

式中　$\dot{U}_{M-os}$——保护安装处到振荡中心之间的压降。

于是，振荡中心到保护之间的测量阻抗为

$$Z_{os}=\frac{\dot{U}_{M-os}}{\dot{I}}=\frac{\dot{U}_M\sin\left[\varphi+(90°-\varphi_\Sigma)\right]}{\dot{I}} \tag{3-59}$$

式中：$\dot{U}_M$、$\dot{I}$ 为保护的测量电压和电流；$\varphi=\arg(\dot{U}_M/\dot{I})$，为保护的实测角度；$\varphi_\Sigma$ 为系统综合阻抗的角度，可近似取为线路阻抗角 φ_k。与式 (3-56) 类似，$U_M\sin\left[\varphi+(90°-\varphi_\Sigma)\right]$ 项可以简称为 $U\sin\varphi$。

于是，在保护安装处可以应用式 (3-59) 计算出 Z_{os} 的大小，据此可以估计振荡中心

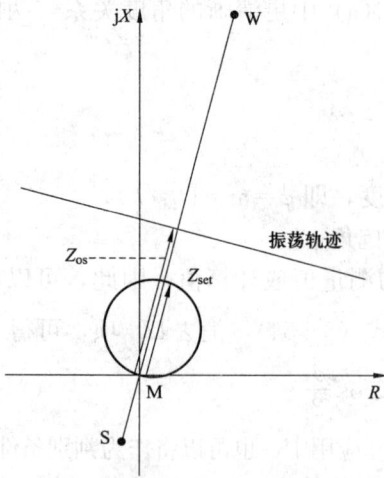

图 3-26 振荡中心与动作边界的示意图

的位置。如图 3-26 所示，如果振荡中心远离距离保护的动作边界，那么可以确认，该动作特性不受振荡影响。

综合上述 $U\cos\varphi$、$U\sin\varphi$ 的分析可知，可以应用 $U\cos\varphi$ 来反映功角 δ 的大小，应用 $U\sin\varphi$ 来估计振荡中心的位置。

3.4.4 防止过负荷影响的对策

在双回线、多回线和环网系统中，当某条线路（甚至多条线路）断开后，其负荷电流就会在没有断开的线路上引起重新分配，容易导致负荷电流增大。此外，在 Z_Σ 为最小值且电动势 E 不变的情况下，由式（3-43）可知，负荷电流的大小受功角 δ 的影响。如果功角超出了事先设计的工作范围，那么负荷电流也会增大。

当负荷电流大于距离Ⅲ段整定计算式（3-33）中的 $I_{\text{L.max}}$ 时，就可能导致Ⅲ段阻抗元件误动，这就是距离保护需要防止过负荷影响的问题。国外的多次大停电事故表明，事故过负荷以及振荡引起距离保护的多处连续误动（可称为连锁误动），对大停电事故起到了推波助澜的不利作用。因此，除了需要研究振荡的影响及其对策之外，还应当研究过负荷的影响及其对策。

应当说，防止过负荷影响的最基本措施是：在进行距离保护的整定计算时，要求 $I_{\text{L.max}}$ 取最大的事故过负荷电流。此外，还可以采取下面的方法，以便防止出现非预期最大负荷电流 $I_{\text{L.max}}$ 的影响。

在本线路内部发生相间经弧光电阻 R_g 短路时，等效电路如图 3-30（a）所示。如果近似认为保护测量电流 $\dot{I}_m$ 与短路支路电流 $\dot{I}_k$ 同相位，就可以得到图 3-30（d）所示的相量关系，于是，对 $\dot{U}_M$、$R_g\dot{I}_k$ 和 $Z_k\dot{I}_m$ 三个相量所构成的三角形应用正弦定理，可得

$$\frac{R_g I_k}{\sin(\varphi_k-\varphi)}=\frac{U_M}{\sin(180°-\varphi_k)}$$

即

$$R_g I_k\sin\varphi_k=\sin(\varphi_k-\varphi)U_M$$

上式可以改写为

$$R_g I_k\sin\varphi_k=\cos[\varphi+(90°-\varphi_k)]U_M$$

考虑到线路阻抗角 φ_k 接近于 90°，有 $\sin\varphi_k\approx1$，因此在弧光短路情况下，$U_M\cos[\varphi+(90°-\varphi_k)]$ 约等于短路点的弧光压降 $R_g I_k$；在相间金属性短路（$R_g=0$）时，$U_M\cos[\varphi+(90°-\varphi_k)]=0$（也可以将 $\dot{U}_M$ 简写为 $\dot{U}$）。

一种常见的说法认为，相间弧光电压 $R_g I_k$ 在一定的短路电流值以上时，约为一个确定的数值，可按线路运行额定电压值的约 5% 考虑（参见文献 5）。目前，从获得的实测数据分析表明：还没有出现能够推翻此数值的实例。

另外，将振荡临界时的功角（$\delta=90°$）代入式（3-56），可得

$$U\cos[\varphi+(90°-\varphi_\Sigma)]=0.707E$$

将线电压的 5% 换算为相电压后，取二者差异的中间值 $(0.707+0.05\sqrt{3})E/2\approx0.37E$

作为相间阻抗元件的开放条件，可以有效地防止本线路过负荷对相间阻抗元件的影响。

综上分析可知，应用保护安装处的电气量计算 $U\cos\left[\varphi+\left(90°-\varphi_\Sigma\right)\right]$ 时有：①在本线路发生相间短路的情况下，计算值大致反映的是弧光压降；②在系统振荡或过负荷情况下，计算值反映的是振荡中心的电压。需要注意的是，对于相邻线路的弧光短路，上述方法受分支系数的影响。

对于单相接地短路，由式（3-13）的推导可知，故障相的测量阻抗包含了负荷电流的影响。因此，在选相正确的情况下，金属性接地短路的故障相阻抗元件几乎不受过负荷的影响。

3.5　影响距离保护正确工作的其他因素及对策

3.5.1　TV 断线的影响及对策

阻抗元件的电压接于电压互感器 TV 的二次侧，TV 二次侧的每相上都装有熔断器。在运行中，TV 二次侧短路或导线接头松动时，常常导致 TV 二次回路的一相、两相甚至三相熔断器熔断，造成 TV 二次回路断线，使接入阻抗元件的电压降低甚至为 0，于是，引起测量阻抗元件（$Z_m=\dot{U}_m/\dot{I}_m$）误动作。因此，距离保护必须设置 TV 断线后的闭锁功能，并能发出告警信号，通知值班人员及时处理。

目前，在微机保护中，主要利用了电压和电流"两种电气量是否同时发生变化"的特征差异，实现 TV 断线闭锁。常用的判断方法如下：

（1）TV 断线时，三相电压中至少有一相电压降低，而电流启动元件 KA 并不动作。

（2）系统短路时，故障相电压降低，同时，电流启动元件 KA 动作。

根据此特征的差异，构成了如图 3-27 所示的 TV 断线识别逻辑。

图 3-27 中，$3U_0$ 可以监视一相和两相断线；U_φ 表示三个相电压，可监视所有的断线；时间元件 KT 主要应用于判断电压和电流特征的"同时性"，在短路时，允许相电压降低（或 $3U_0$ 增大）与电流增大之间存在较小的时间差别。可以说，

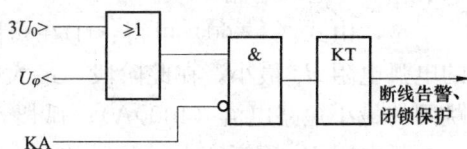

图 3-27　TV 断线识别逻辑

将两种电气量同时出现或先后出现的特征应用于工况识别，也是微机保护常用的方法之一。

但是，还应当指出的是，在外部短路或系统突然投、切较大负荷电流时，电流启动元件 KA 将动作，随后，在距离保护整组复归之前的这段时间内（如 4s），如果出现 TV 断线，那么图 3-27 的识别方法是无法闭锁距离保护的。

3.5.2　过渡电阻的影响及对策

在本章前面各节分析中，大多是以金属性短路为例而展开的，但在实际情况下，电力系统发生短路时，短路点往往都经过了其他物质构成短路，如电弧、铁塔、树木、竹子、相导线与大地之间的接触电阻等。这些短路点存在的物质将使距离保护的电压、电流及测量阻抗发生变化，可能造成距离保护的不正确工作，因此，需要对其性质、对距离保护的影响以及应当采取的对策进行分析。

3.5.2.1　过渡电阻的性质

经过理论分析与工程实践表明，短路点的这些物质可以等效为电阻的性质，称为过

渡电阻 R_g。过渡电阻 R_g 的数值会在很大的范围内变化，可能造成距离保护的不正确工作。

在单相接地短路时，线路的短路点往往经过了过渡电阻 R_g 再与大地形成流通回路，如图 3-28 (a) 所示。在导线对铁塔放电的接地短路时，铁塔及其接地电阻构成了过渡电阻 R_g 的主要部分。铁塔的接地电阻与大地导电率有关，对于跨越山区的高压线路，铁塔的接地电阻可达数十欧姆。当导线通过树木、竹子或其他物体对地短路时，过渡电阻的数值更高。在我国动态模拟的考核中，为了验证保护设备的耐受过渡电阻能力，参考式 (2-63) 得：对 500kV 线路，单相接地短路的最大过渡电阻按 300Ω 考虑；对 220kV 线路，按 100Ω 考虑。实际上，最根本的考核核心是，对于 110kV 及以上的系统，当短路点的电流达到 1kA 时，要求继电保护应当动作于跳闸。

如图 3-28 (b) 所示，在相间短路时，过渡电阻主要由电弧电阻组成。电弧电阻具有非线性的性质，精确计算比较困难。根据国内外的研究结果，电弧电阻一般可按下式进行估算

$$R_g = 1339 \frac{l_g}{I_g} \tag{3-60}$$

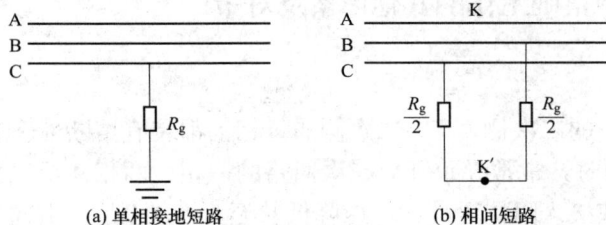

图 3-28 过渡电阻短路示意图
(a) 单相接地短路　(b) 相间短路

式中　l_g——电弧的长度，m；

　　　I_g——电弧电流，A。

于是，由式 (3-60) 可得：①在短路的初瞬间，电弧电流 I_g 最大，弧长 l_g 最短，这时的电弧电阻 R_g 最小。在此阶段，最大电弧电阻的计算条件为：电弧电流 I_g 取为应当动作于跳闸的最小短路电流（1000A）；弧长 l_g 取为导线间的距离。②几个周期后，电弧逐渐伸长，电弧电阻 R_g 逐渐变大，此时的 R_g 数值可在初瞬间电阻值的基础上再乘以大于 1 的系数，以便考虑弧长的伸长影响。电弧的长度是有限的，当电弧伸长到一定距离后，电弧就被扭曲、短路。相间短路的电弧电阻一般在几到十几欧姆之间。

相间弧光电压在一定的短路电流值以上时，约为一个确定的数值，可按线路运行额定电压值的 5% 考虑。

在两相经过渡电阻接地时，可近似等效为在图 3-28 (b) 的 K′ 点处接入一个对地的电阻 R_g'（图中未画出）。以 BC 相接地为例，在 K′ 点仍然存在 $\dot{U}_{BK'} = \dot{U}_{CK'}$，于是，按照相间距离保护的接线方式，可以确定，相间测量阻抗 $Z_{BC} = \dot{U}_{BC}/(\dot{I}_B - \dot{I}_C)$ 与 K′ 点接入的对地电阻 R_g' 无关，相当于发生了图 3-28 (b) 所示的相间经弧光电阻短路故障。此时，相间距离保护感受到电弧电阻的影响为 $R_g/2$。

综上所述，相间经弧光过渡电阻短路时，弧光压降约为额定电压的 5%，对相间距离保护的影响不是很大。但是，经树木、竹子等物体发生单相接地短路时，过渡电阻由电弧与树木、竹子等物体组成，其数值可能很大，对接地距离保护的影响很大。因此，下面主要分析单相经过渡电阻接地短路的影响及对策。

应当说明的是，从线路保护的完整配置来说，在单相高阻接地的短路电流为 1kA 左右

时，目前主要依靠零序电流保护来切除故障。对于距离保护，主要是希望尽量提高耐受过渡电阻的能力，当然，完全消除过渡电阻对距离保护的影响是追求的目标。

3.5.2.2 单电源线路上的过渡电阻影响

在图 3-29（a）所示的没有助增和外汲的单电源线路上，K 点发生单相接地短路时，应用式（3-13）的推导结论，可得保护 2 的测量电压为

$$\dot{U}_{\mathrm{N}} = Z_{\mathrm{k}}(\dot{I}_{\varphi.2} + K 3\dot{I}_{0.2}) + R_{\mathrm{g}} \dot{I}_{\mathrm{k}} \qquad (3-61)$$

式中　　Z_{k}——短路点 K 到保护 2 处的正序阻抗；

　　$\dot{I}_{\varphi.2}$、$3\dot{I}_{0.2}$——保护 2 故障相的测量电流和零序电流，其中，φ 代表故障相别，如 A 相接地时 $\varphi = $ A；下标 2 对应于保护 2；

　　　　R_{g}——过渡电阻；

　　　　$\dot{I}_{\mathrm{k}}$——故障支路的短路电流。

在式（3-61）中，$Z_{\mathrm{k}}(\dot{I}_{\varphi.2} + K 3\dot{I}_{0.2})$ 项为短路点 K 到保护 2 之间的压降。于是，按照接地距离保护的接线方式，可得保护 2 的测量阻抗为

$$Z_{\mathrm{m2}} = \frac{\dot{U}_{\mathrm{N}}}{\dot{I}_{\varphi.2} + K 3\dot{I}_{0.2}} = Z_{\mathrm{k}} + R_{\mathrm{g}} \frac{\dot{I}_{\mathrm{k}}}{\dot{I}_{\varphi.2} + K 3\dot{I}_{0.2}} \qquad (3-62)$$

式（3-62）表明，过渡电阻的影响被保护 2 感受为 $R_{\mathrm{g}}\dot{I}_{\mathrm{k}}/(\dot{I}_{\varphi.2} + K 3\dot{I}_{0.2})$。因此，$\dot{I}_{\mathrm{k}}$ 与 $\dot{I}_{\varphi.2} + K 3\dot{I}_{0.2}$ 的相位差将决定了过渡电阻可能被感受为感性、容性或纯电阻的性质，而 $|\dot{I}_{\mathrm{k}}/(\dot{I}_{\varphi.2} + K 3\dot{I}_{0.2})|$ 项将决定 R_{g} 的影响是被放大还是被缩小了。

由短路分析可知，在图 3-29（a）所示的单电源单相接地情况下，存在 $\dot{I}_{\mathrm{k2}} = 3\dot{I}_{0.2} = \dot{I}_{\mathrm{k}}$，其中，$\dot{I}_{\mathrm{k2}}$、$\dot{I}_{0.2}$ 为保护 2 测量电流的故障分量和零序分量。于是，如果忽略负荷电流 $\dot{I}_{\mathrm{L2}}$，则过渡电阻所呈现的影响为

$$R_{\mathrm{g}} \frac{\dot{I}_{\mathrm{k}}}{\dot{I}_{\varphi.2} + K 3\dot{I}_{0.2}} = R_{\mathrm{g}} \frac{\dot{I}_{\mathrm{k}}}{(\dot{I}_{\mathrm{L2}} + \dot{I}_{\mathrm{k2}}) + K 3\dot{I}_{0.2}} \approx R_{\mathrm{g}} \frac{\dot{I}_{\mathrm{k}}}{\dot{I}_{\mathrm{k2}} + K 3\dot{I}_{0.2}}$$

$$= R_{\mathrm{g}} \frac{\dot{I}_{\mathrm{k}}}{\dot{I}_{\mathrm{k}} + K \dot{I}_{\mathrm{k}}} = R_{\mathrm{g}} \frac{1}{1 + K} \qquad (3-63)$$

其中，K 为零序补偿系数。

式（3-62）表明，R_{g} 的存在破坏了 $Z_{\mathrm{m2}} = Z_{\mathrm{k}}$ 的关系，使测量阻抗的绝对值增大，阻抗角变小。对于欠量动作的阻抗元件，容易导致拒动。如图 3-29（b）所示，保护 2 在 $R_{\mathrm{g}}/(1+K)$ 的影响下，导致测量阻抗落到了 $Z_{\mathrm{set.2}}^{\mathrm{I}}$ 动作特性之外，从而造成保护 2 的距离 I 段出现拒动。实际上，距离 II、III 段都会受过渡电阻的影响。

对于图 3-29（a）中的保护 1，同样可以得到测量阻抗为

$$Z_{\mathrm{m1}} = Z_{\mathrm{M-N}} + Z_{\mathrm{k}} + R_{\mathrm{g}} \frac{\dot{I}_{\mathrm{k}}}{\dot{I}_{\varphi.1} + K 3\dot{I}_{0.1}} \qquad (3-64)$$

式中　$\dot{I}_{\varphi.1}$、$3\dot{I}_{0.1}$——保护 1 故障相的测量电流和零序电流。

于是，$R_{\mathrm{g}}\dot{I}_{\mathrm{k}}/(\dot{I}_{\varphi.1} + K 3\dot{I}_{0.1})$ 项的存在也使得保护 1 测量阻抗的绝对值变大。

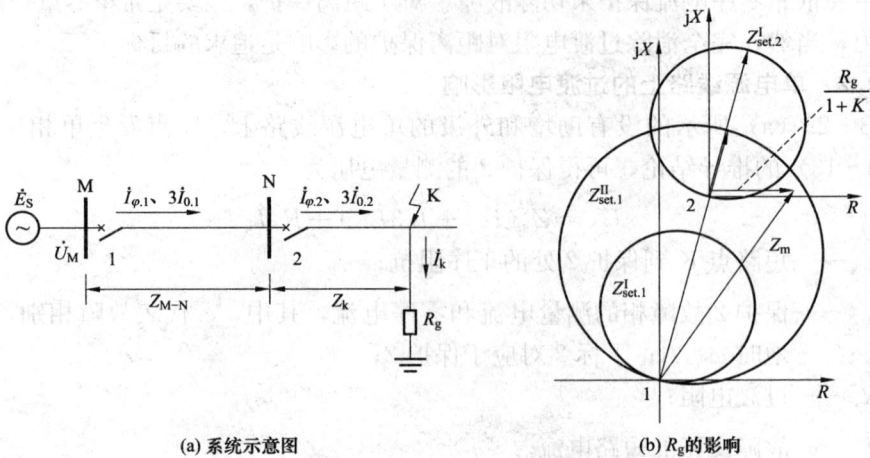

(a) 系统示意图　　　　　　(b) R_g 的影响

图 3-29　过渡电阻对单侧电源的距离保护影响

总之，在单电源线路上发生过渡电阻短路时，R_g 的存在均使得保护的测量阻抗绝对值变大，容易导致距离保护误动。如果出现图 3-29（b）所示的情况时，则保护 2 的 Ⅰ 段出现拒动，保护 1 的 Ⅱ 段会动作，扩大了停电范围；如果 R_g 再增大，将使图示特性的保护 1、2 均出现拒动情况。

分析方向圆特性可以确定，在被保护区的始端和末端短路时，$+R$ 轴方向的范围是最小的，耐受过渡电阻的能力也是最小的。另外，整定阻抗越大，则耐受过渡电阻的能力就越强；反之，整定阻抗越小，则受过渡电阻的影响就越大。对于方向圆特性的阻抗元件，Ⅱ 段的动作特性通常大于 Ⅰ 段，因此，Ⅱ 段的耐受过渡电阻能力强于 Ⅰ 段；同理，Ⅲ 段的耐受过渡电阻能力强于 Ⅱ 段。

3.5.2.3　双电源线路上的过渡电阻影响

1. 一般分析

以图 3-30（a）所示的双侧电源线路为例，分析过渡电阻 R_g 对距离保护产生的影响。

在双侧电源的情况下，过渡电阻 R_g 中的短路电流 $\dot{I}_k$ 是由两侧电源 $\dot{E}_S$、$\dot{E}_W$ 提供的，此时，保护 1 的测量电压可表示为

$$\dot{U}_M = Z_k \dot{I}_m + R_g \dot{I}_k = Z_k(\dot{I}_\varphi + K 3 \dot{I}_0) + R_g \dot{I}_k \tag{3-65}$$

式中　Z_k——短路点到保护 1 之间的正序阻抗；

　　　$\dot{I}_m$——保护 1 按接线方式得到的电流，如 $\dot{I}_A + K 3 \dot{I}_0$；

　　$\dot{I}_\varphi$、$3\dot{I}_0$——保护 1 故障相的测量电流和零序电流；

　　　$\dot{I}_k$——故障支路的短路电流。

于是，按照接地距离保护的接线方式，可得保护 1 的测量阻抗为

$$Z_{m.1} = \frac{\dot{U}_\varphi}{\dot{I}_\varphi + K 3 \dot{I}_0} = \frac{\dot{U}_M}{\dot{I}_m} = Z_k + R_g \frac{\dot{I}_k}{\dot{I}_m}$$

$$= Z_k + R_g \left| \frac{\dot{I}_k}{\dot{I}_m} \right| \angle \alpha \tag{3-66}$$

式中：$\dot{I}_m = \dot{I}_\varphi + K3\dot{I}_0$；$\alpha = \arg \dfrac{\dot{I}_k}{\dot{I}_m}$。

式（3-66）的测量阻抗如图 3-30（b）所示。当 $\alpha = 0°$ 时，过渡电阻的影响呈现为阻性；当 α 为正时，过渡电阻 R_g 的影响呈现为感性；当 α 为负时，过渡电阻 R_g 的影响呈现为容性。

一般来说，在 $\alpha \geqslant 0°$ 的情况下，距离保护容易拒动。

在 $-90° < \alpha < 0°$ 情况下，发生出口附近短路时，测量阻抗如图 3-30（c）中的 Z'_m 所示，容易导致距离保护出现拒动；在正方向区外短路时，实际的短路阻抗 Z_k 落在区外，但是，存在过渡电阻的影响后，测量阻抗被感受为 Z''_m，此时，距离保护出现误动，这种情况的误动称为稳态超越。

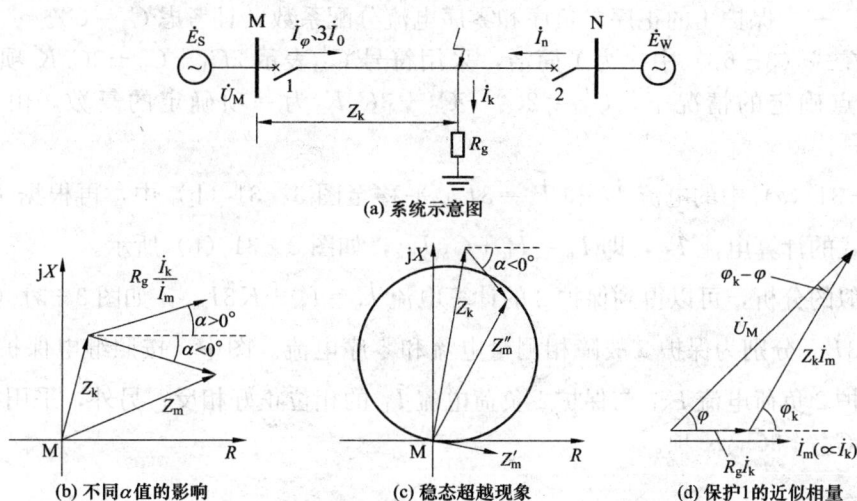

(a) 系统示意图

(b) 不同 α 值的影响　　(c) 稳态超越现象　　(d) 保护1的近似相量

图 3-30　过渡电阻对双侧电源的距离保护影响

*2. 对称分量法分析

以图 3-30（a）的保护 1 为例，由短路分析可以知道，单相经过渡电阻 R_g 接地时，短路支路的故障分量是由故障发生之前的故障点相电压 $\dot{U}_k^{|0^-|}$ 产生的，短路点电流 $\dot{I}_k$ 及各序电流（$\dot{I}_{1k}$、$\dot{I}_{2k}$、$\dot{I}_{0k}$）的故障分量表达式为

$$\dot{I}_k = 3\dot{I}_{1k} = 3\dot{I}_{2k} = 3\dot{I}_{0k} = 3\frac{\dot{U}_k^{|0^-|}}{Z_{1\Sigma} + Z_{2\Sigma} + Z_{0\Sigma} + 3R_g} \tag{3-67}$$

因此，可以绘制出双电源网络单相接地的电压、电流相量关系，如图 3-31（a）所示，图中，$\beta = \arg(Z_{1\Sigma} + Z_{2\Sigma} + Z_{0\Sigma} + 3R_g)$，其角度范围是 $0° \sim 90°$；φ_Σ 为综合阻抗角。

于是，将式（3-67）的关系代入式（3-66）中，得到保护 1 的测量阻抗为

$$Z_{m.1} = Z_k + R_g \frac{\dot{I}_k}{\dot{I}_m} = Z_k + R_g \frac{\dot{I}_k}{\dot{I}_\varphi + K3\dot{I}_0}$$

$$= Z_k + R_g \frac{\dot{I}_k}{(\dot{I}_L + \dot{I}_1 + \dot{I}_2 + \dot{I}_0) + K3\dot{I}_0}$$

$$= Z_k + R_g \frac{\dot{I}_k}{(\dot{I}_L + C_1 \dot{I}_{1.k} + C_2 \dot{I}_{2.k} + C_0 \dot{I}_{0.k}) + K 3 C_0 \dot{I}_{0.k}}$$

$$= Z_k + R_g \frac{3\dot{I}_{0.k}}{\dot{I}_L + (2C_1 + C_0 + 3C_0 K)\dot{I}_{0.k}}$$

$$= Z_k + R_g \frac{3\dot{I}_{0.k}}{\dot{I}_L + C'_M \dot{I}_{0.k}} \tag{3-68}$$

式中　$\dot{I}_\varphi$、$\dot{I}_L$——保护 1 故障相的测量电流与负荷电流;

$\dot{I}_1$、$\dot{I}_2$、$\dot{I}_0$——保护 1 电流故障分量的正序、负序、零序电流;

$\dot{I}_k$、$\dot{I}_{0.k}$——故障支路的故障相电流、零序电流;

C_1、C_2、C_0——保护 1 的正序、负序和零序电流分配系数,且考虑 $C_1 = C_2$。

此外,在式(3-68)中,为了简洁,采用符号 C'_M 表示 $2C_1 + C_0 + 3C_0 K$ 项。在系统结构和短路点确定的情况下,$C'_M = 2C_1 + C_0 + 3C_0 K$ 为一项确定的复数,由系统参数决定。

将图 3-31(a)中的电流 $\dot{I}_L$ 和 $\dot{I}_k = 3\dot{I}_{0.k}$ 平移至图 3-31(b)中,再根据 $\dot{I}_\varphi + K 3\dot{I}_0$ 构成接线方式的计算电流 $\dot{I}_m$,即 $\dot{I}_m = \dot{I}_L + C'_M \dot{I}_{0.k}$,如图 3-31(b)所示。

应用类似的分析,可以得到保护 2 的计算电流 $\dot{I}_n = \dot{I}_N + K 3\dot{I}_{0.N}$,如图 3-31(b)所示,其中,$\dot{I}_N$、$3\dot{I}_{0.N}$ 分别为保护 2 故障相测量电流和零序电流。图中,按照继电保护规定的正方向,则保护 2 负荷电流 $\dot{I}_{N.L}$ 与保护 1 负荷电流 $\dot{I}_L$ 的相位正好相反;另外,采用符号 C'_N 来表示 $2C_{1N} + C_{0N} + 3C_{0N} K$ 项。

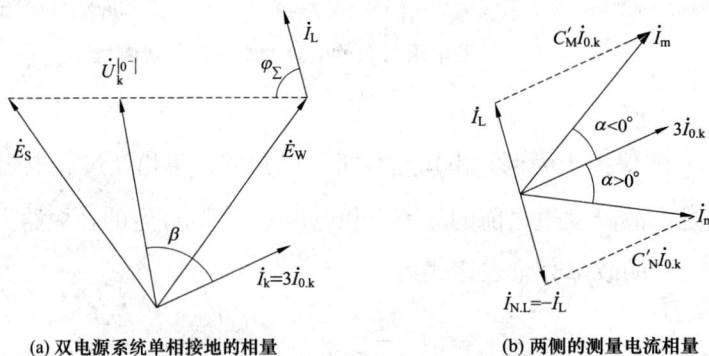

(a) 双电源系统单相接地的相量　　　　　　　(b) 两侧的测量电流相量

图 3-31　送、受电侧的电流相量

在图 3-31 中,相量的关系是以 $\dot{E}_S$ 超前 $\dot{E}_W$ 为例,因此,当线路中有一定的负荷电流时,分析图 3-31(b)可以确定:

(1)对于送电侧的保护 1,存在 $\alpha = \arg \dfrac{\dot{I}_k}{\dot{I}_m} = \arg \dfrac{3\dot{I}_{0.k}}{\dot{I}_m} < 0°$,所以过渡电阻的影响呈现容性的特征。

(2)对于受电侧的保护 2,存在 $\alpha > 0°$,所以过渡电阻的影响呈现感性的特征。

当电流中的故障分量起主要作用时，如果忽略负荷电流 $\dot{I}_L$ 的影响，那么由式（3-68）可得

$$Z_{m.1} = Z_k + R_g \frac{3\dot{I}_{0.k}}{\dot{I}_L + (2C_1 + C_0 + 3C_0 K)\dot{I}_{0.k}}$$

$$\approx Z_k + R_g \frac{3\dot{I}_{0.k}}{(2C_1 + C_0 + 3C_0 K)\dot{I}_{0.k}}$$

$$= Z_k + R_g \frac{3}{(2C_1 + C_0 + 3C_0 K)} \tag{3-69}$$

由于 $3/(2C_1 + C_0 + 3C_0 K)$ 项的角度较小，因此，忽略负荷电流时，过渡电阻的影响主要表现为电阻的性质。

3.5.2.4 克服过渡电阻影响的对策

克服过渡电阻影响的对策主要有：①采用能容许较大过渡电阻能力的阻抗特性；②在算法上消除或抑制过渡电阻的影响。下面分别予以介绍。

1. 阻抗特性的对策

过渡电阻对距离保护的影响主要是过渡电阻的大小、两侧电流的大小与相位（如送电侧或受电侧的影响）以及阻抗元件的特性。

对于圆特性的方向阻抗元件来说，在被保护区的始端和末端短路时，由于阻抗特性在 $+R$ 轴方向的范围较小，因此，受过渡电阻的影响较大，容易造成拒动；而在保护区的中部附近短路时，阻抗特性在 $+R$ 轴方向的范围要大一些，受过渡电阻的影响要小一些。总的来说，在整定值相同的情况下，动作特性在 $+R$ 轴方向所占的面积越小，受过渡电阻的影响就越大。

如图 3-32（a）所示，在整定值 Z_{set} 相同的情况下，偏移特性 2（虚线圆）在 $+R$ 轴方向所占的面积大于方向阻抗特性 1，所以，偏移特性的耐受过渡电阻能力要强于方向阻抗特性；如果进一步使动作特性向 $+R$ 方向再偏转一个角度且保持 Z_{set} 不变，如特性 3，则耐受过渡电阻能力更强。但是，对于图 3-32（a）中的特性 2 和 3，都需要防止反方向的误动作，因此，需要外加一个如图 3-32（b）所示的直线 4 方向元件，直线 4 的上方为动作区，特性 3 与直线 4 特性构成"与"的逻辑。

另外，为了防止相邻线路出口经过渡电阻引起的稳态超越，通常还可以再设计一个如图 3-32（b）所示的直线 5 方向元件，直线 5 的下方为动作区。

但是，将耐受过渡电阻的能力与防止振荡误动（见 3.4.2）进行比较的话，会发现在 $+R$ 轴方向，二者对动作特性的要求正好是相反的。为了提高耐受过渡电阻的能力，就必须加大 $+R$ 轴方向的范围，但不利于躲振荡的影响，反之亦然。因此，在 $+R$ 轴方向选择多大动作范围的特性，需要权衡，不能顾此失彼。

常规（非微机）距离保护通常只采用一种固定的动作特性，虽然也有办法可实现动作特性的切换，但可靠性又降低了。在一种固定动作特性的条件下，常规距离保护的阻抗特性较多地采用了各种圆特性，这并不说明圆特性是最好的，而是在电阻、电感、电容以及二极管、三极管等常规器件的条件下，综合了特性的性能、可靠性、构成的方便性、调试的简便性、元器件的数量和电路的复杂程度等各种因素后，认为圆特性在综合性能上是较好的。另

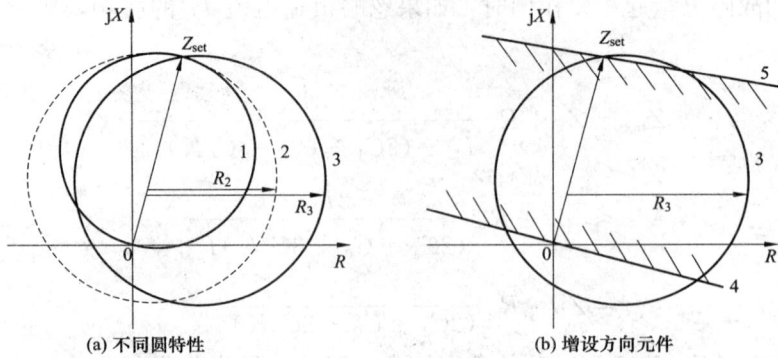

(a) 不同圆特性　　　　　　　　(b) 增设方向元件

图 3-32　不同特性的耐受电阻能力

外，一些按照继电保护特征所构成的动作方程，其本身就自然形成了圆的动作特性，如 3.7 节中将要介绍的故障分量阻抗元件。

由于微机保护能够计算出测量电抗 X_m 和测量电阻 R_m（即 $Z_m = R_m + jX_m$），因此，不仅可以实现任意的阻抗特性（仅仅是动作方程的区别），而且还可以十分方便、可靠地切换为各种不同的特性，或同时使用各种不同的特性。在硬件不变的情况下，这种切换和多种特性的组合使用仅由软件编程所决定，经过编程的正确性验证之后，就不会影响微机保护的可靠性了，因此，利用这个特点，微机保护应当尽可能地采用最好的动作特性。

在各种阻抗动作特性中，图 3-33（a）所示的多边形特性是一种很好的阻抗特性。该特性既可以有效地防止相邻线路出口经过渡电阻接地时的稳态超越，又可以在区内经较大过渡电阻接地时，提高耐受过渡电阻的能力。实际上，将图 3-32（b）中的圆 3 以及引入的直线 4 和 5 方向元件综合之后，最终所构成的阻抗特性也类似于多边形特性。

在图 3-33（a）所示 R-X 平面的多边形特性中，不包括附加的虚线小矩形时，其设计的思路为：

（1）在第一象限中，与水平虚线成 α 夹角的下偏边界（直线 1），是为了防止相邻线路出口经过渡电阻接地时的超越而设计的。α 值的选择原则应以躲区外故障时的稳态超越为准，通常取 $\alpha = 7° \sim 10°$。

（2）第四象限向下偏移的边界（直线 3），是在本线路出口经过渡电阻接地时，保证保护能够可靠动作而设计的。

（3）第一象限与 $+R$ 轴成 60° 夹角的边界（直线 2），其设计的思路是：躲最小负荷阻抗，同时又兼顾耐受过渡电阻的能力。考虑了各种线路的阻抗角，保证在各种输电线路情况下，无论是保护范围的始端还是末端，动作特性均有较好的耐受过渡电阻能力。

（4）直线 4 是考虑到金属性短路时，动作特性应当有一定的裕度，且极大地压缩了第三象限 R 轴方向的范围，有利于减小振荡轨迹的穿越时间，降低振荡的影响。

图 3-33（a）中，两个 β 角均可设计为 14°。这是因为满足 $\tan 14° \approx 1/4$ 的计算时，早期的微机保护最方便实现。多边形特性及其各角度的设计也经历了近 30 年的运行检验。

多边形特性均由直线组成，微机距离保护通过阻抗计算求得 X_m 和 R_m 分量后，可以很方便地实现直线特性的比较。由于直线特性比较简单，不再列写相应的动作方程。此外，

X_{set} 和 R_{set} 可以独立整定：1）X_{set} 可按照灵敏度整定，以距离Ⅲ段为例，由式（3-37）得 $X_{\text{set}}^{\text{Ⅲ}} \approx Z_{\text{set}}^{\text{Ⅲ}} \geqslant 1.2(Z_{\text{A-B}} + K_{\text{b·max}} Z_{\text{B-C}})$；2）$R_{\text{set}}$ 按躲最小负荷阻抗整定［如式（3-34）］，这样，多边形特性也容易满足长线路和短线路的不同要求。

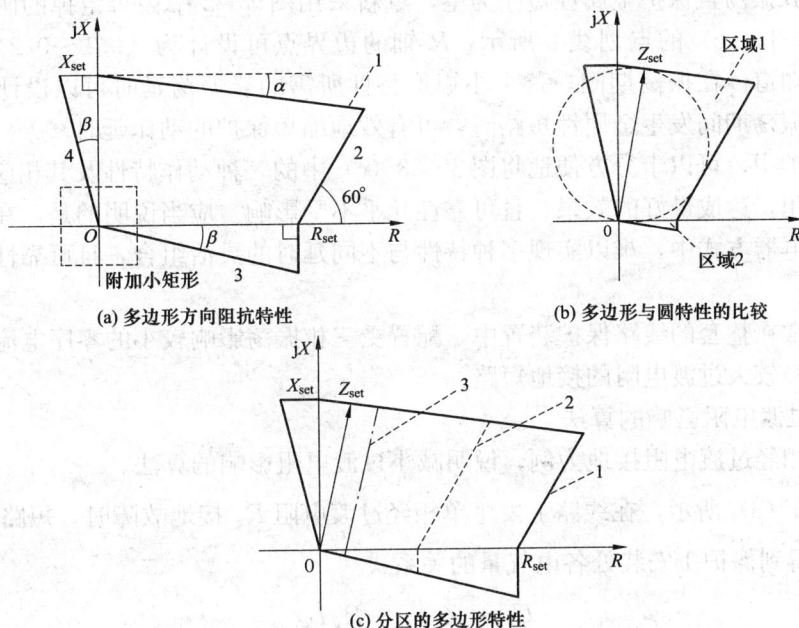

(a) 多边形方向阻抗特性

(b) 多边形与圆特性的比较

(c) 分区的多边形特性

图 3-33　多边形特性

如图 3-33（b）所示，在相同保护范围且都躲相同的最小负荷阻抗情况下，与圆特性比较，多边形特性增加了区域 1 和 2 的面积，具有更大的耐受过渡电阻能力。

应当指出，在多边形阻抗特性中，淡化了最大灵敏角的概念，不能将圆特性最大灵敏角的概念简单地移植到多边形阻抗特性中。

在方向性的多边形特性基础上，只要再叠加一个如图 3-33（a）所示的虚线小矩形特性，二者构成"或"的逻辑，就可以实现偏移特性，在手动合闸和自动重合闸时，短时投入使用，在 TV 安装于断路器的线路侧条件下，即使合闸于出口故障（电压为 0，也无记忆电压），仍能确保可靠跳闸。

将振荡与过渡电阻的影响结合起来，可以知道，为了克服过渡电阻的影响，应当尽量加大动作特性 $+R$ 方向的边界，但是，为了防止振荡的影响，又希望动作区域小一些。上述两方面的要求是矛盾的。为了解决这个矛盾，可以利用微机保护识别工况以及能够同时应用多种功能（包括动作特性、动作门槛、动作延时等）的特点，设法兼顾耐受过渡电阻能力与防止振荡误动的需要，发挥微机保护的最大效能。目前，仅从动作特性的角度来说，微机保护的一般解决办法是：

（1）系统刚发生短路时（如短时开放时间 150ms 以内），振荡轨迹还不会落入阻抗特性以内，此时，以提高耐受过渡电阻的能力为主，避免拒动。动作特性的边界如图 3-33（c）的折线 1 所示，该边界应当躲最小的负荷阻抗（即躲最大的事故过负荷电流）。

（2）150ms 以后，以防止振荡为主，可缩小 R_{set} 的边界，避免误动。此时，动作特性的边界如图 3-33 (c) 的虚线 2 所示，R 轴的边界点可取为 $0.5R_{set}$，缩小了振荡轨迹的穿越时间，也就缩小了保护的动作延时，当然，牺牲了一定的耐受过渡电阻能力。

（3）利用微机保护可以十分方便地实现多种配置的特点，可以再配置一个 R 轴边界点更小的特性，以躲振荡且保护金属性短路为主，重新采用图 3-2 中被否定掉的阴影所示矩形特性。如图 3-33 (c) 的点划线 3 所示，R 轴的边界点可设计为 $(0.1\sim0.2)R_{set}$。由式 (3-52) 可以知道，在振荡期间，这个小矩形特性所需的躲振荡延时可以设计为较短的时间，这样，在振荡期间发生金属性短路时，可有效地缩短保护的动作延时。

在微机保护中，可以十分方便地将图 3-33 (c) 中的三种动作特性及其相应的躲振荡延时进行组合使用，达成最好的效果，且可靠性几乎不受影响。应当说明的是，在非微机时代的单个阻抗继电器方式中，难以实现多种特性与不同延时的灵活组合，且可靠性会受到很大的影响。

此外，通常在整套的线路保护装置中，配置受三相振荡影响较小的零序电流保护，以切除三相运行时经较大过渡电阻的接地短路。

*2. 减少过渡电阻影响的算法

下面以单相经过渡电阻接地为例，说明减小过渡电阻影响的算法。

如图 3-34 (a) 所示，在线路上发生单相经过渡电阻 R_g 接地故障时，短路支路有 $\dot{I}_k=3\dot{I}_{0.k}$，于是，得到保护 1 安装处各电气量的关系式

$$
\begin{aligned}
\dot{U}_m &= Z_1\dot{I}_m + R_g\dot{I}_k \\
&= Z_1\dot{I}_m + R_g 3\dot{I}_{0.k}
\end{aligned}
\tag{3-70}
$$

式中　$\dot{U}_m$——保护 1 的测量电压；

$\dot{I}_m$——保护 1 按照接线方式得到的电流，如 $\dot{I}_A+K3\dot{I}_0$；

Z_1——短路点到保护安装处的正序阻抗；

R_g——过渡电阻；

$\dot{I}_k$——短路支路的电流；

$\dot{I}_{0.k}$——短路支路的零序电流。

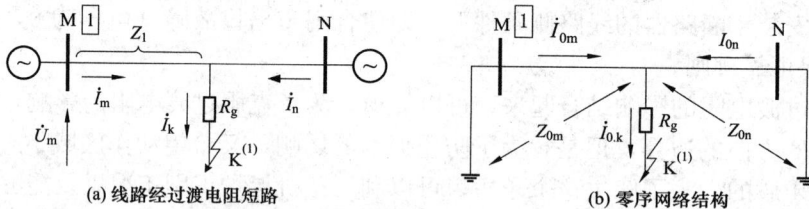

(a) 线路经过渡电阻短路　　　　　(b) 零序网络结构

图 3-34　经 R_g 短路及零序网络示意图

对于单侧电气量的保护，由于保护 1 无法得到 $\dot{I}_k$ 或 $\dot{I}_{0.k}$，因此，只能另想其他办法，设法采用保护处的测量信号来替代 $\dot{I}_k$（或 $\dot{I}_{0.k}$）。分析图 3-34 (b) 所示的零序网络结构，有

$$
\dot{I}_{0m} = \frac{Z_{0n}}{Z_{0m}+Z_{0n}}\dot{I}_{0.k} = \dot{C}_{0M}\dot{I}_{0.k}
\tag{3-71}
$$

式中 Z_{0m}、Z_{0n}——短路点两侧的零序阻抗；

$$\dot{C}_{0M} = \frac{Z_{0n}}{Z_{0m} + Z_{0n}} \quad \text{——M 侧（保护 1 侧）的零序电流分配系数。}$$

在系统结构不发生变化的情况下，$\dot{C}_{0M}$ 只与短路点 K 的位置有关。由于 $\dot{C}_{0M}$ 的角度较小，一般小于 5°，可以近似当作常数 C_{0M} 对待，因此，将式（3 - 71）代入式（3 - 70），得

$$
\begin{aligned}
\dot{U}_m &= Z_1 \dot{I}_m + R_g 3 \dot{I}_{0.k} = Z_1 \dot{I}_m + R_g \frac{3 \dot{I}_{0m}}{\dot{C}_{0M}} \\
&\approx Z_1 \dot{I}_m + R_g \frac{1}{C_{0M}} 3 \dot{I}_{0m} \\
&= Z_1 \dot{I}_m + R_g' 3 \dot{I}_{0m} = (R_1 + jX_1) \dot{I}_m + R_g' 3 \dot{I}_{0m} \\
&= X_1 \left(\frac{R_1}{X_1} + j1 \right) \dot{I}_m + R_g' 3 \dot{I}_{0m} = X_1 (A + j1) \dot{I}_m + R_g' 3 \dot{I}_{0m}
\end{aligned}
$$

$$(3 - 72)$$

在式（3 - 72）中，采用了这样的符号：$R_g' = R_g / C_{0M}$ 和 $A = R_1 / X_1$。这是考虑到：① R_g 和 C_{0M} 均为未知数，在短路初期，R_g 变化不大，且 C_{0M} 近似为常数，于是，可以将 R_g 和 C_{0M} 两个未知数合并为一个未知数，用符号 R_g' 来表示；②对于输电线路，$A = R_1 / X_1$ 是单位长度（或线路全长）的正序电阻与正序电抗的比值，该参数为能够事先得到的已知参数，通常作为定值项存入微机保护中。

这样，式（3 - 72）就变成只有两个未知数 X_1 和 R_g' 了。于是，在保护安装处，可以利用测量到的电压（$\dot{U}_m$）、电流信号（$\dot{I}_m$、$\dot{I}_{0m}$）进行傅里叶计算（或应用其他算法），将式（3 - 72）的实部与虚部分解出来，联立两个独立的方程，从而求出短路点到保护安装处的正序阻抗 X_1 和 R_g'。其中，X_1 反映了短路点的距离；R_g' 是过渡电阻值除以 M 侧的零序分配系数 C_{0M}，甚至可以不必求解。

由推导和分析过程可以看出，这种方法可有效地降低过渡电阻对 X_1 测量的影响，所引入的假设是：将零序电流分配系数 $\dot{C}_{0M}$ 当作常数 C_{0M} 对待。再结合多边形的阻抗特性，使得距离保护受过渡电阻的影响大大降低了。

*3.5.3 线路串补电容的影响及对策

在远距离输电的高压或超高压以上系统中，为了提高系统的稳定性，增大线路的功率传输能力，改善系统的运行电压和无功平衡条件，合理地分配潮流等，通常在线路上装设串联补偿电容（简称串补电容），如图 3 - 35（a）所示，以便减小系统之间的综合阻抗 Z_Σ。

由电力系统分析可知，单机—无穷大系统的功角方程为

$$P = \frac{E_d U_s}{X_\Sigma} \sin\delta$$

因此，对于确定的电压等级，正常运行时发电机的电动势 E_d 和系统电压 U_s 波动较小，于是，在功角 δ 不变的情况下，减小综合阻抗 Z_Σ 就可以增大线路的功率传输能力；同样，在传输功率 P 不变的情况下，减小综合阻抗 Z_Σ 就可以减小功角 δ，从而提高稳定的裕度和稳定性。

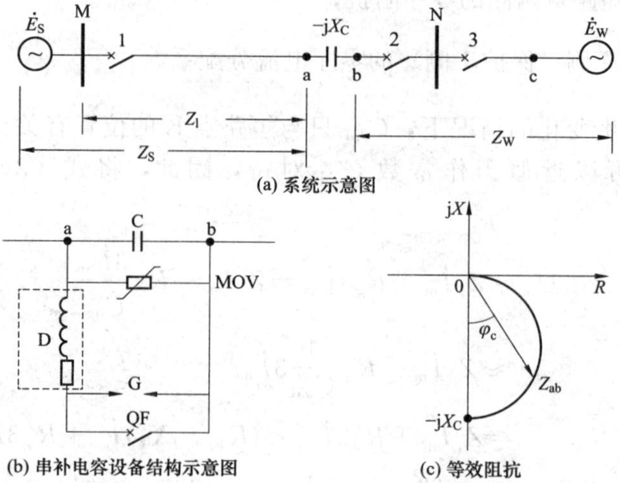

(a) 系统示意图

(b) 串补电容设备结构示意图　　　　(c) 等效阻抗

图 3-35　串补电容的结构与等效阻抗

3.5.3.1　串补电容设备

串补电容设备的结构示意图如图 3-35（b）所示，图中，C 为电容器，串联接入线路中；MOV 为金属氧化物限压器，限制电容器两端的过电压，起到保护电容器的作用；G 为旁路间隙，防止 MOV 过负荷，并限制电容器两端的过电压，起到保护电容器和 MOV 的作用；QF 为旁路断路器，用于投入和退出电容器；D 为阻尼回路，在 G 击穿或 QF 闭合时，可以限制电容器放电电流的幅值和频率，阻尼电感一般小于 1～2mH，阻尼电阻约为零点几欧。

对于继电保护来说，可以将串补电容的工况归纳为如下的 3 种情况：

（1）MOV 和间隙 G 等均不起作用，相当于线路串联了一个电容器 C。

（2）MOV 起作用，此时可以将 MOV 等效为一个可变电阻 R_{MOV}。可以证明，R_{MOV} 与电容并联后，如果忽略阻尼回路的影响，则并联阻抗 Z_{ab} 端点的轨迹为半圆形（参见文献8），如图 3-35（c）所示，其中，$\varphi_c = \arg(X_C/R_{MOV})$。

（3）旁路间隙 G 击穿或旁路断路器 QF 闭合，将电容器旁路，忽略阻尼回路的小阻抗后，线路相当于无串补一样，线路恢复成 R-L 模型，此时，串补电容对距离保护没有影响。

串补电容一般可安装在线路的中部、线路的两端或中间变电站的两母线之间。串补电容的容抗值较多地采用串补度来描述。串补度 K_{com} 的定义如下

$$K_{com} = \frac{X_C}{X_1} \times 100\% \tag{3-73}$$

式中　X_C—— 串补电容的容抗值，Ω；

　　　X_1——无串补时，本线路全长的电抗值，Ω。

为了防止工频谐振现象的发生，串补电容的容抗值要求均小于串补两侧的电抗值。如图 3-35（a）所示，对于工频分量，要求同时满足 $X_C < X_S$ 和 $X_C < X_W$。因此，串补度通常设计为 30%～70%。

3.5.3.2　串补电容的影响

假设串补电容安装于线路一侧，重点分析纯电容 C 情况下的距离Ⅰ段所受到的影响及

对策。

当线路接入了串补电容之后，测量阻抗 Z_m 与短路距离 $z_1 l_k$ 之间不再构成线性正比的关系了。如图 3-35（a）所示，测量阻抗在电容器两侧的 a 点和 b 点之间出现了阻抗突变。下面，分析串补电容对距离保护的具体影响。

（1）对于图 3-35（a）的保护 1，画出系统各处短路时被感受到的测量阻抗，如图 3-36（a）所示的阻抗折线。此时，如果仍按照 3.3 节的方式进行距离 I 段整定，如图 3-36（a）中的虚线圆，那么相邻线路 c 点以内发生短路时，保护 1 都会动作，从而导致误动。

（2）对于图 3-35（a）的保护 2，分为如下两种情况，分别画出系统各处短路时被感受到的测量阻抗：

1）TV 从母线 N（或 b 点）接入时，测量阻抗如图 3-36（b）所示的阻抗折线。在此情况下，如果动作特性设计为图 3-36（b）中的虚线圆 I，那么保护 2 出口处 a 点以及相当大范围内的短路时会拒动；如果动作特性设计为图 3-36（b）中的圆 II，那么反方向短路时保护 2 会误动。

2）TV 从电容的线路侧（如 a 点）接入时，测量阻抗类似于图 3-36（c）所示的阻抗折线（但是，需要交换 S、W 的位置标识，读者可自行画图），反方向短路时保护 2 会误动。

（3）对于图 3-35（a）的保护 3，画出系统各处短路时被感受到的测量阻抗，如图 3-36（c）所示的阻抗折线。此时，如果仍按照 3.3 节的方式进行距离 I 段整定，如图 3-36（c）中的虚线圆，那么反方向短路时保护 3 会误动。

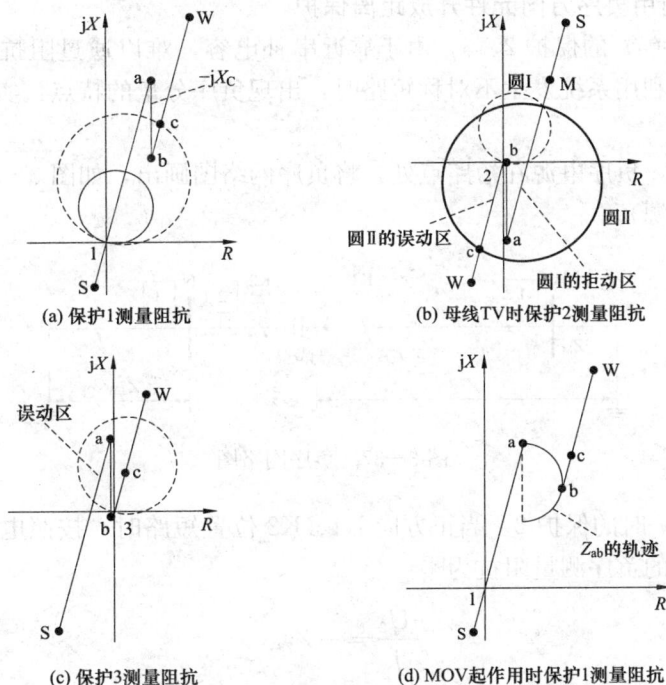

(a) 保护1测量阻抗　　　　　　(b) 母线TV时保护2测量阻抗

(c) 保护3测量阻抗　　　　　　(d) MOV起作用时保护1测量阻抗

图 3-36　串补电容对测量阻抗的影响

可见，串补电容的存在会对距离保护产生十分严重的影响，应当采取必要的措施，以便减少和克服这些影响。

顺便指出，由暂态分量的分析可知，在具有串补电容的系统中，发生短路时会出现低于工频的低频分量（参见文献 8）。该低频分量幅值大、持续时间较长，一般的算法和滤波器都难以滤除其影响，因此，在阻抗计算时需要考虑足够的误差。如果测量电压取自串补电容的线路侧 TV（如图 3-35 的 a 处），那么对保护 2 来说，正方向短路点到保护 2 之间的线路符合 R-L 的模型，此时，保护 2 采用 R-L 模型算法可不受该低频分量的影响。

另外，以图 3-35（a）的保护 1 为例，在 MOV 起作用时，a、b 两点之间就不再是直线了，而应当更改为图 3-35（c）所示的半圆形等效阻抗，阻抗 b-W 线段的 b 点可能位于半圆弧上的任意点，如图 3-36（d）所示。

3.5.3.3　克服串补电容影响的对策

减少串补电容影响的主要措施通常有如下几种。

1. 远串补侧通过整定值来躲过串补电容的影响

对于图 3-35（a）的保护 1，由于远离串补电容，因此，测量阻抗呈现图 3-36（a）的阻抗折线，于是，为了保证选择性，防止外部短路时误动作，可以设计为图 3-36（a）中的实线圆特性，通过牺牲一定的灵敏性来获取选择性。对应的整定计算方法如下

$$Z_{\text{set}}^{\text{I}} = K_{\text{rel}}^{\text{I}}(Z_{\text{M-N}} - jX_{\text{C}}) \tag{3-74}$$

式中　X_{C}——串补电容的容抗，Ω；

$Z_{\text{M-N}}$——无串补时，线路 M-N 的阻抗，Ω。

所有远离串补电容的保护均可按照式（3-74）进行整定。

2. 近串补侧利用负序方向元件开放距离保护

对于图 3-35（a）的保护 2、3，由于靠近串补电容，难以通过阻抗元件区分正、反方向的短路。于是，利用系统发生不对称短路时，出现负序分量的特点，实现正方向和反方向的识别。

不对称短路时，负序电源在短路点处，将负序网络图画出，如图 3-37 所示（为清晰起见，未标示负序电源）。

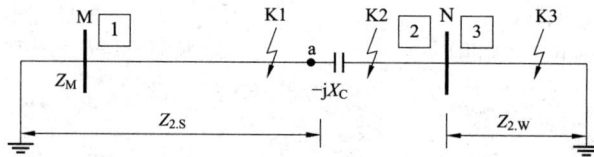

图 3-37　负序网络图

（1）接母线 TV 时的保护 2。当正方向 K1、K2 位置短路时，按照电压、电流规定的正方向，可得保护 2 的负序测量阻抗为

$$\frac{\dot{U}_2}{\dot{I}_2} = -Z_{2.\text{w}} \tag{3-75}$$

式中　$Z_{2.\text{w}}$——母线 N 侧的背后系统阻抗，阻抗角约等于线路阻抗角 φ_{k}。

由式（3-75）可知，保护 2 的负序测量阻抗位于阻抗复平面的第三象限，如图 3-38（a）中的 $-Z_{2.\text{w}}$。

当反方向 K3 位置短路时，保护 2 的负序测量阻抗为

$$\frac{\dot{U}_2}{\dot{I}_2} = Z_{2.\mathrm{S}} - \mathrm{j}X_\mathrm{C} \tag{3-76}$$

由于设计要求 $X_{1.\mathrm{S}} > X_\mathrm{C}$，而 $X_{2.\mathrm{S}} = X_{1.\mathrm{S}}$，因此，$|Z_{2.\mathrm{S}}| > X_\mathrm{C}$，式（3-76）的测量阻抗位于阻抗复平面的第一象限，如图 3-38（a）中的 $Z_{2.\mathrm{S}} - \mathrm{j}X_\mathrm{C}$。

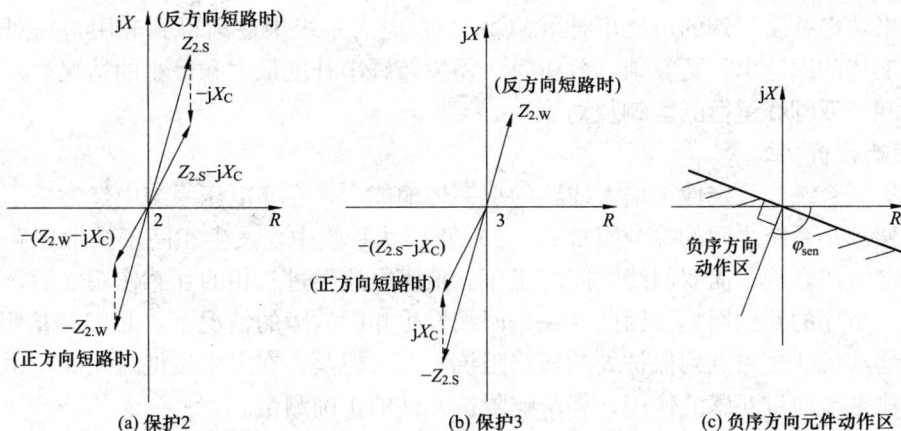

图 3-38　正、反方向短路时负序的相量关系

（2）接电容器线路侧 TV 时的保护 2。在保护 2 接入线路侧 TV（a 点处）的情况下，当正方向 K1 短路时，保护 2 的负序测量阻抗为

$$\frac{\dot{U}_2}{\dot{I}_2} = -(Z_{2.\mathrm{w}} - \mathrm{j}X_\mathrm{C})$$

由于 $|Z_{2.\mathrm{w}}| = |Z_\mathrm{w}| > X_\mathrm{C}$，因此，保护 2 的负序测量阻抗仍然位于阻抗复平面的第三象限，如图 3-38（a）中的 $-(Z_{2.\mathrm{w}} - \mathrm{j}X_\mathrm{C})$。

当反方向 K3 位置短路时，保护 2 的负序测量阻抗为

$$\frac{\dot{U}_2}{\dot{I}_2} = Z_{2.\mathrm{S}}$$

所以，反方向短路时，保护 2 的负序测量阻抗仍然位于阻抗复平面的第一象限，如图 3-38（a）中的 $Z_{2.\mathrm{S}}$。

（3）分析保护 3 的负序测量阻抗，同样可以得到如下的结论：正方向短路时，$\dot{U}_2/\dot{I}_2$ 位于第三象限；反方向短路时，$\dot{U}_2/\dot{I}_2$ 位于第一象限，如图 3-38（b）所示。

归纳上述的分析，可以发现，在正方向和反方向短路时，$\dot{U}_2/\dot{I}_2$ 的角度存在很大的差异，于是，利用此差异就可以构成负序方向元件，应用于识别短路的方向，消除串补的影响。负序方向元件不存在出口死区问题，其正方向动作区域如图 3-38（c）的阴影区所示，对应的动作方程与零序方向元件相类似，不再重复。

这样，接母线 TV 的保护 2 就可以采用图 3-36（b）实线圆 II 的特性，再加负序正方向元件开放。保护 3 就可以采用图 3-36（c）的虚线圆特性，再加负序正方向元件开放；接线路侧 TV 的保护 2，也可以采用此方法。这样设计后，保护 2、3 均可以消除串补电容的影

响，实现正方向短路时可靠动作，反方向短路时可靠不动。

在图 3-35（a）中，由于设计串补度时没有保证满足 $X_{0.S}>X_C$ 和 $X_{0.W}>X_C$ 的条件，因此，不能采用零序方向元件进行短路方向的识别。

3. 用记忆电压的方向元件开放距离保护

对于三相对称短路，不存在负序、零序分量，于是，可以采用记忆电压作为参考相量，与短路电流进行方向比较，消除串补电容的影响。

近年来，串补度可调的可控串补（TCSC）在电力系统中逐渐得到应用，它对距离保护的影响比上述的固定串补更复杂。分析时，需要兼顾串补度最大和最小的情况。

*3.5.4　双回线运行的影响及对策

1. 影响分析

为了提高系统的稳定性，增大线路的功率传输能力，在高电压系统中经常采用双回线的设计，以便减小系统之间的综合阻抗 Z_{Σ}。在双回线系统中，发生相间不接地短路时，由于没有零序电流的影响，而双回线之间的正序、负序电流经过三相的互感作用之后，可以近似忽略正序、负序的互感影响，因此，在一回线发生相间故障的情况下，相间测量阻抗 Z_m 基本上仍然能够反映短路点到保护处的短路阻抗 $z_1 l_k$。但是，在发生接地短路时，由于另一回线路的零序电流通过互感的作用，将影响阻抗元件的正确测量。

双回线系统的短路示意图如图 3-39 所示，以保护 1 为例，设 M-K 之间故障线路的各序阻抗分别为 Z_1、Z_2、Z_0，M-K 之间双回线的互感为 Z_{mut}。在金属性接地短路时，结合式（3-13）的推导结论，再计及另一回线路零序互感的影响后，可得

$$\dot{U}_m = Z_1(\dot{I}_m + K3\dot{I}_0) + Z_{mut}3\dot{I}_{0.\mathrm{II}} \tag{3-77}$$

式中　$\dot{U}_m$、$\dot{I}_m$、$3\dot{I}_0$——保护 1 的测量电压、测量电流和零序电流；

　　　　$\dot{I}_{0.\mathrm{II}}$——另一回线路的零序电流。

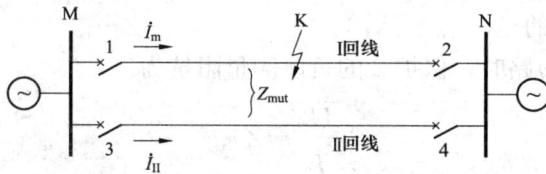

图 3-39　双回线系统短路示意图

于是，对于 90°接线方式的接地阻抗元件，有

$$Z_m = \frac{\dot{U}_m}{\dot{I}_m + K3\dot{I}_0} = \frac{Z_1(\dot{I}_m + K3\dot{I}_0) + Z_{mut}3\dot{I}_{0.\mathrm{II}}}{\dot{I}_m + K3\dot{I}_0}$$

$$= Z_1 + \frac{Z_{mut}3\dot{I}_{0.\mathrm{II}}}{\dot{I}_m + K3\dot{I}_0} \tag{3-78}$$

这样，对于原有的接地阻抗元件来说，存在 $Z_{mut}3\dot{I}_{0.\mathrm{II}}/(\dot{I}_m + K3\dot{I}_0)$ 项的影响，而通常又不希望引入 $3I_{0.\mathrm{II}}$，从而导致 $Z_m \neq Z_1 = z_1 l_k$。由于 $3I_{0.\mathrm{II}}$ 的实际流向可能是 M 侧流向 N 侧，也可能是 N 侧流向 M 侧，造成附加项 $Z_{mut}3\dot{I}_{0.\mathrm{II}}/(\dot{I}_m + K3\dot{I}_0)$ 可能与 Z_1 同方向，也可

能反方向，因此，容易造成保护 1 阻抗元件的拒动或误动。这就是双回线零序互感对接地阻抗元件的影响。

2. 主要的对策

下面，仅分析一回线发生金属性接地故障的对策。

将式 (3-77) 转换为

$$\dot{U}_{\mathrm{m}} = Z_1 \left[(\dot{I}_{\mathrm{m}} + K3\dot{I}_0) + \frac{Z_{\mathrm{mut.M-N}}}{Z_{\mathrm{1.M-N}}} 3\dot{I}_{0.\mathrm{II}} \right] \quad (3-79)$$

可得

$$\frac{\dot{U}_{\mathrm{m}}}{(\dot{I}_{\mathrm{m}} + K3\dot{I}_0) + \frac{Z_{\mathrm{mut.M-N}}}{Z_{\mathrm{1.M-N}}} 3\dot{I}_{0.\mathrm{II}}} = Z_1 \quad (3-80)$$

式中 $Z_{\mathrm{1.M-N}}$、$Z_{\mathrm{mut.M-N}}$——线路 M-N 全长的正序阻抗和双回线之间的互感，为双回线投运前可获得的已知参数。

于是，如果能够获得另一回线路的零序电流 $\dot{I}_{0.\mathrm{II}}$，则式 (3-80) 左侧均为测量电气量和已知量，从而可以得到测量阻抗为 $Z_{\mathrm{m}} = Z_1 = z_1 l_{\mathrm{k}}$。

在智能变电站中，如果电压、电流的采样信号具备信息共享的条件，则可以直接应用式 (3-80) 进行阻抗元件的计算。但是，在普通的变电站中，引入另一回线路零序电流 $\dot{I}_{0.\mathrm{II}}$ 时，形成了电流二次回路的交叉连接，导致既不方便检修，又难以进行保护设备的通电试验，容易造成未检修保护的误动，不符合继电保护对二次回路"相互独立"的要求。因此，希望仅从保护 1 的电气量方面进行分析，并采取措施。

考虑到零序电源位于短路点 K 处，于是，将短路分析与图 3-39 相结合后，可以证明，在 I 回线发生接地短路时，$\dot{I}_{0.\mathrm{II}}$ 与保护 1 的 $\dot{I}_0$ 可能是同方向的相量，也可能是反方向的相量，但在数值上满足 $I_{0.\mathrm{II}} \leqslant I_0$ 的关系，因此，$\dot{I}_{0.\mathrm{II}}$ 的变化范围为

$$-\dot{I}_0 \leqslant \dot{I}_{0.\mathrm{II}} \leqslant \dot{I}_0 \quad (3-81)$$

式中 $\dot{I}_0$——故障线路保护 1 的零序电流；

$\dot{I}_{0.\mathrm{II}}$——与保护 1 为同一侧的非故障线路零序电流。

将式 (3-80) 与式 (3-81) 结合之后，可得最小的测量阻抗对应于 $\dot{I}_{0.\mathrm{II}} = \dot{I}_0$ 的情况，此时，相当于双回线末端发生了接地短路，则

$$Z_{\mathrm{m.min}} = \frac{\dot{U}_{\mathrm{m}}}{(\dot{I}_{\mathrm{m}} + K3\dot{I}_0) + \frac{Z_{\mathrm{mut.M-N}}}{Z_{\mathrm{1.M-N}}} 3\dot{I}_0}$$

$$= \frac{\dot{U}_{\mathrm{m}}}{\dot{I}_{\mathrm{m}} + \left(K + \frac{Z_{\mathrm{mut.M-N}}}{Z_{\mathrm{1.M-N}}} \right) 3\dot{I}_0} \quad (3-82)$$

这样，按照式 (3-82) 的接线方式进行阻抗整定计算时，不会引起误动。

同样，可得最大的测量阻抗出现在 $\dot{I}_{0.\mathrm{II}} = -\dot{I}_0$ 的条件，对应的工况是在图 3-39 中，M 侧系统无变压器接地点，且保护 2 先跳闸的情况。于是，得

$$Z_{\mathrm{m.max}} = \frac{\dot{U}_{\mathrm{m}}}{(\dot{I}_{\mathrm{m}} + K3\dot{I}_0) - \dfrac{Z_{\mathrm{mut.M-N}}}{Z_{\mathrm{1.M-N}}}3\dot{I}_0} \qquad (3-83)$$

式（3-83）可应用于验证 Z^{II} 的灵敏度和 Z^{III} 的近后备灵敏度。

在验证远后备灵敏度时，由于考虑的是外部故障，所以，可以按照 I 回线和 II 回线均流过相同的零序电流来考虑，即按照式（3-82）来分析本线路的零序压降。

此外，还得分析 II 回线检修接地时，II 回线零序电流对 I 回线阻抗测量的影响。

上述分析只考虑了一回线发生的单重故障。在双回线系统中，I 回线与 II 回线之间发生了相对相或再对地的各种短路组合，称为跨线故障。跨线故障对距离保护的影响较大，在各种跨线故障情况下，如何保证距离保护的正确工作，仍然在研究和探索中。到目前为止，只有光纤分相电流差动保护能够满足双回线跨线短路时的"四性"要求（见4.4节）。

3.6　选　相　方　法

常规的整流型或晶体管型距离保护装置，为了反应各种不同的故障类型和相别，需要设置不同的阻抗测量元件（如3个相间阻抗元件、3个接地阻抗元件），接入不同的交流电压和电流。这些阻抗元件都是并联工作的，它们同时测量着各自分管的那种故障类型的阻抗（如表3-3所示）。在这种情况下，故障相阻抗元件可以反应短路阻抗 Z_{k} 而正确动作，但是，非故障相的阻抗元件也可能会出现动作的情况，这在需要选相跳闸的 220kV 及以上电压等级系统中是不希望的。在 220kV 及以上电压等级的系统中，根据系统稳定性的需要，通常要求能够实现分相跳闸，即单相故障只跳故障相，多相故障才跳三相（见第5章），这样，就要求保护装置还应当具备选出具体故障类型、故障相别的能力，简称选相功能。

在启动元件 KA 检测到系统发生故障后，首先由选相元件判别故障类型和相别，然后针对确定的故障相别和接线方式，仅投入故障相别的电压、电流进行阻抗计算。这种相别切换的想法在距离保护发展的初期也使用过，但当时的机电型继电器很难做到正确选相，而且硬件切换电路也十分复杂，从而降低了可靠性，因此没有得到推广应用。

在微机保护中，为了能够实现选相跳闸，同时也防止非故障相阻抗元件的误动，一般都采用选相方法，实现故障类型、故障相别的判别。选相方法有很多种，本书仅介绍电流故障分量的选相方法，也称为突变量选相。

3.6.1　电流故障分量的获取方法

由短路分析可知，短路后的测量电流等于负荷分量与故障分量的叠加，即

$$i_{\mathrm{m}}(t) = i_{\mathrm{L}}(t) + i_{\mathrm{k}}(t) \qquad (3-84)$$

式中　$i_{\mathrm{m}}(t)$——短路后的测量电流；

　　　$i_{\mathrm{L}}(t)$——负荷电流；

　　　$i_{\mathrm{k}}(t)$——故障分量电流。

由式（3-84）可得故障分量电流为

$$i_{\mathrm{k}}(t) = i_{\mathrm{m}}(t) - i_{\mathrm{L}}(t) \qquad (3-85)$$

对于负荷电流而言，在时间上间隔整周的两个瞬时值，其大小是相等的，即

$$i_{\mathrm{L}}(t) = i_{\mathrm{L}}(t-T) \qquad (3-86)$$

式中 $i_L(t)$ ——t 时刻的负荷电流；

  $i_L(t-T)$ ——比 t 时刻提前一个周期的负荷电流。

实际上，在非故障阶段，测量电流就等于负荷电流，即 $i_m(t-T)=i_L(t-T)$，如图 3 - 40 所示，因此，将式（3 - 86）代入式（3 - 85）后，故障分量电流的计算式转化为

$$i_k(t)=i_m(t)-i_m(t-T) \tag{3-87}$$

在正常运行时，式（3 - 87）基本上为 0，至多是较小的不平衡或干扰输出；但在短路的初始阶段，式（3 - 87）所得到的就是故障分量的采样值，从而可以计算出故障分量的电流相量。测量电流 $i_m(t)$ 与故障分量电流 $i_k(t)$、负荷电流 $i_L(t)$ 和 $i_L(t-T)$ 之间的关系如图 3 - 40（a）所示。在正常运行和故障期间，负荷电流近似存在这样的关系：$i_L(t)=i_L(t-T)=i_L(t-2T)$。为了使故障分量的符号更醒目，可采用 $\Delta i(t)$ 来代表式（3 - 87）的故障分量电流，即

$$\Delta i(t)=i_m(t)-i_m(t-T) \tag{3-88}$$

微机保护可以很方便地存储几个周波以上的历史数据，自然就存储了 $i_L(t)$、$i_m(t-T)$、$i_m(t-2T)$ 等采样值，于是，通过对式（3 - 88）的计算就可以获得各相电流的故障分量，去掉负荷分量的影响，故障分量电流采样值如图 3 - 40（b）所示。类似地，将式（3 - 88）中的电流采样值更换为电压采样值，就可以得到电压的故障分量 $\Delta u(t)$。

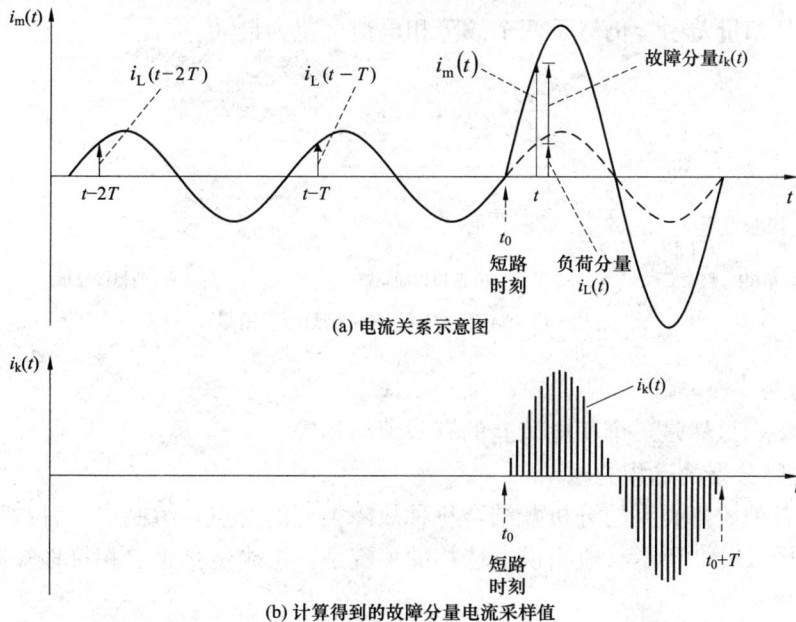

(a) 电流关系示意图

(b) 计算得到的故障分量电流采样值

图 3 - 40 测量电流与负荷电流、故障分量电流的关系

应当说明的是，应用式（3 - 88）求取故障分量时，只能求取故障后一个周波的故障分量瞬时值，如图 3 - 40（b）所示的 $t_0 \sim (t_0+T)$ 之间的故障分量采样值 $i_k(t)$。微机保护可以对 $t_0 \sim (t_0+T)$ 期间的采样值应用傅里叶级数等算法（见附录 A），求出故障分量的相量 $\dot{I}_k$。在一个周波之后，式（3 - 88）中的测量电流均为故障后的电流，无法再获取工频故障分量的瞬时值了，在（t_0+T）之后，式（3 - 88）计算的故障分量均为 0 或过渡过程。

式（3-88）就是获取故障分量的基本原理。如果希望获得故障后两个周波的故障分量，可参阅文献 7。

3.6.2　电流故障分量的特征及选相方法

在下面的分析和特征提炼中，电流均指故障分量的电流 $\dot{I}_k$。故障相判别流程所依据的各种故障类型的特征如下。

1. 单相接地短路

以 A 相接地短路为例，根据对称分量法的基本理论，假定系统的正序阻抗和负序阻抗相等，不难得出 A 相接地时，流过保护安装处的故障分量电流相量图如图 3-41（a）所示。两个非故障相电流可能与故障相电流相位相差 180°，也可能同相，这取决于故障点两侧系统正序、零序电流分配系数的大小比较。从图 3-41（a）可见，单相接地故障有一个独有的特征，就是两个非故障相电流之差为零。其他故障类型没有这个特征。

2. 两相相间短路

两相相间短路（以 BC 两相相间短路为例）时，非故障相电流为零，相量图如图 3-41（b）所示。可见，三种不同相电流的相量差中，两个故障相电流之差为最大。

3. 两相接地短路

两相接地短路（以 BC 两相接地短路为例）时，相量图如图 3-41（c）所示。此时，三种不同相电流的相量差中，仍然是两个故障相电流之差为最大。

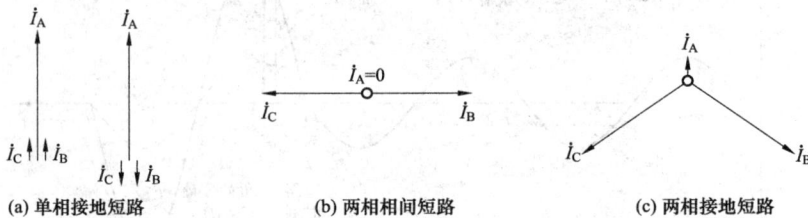

(a) 单相接地短路　　　(b) 两相相间短路　　　(c) 两相接地短路

图 3-41　不对称短路的故障电流相量图

4. 三相短路

相量图从略，显然是三个相电流差的有效值均相等。

5. 电流故障分量的选相方法

根据以上各种故障类型的分析，结合每种故障类型的特点，编制出一种故障相判别程序的流程图，如图 3-42 所示。应当说，选相的关键是：①确定是否单相接地短路；②确定哪一相发生了接地。

流程中，第一步是计算三种电流差突变量（即故障分量）的有效值 $|\dot{I}_A-\dot{I}_B|$、$|\dot{I}_B-\dot{I}_C|$ 和 $|\dot{I}_C-\dot{I}_A|$。

第二步是通过大小的比较，求出三者中的一个最小者。这里有三种可能，图 3-42 中仅详细示出了 $|\dot{I}_B-\dot{I}_C|$ 为最小的情形，其他两种情况可以类推。

（1）如果 $|\dot{I}_B-\dot{I}_C|$ 最小，则先判断是否为单相接地，如果是单相接地，只可能是 A 相接地。判断的方法是观察 $|\dot{I}_B-\dot{I}_C|$ 是否远小于另两个电流差的有效值，因为任何其他形式的短路，都不符合这个特征。在工程应用中，可以用 4~5 倍的关系来鉴别图 3-42 中"远

小于"的条件，例如，将"$|\dot{i}_B-\dot{i}_C| \ll |\dot{i}_A-\dot{i}_B|$？"更改为"$4|\dot{i}_B-\dot{i}_C| < |\dot{i}_A-\dot{i}_B|$？"。

（2）如果经过判断，确定为不是单相接地，那么必定是相间短路或两相接地短路或三相短路。此时，通常只需要确定故障特征最明显的两个相别即可。

在确定为不是单相接地短路的情况下，如果需要，还可以进一步判断为何种故障类型。若有零序电流，则判断为两相接地短路；如无零序电流，且三相电流的有效值基本相等，则判断为三相短路。在排除了两相接地、三相短路后，剩下的故障类型就是两相相间短路了。

理论分析和工程实践表明，应用电流故障分量进行故障相的判别，原理简单、可靠。

在进行距离保护的测量阻抗计算之前，如果先进行一次选相，那么在两相接地短路时，可按相间故障的方式计算阻抗，从而避免超前相的接地阻抗元件超越的问题（分析从略）。

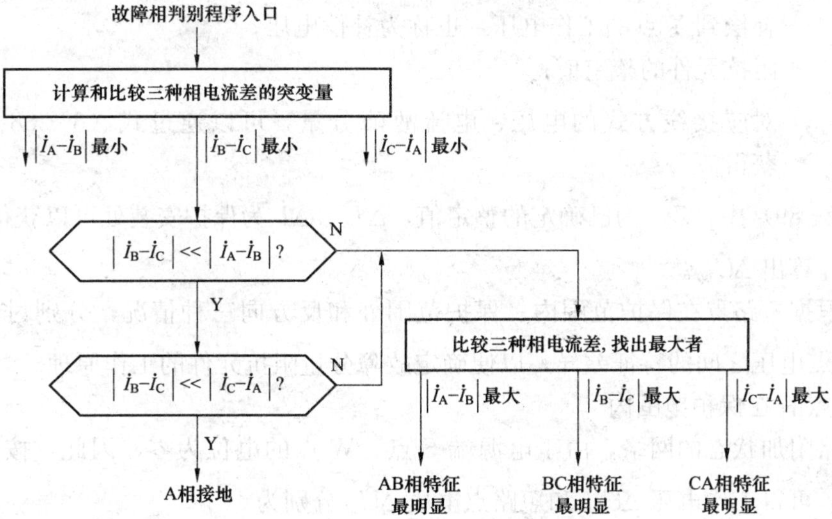

图 3-42 故障相判别流程图

3.7 故障分量阻抗元件

故障分量阻抗元件是指由电流、电压的故障分量构成，反映工作电压（补偿电压）的阻抗元件，我国通常称为突变量阻抗元件。由于相位比较与幅值比较二者之间有一定的互换关系（见图 3-6），因此，下面只分析反映幅值比较的故障分量阻抗元件。

3.7.1 工作原理与动作方程

电力系统发生短路时，可将系统分解为正常运行状态和短路附加状态。正常运行状态中，系统由发电机产生电动势，在整个电力系统中，建立正常的电压和电流，传输能源，此时的电流称为负荷电流；短路附加状态中，仅在故障点有故障电动势起作用，从而在短路附加状态网络中产生故障分量的电流、电压，当然，在短路附加状态网络中，没有负荷电流、电压的影响，仅存在故障分量的电流、电压。顺便说明，如 3.6.1 节所述，故障分量的提取是有时间限制的，因此，故障分量阻抗元件通常仅在短路刚发生的一段时间内投入使用。

为了叙述方便，假设过渡电阻 $R_g=0$，并把此时的短路附加状态、规定方向及相关参数都标示于图 3-43 中。图中，Z_{set} 为整定阻抗，其末端设为 Y 点；Z_k 为短路点到保护处的

正序阻抗；Z_s 为母线 M 背后的系统阻抗。如果用 $\dot{U}_k^{|0^-|}$ 表示故障点 K 在短路前的电压相量，那么有 $\Delta\dot{U}_k=-\dot{U}_k^{|0^-|}$。

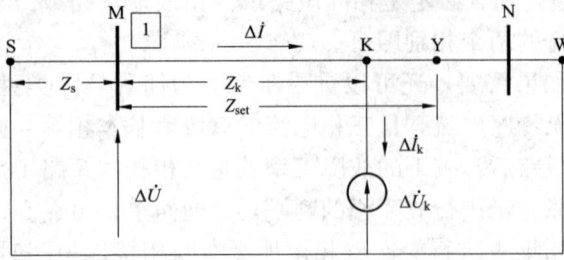

图 3-43　短路附加状态

如图 3-43 所示，以 M-N 线路的 M 侧保护 1 为例（N 侧的分析类似）。保护 1 的测量电流、电压均对应于表 3-1、表 3-2 的接线方式。于是，根据图 3-43 规定的各电气量正方向，可以得出补偿到保护范围末端 Y 点处的工作电压为

$$\Delta\dot{U}_{op}=\Delta\dot{U}-Z_{set}\Delta\dot{I} \qquad (3-89)$$

式中　$\Delta\dot{U}_{op}$——补偿到 Y 点的工作电压，也称为补偿电压；

　　　　Z_{set}——阻抗元件的整定值；

　　$\Delta\dot{U}$、$\Delta\dot{I}$——对应接线方式的电压、电流故障分量，可以通过式（3-88）的方法来获得。

在式（3-89）中，Z_{set} 为已确定的整定值，$\Delta\dot{U}$、$\Delta\dot{I}$ 为保护安装处可以获得的电气量，于是，可以计算出 $\Delta\dot{U}_{op}$。

下面，根据短路点在保护范围内、保护范围外和反方向三种情况，分别讨论工作电压 $\Delta\dot{U}_{op}$ 与短路点电压之间的特征差异，以便确定故障分量阻抗元件的工作原理。

1. 短路点 K 在保护范围内

对于短路附加状态的网络，由于电源端 S 点、W 点的电位为零，因此，按图 3-43 规定的正方向，可得工作电压 $\Delta\dot{U}_{op}$ 和短路点电压 $\Delta\dot{U}_k$ 分别为

$$\begin{cases} \Delta\dot{U}_{op}=\Delta\dot{U}-Z_{set}\Delta\dot{I} \\ \Delta\dot{U}_k=\Delta\dot{U}-Z_k\Delta\dot{I} \end{cases} \qquad (3-90)$$

由于通常将阻抗元件的最大灵敏角整定为 $\varphi_{set}=\varphi_k$，因此，当故障点 K 在保护范围内时，有 $Z_k<Z_{set}$，此时，在短路附加状态的情况下，系统中 S 点到 Y 点的电压分布情况如图 3-44 所示。由图 3-44 可以知道，内部短路时具有这样的特征：$|\Delta\dot{U}_{op}|>|\Delta\dot{U}_k|$。

2. 故障点 K 在正方向的外部

工作电压和故障点电压的表达式与式（3-90）一样，由于故障点 K 在保护范围外，有 $Z_k>Z_{set}$，此时，系统中 S 点到 K 点的电位分布情况如图 3-45 所示。由图 3-45 可以知道，外部短路时具有这样的特征：$|\Delta\dot{U}_{op}|<|\Delta\dot{U}_k|$。

3. 故障点 K 在保护的反方向

当故障点 K 在保护的反方向时，短路附加状态和系统中 W 点到 K 点的电压分布情况如图 3-46 所示。这样，根据短路附加状态，可得工作电压和故障点电压分别为

$$\begin{cases} \Delta\dot{U}_{op}=\Delta\dot{U}-Z_{set}\Delta\dot{I} \\ \Delta\dot{U}_k=(Z_W+Z_k)\Delta\dot{I} \end{cases} \qquad (3-91)$$

式中：Z_W、Z_k 为图 3-46 所示的阻抗参数。

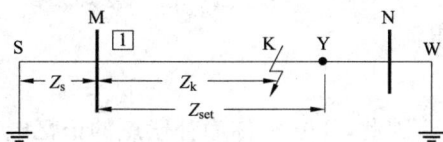

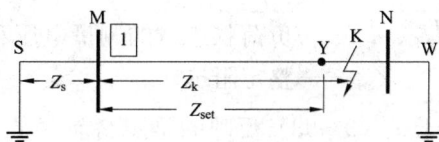

(a) 短路示意图　　　　　　　　　　　　　　(a) 短路示意图

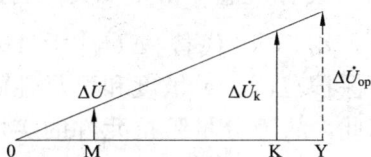

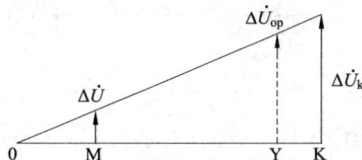

(b) 电压分布图　　　　　　　　　　　　　　(b) 电压分布图

图 3-44　内部短路时电压分布图　　　　　图 3-45　外部短路时电压分布图

由图 3-46 可以知道，反方向短路时具有这样的特征：$|\Delta\dot{U}_{op}| < |\Delta\dot{U}_{k}|$。

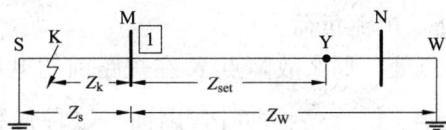

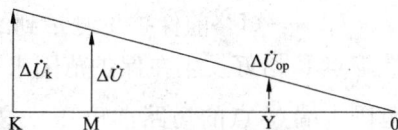

(a) 短路示意图　　　　　　　　　　　　　　(b) 电压分布图

图 3-46　反方向短路时电压分布图

4. 电压比较的动作方程

综合上述三种情况的分析后，可以得出如下的特征差异：只有在保护范围内发生短路时，才满足 $|\Delta\dot{U}_{op}| > |\Delta\dot{U}_{k}|$ 的条件；其余情况均为 $|\Delta\dot{U}_{op}| < |\Delta\dot{U}_{k}|$。所以，根据继电保护动作范围的要求，可以确定故障分量阻抗元件的动作方程为

$$|\Delta\dot{U}_{op}| \geqslant |\Delta\dot{U}_{k}| \tag{3-92}$$

式中　$\Delta\dot{U}_{op}$——工作电压，即补偿电压；

　　　$\Delta\dot{U}_{k}$——短路点在短路前电压相量的负值，即 $\Delta\dot{U}_{k} = -\dot{U}_{k}^{|0^{-}|}$。

在式 (3-92) 动作方程中，工作电压 $\Delta\dot{U}_{op}$ 按式 (3-89) 计算；而短路前，无法预测故障点的位置，因而也无法知道短路点的电压 $\Delta\dot{U}_{k}$。

为了构成可实现的动作方程，有以下三种方法可以近似得到 $|\Delta\dot{U}_{k}|$ 的量值：

(1) 用短路前保护范围末端 Y 点的电压实测值 $|\dot{U}_{Y}|$ 代替 $|\Delta\dot{U}_{k}|$。

(2) 用短路前保护安装处的电压实测值 $|\dot{U}|$ 代替 $|\Delta\dot{U}_{k}|$。

(3) 用额定电压代替 $|\Delta\dot{U}_{k}|$。如接地阻抗采用相电压额定值 U_{N}，相间阻抗采用 $\sqrt{3}U_{N}$。

下面仅分析 (1) 的情况，(2) 和 (3) 两种情况可由读者自行分析。

电力系统正常运行时，系统示意图如图 3-47 所示。保护范围末端 Y 点在正常状态下的电压计算公式为

$$\dot{U}_{Y} = \dot{U}_{L} - Z_{set}\dot{I}_{L} \tag{3-93}$$

式中　　$\dot{U}_L$、$\dot{I}_L$——负荷状态时的测量电压和测量电流；

　　　　Z_{set}——整定阻抗。

由于式（3-93）反映的是短路前 Y 点的电压，因此，$\dot{U}_Y$ 也称为补偿点的记忆电压。

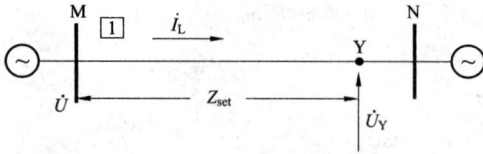

图 3-47　正常运行示意图

电力系统正常运行时，由于系统中各点电压的幅值（或有效值）相差不大，因此，在一般情况下，用 $|\dot{U}_Y|$ 代替 $|\Delta\dot{U}_k|$ 所带来的误差较小，对保护范围、灵敏度和可靠性的影响也较小。因此，故障分量阻抗元件的实用动作方程通常确定为

$$|\Delta\dot{U}_{op}| \geqslant |\dot{U}_Y| \tag{3-94}$$

即

$$|\Delta\dot{U} - Z_{set}\Delta\dot{I}| \geqslant |\dot{U}_L - Z_{set}\dot{I}_L| \tag{3-95}$$

式中　　$\Delta\dot{U}$、$\Delta\dot{I}$——短路后保护 1 测量到的电压、电流故障分量；

　　　　$\dot{U}_L$、$\dot{I}_L$——短路前保护 1 测量到的电压、电流负荷分量。

如果故障点 K 恰好发生在保护范围末端 Y 点处，那么故障点 K 在短路前的电压也正好就是保护范围末端 Y 点的短路前电压，这样，有 $|\dot{U}_Y| = |\Delta\dot{U}_k|$，因而，这种代替是准确的，不会对保护范围和灵敏度产生任何影响。

如果故障点 K 发生在保护范围内，那么保护范围、灵敏度均与系统参数、保护的安装地点有关。例如，图 3-48（a）中，存在 $|\dot{U}_k| > |\dot{U}_Y|$，动作门槛会降低；而对图 3-48（b）的情况，则动作门槛会被抬高。

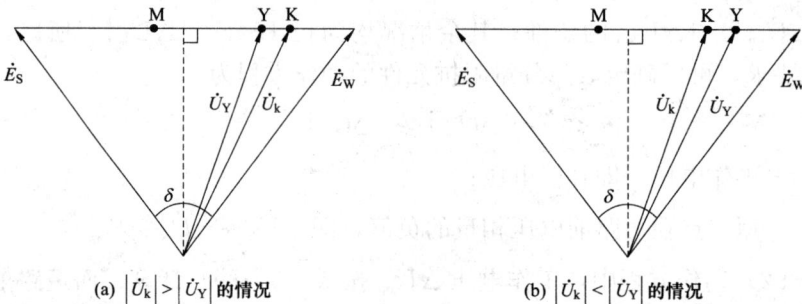

(a) $|\dot{U}_k| > |\dot{U}_Y|$ 的情况　　　　(b) $|\dot{U}_k| < |\dot{U}_Y|$ 的情况

图 3-48　$|\dot{U}_k|$ 与 $|\dot{U}_Y|$ 的比较

顺便指出，除了采用 $|\dot{U}_Y|$ 代替 $|\Delta\dot{U}_k|$ 会引入一些误差之外，还应当注意下面的两个影响因素：

（1）在短路时，一次系统的电压是突然改变的，符合上述的 $\Delta\dot{U}$ 特征，电磁式电压互感器可以比较真实地反映 $\Delta\dot{U}$ 的变化，但是，电容式电压互感器（CVT）暂态传变特性的包络线是一个衰减的过程，影响了 $\Delta\dot{U}$ 的真实传变，需要进行适当地修正，例如拟合 CVT 暂态传变的特性。

（2）当系统阻抗 Z_s 很大时，图 3-44（b）、图 3-45（b）的电压分布会由短路点的

$|\Delta \dot{U}_{k}|$ 开始，平缓地下降到 0，从而出现 $|\Delta \dot{U}|$ 接近于 $|\Delta \dot{U}_{k}|$ 的情况，或者说，式（3-89）中 $Z_{set}\Delta \dot{I}$ 项是很小的。于是，$\Delta \dot{U}$ 的测量误差直接影响着工作电压 $\Delta \dot{U}_{op}$ 的误差，难以反映 Z_{set} 的位置情况，容易导致误动或拒动。一种解决的方案是，根据短路后的测量值计算出 Z_{s} 和 $Z_{set}\Delta \dot{I}$，再进行保护范围的适当修正，其中，Z_{s} 可按下面两种故障类型进行计算：三相短路时取 $Z_{s}=-\Delta \dot{U}/\Delta \dot{I}$；不对称短路时取 $Z_{s}\approx Z_{2.s}=-\dot{U}_{2}/\dot{I}_{2}$。

3.7.2　动作特性分析

由于故障分量接地阻抗元件和相间阻抗元件的分析方法和最后的结论是一样的，因此，动作特性的分析仅以接地阻抗元件和金属性单相接地的条件为例，同时，仍用式（3-94）作为动作条件。

1. 正方向短路的动作特性

正方向发生单相接地短路时，短路附加状态如图 3-43 所示，可得

$$\Delta \dot{U}_{\varphi.op} = \Delta \dot{U}_{\varphi} - Z_{set}(\Delta \dot{I}_{\varphi} + K3\dot{I}_{0})$$

$$= -Z_{s}(\Delta \dot{I}_{\varphi} + K3\dot{I}_{0}) - Z_{set}(\Delta \dot{I}_{\varphi} + K3\dot{I}_{0})$$

$$= -(Z_{s} + Z_{set})(\Delta \dot{I}_{\varphi} + K3\dot{I}_{0}) \tag{3-96}$$

$$\Delta \dot{U}_{\varphi.k} = -(Z_{s} + Z_{k})(\Delta \dot{I}_{\varphi} + K3\dot{I}_{0})$$

$$= -(Z_{s} + Z_{m})(\Delta \dot{I}_{\varphi} + K3\dot{I}_{0}) \tag{3-97}$$

式中：下标 φ 表示 A、B、C 三相中的故障相；$\Delta \dot{I}_{\varphi}$、$3\dot{I}_{0}$ 为相电流的故障分量和零序电流；正方向短路时，$Z_{m}=Z_{k}$ 为测量阻抗。

将式（3-96）、式（3-97）代入式（3-94）的动作方程中，经简化后，得到阻抗方式的幅值比较动作方程为

$$|Z_{s} + Z_{set}| \geqslant |Z_{s} + Z_{m}| \tag{3-98}$$

式（3-98）中，只有 Z_{m} 为变量，所以，在阻抗复平面上，其动作方程对应的是一个圆特性，圆内动作。特性的圆心为 $-Z_{s}$ 相量，半径为 $|Z_{s}+Z_{set}|$，正方向的端点仍为 Z_{set}，如图 3-49 所示。

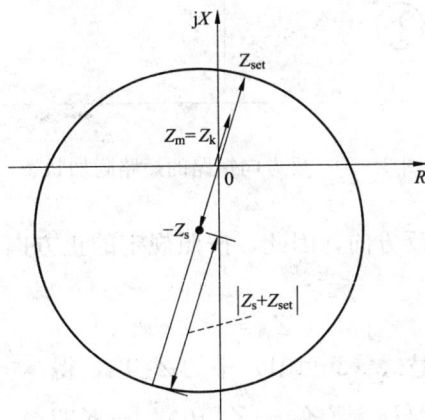

图 3-49　正方向短路的动作特性

利用幅值比较和相位比较动作方程的互换关系，可以得到相位比较动作方程为

$$90° < \arg \frac{Z_m - Z_{set}}{Z_m + 2Z_s + Z_{set}} < 270° \qquad (3-99)$$

从动作特性分析，可以对故障分量阻抗元件在正方向短路时的性能做如下评述。

(1) 常规的方向阻抗元件是以 Z_{set} 为直径的圆特性，与之比较，故障分量阻抗元件在保护范围不变的情况下，保证了 $+R$ 方向上有更大的保护范围，因此，耐受过渡电阻的能力增强了。

(2) 由于坐标原点位于动作特性之内，因此正方向出口短路无死区。因而，不必像常规的方向阻抗元件那样再采取其他的措施，例如，用短路前的记忆电压与短路后的电流先做方向判别等（实际上，在计算 $\Delta \dot{U}$ 时，已经用到了记忆电压）。

对于故障附加网络，在出口附近短路时，短路点的电压故障分量是最大的，因此，不存在出口死区的现象。

需要说明的是，图 3-49 所示的动作特性虽然在第三象限有很大的动作区域，但是，这不能说明该故障分量阻抗元件没有方向性，因为整个动作特性是按照正方向短路的条件推导出来的，不能用它来分析反方向短路的情况。

2. 反方向短路的动作特性

反方向发生单相接地短路时，短路附加状态如图 3-50 所示。根据图中标定的方向和参数，得

$$
\begin{aligned}
\Delta \dot{U}_{\varphi.op} &= \Delta \dot{U}_\varphi - Z_{set}(\Delta \dot{I}_\varphi + K3\dot{I}_0) \\
&= Z_W(\Delta \dot{I}_\varphi + K3\dot{I}_0) - Z_{set}(\Delta \dot{I}_\varphi + K3\dot{I}_0) \\
&= (Z_W - Z_{set})(\Delta \dot{I}_\varphi + K3\dot{I}_0) \qquad (3-100)
\end{aligned}
$$

$$\Delta \dot{U}_{\varphi.k} = (Z_W + Z_k)(\Delta \dot{I}_\varphi + K3\dot{I}_0) \qquad (3-101)$$

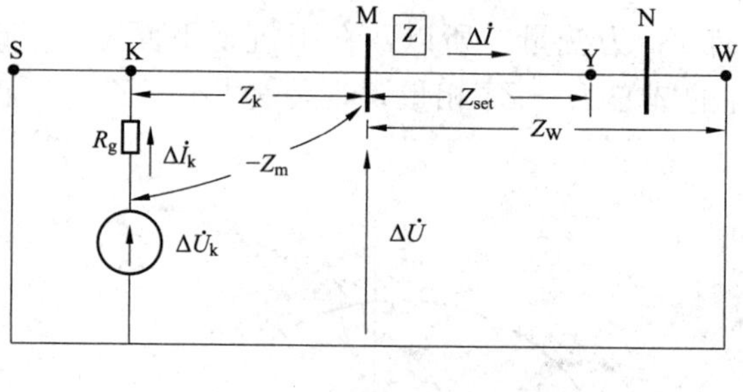

图 3-50 反方向短路的短路附加状态

由于 Z_k 部分位于保护的反方向，因此，按照规定的正方向，可得保护 1 感受到的测量阻抗为

$$Z_m = -Z_k \qquad (3-102)$$

于是，可以用 $-Z_m$ 来代替式（3-101）中的 Z_k 项，得

$$\Delta \dot{U}_{\varphi.k} = (Z_W - Z_m)(\Delta \dot{I}_\varphi + K3\dot{I}_0) \qquad (3-103)$$

这样，再将式（3-100）、式（3-103）代入式（3-94）的动作方程中，经简化后，得到阻抗方式的幅值比较动作方程为

$$|Z_W - Z_{set}| \geqslant |Z_m - Z_W| \qquad (3-104)$$

式（3-104）中，只有 Z_m 为变量，所以，在阻抗复平面上，式（3-104）动作方程对应的也是一个圆特性。特性的圆心为 Z_W 相量，半径为 $|Z_W - Z_{set}|$。由于半径 $|Z_W - Z_{set}|$ 小于 $|Z_W|$，因此，该特性不包含坐标原点，如图 3-51 所示。

利用幅值比较和相位比较动作方程的互换关系，可以得到相位比较动作方程为

$$90° < \arg \frac{Z_m - 2Z_W + Z_{set}}{Z_m - Z_{set}} < 270° \quad (3-105)$$

在反方向发生短路时，由动作特性可以看出，动作区域远离坐标原点，并向第一象限上方抛出，而反方向短路的测量阻抗 Z_m 却位于第三象限，因此，故障分量阻抗元件不会误动，具有良好的方向性。

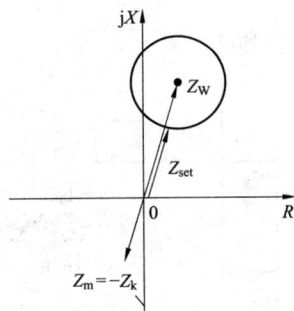

图 3-51　反方向短路的动作特性

应当指出，上述的分析是针对故障相进行的，而对于非故障相，就故障分量阻抗元件本身来说，有可能会出现误动的情况。下面以 A 相接地短路为例，予以简单分析。

A 相接地短路时，有 $\Delta \dot{U}_B \approx \Delta \dot{U}_C \approx 0$ 和 $\Delta \dot{I}_B \approx \Delta \dot{I}_C \approx 0$，所以，B 相突变量阻抗测量元件的动作量为

$$|\Delta \dot{U}_{Bop}| = |\Delta \dot{U}_B - Z_{set}(\Delta \dot{I}_B + K3\dot{I}_0)|$$
$$\approx |Z_{set} K3 \dot{I}_0| \qquad (3-106)$$

这样，在 $3I_0$ 为较大数值时，有可能出现 $|\Delta \dot{U}_{Bop}| \geqslant |\Delta \dot{U}_k|$，满足动作条件，从而导致 B 相（非故障相）阻抗测量元件的误动，其中，$|\Delta \dot{U}_k|$ 近似为额定电压。C 相的情况与此类似。

解决的办法之一是在阻抗测量元件满足动作条件后，再用选相方法予以确认，以便保证非故障相不误动，也可以采用按相补偿的方法予以解决。

*3.8　距离保护逻辑框图

结合前面已经讨论和分析过的距离保护原理、影响因素及其对策，本节介绍一个满足电力系统继电保护基本要求的距离保护逻辑示意图，将阻抗测量元件与消除主要影响因素的对策结合起来，构成了如图 3-52 所示的逻辑示意图。熟悉了图 3-52 的逻辑和顺序关系，就可以掌握距离保护主要的、基本的逻辑关系和动作过程，有利于建立一个距离保护比较完整的概念。

1. 说明

（1）图 3-52 中，某元件或逻辑动作时，输出为 1；不动作时，输出为 0。

（2）逻辑符号的图例及功能说明见表 3-5。

（3）KA 表示启动元件，以电流突变量 ΔI、零序电流为主，二者构成"或"的关系。KA 动作后由 H7 构成自保持，直到整组复归逻辑作用于常闭按钮（RESET）时，才消除自保持。图 3-52 中，常闭按钮（RESET）仅起到一个方便理解的作用，实际上是由计算机

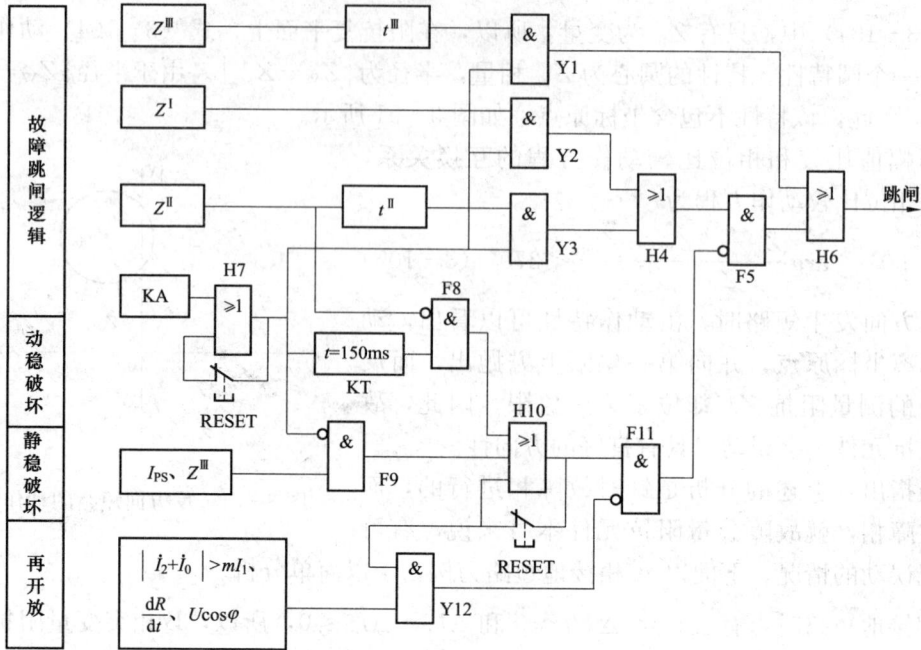

图 3 - 52　　距离保护逻辑示意图

的内存为 0 或 1 来反映。

应当说明的是，包含有纵联和距离、零序的整套微机线路保护中，在 Z^{III}、$3I_0^{III}$（或 $3I_0^{IV}$）的末端发生故障时，必须保证 KA 有足够的灵敏度（如 2 倍）。

（4）Z^I、Z^{II}、Z^{III} 分别表示距离保护的 Ⅰ、Ⅱ、Ⅲ 段阻抗测量元件，各段还分为相间阻抗和接地阻抗，以及耐受高阻的单相接地阻抗。距离 Ⅰ、Ⅱ 段还可以根据选相结果仅投入故障特征最明显的阻抗元件。

表 3 - 5　　　　　　　　　　　　　逻 辑 符 号

图例				
说明	"与门"逻辑。 满足 $A=B=1$ 时，$Q=1$	"或门"逻辑。 满足 $A=1$ 或 $B=1$ 时，$Q=1$	"非门"逻辑。 满足 $A=1$，$B=0$ 时，$Q=1$	时间元件。 输入为 1 时，经 t 延时后输出才为 1

注　1. 为了书写简便，用 Y 代表"与门"，H 代表"或门"，F 代表"非门"，T 代表时间元件。

2. 数字编号是为了指明具体的逻辑单元。如 Y3 表示编号为 3 的"与门"，H7 表示编号为 7 的"或门"，F8 表示编号为 8 的"非门"。

3. 在"非门"逻辑中，"非"端（图例的 B 端）为 1 的逻辑信号通常也称为闭锁信号。

4. 时间元件中，t 为可整定，或固定为具体的参数。图 3 - 52 中，KT 的延时可以固定为 150ms。

为了保证安全性，距离保护的 Ⅰ、Ⅱ、Ⅲ 段都经过启动元件 KA 才能开放跳闸，如图 3 - 52 中的 Y1、Y2、Y3 都经过了 KA 的逻辑控制。

(5) I_{PS} 表示按照躲负荷电流整定的电流元件。在静稳检测环节中，I_{PS} 和 Z^{III} 构成"或"的逻辑，为了书写简便，以下仅用 I_{PS} 来代表。

(6) KA 与 I_{PS} 的动作顺序及其应用。在微机保护中，通常采用几个采样点的方式即可判断启动元件 KA 是否动作，因此，KA 的动作速度较快，一般只有几个毫秒；而 I_{PS} 或 Z^{III} 通常采用半周波或一周波的采样点才能计算出来。

在 KA 与 I_{PS} 的第一次动作时，二者结合之后可以进行如下的组合识别：

1) 保护范围内发生短路时，KA 与 I_{PS} 同时动作（通常是 KA 先动作）。短路 150ms 后，有可能会出现系统振荡（动稳定破坏）。

2) 系统静稳定破坏时，仅 I_{PS} 动作。此外，即使由于不平衡电流等原因而导致 KA 也动作，但此时的 I_{PS} 已经早就动作了。

3) 保护范围以外发生短路或有一定负荷时进行了系统操作，仅 KA 动作，或 KA 与 I_{PS} 同时动作。

F9 构成了 KA 与 I_{PS} 动作顺序的识别。①若 KA 先于 I_{PS} 动作，则 KA 的逻辑 1 经 H7 立即连接到 F9 的"非"端，迫使 F9 的输出为 0，之后，无论 I_{PS} 是何逻辑，F9 的输出均为 0，从而关闭了静稳识别的功能。即使 KA 和 I_{PS} 同时动作，也可以采用先识别 KA 输出的方法，保证上述逻辑的顺序。②若仅 I_{PS} 动作（或 I_{PS} 先动作），则判定为静稳破坏，F9 输出 1，随即 H10 输出 1，并构成自保持方式，从而进入振荡闭锁状态，经 F5 闭锁可能会误动的距离 I、II 段。振荡十分剧烈时，可能由于频率波动或不平衡电流增大而导致 KA 也动作的情况，但此时 I_{PS} 已经满足先动作的条件，H10 仍然维持在动作并自保持的状态，不受 F9 输出的影响，因此，这种情况下 KA 的动作并不影响逻辑已经处于振荡闭锁的工况了。

(7) KT 反映了"短时开放"的设计。理论分析和运行实践表明，在故障 150～250ms 之后，才可能出现对距离 I、II 段产生影响的振荡。目前，微机保护的短时开放时间通常设计为 150ms。

在 KA 启动 150ms 之后，距离保护可能会进入振荡闭锁状态。此时，分为以下两种情况：

1) Z^{II} 在 150ms 之内动作，则关闭 F8，使 F8 无输出，不进入振荡闭锁状态，继续开放距离保护 I、II 段。

2) Z^{II} 在 150ms 之内持续不动作，则 KT 输出 1，而此时 F8 的"非"端仍为 0，因此，F8 满足输出 1 的条件，经 H10 输出 1，并自保持，进入振荡闭锁状态，经 F5 闭锁距离保护的 I、II 段。

距离 III 段依靠 $t^{III} \geqslant 1.5s$ 的长延时躲过振荡的影响，因此，距离 III 段不经振荡闭锁控制。

(8) 由于系统的第一次短路是通过启动元件 KA 识别的，因此，在振荡闭锁期间识别短路的方法可以称为"再开放"元件。这是应用了微机保护之后，才具备的附加功能。

$|\dot{I}_2 + \dot{I}_0| > mI_1$、$dR/dt$、$U\cos\varphi$ 等方法主要应用于振荡闭锁期间（对应于 H10 输出为 1 时）识别系统是振荡还是短路。Y12 的逻辑表明了"再开放"元件仅在振荡闭锁期间投入使用。

应当说，在振荡闭锁期间，必须十分有把握地确认了系统确实又发生了短路，才允许"再开放"逻辑为 1，以便确保距离保护不误动。当然，"再开放"后，最好仅投入受振荡影响较小的故障相阻抗元件。

（9）图 3-53 所示是整组复归的逻辑示意图，其中，通常设计 $t_1 \approx 4s$，躲最长振荡周期所对应的时间。KA 启动后，H7 输出 1 并自保持，准备进行整组复归。若 Z^{III}、I_{PS} 和 $3I_0$ 三个测量元件在复归延时 t_1 的持续时间内均不动作，则表明故障切除且振荡停息，才进行整组复归功能，准备好下一次再动作。Z^{III}、I_{PS}、$3I_0$ 的任何一个元件动作，都会使 t_1 元件清零。

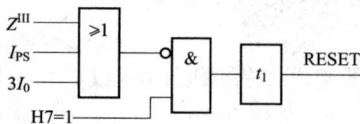

图 3-53　整组复归逻辑示意图

为了简便，图 3-52 中采用了常闭按钮（RESET）代替 H7、H10 复归。

另外，在图 3-52 中，一方面是为了保证逻辑图更简洁，另一方面是由于电压断线闭锁、后加速等逻辑比较简单，因此，图中没有画出电压断线闭锁、后加速等逻辑关系。

2. 动作过程

分析逻辑图的动作过程时，可以通过图示左侧的注释，了解主要的功能模块，随后假设各种工况，再逐个分析其动作工程。

（1）Ⅰ段内故障。启动元件 KA 动作，Z^{I}、Z^{II}、Z^{III} 和 I_{PS} 动作。

KA 先动作，分别给 Y1、Y2、Y3 提供一个条件，开放距离保护的 Ⅰ、Ⅱ、Ⅲ 段，并启动 KT 的 150ms 计时，同时关闭 F9。随后，连接到 F9 的静稳检测元件 I_{PS} 成为无效，F9 被强制输出 0。另外，由于 Z^{II} 动作，在 KT 延时 150ms 之前就关闭了 F8，这样，F8 和 F9 都输出 0，共同实现 H10 无输出，不进入振荡闭锁状态。此时，"再开放"功能还没有投入工作。

当 Z^{I} 动作后，Y2 又满足另一个条件，与 KA 动作共同使 Y2 输出 1，经 H4 使 F5 满足一个条件，此时，由于 F5 的"非"端为 0，因此，F5 输出 1，经 H6 发出跳闸命令。

在此期间，虽然 Z^{II}、Z^{III} 元件也动作，但由于 t^{II}、t^{III} 延时的存在，不会发出跳闸命令。通常情况下，Z^{I} 发出跳闸命令后，断路器跳开，随即 Z^{II}、Z^{III} 测量元件返回。当然，如果 Z^{I} 拒动，则 Z^{II} 延时后会发出跳闸命令。实际上，跳闸命令还应当与重合闸方式、选相结果等相结合，以便确定是单相跳闸还是三相跳闸。

（2）Ⅰ段外Ⅱ段内故障。启动元件 KA 动作，Z^{I} 不动，Z^{II}、Z^{III} 和 I_{PS} 动作。

KA 先动作，分别给 Y1、Y2、Y3 提供一个条件，并启动 KT 的 150ms 计时，同时关闭 F9。随后，连接到 F9 的静稳检测元件 I_{PS} 成为无效，F9 被强制输出 0。

当 Z^{II} 动作后，分为两个作用的支路：

1）F8 被强制输出 0，这样，即使经 150ms 延时之后 KT 输出为 1，但 KT 的输出也成为无效。再结合 F9 已经被强制输出 0 的条件，于是，H10 输出 0，振荡闭锁回路处于无效状态。

2）启动 t^{II} 的延时，当 $t \geqslant t^{\text{II}}$ 时，Y3 又满足另一个条件，与 KA 动作共同使 Y3 输出 1，经 H4 使 F5 满足一个条件，此时，由于 F5 的"非"端为 0，因此，F5 输出 1，经 H6 发出跳闸命令。

在此期间，虽然 Z^{III} 元件也动作，但由于 t^{III} 延时的存在，距离Ⅲ段不会发出跳闸命令。

（3）Ⅱ段外Ⅲ段内故障。启动元件 KA 动作，Z^{I}、Z^{II} 不动，仅 Z^{III} 和 I_{PS} 动作。

KA 先动作，分别给 Y1、Y2、Y3 提供一个条件，并启动 KT 的 150ms 计时，同时，关闭 F9。随后，连接到 F9 的静稳检测元件 I_{PS} 成为无效，F9 被强制输出 0。

在 KA 动作 150ms 后，KT 输出 1，与 Z^{II} 不动作的条件共同作用，使 F8 输出 1，经 H10 输出 1 并自保持，进入振荡闭锁状态，此时，"再开放"功能还没有正式投入工作，其逻辑仍然为 0，于是，F11 输出 1，关闭 I、II 段跳闸回路的 F5，从而退出可能受振荡影响的 Z^{I}、Z^{II}。

在此期间，Z^{III} 继续动作，直到 t^{III} 延时后跳闸。如果是其他线路短路被切除后，则 Z^{III}、t^{III} 均返回。

（4）III 段外或反方向短路。III 段外或反方向短路分为以下两种情况：

1）KA 元件不启动，对应于区外的远处短路，距离保护没有任何反应。

2）III 段外或反方向短路，甚至系统进行操作时，仅 KA 元件启动，开放 Y1、Y2、Y3 的一个条件，关闭 F9，并启动 KT，150ms 后 KT 输出 1，此时，由于 Z^{II} 不动作，从而使 F8 输出 1，经 H10 输出并自保持，使 F11 输出 1，闭锁 I、II 段跳闸回路的 F5。在 III 段外或反方向故障期间，由于 Z^{I}、Z^{II}、Z^{III} 均不动，保护不发跳闸命令。

KA 动作后，在 Z^{III}、I_{PS} 和 $3I_0$ 均不动作的情况下，启动复归逻辑，经延时 t_1 后复归距离保护（见图 3-53）。

（5）静稳定破坏。静稳定破坏时，I_{PS} 动作，而 KA 不动作，于是，F9 输出 1，经 H10 输出 1 并自保持，进入振荡闭锁状态，再经 F11 输出 1，闭锁 I、II 段跳闸回路的 F5，防止误动。

当进入到振荡闭锁状态后，即使由于剧烈的振荡而导致 KA 动作，那么 H10 已经处于自保持的状态，于是，整个逻辑依然处于振荡闭锁状态，继续闭锁 I、II 段跳闸回路的 F5。此时，距离 III 段不受振荡闭锁状态的影响，III 段跳闸回路是开放的。

（6）动稳定破坏。动稳定破坏时分为以下两种情况：

1）III 段内故障后出现了动稳定破坏，则逻辑过程与前面介绍的逻辑是一致的。

2）KA 不启动的远处故障导致动稳定破坏时，其逻辑过程与静稳定破坏的逻辑过程是一致的。

（7）振荡闭锁期间再故障。在振荡闭锁期间，H10 输出为 1，开放 Y12，此时，投入 $|\dot{I}_2+\dot{I}_0|>mI_1$、$dR/dt$、$U\cos\varphi$ 等区分振荡与短路的方法。如果确认为再故障，则由"再开放"功能进行识别，"再开放"的逻辑 1 使 Y12 输出 1，经 F11 的"非"端迫使 F11 输出 0，撤销对 F5 的闭锁条件，实现再次开放 Z^{I}、Z^{II} 跳闸回路的目的，当然，如前所述，应当仅投入故障相阻抗元件。

练 习 与 思 考

3.1 为什么距离保护的动作区域通常设计为一个"面"或"圆"的形式？

3.2 请说明测量阻抗、整定阻抗、临界动作阻抗的含义，并说明保护安装处的负荷阻抗、短路阻抗、系统等值阻抗的含义。

3.3 对于方向阻抗圆的特性，其最大灵敏角是如何定义的？对于具体的输电线路，通常将最大灵敏角整定为何参数？

3.4 阻抗元件的方向圆特性、偏移圆特性是否存在出口死区？若存在出口死区，那么通常采取何种措施？

3.5 偏移圆特性如图 3-5（a）所示，请写出基于 $\arg \dfrac{Z_m - Z_{set}}{Z_m + \alpha Z_{set}}$ 的相位比较动作方程。

3.6 请写出常用的相间 0° 接线方式、接地 0° 接线方式引入的电压与电流，并说明二者分别能够应用于哪些故障类型？

3.7 图 3-54 所示特性经常应用于构成躲负荷阻抗的影响。试用测量阻抗为变量，列写出图示特性的幅值比较动作方程。

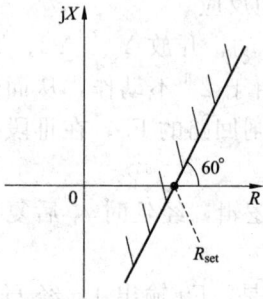

图 3-54 题 3.7 图

3.8 距离保护 I、II、III 段的整定原则是什么？I 段的可靠系数主要考虑哪些影响因素？

3.9 仅从 TA 传变特性的角度，试分析该特性对距离 I 段可靠系数的影响。

3.10 金属性短路时，在故障相与非故障相的测量阻抗中，哪种阻抗元件受振荡的影响最小？为什么？

3.11 在距离保护的整定计算中，为什么要取分支系数 $K_b = \dot{I}_k / \dot{I}_m$ 为最小？在验证灵敏度时，为什么要取分支系数 $K_b = \dot{I}_k / \dot{I}_m$ 为最大？其中，$\dot{I}_k$ 为下一级线路的测量电流，$\dot{I}_m$ 为保护安装处的测量电流。

3.12 请分析最大、最小的负荷阻抗角与功角 δ 的近似关系。

3.13 与相间电流保护相比较，试归纳出距离保护的主要特点。

3.14 电力系统振荡时，电流、电压、测量阻抗是如何变化的？

3.15 通常可以将多电源系统等效为双电源系统，请分析：等效双电源系统的功角 δ 是否会发生突变？

3.16 如图 3-55 所示的系统，在 S、W 电源之间发生振荡的情况下，试分析：①K 处没有短路时，距离保护 1 是否受振荡影响？②K 处发生短路时，距离保护 1 是否受振荡影响？为什么？其中，P 站可能是振荡中心，也可能不是振荡中心。

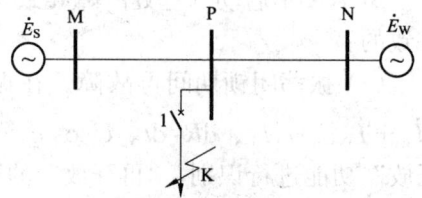

图 3-55 题 3.16 图

3.17 对于 Z_Σ 不发生变化的双电源系统，当发生振荡时，在同一个保护的 I、II、III 段阻抗元件中，哪个阻抗元件最容易误动？哪个阻抗元件次之？通常采取何种方式防止误动？

3.18 在采取短时开放的措施之后，如果本线路末端发生短路，那么距离保护 II 段是如何实现切除故障的？

3.19 仅从阻抗特性的角度来说，在振荡时，希望 R 轴方向的范围小一些，但是从提高耐受过渡电阻的能力来说，又希望 R 轴方向的范围大一些，因此，二者的要求是矛盾的。在微机保护中，通常采取何种方案兼顾二者的要求？

3.20 请对多边形特性与方向圆特性的性能进行比较。

3.21 选相元件的主要作用是什么？

3.22　三段式距离保护的整定原则与三段式电流保护的整定原则有何异同？

3.23　在单电源线路上，过渡电阻会对距离保护产生什么影响？

3.24　在双电源线路上，距离保护测量到的过渡电阻为什么会呈现容性或感性？

3.25　如何获得故障分量？所述方法的故障分量存在多长时间？

3.26　何谓距离保护的暂态超越？克服暂态超越的主要措施是什么？

3.27　影响距离保护正确工作的因素有哪些？主要采取何种措施克服不利因素的影响？试说明：这些措施的目的是什么？

3.28　在图 3-56 所示的网络中，线路 A-B、B-C、C-D 的首端均配置了三段式距离保护。网络参数如图中所示，并已知：

（1）线路的正序阻抗为 $z_1 = 0.45\Omega/km$，阻抗角 $\varphi = 65°$。

（2）线路 A-B、B-C 的最大负荷电流 $I_{L.max} = 600A$，功率因数 $\cos\varphi = 0.9$。

（3）测量元件均采用方向阻抗特性。

（4）线路 C-D 的 $t_3^{\mathrm{III}} = 1.5s$。

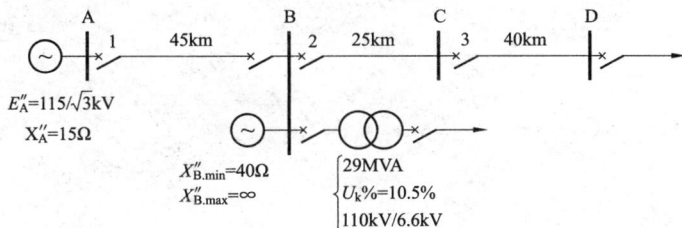

图 3-56　题 3.28 图

试求：

（1）保护 1、2 的相间距离 Ⅰ、Ⅱ、Ⅲ 段一次阻抗的整定值及整定时限，并绘制出时间配合图。

（2）校验 Ⅱ、Ⅲ 段的灵敏度。

3.29　如图 3-57 所示的双电源系统中，在保护 1 处装设了 0° 接线的方向阻抗元件，设 Ⅰ 段阻抗的整定值为 $Z_{set} = 6\Omega$，且 $|\dot{E}_M| = |\dot{E}_N|$。其余参数如图中所示，各元件阻抗角均为 70°。试求：

（1）振荡中心的位置，并在阻抗复平面上画出测量阻抗的振荡轨迹。

（2）Ⅰ 段阻抗元件误动的角度范围。

（3）当系统的振荡周期近似取 1.5s 时，求出 Ⅰ 段阻抗元件的误动时间。

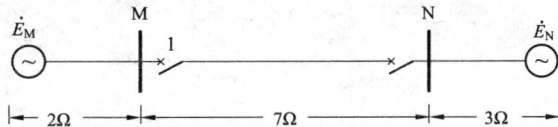

图 3-57　题 3.29 图

3.30　试用相位比较的方法，写出图 3-58 所示阻抗特性的动作方程。图中，设 α、β 为已知的参数，且阻抗特性均以 Z_{set} 相量为对称轴。

3.31 电力系统振荡期间，试推导最小负荷阻抗角随功角 δ 变化的表达式。

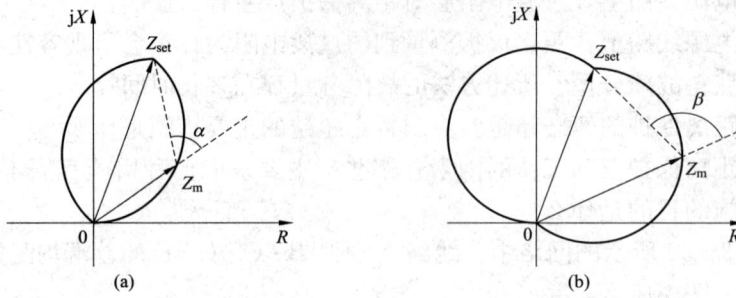

图 3-58 题 3.30 图

第4章 输电线路纵联保护

4.1 输电线路纵联保护概述

前面介绍的电流保护、零序电流保护和距离保护都属于仅反应线路一侧电气量的单端保护方式，均无法区分本线路末端和相邻线路出口（包括对侧母线）的短路。为此，单端保护只好缩短无延时Ⅰ段的保护范围，通过牺牲灵敏性来获取可靠性、选择性和速动性；在Ⅰ段以外的短路，通过增加延时 Δt（牺牲速动性）来获取可靠性、选择性和灵敏性。对于线路末端的短路，单端保护需要依靠带延时的Ⅱ段保护来切除，这在 220kV 及以上电压等级的电力系统中难以满足系统稳定性对快速切除短路的要求，因此，还需要研究其他的继电保护原理，这就是本章要讨论的：利用输电线路两端电气量信息构成的纵联保护。

理论研究和实践表明，反应线路两侧电气量的保护可以快速、可靠地区分本线路任意位置的内部短路与其他工况（包括正常运行和外部短路，下同），达到有选择、快速切除全线范围内任意点短路的目的，实现全线速动的保护功能。为此，需要将线路一侧的电气量信息传输给线路的另一侧，实现线路两侧电气量的同时比较、联合工作，也就是说，在线路两侧之间发生纵向的信息联系，以这种方式构成的保护称为输电线路的纵联保护。由于纵联保护是否动作将取决于安装在线路两侧的装置进行联合判断的结果，两侧的装置共同组成一个保护单元，因此，国外也称为输电线路的单元保护。

为了实现线路两侧（或称两端）的信息交换，就需要采用通信的方式。纵联保护传输的两侧信息可以是电流瞬时值、电流相量、短路方向、阻抗元件动作等信号，利用两侧信息在本线路内部短路与其他工况的特征差异，构成不同原理的纵联保护。由于纵联保护将被保护线路两侧的电气量进行综合比较，在线路内部短路时可以快速动作于跳闸，在其他工况时不动作，因此，纵联保护原理本身不具备作为其他设备故障的远后备保护功能。

以输电线路为例，纵联保护的一般构成示意图如图4-1所示。图中，两侧的继电保护装置通过电压互感器 TV、电流互感器 TA 获取本侧的电压、电流，再根据所采用的保护原理，形成或计算出用于比较的特征量，随后，一方面通过通信设备将本侧的特征量发送到对侧，另一方面接收对侧传送过来的特征量，于是，每一侧保护均能够获得线路

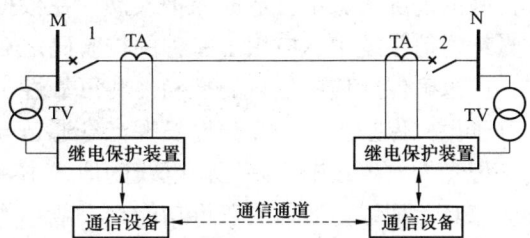

图 4-1 输电线路纵联保护构成示意图

两侧的电气量信息，构成了两侧特征量的同时比较。若满足动作条件，则跳开本侧的断路器，此时，线路两侧一般都是同时满足动作条件的，从而实现了线路两侧的快速跳闸；若不符合动作条件，则两侧均不动作。可见，一套完整的线路纵联保护包括两侧的保护设备、通信设备和通信通道。

纵联保护一般可以按照所使用的通道类型和保护动作原理进行分类。

1. 按通道类型分类

纵联保护常用的通道类型有 3 种方式：导引线、电力线载波、光纤。对应地，纵联保护也按照通道类型进行命名，分别为导引线纵联保护（简称导引线保护）、电力线载波纵联保护（简称载波保护或高频保护）、光纤纵联保护（简称光纤保护）。

通信通道虽然只是传输信息的条件，但纵联保护所采用的原理往往受到通道的制约，因此，纵联保护在应用不同的通道类型时，应当注意通道的特点。

（1）导引线通道。这种通道方式需要铺设电缆实现电气量信息的传输，其投资随线路长度而增加，当线路较长（如超过 10km）时就不经济了。更不利的情况是，线路越长，导引线自身的安全性就越低。在中性点接地系统中，除了雷击的破坏之外，在发生接地短路时，地中的电流会引起地电位差升高，从而产生感应电压，容易损坏导引线，所以，较长导引线的电缆需要具备足够的绝缘水平（如 15kV 的绝缘水平），从而使投资增大。一般情况下，导引线中直接传输交流二次电气量的波形，对应的导引线保护广泛采用差动原理（见后述），但较长导引线的电阻、分布电容会影响二次电气量的传输效果和绝缘水平，直接影响着差动保护的性能，因而，在技术上也限制了导引线保护应用于较长的输电线路。

应当说，在后续章节介绍的变压器、发电机、母线等各种设备的保护中，由于各侧电气量的位置距离比较近，所需要铺设的电缆较短，没有较长导引线的不足，因此，导引线保护方式在这些设备的保护中得到了广泛应用，并且成为了最主要的保护方式。

（2）电力线载波通道。利用输电线路本身构成载波通道，不需要架设专门的通信通道。输电线路的机械强度大，运行安全，但是在线路发生故障时通道可能遭到破坏，为此，载波保护应当采用在线路故障、信号中断情况下仍能正确动作的技术和方案。

（3）光纤通道。光纤通道是一种多路通信通道，具有很宽的频带，且具有很强的抗干扰能力，广泛采用脉冲编码调制（PCM）等方式。光纤通道以传输数字信号为主，传输容量大，可以传输采样时刻的时标、三相电压和电流的相量或采样值、开关状态，甚至跳闸命令和断路器状态等多种保护信息，还融入了十分完善的校验码。在数字信号的传输过程中，即便由于干扰等原因导致信息传输出错，在接收端也能够通过校验，判断出信息的正确性，还可以进行适当的纠正，无法纠正的这组数据可以扔掉或要求重发，因此，在信息校验功能设计良好的情况下，不会造成保护误动，在数据异常时只会对保护的动作速度产生一点影响。在光纤通信系统中，应用了完善的校验码之后，出错数据没有被检测出来的概率几乎可以忽略，可以确保所使用信息的准确性和可靠性，受异常数据的影响很小，因此，光纤通道十分适合于微机保护，并能充分地发挥光纤通道与微机保护的优势。

把光纤放置在架空高压输电线的地线中，用以构成输电线路上的光纤通信网，这种结构形式兼具了地线与通信的双重功能，一般称作 OPGW 光缆（Optical Fiber Composite Overhead Ground Wire，也称光纤复合架空地线）。OPGW 具有较高的可靠性、优越的机械性能、较低的成本等显著特点，这种技术在新敷设或更换现有地线时，是一种很好的选择。现在，OPGW 光缆在电力系统中得到了推广，促进了光纤保护的广泛应用。

在电力系统中，还可以采用微波通道构成纵联保护，但是，微波信号经空中传送时易受干扰，也容易受天气的影响，并且，微波通信的主要方式是视距通信，即直线可视范围的信号传输，超过视距以后需要中继转发，一般来说，由于地球曲面的影响以及空间传输的损耗，每隔 50km 左右就需要设置微波中继站。因此，微波保护的性能、可靠性不如光纤保护。实际上，微波保护的工作原理与本章介绍的光纤保护原理相类似，不再重复。

　　理论上说，在输电线路内部短路时，纵联保护具有很好的选择性、速动性、灵敏性，但由于增加了构成保护的通信环节，导致可靠性在很大程度上依赖于通信系统，好在微机保护既有较完善的检测功能（包括对通信系统的监视），又考虑了一定的防范逻辑和方法，提高了纵联保护的可靠性。

　　2. 按继电保护原理分类

　　（1）纵联电流差动保护。这种保护方式利用了电缆、光纤通道相互传输电流的瞬时值（采样值）或电流相量，于是，每一侧的保护装置都能够获得线路两侧的电流信号，从而可以方便地区分本线路短路与其他工况。这类保护在每一侧都可以直接比较线路两侧的电气量，称为纵联电流差动保护，简称电流差动。

　　在继电保护中，还经常将通道类型与保护原理结合起来进行命名。例如，当光纤通道与分相电流差动原理相结合后，构成了光纤分相电流差动保护，这种保护具有诸多的优点，几乎是目前满足继电保护"四性"的最好保护方式，当然，与所有的纵联保护一样，没有远后备的功能。

　　（2）方向比较式纵联保护。两侧保护装置将本侧的功率方向、测量阻抗是否在规定的正方向、区段内的判别结果传输给对侧，每侧保护装置再根据两侧的信号进行综合判别，实现快速区分是内部短路还是外部短路。为了保证载波保护的可靠性，并考虑到载波信号的通信速率限制，因此，这类保护在通道中传输的通常是逻辑信号，而不是电气量的采样值或相量，所需要传输的信息量较少。按照保护判别短路方向所采用的测量元件，可将方向比较式纵联保护分为高频距离保护、高频方向保护等。

　　顺便指出，历史上还应用载波通信构成了一种相差高频保护。这种保护是将三相电流合成一个综合电流 $\dot{I}_1 + K\dot{I}_2$，在通道上传输代表综合电流相位的半周方波信号，其中，K 为系数，一般取 6～8；$\dot{I}_1$、$\dot{I}_2$ 为正序、负序电流。其他工况时，两侧综合电流的相位差约为 180°；内部短路时，在理想条件下两侧综合电流的相位差约为 0°。相差高频保护就是利用了这种相位差异的特征而构成的。相差高频保护也有不少的优点，例如不受振荡影响、不受非全相影响、线路两侧的电流不必同步测量，但是，由于高频通道和高频设备的可靠性、抗干扰能力等方面的原因，导致在相位传输的过程中容易出现错误信息（如反映相位的波形出现缺失、间断），所以，直接影响了相差高频保护的正确动作率。为了克服这些缺陷，尝试过采用两次比较相位等诸多方法，从而又影响了动作速度，同时，正确动作率还是没有得到较大的提高。应当说，相差高频保护的优点几乎被性能优异的光纤差动保护所涵盖，现在，工程中已经很少使用相差高频保护了，因此，本书不再介绍相差高频保护。

4.2　继电保护信息传输方式

　　输电线路纵联保护的工作需要线路两侧的信息，这就需要通过通信设备和通信通道实现两侧信息的快速传输。由于近距离的导引线方式比较简单，且在后续的变压器、发电机、母线等保护中将予以介绍，而较长距离的导引线方式应用极少，因此，本节将介绍电力线载波通信和光纤通信的基本知识，以供了解，并且仅介绍与继电保护相关的环节。

随着通信设备和通信技术的发展，继电保护交换两侧信息的设备和技术也在不断发展和变化中。

4.2.1 电力线载波通信

电力线载波通信是以输电线路为载波信号的传输媒介，工作频率一般在 40～500kHz 之间，频率低于 40kHz 时干扰较大，高于 500kHz 时不仅传输衰耗大，而且将与广播电台造成相互干扰。由于载波电流在电力线上传输时会向空间辐射电磁波，干扰该频段内的广播、飞行、航海等导航业务，因此，各国政府均对发信功率加以限制。通常 10W 输出的载波信号可以传输几百公里的距离。

将线路两侧的短路方向信息转变为高频信号，经过高频耦合设备将高频信号加载到输电线路上，输电线路本身作为通信通道将高频信号传输到对侧，对侧经过高频耦合设备接收高频信号，再传递给保护设备，实现了两侧保护之间的信息交换，从而通过两侧短路方向的比较，构成了载波保护。正是由于载波通信的频率属于高频的范畴，因此，载波保护也称为高频保护。

电力线载波通信还被应用于对系统运行状态监视的信息传输、电力系统内部的载波电话等。

1. 电力线载波通信的构成

按照通道的构成，电力线载波通信可分为使用两相导线的"相-相"式、使用一相导线和地线的"相-地"式，其中，"相-相"式高频信号的传输衰减小，而"相-地"式则比较经济。以"相-地"式为例，载波通信示意图如图 4-2 所示。应当说明，在图 4-2 的通信回路中，每条线路（如 M-N 之间）使用的载波频率 f_0 是事先由电力通信部门设定的，图中的每个设备和通信环节都按照 f_0 来考虑。通常，不同的线路采用不同的 f_0 频率，以避免串扰影响。

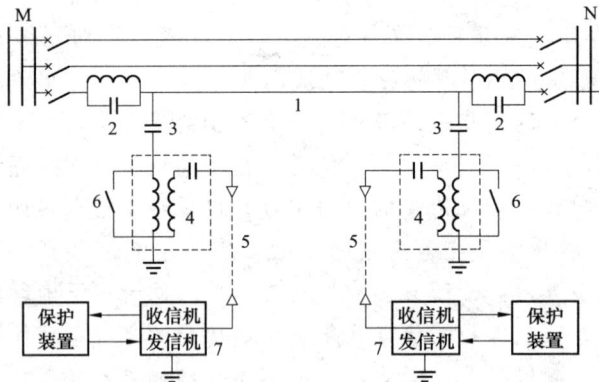

图 4-2 载波通信示意图
1—输电线；2—阻波器；3—耦合电容器；4—连接滤波器；
5—高频电缆；6—接地开关；7—收发信机

下面介绍图 4-2 所示载波通信主要环节的作用。

（1）输电线路。这是电力线载波通信的传输媒介，三相输电线路都可以应用于传输载波信号，任意一相与大地间都可以组成"相-地"回路。

（2）阻波器。采用了电感线圈与可调电容组成的并联谐振回路，其并联阻抗与工作频率 f_0 的关系如图 4 - 3 所示。当阻波器的谐振频率调整为载波信号所设定的 f_0 频率时，阻波器对载波信号呈现极高的阻抗（1kΩ 以上），将高频载波信号 f_0 限制在本线路内传输，从而不穿越到其他线路或变压器中，同时，又减小其他线路、变压器对载波信号的衰减影响。简单地说，将载波信号限制在两个阻波器之间进行传输，这就是阻波器名称的来历。

对于 50Hz 的工频而言，阻波器仅呈现电感线圈的低阻抗（约 0.04Ω），不影响工频的传输。

（3）耦合电容器。为了不影响工频的正常传输，使工频对地的泄漏电流减到极小，采用了电容量极小的耦合电容器，对工频信号呈现非常大的阻抗，同时，可以防止工频电压侵入高频收发信机；对高频载波信号 f_0 则呈现很小的阻抗，以便于高频信号的耦合。

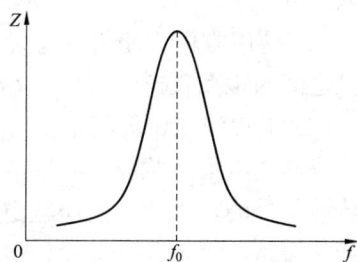

图 4 - 3　阻波器的频率特性

阻波器是限制 f_0，对工频无影响；耦合电容器是限制工频，对 f_0 呈现很小的阻抗。

（4）连接滤波器。由一个可调电感的空芯变压器和一个接在二次侧的电容器组成。

连接滤波器还与耦合电容器共同组成带通滤波器，只允许带通范围内的高频信号（主要是 f_0）通过。另外，从线路侧看，带通滤波器的阻抗应当与输电线路的波阻抗相匹配；而从高频电缆侧看，则应当与高频电缆的波阻抗相匹配。这样，就可以避免高频信号 f_0 在传输过程中发生反射，减少高频能量的附加衰耗。以 220kV 架空线为例，其波阻抗约为 400Ω，而高频电缆的波阻抗约为 100Ω。

另外，空芯变压器的使用可以进一步使收发信机与输电线路的高压部分隔离，提高了安全性。

（5）高频电缆。连接滤波器与收发信机之间的连接电缆。

（6）接地开关。当检修连接滤波器时，接通接地开关，使耦合器可靠接地，保证安全。

（7）高频收发信机（仅指与保护配合使用的收发信机，下同）。收发信机中的发信功能通常由继电保护装置控制，可以控制发 f_0 信号，也可以控制停发 f_0 信号；或者改变载波信号的频率（移频制时）。收信功能则接收通道上的高频信号，将"有高频信号"和"无高频信号"（相当于 1 位的信息）的结果输出给继电保护装置，再由保护装置进行两侧信号的比较和逻辑判断，决定是否跳闸。

对于单频制，发信机发出的高频信号经载波通道传输到对侧，也可以被本侧接收，也就是说，两侧的收信机既接收来自本侧的高频信号，又接收来自对侧的高频信号。

目前，大多数电力载波机为了节约使用有限的频带，采用频分复用技术，既传送话音信号，又传送远动数据或高频保护信号，还有些载波机配有专用的控制接口，利用同一载波通道瞬时切换传送高频保护信号，统称为复用载波机。复用方式常用频分多路的方法：将频率相互独立的多路信号调制成一个群频信号再发送出去，接收端只需使用不同频率的滤波器，就可以方便地分离出各路信号。复用载波机有较强的自检功能和较好的抗干扰能力，其功率提升的功能可使高频保护在电网故障时获得较大的功率，在通道裕度降低时能自动提高收信的灵敏度。有的复用载波机可复用四个保护命令，可靠性较高，命令的可靠接收所要求的信噪比仅为 6dB。

2. 电力线载波的特点

电力线载波通信是电力系统的一种特殊通信方式，以电力线作为信号传输的媒介，充分利用了电力系统自身的电力线资源，具有如下的优点：

(1) 无中继通信的距离长。电力线载波通信的距离可达几百公里，中间不需要信号的中继设备，一般的输电线路只需要在线路两侧配备载波机和高频信号的耦合设备，如图 4-2 所示。

(2) 使用方便。使用电力线载波通信的装置（如继电保护、远动、自动化设备等）与载波机之间的距离很近，一般都在同一变电站内，高频电缆短，无需架设其他的信道。

(3) 工程施工比较简单。

当然，电力线载波也有一些不足。由于电力线载波通信是直接通过高压输电线路传输高频载波信号的，因此，高压输电线路上的各种干扰将直接侵入载波通道，如高压输电线路的电晕、短路、雷击和开关操作等，都会在不同程度上对载波通信造成干扰。另外，由于高频载波的通信速率低，难以满足纵联电流差动保护需要传输采样值或相量的实时性和信息量要求，于是，继电保护只能根据载波通信所提供的条件，结合继电保护可靠性的要求，将载波通信应用于传输单一的状态信号，如利用“有高频”、“无高频”两种信息来反映“短路方向”的特征，从而构成方向比较式纵联保护，或传输电流的半周方波特征构成相差纵联保护（如相差高频保护）。

3. 电力线载波信号的工作方式

高频信号的工作方式可以分为 3 种：正常无高频电流方式、正常有高频电流方式和移频方式。应当说，“有”“无”高频电流都是高频的信号，在高频保护中均可以起到不同的信息作用。

(1) 正常无高频电流方式。在电力系统正常工作条件下，这种方式的发信机不发信，沿通道不传输高频电流；在电力系统短路时刻，由继电保护的启动元件控制发信机发信，由方向元件（或方向阻抗元件）控制停信，因此，也称为故障启动发信方式。我国较多地采用故障启动发信方式。

在利用正常无高频电流方式时，为了确认高频通道的完好性，往往采用定期手动和自动检查的方法。在手动检查时，值班员手动启动发信，并检查高频信号是否合格，通常是每班检查一次。自动检查的方法是由微机保护在设定的时间进行自动测试，如果发现异常，则向值班员发出信号。当然，无论是何种方法的通道检查，一旦遇上了系统发生故障，就必须立即停止检查工作，自动切换为继电保护工作方式，避免造成继电保护的逻辑识别错误和动作延时。

(2) 正常有高频电流方式。在电力系统正常工作条件下，这种方式的发信机处于发信状态，沿通道传输高频电流，因此，又称为长期发信方式；在电力系统短路时，由继电保护的方向元件控制停信。

这种方式的主要优点是：高频通信的每个环节经常处于被监测的状态，可靠性较高；此外，不需要设置收发信机的启动发信元件，可使装置稍微简化；其缺点是：由于经常处于发信状态，增加了对其他通信设备的干扰时间，同时，也增加了外界对高频信号的干扰机会和时间，因此，要求载波通信具有更高的抗干扰能力。

应当说明的是，在长期发信的条件下，通道部分能否得到完善的监视仍要视具体情况而定。当两侧发信的工作频率不同时，任何一侧的收信机只接收对侧发过来的高频信号，于是，收发信机和通道的中断能够被及时发现；但是，为了节约频带资源，在高频保护中，线路两侧的发信机通常设置为同一个 f_0 频率，这样，任何一侧的收信机不仅接收对侧的高频信号，同时也接收本侧的高频信号，因此，任何一个发信机或通道的中断都不能直接从收信的结果判断出来，还需要采用其他的措施和方法才能达到完全监视通信回路的目的。

（3）移频方式。在电力系统正常工作条件下，这种方式的发信机处于发信状态，向对侧发送频率为 f_1 的高频信号，该信号可进行通信回路的连续检查，并闭锁保护。为了降低通道之间的相互干扰，通常只发较小功率的 f_1 高频信号。在线路发生短路时，保护装置控制发信机停止发送频率为 f_1 的高频信号，改发频率为 f_2 的另一个高频信号。移频方式能够监视通信回路的工作情况，提高了通信的可靠性，并且抗干扰的能力较强，但是占用的频带宽，通道利用率低。移频方式在国外得到了广泛的应用。

应当说，无论采取何种工作方式，继电保护装置都必须采取一定的识别干扰、识别错误信息的措施。

4. 电力线载波信号的应用方式

如前所述，由于高频载波的通信速率低，继电保护通常利用载波通信提供的"有高频"和"无高频"两种信息，因此，继电保护只能根据这个条件，进行高频信号的应用设计，将高频信号的功能作用分为闭锁信号、允许信号和跳闸信号。

下面，仅针对故障启动发信方式介绍高频信号的功能和作用。需要强调的是，在这种方式下，"有高频"信号为逻辑1。

（1）闭锁信号。逻辑关系如图 4 - 4（a）所示，保护元件输出1、高频信号为0时，高频保护才能动作于跳闸。对于这种逻辑来说，高频信号为1是闭锁（阻止）保护动作的信号，因此，将高频信号称为闭锁信号。换句话说，无闭锁信号才是保护动作于跳闸的必要条件。

（2）允许信号。逻辑关系如图 4 - 4（b）所示，保护元件输出1、高频信号也为1时，高频保护才能动作于跳闸。两个输入信号构成"与"的关系。对于这种逻辑来说，高频信号为1是允许保护动作的信号，因此，将高频信号称为允许信号。换句话说，有允许信号才是保护动作于跳闸的必要条件。

允许式高频保护所使用的收发信机通常采用双频率制，即本侧的高频信号作为对侧的允许信号，对侧的高频信号作为本侧的允许信号；否则，起不到获得对侧准确信息的作用。

（3）跳闸信号。逻辑关系如图 4 - 4（c）所示，保护元件输出1或高频信号为1时，高频保护都可以动作于跳闸。两个输入信号构成"或"的关系。对于这种逻辑来说，高频信号可以直接作用于保护动作，因此，将高频信号称为跳闸信号。换句话说，跳闸信号是保护动作于跳闸的充要条件。

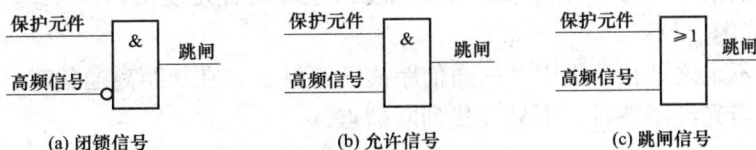

图 4 - 4　高频信号与保护的逻辑关系

4.2.2 光纤通信

以光纤作为信号传输媒介的通信称为光纤通信。随着光纤技术的发展和制作成本的降低，光纤通信网已成为电力通信的主干网。光纤通信是线路保护最理想的信号交换方式。

1. 光纤通信的构成

光纤通信系统的构成如图 4-5（a）所示，图中，电发送机、电接收机就是脉冲编码调制 PCM 的多路复用设备，属于一般的电通信设备。在发送端，光发送机用电发送机送来的数字信号，对光源器件进行光信号的强度调制，并将已调制的光波脉冲注入光纤中，传送至接收端。在接收端侧，利用光接收机的光检测器件对光强进行检测，并进行适当处理，还原为与发送端一致的调制电信号，最后传送给电接收机。如果传输距离较长，则需要设置光中继器进行信号的放大。

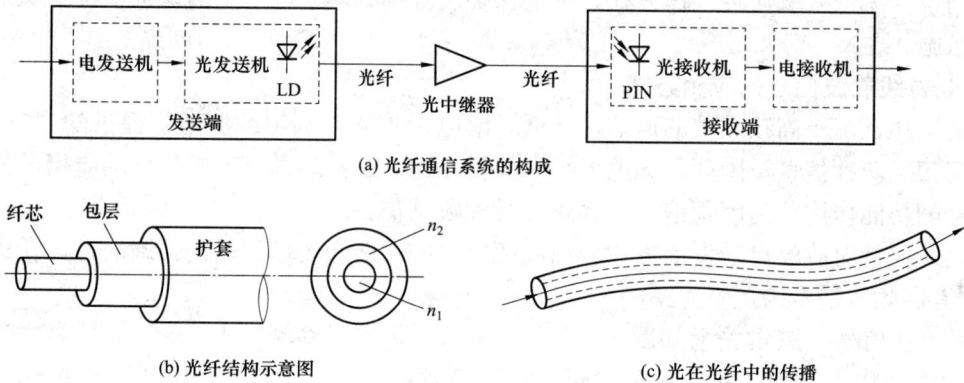

(a) 光纤通信系统的构成

(b) 光纤结构示意图

(c) 光在光纤中的传播

图 4-5　光纤通信系统示意图

光纤结构示意图如图 4-5（b）所示，光纤被设计成纤芯的折射率 n_1 大于包层的折射率 n_2，这样，按照光物理的知识可知，当光信号射入光纤的入射角小于某一临界角时，光信号就会在光纤中产生全反射，于是，光信号就可以在光纤中向前传输了，如图 4-5（c）所示。光信号不仅能在较直的光纤中传输，也能在一定弯曲程度的光纤中传输。

2. 光纤通信的特点

（1）传输频带宽、速率大，通信容量大。从理论上讲，光载波可以传输 100 亿个话路，具有巨大的带宽潜力。目前，典型的光载波频率为 100THz，一对光纤一般可以传输几千路。

（2）衰耗低，且比较稳定。例如，在 $1.55\mu m$ 波长段，衰耗已经达到 0.2dB/km，无中继的通信距离可达 100 km 以上。

（3）不受电磁干扰，保密性能好，可靠性高。

（4）不怕雷击，不怕潮，抗腐蚀，且光缆尺寸小、重量轻，便于铺设。

在电力系统通信中，有 3 种特殊的电力光缆：地线复合光缆 OPGW、缠绕式光缆 GW-WOP 和自承式光缆 ADSS。

光纤通信的不足之处在于无中继的通信距离还不够长，在长距离通信时，要采用中继器及其附加设备；当光纤断裂时，不易寻找到断裂点。

4.3 输电线路高频保护

目前，分析和研究输电线路高频保护的前提是：利用载波通信传输"有高频""无高频"两种信息来反映"短路方向"的特征。

4.3.1 短路的方向特征和高频信号的应用

1. 短路的方向特征

如图 4-6 所示的双电源网络，在 K 点处发生短路时，保护 1、3、4、6 均识别为"正方向"（用 P^+ 表示），保护 2、5 识别为"反方向"（用 P^- 表示），再结合继电保护选择性的要求，可以发现：

(1) 只有本线路发生故障时，线路两侧的保护均识别为正方向。

(2) 对于非故障的线路，有一侧的保护识别为反方向。

(3) 当线路的任一侧 $Z^{\rm I}$ 动作时，均可判定为本线路发生了故障，其中，要求线路两侧的 $Z^{\rm I}$ 均按照 3.3.1 节的原则进行整定，且两侧的 $Z^{\rm I}$ 具有重叠区域。

正是利用了这样的特征差异，构成了高频信号的几种应用方式，从而实现本线路故障的快速跳闸。

2. 闭锁信号的应用

利用了非故障线路有一侧为反方向的特征，将反方向信息构成闭锁信号，实现闭锁两侧线路保护的目的。如图 4-6 (a) 所示，除了保护 2、5 本身的方向元件不动作以外，还可以由保护 2 发高频信号闭锁保护 1、由保护 5 发高频信号闭锁保护 6。其逻辑关系如图 4-4 (a) 所示。

对于故障线路 B-C，两侧均不发闭锁信号，可以促使两侧保护快速动作。

由图 4-6 (a) 可以看出，在非故障线路中，闭锁信号的传输几乎不受短路点 K 的影响。

3. 允许信号的应用

利用了故障线路两侧均为正方向的特征，将正方向信息构成允许信号，实现允许对侧保护动作的目的，如图 4-6 (b) 所示。保护 3 发高频信号 f_1 允许保护 4 动作，再结合保护 4 本身已经识别为正方向的条件，于是，两个逻辑信号相结合，满足图 4-4 (b) 所示的逻辑关系，实现了本线路任何位置的故障都能够让保护 4 快速动作。同样，保护 3 接收到保护 4 的允许信号 f_2，也能够快速动作。

对于非故障线路（以线路 A-B 为例），保护 2 识别为反方向，不满足跳闸条件，同时，不会向保护 1 发允许信号；保护 1 虽然识别为正方向，但对侧保护 2 并没有发送允许信号，也不满足跳闸条件，于是线路两侧保护均不动作。

4. 跳闸信号的应用

本线路故障时，还有这样的特征：至少有一侧的距离Ⅰ段能够动作，而非故障线路的距离Ⅰ段均不动作。于是，利用此特征，将距离Ⅰ段动作的信息构成跳闸信号，发送到对侧，让对侧也快速动作，实现了本线路任何位置的故障都能够让两侧保护快速动作的目的。如图 4-6 (c) 所示，在保护 3 出口附近且处于保护 4 的 $Z_4^{\rm I}$ 之外短路时，保护 3 的 $Z_3^{\rm I}$ 不仅可以动作于断路器 3 跳闸，还可以发跳闸信号促使保护 4 也快速动作于跳闸。本线路其他位置的故障与此类似，逻辑关系如图 4-4 (c) 所示。应用这种方式时，要求线路两侧的距离Ⅰ段存在重叠区域，确保本线路任何位置短路时，至少有一侧的距离Ⅰ段能够动作，同时，可采取确认跳闸信号可靠性

图 4-6　双电源网络短路的方向特征

的措施，如：①经过一定的时间确认，防止干扰信号的错误影响；②经距离Ⅱ段开放，也就是说，收到对侧的跳闸命令和本侧距离Ⅱ段动作共同构成"与"的条件。

4.3.2　闭锁式高频距离保护

1. 原理与构成

正如功率方向元件、零序方向元件、方向阻抗元件等章节所分析的那样，三者都可以应用于短路正方向的识别，于是，将其与图 4-6 的高频信号应用相结合，就可以构成方向比较式纵联保护。

在目前的工程应用中，应用较多的是将高频信号作为闭锁信号，只需要在短时间内发送高频，同时，考虑到方向阻抗元件不仅能够识别短路方向，而且能够比较明确地确定短路点的范围，因此，二者的结合就构成了闭锁式高频距离保护。

图 4-7 所示为线路一侧的闭锁式高频距离保护的原理示意图，另一侧与此完全相同。

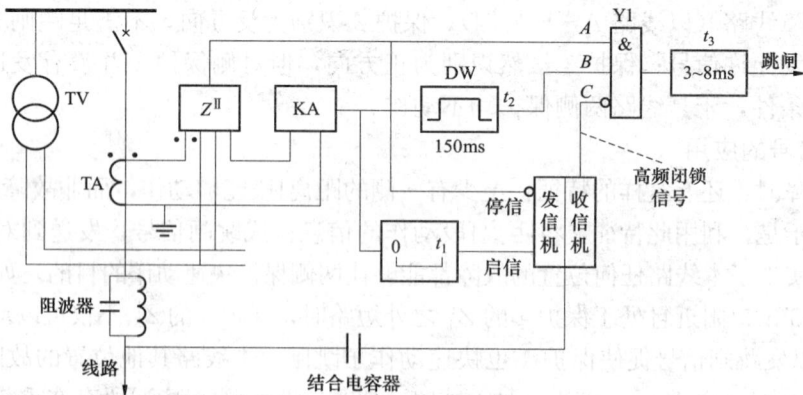

图 4-7　闭锁式高频距离保护的原理示意图

为了简洁并突出高频保护的逻辑过程，没有画出连接滤波器、高频电缆、接地开关等环节。图中，几个主要元件的作用与要求分别介绍如下：

（1）Z^{II} 为高频保护的方向阻抗元件。应用于识别短路方向与短路区域，要求在本线路末端短路时应当有足够的灵敏度。需要说明的是，Z^{II} 通常整定为距离 II 段至距离 III 段之间的数值。

（2）KA 为电流启动元件。在线路两侧的 Z^{II} 末端短路时，要求 KA 有 2 倍以上的灵敏度，确保任意一侧的 Z^{II} 动作时，线路两侧的 KA 肯定能够动作。KA 可以采用电流故障分量及零序电流启动等方式，其中，电流故障分量启动方式适应于绝大部分电流突然变化的短路；零序电流启动方式在高阻接地短路时，即使电流缓慢上升也能够启动。

（3）t_1 为瞬时动作延时返回的时间元件，一般设计为 $t_1 \approx 100\text{ms}$，其工作特性如图 4-8（a）所示。当输入为 1 时，输出立即为 1；当输入由 1 变为 0 时，要经过 t_1 的延时之后，其输出才为 0。设计 t_1 延时的目的是：确保线路两侧的阻抗元件 Z^{II} 都返回后，再经过 t_1 的延时才允许撤销高频 f_0 的发信，即延时收回闭锁信号，防止误动。

（4）t_2 为短时开放的时间元件，其工作特性如图 4-8（b）所示。短时开放时间通常设计为 150ms。在 KA 启动并自保持后，t_2 元件立即输出 1，经过 150ms 后 t_2 元件输出为 0，防止振荡的影响。

图 3-24 中的 DW 时间元件就是图 4-8（b）的特性。

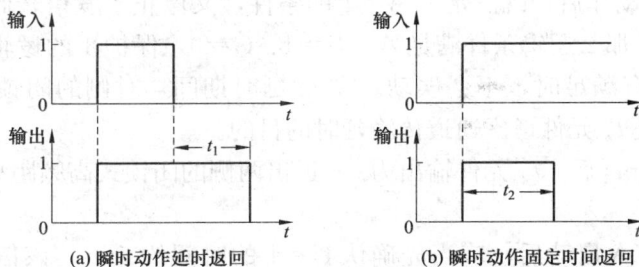

(a) 瞬时动作延时返回　　　　　　　　　(b) 瞬时动作固定时间返回

图 4-8　t_1、t_2 时间元件的工作特性

（5）t_3 为普通的时间延时元件，一般设计为 3～8ms。t_3 元件有两个作用：①考虑了高频通信环节的各种传输延时，需要等待对侧"有高频"或"无高频"的方向信息送达后，才允许进行跳闸逻辑 Y1 的正式比较；②通道受到干扰后，可能出现闭锁信号的短时消失，从而容易引起逻辑错误，导致误动，因此，增加此逻辑的持续确认时间，可有效地防止干扰和传输延时的影响。这是一种用持续的确认时间换取可靠性的有效办法。

由图 4-2 可知，在对侧高频信号传输到本侧保护装置的过程中，通信环节的传输延时包括对侧发信机到输电线之间的延时、高频信号在输电线上的传输延时（高频传输速度低于光速）、输电线到本侧收信机之间的延时。

应当指出，在传统的逻辑中，较多地将 t_3 时间元件设置在 Y1 的 A 输入端，仅仅起到这样的一个作用：等待对侧信号的传输延时，才能进行逻辑 Y1 的正式比较。

由图 4-7 可知，对于收发信机来说，电流启动元件 KA 起到启动本侧发送高频信号的作用（简称启信）；而方向阻抗元件 Z^{II} 动作后，起到停止发送本侧高频闭锁信号的作用（简称停信）。

需要说明的是：①电流启动元件 KA 的动作速度（计算速度）要快于 Z^{II} 元件（见 3.8 节的说明）；②图 4-7 中，Z^{II} 动作后，需要经过 3~8ms 的确认时间，闭锁式高频距离保护才能够跳闸，所以，在 Z^{I} 与 Z^{II} 计算时间一样的情况下，闭锁式高频距离保护的动作时间要略大于 Z^{I} 的动作时间，这也是在配置了全线速动的保护之后，仍然保留 Z^{I} 的原因之一，以便在出口短路时，由速度更快的 Z^{I} 动作于跳闸。

2. 工作过程

发生区内、区外短路时，结合图 4-7 介绍闭锁式高频距离保护的工作过程。

（1）区外短路，如图 4-6（a）所示 K 点短路时，对应于分析线路 A-B 两侧的情况。

当 K 点短路时，保护 1、2 的 KA 均启动，经 t_1 元件立即启动发信机发信，分别向线路两侧发送高频信号 f_0，于是，逻辑元件 Y1 的 $C=1$，先闭锁保护，并确认收信回路的完好性，同时，经 t_2 元件立即使 $B=1$；随后，由于短路发生在保护 2 的反方向，因此，保护 2 的 Z^{II} 不动作（$A=0$），不会停止本侧的高频信号，也就是说，保护 2 的发信机将持续发送高频信号 f_0，从而闭锁两侧保护；保护 1 的 Z^{II} 如果动作，则 $A=1$，仅停止保护 1 的本侧发信，但通道上仍有保护 2 所发送的高频闭锁信号 f_0，迫使两侧 Y1 的 $C=1$，保护 1 也不会动作。

在外部短路时，如果保护 1 的 Z^{II} 也不动作，则两侧都会持续地发送高频信号 f_0，闭锁两侧保护。

在保护 1 的 Z^{II} 动作后，既满足了 $A=1$ 的条件，又停止了发信，此时，如果对侧的高频信号还没有送达，那么逻辑条件满足 $A=B=1$、$C=0$，保护 1 的逻辑元件 Y1 就输出 1，在 t_3 的延时时间没有满足时，不会误动。在 t_3 延时期间，对侧的闭锁信号 f_0 必须送达，确保不误动。这就是 t_3 元件考虑通道传输延时的目的。

当 KA 启动 150ms 后，t_2 元件输出为 0，退出两侧的闭锁式高频距离保护，防止振荡时的误动。

此外，通常在 KA 启动后，应当先确认 $C=1$ 的时间约 5ms，该信号既可以先闭锁保护，又可以检测本侧收、发信回路的完好性，随后，$C=0$ 才能确认为是真实的闭锁信号。也就是说，应当先收到可靠的闭锁信号，证明本侧收、发信回路是完好之后，才允许接通跳闸的逻辑，确保可靠性。一般情况下，从 KA 动作到 Z^{II} 动作的时间都大于 5ms，所以，此确认时间不会影响保护的动作速度。

区外故障的逻辑过程可以简单归纳为：①故障时，两侧先启动，并且都发信；②正方向的阻抗元件 Z^{II} 动作，仅停止本侧发信；③反方向侧继续发信，闭锁两侧保护。利用的特征是：任一侧 Z^{II} 不动作，判定为外部短路。

（2）区内短路，如图 4-6（a）所示 K 点短路时，对应于分析线路 B-C 两侧的情况。

当 K 点短路时，保护 3、4 的 KA 均启动，经 t_1 元件立即启动发信机发信，分别向线路两侧发送高频信号，于是，逻辑元件 Y1 的 $C=1$，先闭锁保护，并确认收信回路的完好性，同时，经 t_2 元件使 $B=1$；随后，由于短路发生在保护 3、4 的 Z^{II} 范围内，于是两侧均满足 $A=1$，并控制发信机停发各自的高频信号，使 $C=0$。这样，在逻辑上，两侧均满足 Y1 的 $A=B=1$、$C=0$ 条件，经 t_3 确认，立即快速动作于两侧的断路器。

区内故障的逻辑过程可以简单归纳为：①故障时，两侧先启动，并且都发信；②正方向的阻抗元件 Z^{II} 动作，仅停止本侧发信；③两侧都停信后，两侧保护就立即跳闸。利用的特征是：两侧阻抗元件 Z^{II} 均动作，可以判定为内部短路。

3. 影响因素及对策

为了便于学习和理解，在图 4-7 中，主要突出了高频保护的主体逻辑，但省略了其他诸多的防误动措施。可以说，影响距离保护正确工作的因素也几乎影响着高频距离保护，也同样影响着高频方向保护。图 4-7 中，除了短时开放元件防止动稳定破坏引起的振荡影响之外，还应当采取与距离保护相类似的防误动措施。

此外，闭锁式高频距离保护还应当防止"功率倒向"的影响，下面予以说明。

在图 4-9 所示的双回线或环网的网络中，K 点发生短路时，非故障线路 L1 上的短路功率 P_k 可能由 N 侧流向 M 侧（方向如图中的实线箭头所示），此时，如果断路器 QF3 先于断路器 QF4 跳闸，则线路 L1 上的短路功率 P_k 又由 M 侧流向 N 侧（如虚线箭头所示），导致 L1 上的短路功率 P_k 出现突然倒转方向的情况，此现象称为功率倒向。

在功率倒向之前，保护 2 为正方向，停止本侧发信；保护 1 为反方向，发送闭锁信号。在断路器 QF3 跳闸后、QF4 跳闸前的时间内，出现了功率倒向，于是，保护 1 判断为正方向，立即停发闭锁信号，此时，保护 2 的方向由正变反，应当由保

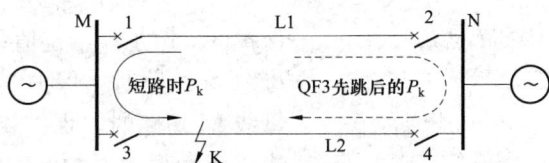

图 4-9 功率倒向示意图

护 2 立即发闭锁信号，以便闭锁两侧的保护，但是，如果保护 1 的阻抗元件 Z^{II} 动作快，而保护 2 的阻抗元件 Z^{II} 返回慢一些（类似于触点竞赛），就会在一段时间内出现两侧阻抗元件 Z^{II} 均处于动作的状态，导致通道上没有闭锁信号，从而引起误动。

目前，常用的解决办法是：如果在 KA 启动后的 $30\sim40\text{ms}$ 时间内 Z^{II} 不动作，随后 Z^{II} 又动作，那么就需要考虑可能是断路器跳闸之后引起功率倒向而造成的 Z^{II} 动作，于是，自动地将图 4-7 中的 t_3 延时增加到 $40\sim50\text{ms}$，确保反方向侧有足够的时间发出高频闭锁信号。此措施也带来了另外一个不足之处：如果先出现外部短路，再发生本线路短路（称为转换性故障，这种故障的几率较小），则高频距离保护可能要多延时 $40\sim50\text{ms}$ 才能跳闸。这就是每个保护功能以防误动为主的解决办法，通过牺牲速动性来换取可靠性和选择性。其中，$30\sim40\text{ms}$ 是考虑了保护装置及断路器的最短动作时间之和，在此之前，线路不会出现功率倒向的情况。

在交直流混合系统中，交流系统短路后，如果直流系统出现换相失败，那么也会在交流系统出现类似于功率倒向的现象，且功率倒向的时间是很短的，因此，需要专门的设计和考虑。对于这种功率倒向的情况，光纤分相差动保护（见 4.4 节）所受到的影响要小得多。

*4.3.3 闭锁式高频方向保护

将图 4-7 中的方向阻抗元件 Z^{II} 更换为图 4-10 所示的虚线框逻辑，基本上就可以构成闭锁式高频方向保护。在虚线框中，P^+ 为功率方向元件，用于识别短路方向；KA1 为电流元件，相当于调节 P^+ 元件的电流比较门槛，应用于区分短路的范围，避免 P^+ 的管辖范围延伸太远了。线路两侧的 KA1 应当整定为：在各自的线路末端短路时，必须具有足够的灵敏度，确保本线路范围内发生任何类型的故障时，两侧的 KA1 都能够可靠启动。实际上，如果将 P^+ 与 KA1 合并为一个综合的方向元件，那么这个综合方向元件的作用等同于图 4-7 中的 Z^{II}。

电流启动元件 KA 需要与 KA1 元件进行配合。要求 KA 的灵敏度比两侧的 KA1 都高，确保在任一侧 KA1 启动的情况下，两侧的 KA 都能够可靠启动。考虑 TA 传变误差后，一般取 $I_{KA1} > (1.1 \sim 2) I_{KA}$，其中，$I_{KA1}$ 为 KA1 的电流定值；I_{KA} 为线路两侧电流启动元件 KA 的电流定值。在继电保护中，也将低定值的 KA 称为电流启动发信元件，将高定值的 KA1 称为电流启动停信元件。

以图 4 - 9 的 3、4 两侧高频方向保护为例，线路两侧各项电流整定值的要求为

$$
\begin{cases}
I_{KA1.3} \leqslant \dfrac{I_{KN.min}}{2} \\[2mm]
I_{KA1.4} \leqslant \dfrac{I_{KM.min}}{2} \\[2mm]
I_{KA} = \dfrac{1}{(1.1 \sim 2)} \min\{I_{KA1.3},\ I_{KA1.4}\}
\end{cases}
$$

式中　$I_{KA1.3}$、$I_{KA1.4}$——保护 3、4 的 I_{KA1} 定值；

　　　　$I_{KN.min}$——母线 N 短路时，保护 3 的最小短路电流；

　　　　$I_{KM.min}$——母线 M 短路时，保护 4 的最小短路电流；

　　　　I_{KA}——线路两侧高频方向保护的电流启动值。

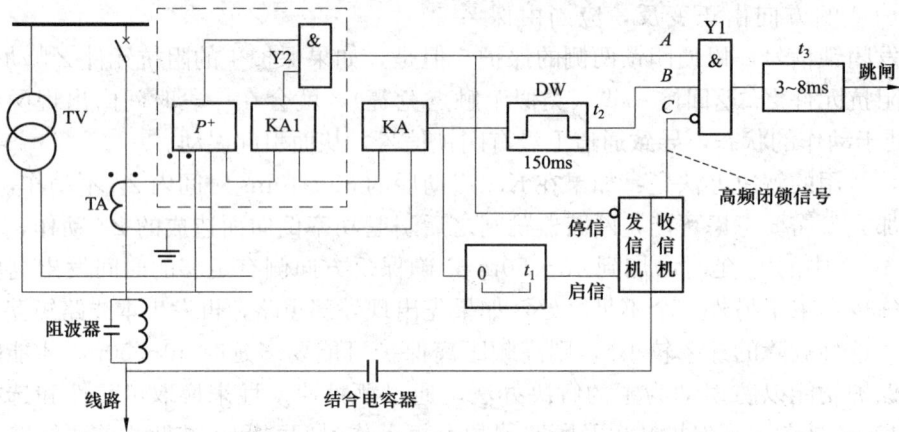

图 4 - 10　闭锁式高频方向保护的原理示意图

在大电流接地系统中，P^+ 元件的动作特性应当在表 2 - 4 的基础上，计及单相接地、两相接地的正方向动作角度，读者可自行分析。

如果将图 4 - 10 中的 P^+ 更换为零序方向元件，KA 和 KA1 更换为零序电流元件，那么所构成的保护称为高频零序方向保护，应用于识别输电线路的接地故障。

对于允许式高频方向保护以及移频方式在高频保护中的应用，限于篇幅，不再赘述。

4.4　输电线路光纤差动保护

光纤通信的容量大，不仅可以传输电流、电压的瞬时值（采样值）和相量，还可以传输保护和断路器的状态以及复杂而可靠的验证码，在两侧信息交换的过程中，具有极高的可靠性和纠错功能。基于这样的通信条件，构成了输电线路的光纤分相电流差动保护。

4.4.1　电流差动保护的基本原理

电流差动保护的基本原理是：将一个"点"的基尔霍夫电流定律应用于输电线路的每一相中。

1. 内部短路与其他工况的特征差异

按照继电保护通用的正方向规定（即指向被保护设备），则基尔霍夫电流定律可写为

$$\sum_{j=1}^{N} i_j(t) = 0 \qquad\qquad (4-1)$$

式中　$i_j(t)$ ——第 j 条支路的电流瞬时值；

　　　　N——支路的总数（对于一般的输电线路，$N=2$）。

式（4-1）也称为电流和为 0。其工频相量表达式为

$$\sum_{j=1}^{N} \dot{I}_j = 0 \qquad\qquad (4-2)$$

基于式（4-1）、式（4-2）所构成的继电保护方式，称为电流差动保护。

由于光纤通信只能传输数字信号，而无法传输连续的全部波形信号，因此，通常采用瞬时值或相量的方式实现电流差动保护的功能。为了简便，下面主要讨论电流相量构成的电流差动保护原理，所有的分析和结论可作为瞬时值（采样值）差动保护的参考。

如图 4-11（a）所示，忽略线路的分布电容和电导时，可以将两侧电流互感器 TA1、TA2 之间的线路近似当作一个"点"，于是，在外部短路情况下，流过 TA1 和 TA2 的电流是相同的 $\dot{I}_k$。因此，根据继电保护规定的正方向，可知一次系统每一相的两侧电流在任何时刻都满足基尔霍夫电流定律，即

$$\dot{I}_M + \dot{I}_N = 0 \qquad\qquad (4-3)$$

式中　$\dot{I}_M$、$\dot{I}_N$——每一相线路两侧的一次侧电流相量。

式（4-3）分别应用于 A、B、C 三相。在外部短路、正常运行、非全相运行、振荡等诸多工况下，三相的式（4-3）均成立。

如图 4-11（b）所示，在线路内部发生短路时，可得

$$\dot{I}_M + \dot{I}_N = \dot{I}_k \qquad\qquad (4-4)$$

式中　$\dot{I}_k$——短路支路的故障电流相量。

对于 110kV 及以上电压等级的线路，按照短路电流达到 1kA 时必须予以切除的要求，可以初步确定：外部短路和正常运行时，有 $\dot{I}_M + \dot{I}_N = 0$；而内部短路时，有 $|\dot{I}_M + \dot{I}_N| \geqslant$ 1kA。二者存在很大的差异，因此，利用此特征的差异就构成了分相电流差动保护的原理，简称电流差动。

在输电线路的 A、B、C 三相中，每一相都符合上述的特征，于是构成了三个相别独立的电流差动保护，这就是名称中"分相"的含义。

考虑到光纤通信可以传输大容量信息的特点，可以将电流差动与光纤通信相结合，就构成了性能优良的光纤分相电流差动保护，简称光纤差动保护。

需要说明的是，在式（4-1）～式（4-4）中，要求各电气量均应当满足"同一个时间测量"的基本条件。

顺便指出，按照式（4-2）的基尔霍夫电流定律关系，此原理可以称为电流和保护。但是，在早期分析特征时，两侧电流不是按照统一的正方向进行标注的，而是按照外部短路时

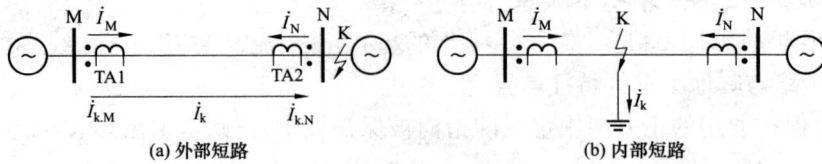

图 4-11　线路外部、内部短路示意图

的短路电流 $\dot{I}_k$（或负荷电流）的方向进行标注，如图 4-11（a）中的 $\dot{I}_{kM}$、$\dot{I}_{kN}$，于是，流入的电流等于流出的电流（$\dot{I}_{kM}=\dot{I}_{kN}$），即 $\dot{I}_{kM}-\dot{I}_{kN}=0$，此方式构成了电流差的关系，因此，称为电流差动保护。现在，习惯成自然了，继续沿用"电流差动"的称谓。

2. 分相电流差动保护的原理

将式（4-3）转化为二次侧的电流关系，有

$$\dot{I}_M+\dot{I}_N=\frac{n_{TA1}}{n_{TA1}}\dot{I}_M+\frac{n_{TA2}}{n_{TA2}}\dot{I}_N=n_{TA1}\left(\frac{\dot{I}_M}{n_{TA1}}\right)+n_{TA2}\left(\frac{\dot{I}_N}{n_{TA2}}\right)$$

$$=n_{TA1}\dot{I}_m+n_{TA2}\dot{I}_n=n_{TA1}\left(\dot{I}_m+\frac{n_{TA2}}{n_{TA1}}\dot{I}_n\right)=0$$

即
$$\dot{I}_m+\frac{n_{TA2}}{n_{TA1}}\dot{I}_n=0 \tag{4-5}$$

式中　n_{TA1}、n_{TA2}——M 侧和 N 侧的电流互感器变比；

$\dot{I}_m$、$\dot{I}_n$——M 侧和 N 侧的二次侧测量电流，其中，$\dot{I}_m=\dot{I}_M/n_{TA1}$，$\dot{I}_n=\dot{I}_N/n_{TA2}$。

按照图 4-11（a）的简化示意图，外部短路和正常运行时，虽然初步确定了 $\dot{I}_M+\dot{I}_N=0$，但是，考虑到线路分布电容、TA 误差等因素的影响之后，实际上并不为 0。于是，考虑误差和影响因素后，电流差动保护的二次侧动作方程可设计为

$$\left|\dot{I}_m+\frac{n_{TA2}}{n_{TA1}}\dot{I}_n\right|\geqslant I_{set} \tag{4-6}$$

式中　I_{set}——电流动作门槛的整定值。

式（4-6）相当于将线路两侧的测量电流均折算到 $\dot{I}_m$ 侧。

应用光纤通信后，M 侧可以获得 N 侧的 $\dot{I}_n$ 和 n_{TA2}，N 侧可以获得 M 侧的 $\dot{I}_m$ 和 n_{TA1}，于是，线路两侧的三相均可以分别按照式（4-6）进行计算，三相的计算结果自然具有选相的功能。例如，当两相或三相满足动作条件时，直接作用于三相跳闸；当只有一相满足动作条件时，确定为一相发生了内部短路，随后，如果保护装置设定为允许单相跳闸（见第 5 章），则分相电流差动保护可以仅跳开故障相。

当线路两侧的电流互感器变比相等时，有 $n_{TA1}=n_{TA2}=n_{TA}$，于是，式（4-6）转化为

$$|\dot{I}_m+\dot{I}_n|\geqslant I_{set} \tag{4-7}$$

式中　$|\dot{I}_m+\dot{I}_n|$——线路两侧的二次电流相量和。

考虑到 $n_{TA1}=n_{TA2}=n_{TA}$ 为一般的情况，下面以式（4-7）为主要的讨论对象；而对于线路两侧 TA 变比不相等的情况，可以按照式（4-6）的关系，将两侧电流都统一折算到一侧。

下面，将分析式（4-7）中的 I_{set} 应当如何设置。

由于两侧的电流互感器总是有励磁电流，且励磁特性可能不相同，因此，在外部短路和正常运行时，两侧电流之和可能不等于 0，此电流称为不平衡电流 I_{unb}。考虑励磁电流的影响时，二次侧的电流值应为

$$\begin{cases} \dot{I}_m = \dfrac{1}{n_{TA}}(\dot{I}_M - \dot{I}_{\mu M}) \\ \dot{I}_n = \dfrac{1}{n_{TA}}(\dot{I}_N - \dot{I}_{\mu N}) \end{cases} \quad (4-8)$$

式中 $\dot{I}_{\mu M}$、$\dot{I}_{\mu N}$——两侧电流互感器的励磁电流。

在外部短路和正常运行时，有 $\dot{I}_M + \dot{I}_N = 0$，于是，二次侧的电流之和为

$$|\dot{I}_m + \dot{I}_n| = \frac{1}{n_{TA}}|\dot{I}_{\mu M} + \dot{I}_{\mu N}| = I_{unb} \quad (4-9)$$

为了避免在外部短路和正常运行情况下的误动，就必须躲过不平衡电流，即

$$|\dot{I}_m + \dot{I}_n| > I_{unb} \quad (4-10)$$

如 2.3.2 部分所述，当电流互感器的设计选择满足 10％误差曲线要求时，在理论上，不平衡电流的最大稳态值采用下式计算

$$I_{unb.max} = 0.1 K_{st} K_{np} I_{k.max} \quad (4-11)$$

式中 0.1——对应于 10％误差；

K_{st}——电流互感器的同型系数，当两侧 TA 的型号、容量相同时取 0.5，不同时取 1；

K_{np}——非周期分量系数，通常取 1.5～2（如果采用全周傅里叶算法时，可取 1.5）；

$I_{k.max}$——外部短路时，二次侧最大短路电流的理论值。

对于一切的差动保护原理，在保证外部短路不误动的前提下，还希望提高内部短路时的灵敏度。为此，通常采用实测的短路电流 I_k 来计算对应的不平衡电流 I_{unb}，而不是简单地设计为式（4-11）的最大值。其思路如下：①如图 4-12 所示，TA 的实际传变曲线 2 与理想传变曲线 1 之间的差值，就是稳态不平衡电流 I_{unb} 随短路电流 I_k 变化的特性，于是，将二者的差值绘制成曲线 3。②将曲线 3 的误差放大为曲线 4，这样，在 $I_{k.max}$ 处的误差是相同的；在 $I_k < I_{k.max}$ 时放大了误差，有利于防误动，同时，较好地获得了 I_{unb} 与实测 I_k 的线性关系，便于计算。

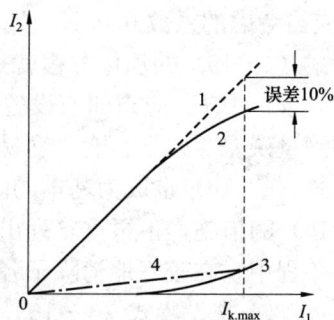

图 4-12 差动保护的不平衡电流

于是，得到与短路电流 I_k 相关联的不平衡电流 I_{unb}，表达式如下

$$I_{unb} = 0.1 K_{st} K_{np} I_k \quad (4-12)$$

式（4-12）中，$0.1 K_{st} I_k$ 项就对应于图 4-12 中的曲线 4（稳态误差中可以不计非周期分量的影响）。

考虑到外部短路时，一次侧满足 $\dot{I}_M = -\dot{I}_N$，二次侧近似有 $\dot{I}_m = -\dot{I}_n = \dot{I}_k$，因此，得

$$\dot{I}_k = \frac{1}{2}(\dot{I}_m - \dot{I}_n) \tag{4-13}$$

于是，将式（4-13）代入式（4-12），再代入式（4-10）得

$$|\dot{I}_m + \dot{I}_n| > 0.1 K_{st} K_{np} \frac{|\dot{I}_m - \dot{I}_n|}{2} \tag{4-14}$$

式（4-14）就是电流差动保护躲稳态不平衡电流的动作方程。由于制动电流随测量电流而变化，故称为具有制动特性的动作方程，也称为比率制动方程。

需要注意的是，电流互感器的10%误差曲线是一次电流为额定频率的正弦波情况下得到的，故式（4-14）对应的只是稳态的不平衡电流，并考虑了非周期分量的影响。但是，一次电流中的非周期分量主要经励磁阻抗而构成回路，将大大增加电流互感器的饱和程度，由此产生的误差称为电流互感器的暂态误差，因此，瞬时动作的差动保护必须考虑非周期分量经 TA 传变引起的暂态不平衡电流。

在实际应用中，不仅要考虑上述分析的稳态误差，还要考虑暂态误差、计算误差、电流互感器的相位偏移以及其他的影响因素，并考虑一定的裕度，于是，电流差动保护的动作方程通常采用下式

$$\begin{cases} |\dot{I}_m + \dot{I}_n| > K|\dot{I}_m - \dot{I}_n| \tag{4-15} \\ |\dot{I}_m + \dot{I}_n| > I_{op} \tag{4-16} \end{cases}$$

两式中　　$|\dot{I}_m + \dot{I}_n|$——动作量；

　　　　　$K|\dot{I}_m - \dot{I}_n|$——制动量，其中，$|\dot{I}_m - \dot{I}_n|$为制动电流，K 为制动系数，线路差动保护一般取 $K=0.5\sim0.8$；

　　　　　I_{op}——最小的动作门槛，也称为启动值。

比较式（4-14）与式（4-15）可以发现，式（4-15）中的 K 值大于稳态不平衡电流 I_{unb} 应当考虑的系数 $0.05 K_{st} K_{np}$。设计 $K=0.5\sim0.8$ 的原因可详见 4.4.2。

式（4-15）的动作方程就是具有制动特性的动作方程。该特性的确定，也初步回答了式（4-7）中 I_{set} 应当如何设置的问题。在式（4-15）中，当测量电流较小时，受零点漂移和测量误差等因素影响，容易误动。为此，引入式（4-16），防止电流较小时的误动，于是，式（4-16）也成为基本的防范措施。下面的式（4-18）、式（4-19）中也应当包含式（4-16）的措施，不再重复列出。

工程中，在较好地消除了各种不利的影响因素之后，可以按照一次侧需要切除的最小短路电流 1kA 来设置式（4-16）中的 I_{op} 整定值。如 $I_{op}=800A/n_{TA}$，此时，对应的最小灵敏度为 1000A/800A=1.25。

满足式（4-16）的灵敏度要求之后，差动保护的灵敏度计算主要由式（4-15）决定。在单电源情况下发生内部短路时，只有电源侧有短路电流（设 $\dot{I}_m = \dot{I}_k$，$\dot{I}_n = 0$），于是，灵敏度计算公式为

$$K_{sen} = \frac{\text{动作量}}{\text{制动量}} = \frac{|\dot{I}_m + \dot{I}_n|}{K|\dot{I}_m - \dot{I}_n|} = \frac{|\dot{I}_m|}{K|\dot{I}_m|} = \frac{1}{K} \tag{4-17}$$

将 $K=0.5\sim0.8$ 代入式（4-17），可得 $K_{sen}=1.25\sim2$。

在系统没有振荡的双电源线路上发生内部短路时，功角 $\delta<90°$，两侧的短路电流相量

会增大动作量 $|\dot{I}_{\mathrm{m}}+\dot{I}_{\mathrm{n}}|$、降低动作量 $K|\dot{I}_{\mathrm{m}}-\dot{I}_{\mathrm{n}}|$（可参考图 3-6 的关系），因而，灵敏度会比式（4-17）更大一些。在振荡期间发生内部短路时，如果功角 $\delta>90°$，则动作量会减小、制动量会增大，但不会误动，随着功角的减小，差动方程式（4-15）会逐渐得到满足，直到跳闸，只是略微需要等待功角减小的时间延时。在振荡期间发生内部短路时，如果功角 $\delta<90°$，则差动方程式（4-15）会立即动作。

应当指出，差动保护的一个研究方向是：如何设计制动量？希望在外部短路时有较大的制动量，确保不误动；在内部短路时有较大的灵敏度，确保可靠动作。

经过多年的研究与实践，除了式（4-15）的常用制动量构成方式之外，还有其他的制动量构成方式，例如

$$|\dot{I}_{\mathrm{m}}+\dot{I}_{\mathrm{n}}|>K(|\dot{I}_{\mathrm{m}}|+|\dot{I}_{\mathrm{n}}|) \tag{4-18}$$

$$|\dot{I}_{\mathrm{m}}+\dot{I}_{\mathrm{n}}|>\begin{cases}\sqrt{|\dot{I}_{\mathrm{m}}||\dot{I}_{\mathrm{n}}|\cos(180°-\theta_{\mathrm{mn}})}, & \cos(180°-\theta_{\mathrm{mn}})>0 \text{ 时}\\ 0 & , \ \cos(180°-\theta_{\mathrm{mn}})\leqslant0 \text{ 时}\end{cases} \tag{4-19}$$

式（4-15）的制动电流是线路两端二次侧电流的相量差，式（4-18）的制动电流是线路两端二次侧电流的绝对值之和（标量和），二者统称为比率制动。式（4-19）的制动电流是线路两端二次侧电流的标积，称为标积制动。

在式（4-19）中，θ_{mn} 为 $\dot{I}_{\mathrm{m}}$ 与 $\dot{I}_{\mathrm{n}}$ 之间的相位差，即 $\arg(\dot{I}_{\mathrm{m}}/\dot{I}_{\mathrm{n}})$。在外部短路情况下，有 $\theta_{\mathrm{mn}}=180°$，即 $\cos(180°-\theta_{\mathrm{mn}})=1$，于是，式（4-19）有最大的制动量；在内部短路情况下，θ_{mn} 在 $-90°\sim90°$ 范围时，式（4-19）的制动量为 0。

当采用式（4-15）、式（4-18）、式（4-19）时，在外部短路情况下都可以可靠不动作。外部短路和正常运行时 $\arg(\dot{I}_{\mathrm{m}}/\dot{I}_{\mathrm{n}})\approx180°$，有 $|\dot{I}_{\mathrm{m}}-\dot{I}_{\mathrm{n}}|\approx|\dot{I}_{\mathrm{m}}|+|\dot{I}_{\mathrm{n}}|$，于是，式（4-15）与式（4-18）的制动效果是相同的。

但在内部短路时，三种方案的灵敏度是不一样的。线路在单电源情况下发生内部短路时，按内部最小短路电流验证差动保护灵敏度，式（4-15）与式（4-18）的灵敏度是相同的；在双电源内部短路时，如果 $\arg(\dot{I}_{\mathrm{m}}/\dot{I}_{\mathrm{n}})\approx0°$，则有 $|\dot{I}_{\mathrm{m}}|+|\dot{I}_{\mathrm{n}}|>|\dot{I}_{\mathrm{m}}-\dot{I}_{\mathrm{n}}|$，此时，式（4-15）有更高的灵敏度。对于式（4-19）的标积制动方式，在单电源内部短路时，$\dot{I}_{\mathrm{m}}$ 和 $\dot{I}_{\mathrm{n}}$ 中有一个量为 0，此时，灵敏度最高。

结合式（4-15）、式（4-18）、式（4-19）（比率制动、标积制动）三种动作方程均满足外部短路不误动的特点，在微机保护的应用中，可以同时使用三种动作方程，在内部短路时，充分发挥各自的灵敏度优势。

下面，仅绘制出式（4-15）的动作特性，如图 4-13 所示。由图可以看出，差动保护除了启动电流 I_{op} 为固定的门槛值之外，其余的动作门槛值随着制动电流 $|\dot{I}_{\mathrm{m}}-\dot{I}_{\mathrm{n}}|$ 进行自动调节，动作区域为既要大于 I_{op} 又要大于斜线 K（斜率），这种特性就称为制动特性。该特性不仅提高了内部短路时的灵敏度，也提高了外部短路时不误动的可靠性，因此，在电流差动保护中得到了广泛的应用。

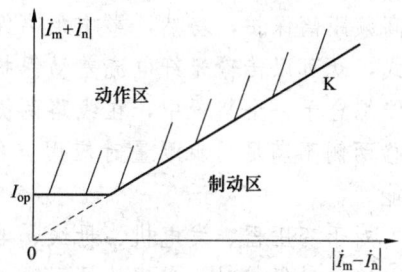

图 4-13　差动保护的动作特性

在微机差动保护中，还可以将动作时间与 $|\dot{i}_m+\dot{i}_n|/I_{op}$ 的比值进行一定程度的联动，构成类似于反时限的特性。例如：当 $|\dot{i}_m+\dot{i}_n|\geqslant1.5I_{op}$ 时，可以快速动作；当 $I_{op}\leqslant|\dot{i}_m+\dot{i}_n|\leqslant1.5I_{op}$ 时，可以多确认几次（此时，故障电流较小，对系统和设备的影响较小，应当以可靠性为主，不必过于强调动作速度）。

3. 分相电流差动保护的优点

由于式（4-3）包含了外部短路、正常运行、非全相运行、振荡等诸多工况，且适合于每一相的输电线路，因此，电流差动原理与光纤通信相结合后，构成的光纤差动保护具有如下的显著优点：

（1）能够明确地区分内部与外部的短路，选择性好。

（2）光纤通信可以传输大容量的信息，能够融入可靠性极高的验证码，抗干扰能力强，确保信息传输的可靠性。几乎可以做到：经过验证码确认的信息，可以放心地使用。

（3）内部短路时，电流通常都大于差动电流的启动值，有很高的灵敏度。

（4）三相各自计算，自然具有良好的选相功能，同时，不受非全相运行方式的影响。

（5）受振荡的影响较小。在振荡期间，每一相的线路两侧几乎都满足 $|\dot{i}_m+\dot{i}_n|\approx0$，不会误动；仅在功角摆到180°附近时又遇上振荡中心附近短路（属于极端且稀有的短路情况），此时该保护才不满足动作条件，但经过较短的时间后，功角逐渐由180°向90°方向摆动，于是，差动条件又会逐步得到满足，最终实现跳闸，不会出现拒动的情况。

（6）过负荷时不会误动。

（7）在同杆并架线路发生跨线故障时，仍然能够满足动作条件。

（8）几乎不受串补电容的影响。

（9）几乎不受转换性故障、发展性故障的影响。转换性故障一般是指先发生外部故障，接着又发生了内部故障；或先发生内部故障，接着又发生了外部故障。发展性故障一般是指先发生单相接地故障，随即同一故障点又发展为两相接地或三相短路。

（10）在功率倒向的情况下，线路的一次侧依然满足电流和为零的条件。

综上所述，光纤差动保护几乎是目前满足继电保护"四性"的最好保护方式。当然，与所有的纵联保护一样，由于能够明确地区分内部短路与其他工况（包括外部短路），因此，光纤差动保护没有远后备的功能，应当说，远后备的功能通常由单端电气量保护来完成。另外，差动保护还需要两侧电流的同步测量，受分布电容电流的影响等，详见4.4.2。

顺便指出，还可以将光纤通信应用于纵联距离保护中，构成光纤距离保护，不需要线路两侧电气量的同步测量，除了传输短路方向的信息之外，还可以传输更多的信息，可靠性优于高频距离保护，当然，影响距离保护正确工作的主要因素仍然存在。另外，利用光纤通信方式，既可以传输光纤电流差动保护的信息，又可以传输光纤距离保护的信息，将两种保护功能综合于一个装置中，在线路两侧保证同步测量时应用性能最优的光纤差动保护功能，在线路两侧不满足同步测量时应用光纤距离保护功能，充分发挥微机保护和光纤通道的优良性能。

对于变压器、发电机、母线、电动机、电抗器等设备，由于各侧电气量的距离很近，构成电流差动保护时，采用的导引线（电缆）较短，不存在长导引线的问题，因此电流差动保护得到了广泛应用，构成了主保护的方式。这些设备的差动保护原理与上述介绍的光纤电流差动保护原理相类似，详见后续章节的内容。

4.4.2 影响因素及对策

电流差动保护另一个重要的研究方向是：如何消除或防范影响差动保护正确工作的各种不利因素。

影响电流差动保护正确工作的主要因素包括不平衡电流、两侧电流的同步测量、分布电容、负荷电流、TA 饱和以及 TA 的暂态误差等。下面分别予以介绍。

4.4.2.1 两侧同步测量的要求及对策

注意到，式（4-1）～式（4-3）必须满足"同一个时间测量"的条件，也称为同步测量条件。$\dot{I}_\mathrm{m}$ 与 $\dot{I}_\mathrm{n}$ 满足同步测量时，在非内部短路的其他工况下，动作量为 $|\dot{I}_\mathrm{m} + \dot{I}_\mathrm{n}| = 0$，如图 4-14（a）所示。也可以将 $\dot{I}_\mathrm{m}$、$\dot{I}_\mathrm{n}$ 绘制为图 4-14（b）所示的实线相量关系。

如果两侧出现了时间差为 Δt 的不同步测量，得到了如图 4-14（b）所示的 $\dot{I}_\mathrm{m}$ 与 $\dot{I}'_\mathrm{n}$，那么在外部短路和正常运行时，虽然一次侧电流满足 $\dot{I}_\mathrm{M} + \dot{I}_\mathrm{N} = 0$ 的关系（即动作量应当为 0），但由图 4-14（b）可以确定，在不同步时间差为 Δt 的情况下，二次侧的测量电流容易导致电流差动保护的误动。应用等腰三角形的关系，可得不同步测量时的动作量计算公式如下

$$|\dot{I}_\mathrm{m} + \dot{I}'_\mathrm{n}| = 2I_\mathrm{k} \sin\frac{\omega_1 \Delta t}{2} \tag{4-20}$$

式中 $\dot{I}_\mathrm{m}$、$\dot{I}'_\mathrm{n}$——线路两侧的二次测量电流；

I_k——外部故障的短路电流或负荷电流；

Δt——线路两侧不同步测量的时间差；

$\omega_1 \Delta t$——工频电气量的角度差。

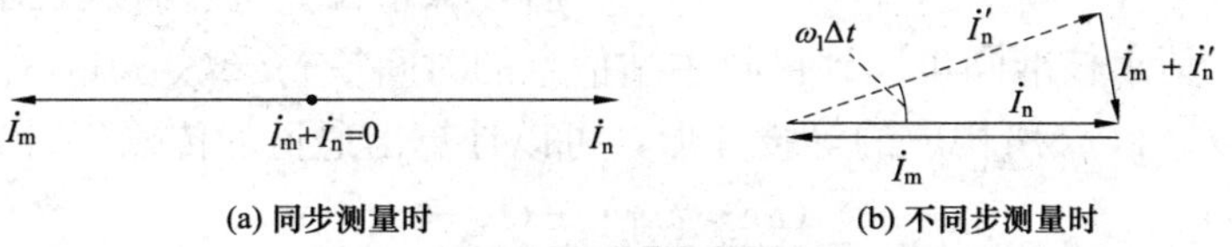

(a) 同步测量时　　(b) 不同步测量时

图 4-14 不同步测量时的动作量

由式（4-20）可以知道，线路两侧的电流信号不同步测量时，电流差动保护会出现不正确的动作量，容易导致误动。此外，类似的分析还可以知道，制动量也与式（4-15）出现了差异。因此，差动保护的两侧电流信号必须保证同步测量，避免误动。

对于导引线较短的电流差动保护，如后面将介绍的变压器、发电机、母线的差动保护，两侧（或多侧）的二次电流可以直接按照式（4-1）的方式进行连接，或由同一个微机保护装置实现同步测量，所以，当各侧电流的距离比较靠近时，很容易满足同步测量的要求。然而，对于几十公里甚至几百公里的输电线路，无法使用同一个装置进行线路两侧的同步测量。于是，如何保证两个异地电流之间的同步测量，就成为线路电流差动保护必须要解决的技术问题。

常用的同步方法有基于光纤通道的同步方法、基于电气量特征的同步方法、基于卫星定位系统的同步方法。下面分别介绍这几种同步方法的基本原理。

1. 基于光纤通道的同步方法

基于光纤通道的同步方法包括采样时刻调整法、采样数据修正法和时钟校正法等，其中，以采样时刻调整法应用较多。

在图 4-11 所示线路两侧的保护中，可以任意规定某一侧为主站（如 M 侧），主站侧的采样间隔 T_s 始终保持不变；另一侧为从站（如 N 侧），在电流差动保护运行期间，从站侧应当设法与主站侧保持同步测量。线路两侧装置的固有采样频率 f_s 相同，采样间隔由晶振和定时器控制为 $T_s=1/f_s$，相邻的 T_s 之间完全可以看成无差异，但是，随着时间的延长，两侧晶振频率的较小差异会影响两侧采样时刻的同步性。因此，每隔一段时间就需要确认一次：线路两侧是否处于同步测量的状态。设主站侧的采样时刻分别为 t_{s1}、t_{s2}、t_{s3}…，对应的从站侧采样时刻分别为 t_{m1}、t_{m2}、t_{m3}…，所谓同步测量，就是希望线路两侧的 t_{s1} 与 t_{m1} 为同一时刻，t_{s2} 与 t_{m2} 为同一时刻……

图 4-15 所示线路两侧的采样时刻已经处于不同步测量的状态，如 t_{s2} 与 t_{m2} 之间出现了 Δt 的时间差异。

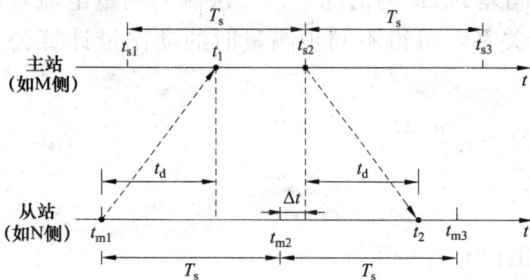

图 4-15　采样时刻调整法的原理示意图

基于光纤通道的同步方法是：由从站每间隔一段时间就发起一次同步核准的操作。从站在某一个采样时刻（设为 t_{m1}）向主站发送一帧请求核准同步的帧信息，经过光纤通道的传输延时 t_d 后，主站在 t_1 时刻接收到该信息，并记下主站自己的 t_1 时刻，于是，主站在下一个采样时刻 t_{s2} 向从站应答一帧信息，该信息的核心内容是 $t_{s2}-t_1$。主站的信息同样经过光纤通道的传输延时 t_d 后，从站在 t_2 时刻接收到 $t_{s2}-t_1$ 的信息，并确定了从发送"请求核准同步"到接收主站信息的时间差 t_2-t_{m1}。这样，从站根据图 4-15 中由 t_{m1}、t_1、t_{s2} 和 t_2 所构成的等腰梯形，可以计算出通道的传输延时为

$$t_d=\frac{(t_2-t_{m1})-(t_{s2}-t_1)}{2} \tag{4-21}$$

从站在计算出 t_d 后，由 t_2 时刻再回推 t_d 时间，此时应当对应于主站的采样时刻 t_{s2}，再与本侧的 t_{m2} 比较，如果二者一致（$\Delta t=0$），则表明两侧处于同步测量的状态；否则，出现了 Δt 的时间差，说明线路两侧处于不同步测量的状态，于是，从站就应当进行采样时刻的调整，直到 $\Delta t=0$，满足两侧同步测量的条件。

应当说明的是：①$t_{s2}-t_1$ 是主站接收信号到发送信号的时间差，t_2-t_{m1} 是从站发送信号到接收信号的时间差，二者都很容易由各自比较稳定的晶振时钟来获得（与国际标准时钟无关），于是，在同步确认的过程中，几乎可以将 $t_{s2}-t_1$ 和 t_2-t_{m1} 看成是没有误差的；②主站在 t_{s2} 采样时刻发送应答信号是一种约定，便于从站的同步核对，也就是说，约定一个核对的基准时刻；③上述同步方法的依据是"来回路由一致"，即要求发送延时和接收延时均为 t_d。如果不满足来回路由一致的条件，将产生同步识别的误差，所以，需要电力通信部门予以配合。当然，还可以采取多次确认的办法。

顺便指出，在利用网络进行对时的方法中，通常也采用这种基于"来回路由一致"的对

时原理。

2. 基于电气量特征的同步方法

基于光纤通道的同步方法是光纤差动保护最常用的方法，但是，在路由不一致等少数情况下，线路两侧还可能存在不同步采样的影响，因此，为了进一步保证光纤差动保护的可靠性，还可以融入基于电气量特征的同步方法，确保不误动。

线路正常运行时，以线路 A 相为例，将式（3-13）的推导结论应用于线路两侧。于是，由 M 侧的电气量可以计算出 N 侧的测量电压 $\dot{U}'_{\mathrm{An}}$，得

$$\dot{U}'_{\mathrm{An}} = \dot{U}_{\mathrm{Am}} - Z_1(\dot{I}_{\mathrm{Am}} + K3\dot{I}_{\mathrm{0.m}}) \tag{4-22}$$

式中　$\dot{U}_{\mathrm{Am}}$、$\dot{I}_{\mathrm{Am}}$、$3\dot{I}_{\mathrm{0.m}}$——M 侧的 A 相测量电压、测量电流和零序电流，三者为同一装置的测量电气量，很容易且必须保证同时测量；

Z_1——线路全长的正序阻抗，为已知参数；

$\dot{U}'_{\mathrm{An}}$——由 M 侧电气量推算出线路对侧（N 侧）的测量电压。

于是，在 N 侧传送给 M 侧的信息交换中，增加 N 侧的实际测量电压 $\dot{U}_{\mathrm{An}}$，那么，在线路两侧满足同步条件时，应当有

$$\beta = \arg\frac{\dot{U}_{\mathrm{An}}}{\dot{U}'_{\mathrm{An}}} \approx 0° \tag{4-23}$$

如果式（4-23）不满足，则判定为线路两侧不同步。在工程应用中，考虑到电压、电流的传变和测量误差以及 Z_1 误差的影响，可以设定为：满足 $|\beta| \leqslant 10°$ 时，可判定为两侧是同步的。于是，可以将 $-10° \leqslant \arg(\dot{U}_{\mathrm{An}}/\dot{U}'_{\mathrm{An}}) \leqslant 10°$ 作为光纤差动保护的一个开放条件，进一步确保可靠性。

当然，在短路情况下，不进行式（4-23）的识别，原因是：① 内部短路时，式（4-22）不成立；② 在短路的短时间（如几秒至十几秒）内，线路两侧依据原来的采样间隔 T_s，按照各自晶振进行时钟的运转，即可保持同步状态。

在我国继电保护领域，主要采用基于光纤通道的同步方法，并将基于电气量特征的同步方法作为辅助的措施。将这两种同步方法相结合之后，光纤差动保护就能够很好地防止不同步的影响了。

顺便指出，在实际应用中，还可以采用长线路的波传输方程来代替式（4-22）的计算，以解决超/特高压长线路的分布参数以及波传输延时的影响。

3. 基于卫星定位系统的同步方法

美国的全球卫星定位系统 GPS（Global Positioning System）和我国的北斗星系统可提供卫星导航和定位服务，能够传递准确的国际标准时钟（Universal Time Coordinated，UTC），是一种无线电时钟信号源，因此，被广泛作为较大范围内各种设备之间的同步时钟信号源，例如，应用于电力系统的广域测量系统（Wild Area Measurement System，WAMS）。

地面接收机在任意时刻能同时接收其视野范围内 4～8 颗卫星的信息，通过对接收的信息进行解码、运算和处理，能从中提取并输出两种时间信号：① 秒脉冲信号 1PPS（1 Plus Per Second），该信号的上升沿与标准时钟 UTC 的同步误差不超过 $1\mu s$；② 经串行口输出与 1PPS 对应的标准时间代码，包括年、月、日、时、分、秒。

将卫星定位系统应用于线路的电流差动保护中，就构成了基于卫星定位系统的同步方法。在线路两侧的保护装置中，每间隔 1s 就可以被 1PPS 信号同步一次，实现异地电气量的准确同步测量。另外，在交换电气量信息的同时，还可以附加上绝对时标，以便于线路两侧找到相同时标的相量进行差动保护计算。

应当说，光纤通道同步方法是基于电力系统本身的资源而实现的，其可靠性要优于卫星定位系统，应当优先采用。

4.4.2.2　分布电容的影响及对策

由于输电线路存在分布电容，导致正常运行和外部短路时线路两侧的电流之和不为 0，而是等于线路的电容电流。对于较短的高压架空线路，电容电流并不大，电流差动保护可以依靠躲不平衡电流的门槛值来兼顾电容电流的影响。但是，对于较长距离的高压架空线或电缆线路，电容电流难以忽略，若采用提高启动门槛值 I_{op} 和制动系数 K 的方法来躲过电容电流的影响，必将降低内部短路的灵敏度，为此，通常采用补偿电容电流的方法。

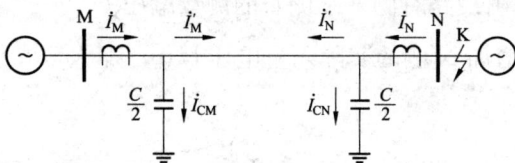

图 4 - 16　输电线路的 π 型等效电路

对于一般长度的输电线路，可以近似地将分布参数模型等效为集中参数的 π 型线路，如图 4 - 16 所示，其中，线路全长的正序、负序电容分别为 C_1，零序电容为 C_0。C_1、C_0 通常作为已知参数提供给保护装置。在此条件下，如果求出图 4 - 16 中的电容电流 $\dot{I}_{CM}$

和 $\dot{I}_{CN}$，就可以得到线路侧电流 $\dot{I}'_M$ 和 $\dot{I}'_N$，外部短路和正常运行时满足 $\dot{I}'_M + \dot{I}'_N = 0$ 的条件，这样，上述的分析与动作方程均成立，达到了补偿电容电流的目的。理论分析和实践证明，将线路等效为 π 型电路所产生的误差并不大，同时，还使得电容电流的补偿更简便。

设 π 型等效电路每一侧的正序、负序容抗为 $-\mathrm{j}X_{C1} = -\mathrm{j}1/(\omega_1 C_1/2)$，零序容抗为 $-\mathrm{j}X_{C0} = -\mathrm{j}1/(\omega_1 C_0/2)$，那么，利用保护的测量电压，得到两侧的电容电流分别为

$$\dot{I}_{CM} = \dot{I}_{1.CM} + \dot{I}_{2.CM} + \dot{I}_{0.CM} = \frac{\dot{U}_{1.M}}{-\mathrm{j}X_{C1}} + \frac{\dot{U}_{2.M}}{-\mathrm{j}X_{C1}} + \frac{\dot{U}_{0.M}}{-\mathrm{j}X_{C0}}$$

$$= \frac{\dot{U}_M - \dot{U}_{0.M}}{-\mathrm{j}X_{C1}} + \frac{\dot{U}_{0.M}}{-\mathrm{j}X_{C0}} \tag{4-24}$$

$$\dot{I}_{CN} = \frac{\dot{U}_N - \dot{U}_{0.N}}{-\mathrm{j}X_{C1}} + \frac{\dot{U}_{0.N}}{-\mathrm{j}X_{C0}} \tag{4-25}$$

两式中　$\dot{I}_{1.CM}$、$\dot{I}_{2.CM}$、$\dot{I}_{0.CM}$——M 侧的正序、负序、零序电容电流；

$\dot{U}_M$、$\dot{U}_{0.M}$——M 侧的相电压和零序电压；

$\dot{U}_N$、$\dot{U}_{0.N}$——N 侧的相电压和零序电压。

将式（4 - 24）、式（4 - 25）转换为二次侧电流，有 $\dot{I}_{Cm} = \dot{I}_{CM}/n_{TA}$，$\dot{I}_{Cn} = \dot{I}_{CN}/n_{TA}$，代入式（4 - 15）、式（4 - 18）、式（4 - 19）中，就得到了计及分布电容影响的电流差动保护动作方程。以式（4 - 15）为例，有

$$\left|(\dot{I}_m - \dot{I}_{Cm}) + (\dot{I}_n - \dot{I}_{Cn})\right| > K\left|(\dot{I}_m - \dot{I}_{Cm}) - (\dot{I}_n - \dot{I}_{Cn})\right| \tag{4-26}$$

式中　$\dot{I}_{Cm}$——M 侧电容电流的二次值；

$\dot{I}_{Cn}$——N 侧电容电流的二次值。

顺便指出，如果线路两侧的 TA 之间装设了抑制电容电流的并联电抗器，那么也可以采用上述类似的方法来考虑并联电抗器对电流差动保护的影响。对于较长的输电线路，还可以采用长线路的波传输方程来考虑分布电容电流的影响。

4.4.2.3　负荷电流的影响及对策

以式（4-15）为例，由短路分析可知，短路后的测量电流等于负荷分量与故障分量的叠加，则有

$$\begin{cases} \dot{I}_m = \dot{I}_{m.L} + \dot{I}_{m.k} \\ \dot{I}_n = \dot{I}_{n.L} + \dot{I}_{n.k} \end{cases} \tag{4-27}$$

式中　$\dot{I}_{m.L}$、$\dot{I}_{m.k}$——M 侧的负荷电流分量和故障电流分量；

　　　$\dot{I}_{n.L}$、$\dot{I}_{n.k}$——N 侧的负荷电流分量和故障电流分量。

对于负荷分量，有 $\dot{I}_{m.L} = -\dot{I}_{n.L}$，因此，式（4-15）的动作量为

$$\dot{I}_m + \dot{I}_n = (\dot{I}_{m.L} + \dot{I}_{m.k}) + (\dot{I}_{n.L} + \dot{I}_{n.k}) = \dot{I}_{m.k} + \dot{I}_{n.k} \tag{4-28}$$

式（4-28）表明，动作量$|\dot{I}_m + \dot{I}_n|$与负荷电流无关，主要取决于电流的故障分量。

式（4-15）的制动电流为

$$\dot{I}_m - \dot{I}_n = (\dot{I}_{m.L} + \dot{I}_{m.k}) - (\dot{I}_{n.L} + \dot{I}_{n.k}) = (\dot{I}_{m.k} - \dot{I}_{n.k}) + 2\dot{I}_{m.L} \tag{4-29}$$

式（4-29）表明，制动电流$|\dot{I}_m - \dot{I}_n|$不仅与电流的故障分量 $\dot{I}_{m.k} - \dot{I}_{n.k}$ 密切相关，还与负荷电流 $\dot{I}_{m.L}$ 的 2 倍有关系。在过负荷的情况下，制动电流会更大。这样，在内部发生金属性短路情况下，故障分量电流较大，可以满足灵敏度的要求，但是，当区内发生经大过渡电阻短路时，因为故障分量电流较小，凸显了负荷电流 $\dot{I}_{m.L}$ 的影响，将降低保护的动作灵敏度，导致电流差动保护允许过渡电阻的能力受到一定的限制。这就是负荷电流对电流差动保护的影响。

为了消除负荷电流的影响，增强保护的耐受过渡电阻能力，提高保护的灵敏度，主要采用如下两种对策。

1. 采用故障分量电流构成差动保护判据

用故障分量电流 $\dot{I}_{m.k}$、$\dot{I}_{n.k}$ 代替式（4-15）中的全电流 $\dot{I}_m$ 和 $\dot{I}_n$，消除负荷电流的影响，对应的动作方程为

$$|\dot{I}_{m.k} + \dot{I}_{n.k}| \geqslant K|\dot{I}_{m.k} - \dot{I}_{n.k}| \tag{4-30}$$

式中　$\dot{I}_{m.k}$、$\dot{I}_{n.k}$——两侧电流的故障分量，按照式（3-88）的方法提取故障分量电流。

如第 3 章所述，可以用符号 $\Delta\dot{I}_m$、$\Delta\dot{I}_n$ 来表示故障分量电流 $\dot{I}_{m.k}$、$\dot{I}_{n.k}$，于是，式（4-30）可写为

$$|\Delta\dot{I}_m + \Delta\dot{I}_n| \geqslant K|\Delta\dot{I}_m - \Delta\dot{I}_n| \tag{4-31}$$

式（4-31）的不足之处是，微机保护只能获得较短时间内的故障分量，在第一次短路时性能优良，但是，如果遇上先发生外部短路，在整组复归之前又发生内部短路，那么难以获得准确的故障分量。

2. 采用零序电流构成差动保护判据

鉴于在金属性短路时，式（4-15）就已经达到很好的性能了，而负荷电流的影响主要反映在单相经大过渡电阻短路的情况，于是，针对此工况，再配置零序电流差动保护，即

$$|\dot{I}_{0.m} + \dot{I}_{0.n}| \geqslant K |\dot{I}_{0.m} - \dot{I}_{0.n}| \qquad (4-32)$$

式中　$\dot{I}_{0.m}$、$\dot{I}_{0.n}$——线路两侧的零序电流，几乎不存在负荷电流的成分。

区外相间短路时，为了防止两侧 TA 特性不一致而产生暂态零序不平衡电流的影响，于是，在式（4-32）动作后通常需要经过 $50\sim100\text{ms}$ 的延时确认。在式（4-15）不动作的情况下，短路电流一般都不会很大，对系统稳定性和设备的影响要小得多，因此，式（4-32）的延时确认所带来的不利影响也小得多，但是，却充分保证了零序电流差动保护的可靠性。

在三相开关不同时合闸及断开时，虽然也会产生零序电流分量，但是该零序电流分量是穿越性的电流，基本上满足 $|\dot{I}_{0.m} + \dot{I}_{0.n}| \approx 0$ 的条件，不会造成零序电流差动保护的误动。

应当说，在微机保护中，式（4-15）、式（4-31）、式（4-32）三种方法基本上都同时采用。其中，故障分量电流差动保护作为第一次短路的初期使用，容易获得电流的故障分量，确保灵敏度不受过负荷影响；相电流差动保护作为通用的动作方程，应用于故障的全部过程；零序电流差动保护在大电阻接地情况下，确保灵敏度不受负荷电流的影响。

4.4.2.4 TA 传变误差的影响及对策

在式（4-14）的推演中，已经分析了 TA 传变的稳态误差影响及其对策，因此，下面介绍 TA 暂态误差的影响、TA 饱和的影响及其对策。

1. TA 暂态误差的影响和特征

为了方便图、文的联系，再画出电流互感器的等效电路，如图 4-17 所示，并假设所有参数均折算到二次侧，其中，$\dot{I}_1$、$\dot{I}_2$ 为一次和二次的电流；$\dot{I}_\mu$ 为励磁电流；L_μ 为励磁回路的等效电感；Z_L 为二次负载的等效阻抗[1]。于是，电流互感器的工频二次电流为

$$\dot{I}_2 = \dot{I}_1 - \dot{I}_\mu \qquad (4-33)$$

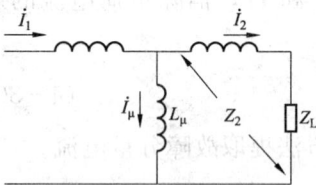

图 4-17　电流互感器等效电路

由于电流互感器的传变误差就是励磁电流 $\dot{I}_\mu$ 引起的，因此，根据图 4-17，得

$$\dot{I}_\mu = \frac{Z_2}{Z_2 + j\omega L_\mu} \dot{I}_1 \qquad (4-34)$$

式（4-34）中，Z_2 包括了电流互感器的二次漏抗和负载阻抗。在定性分析时，结合微机保护的负载特性，可以将 Z_2 近似当作纯电阻处理。

---

[1] 在微机保护中，测量电流通常接入到一个小型 TA 中，其二次侧接在一个小电阻的两端，从而将电流转化为成正比的电压信号，再由 A/D 进行测量，因此，对应于微机保护的 Z_L 主要为电阻性质。

在外部短路时，折算到二次侧后，线路的 M 和 N 两侧一次电流满足 $\dot{I}_M + \dot{I}_N = 0$，但是，由 TA 传变误差引起的不平衡电流为

$$I_{unb} = |\dot{I}_m + \dot{I}_n| = |(\dot{I}_M - \dot{I}_{\mu M}) + (\dot{I}_N - \dot{I}_{\mu N})| = |\dot{I}_{\mu M} + \dot{I}_{\mu N}| \tag{4-35}$$

实际上，不平衡电流就是两侧 TA 励磁电流的差异引起的。由式（4-34）可知，励磁电流总是落后于一次电流。按照规定正方向的极性连接 TA 时，两侧励磁电流 $\dot{I}_{\mu M}$ 与 $\dot{I}_{\mu N}$ 具有相互抵消的作用，且它们之间的相位差不会超过 90°。

由于二次负载的等效阻抗 Z_L 变化很小，因此，由式（4-34）还可以知道，励磁电流 $\dot{I}_\mu$ 的大小与励磁等效电感 L_μ 有密切关系，而 L_μ 取决于 TA 铁芯是否饱和以及饱和的程度。下面，简单地介绍 L_μ 与磁化曲线的关系，以便定性说明 L_μ 的变化情况，从而了解不平衡电流 I_{unb} 受到的影响。

通常，可以通过磁滞回线来分析励磁电流与铁芯磁通 Φ 之间的关系，如图 4-18 所示。在图 4-18（a）中，曲线 3 是励磁电流按照曲线 2 变化时的磁滞回线，曲线 1 是铁芯的基本磁化曲线（通常简称为磁化曲线）。励磁电流中没有直流分量时，曲线 2 是对称变化的，磁滞回线 3 环绕着磁化曲线 1 形成回环，近似分析时通常采用磁化曲线 1 来代替磁滞回线 3。磁化曲线上的 s 点称为饱和点（另一点为 s'）。

由电机学知识可知，线圈电压 $u(t)$ 与铁芯磁通 $\Phi(t)$ 之间的关系为 $u = W(\mathrm{d}\Phi/\mathrm{d}t)$（$W$ 为线圈的匝数）。此外，根据图 4-17 的电路关系可知，忽略 TA 较小的一次侧漏抗和电阻的影响后，TA 输入端的电压为 $u \approx L_\mu(\mathrm{d}i_\mu/\mathrm{d}t)$。于是，结合两个电压表达式的关系后，可得

$$\frac{\mathrm{d}\Phi}{\mathrm{d}i_\mu} \approx \frac{L_\mu}{W} \tag{4-36}$$

式（4-36）说明，$\Phi - i_\mu$ 磁化曲线（图 4-18 中的曲线 1）对应于 i_μ 点的斜率几乎与励磁回路的等效电感 L_μ 成正比。因此，得到这样的结论：①铁芯未饱和时，$\Phi - i_\mu$ 的曲线较陡，L_μ 数值很大且接近常数，励磁电流很小；②铁芯饱和后，磁化曲线变得很平坦，L_μ 值大为减小，励磁电流增大。

如图 4-18（b）所示，若励磁电流中存在较大的非周期分量，则引起励磁电流偏向于时间轴的一侧（如曲线 2'），磁通也偏离磁化曲线 1，并按照曲线 3' 的局部磁滞回环进行变化，此时的 TA 处于饱和后的工作状态。于是，可以知道，非周期分量的存在将会显著地减小 TA 的等效电感 L_μ，进而增大励磁电流 I_μ。

将 L_μ 的定性分析与式（4-34）结合起来，可以确定：

（1）当 TA 一次电流 I_1 比较小时，电流互感器不饱和，对应的 L_μ 值很大且接近常数，于是，励磁电流 I_μ 很小。在磁化曲线的非饱和段，I_μ 随着 I_1 增大也近似地按比例增大。

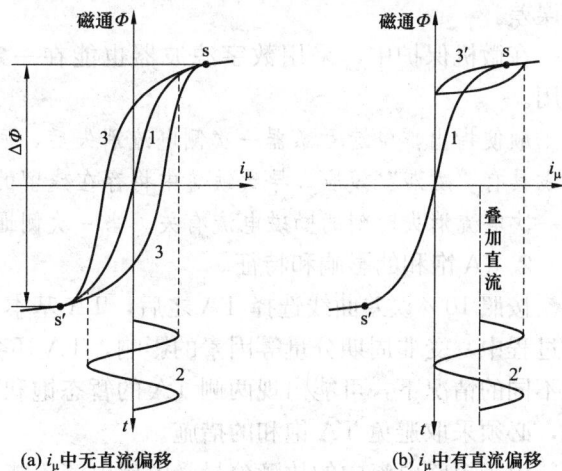

(a) i_μ 中无直流偏移　　　　(b) i_μ 中有直流偏移

图 4-18　电流互感器铁芯的磁滞回线

（2）当 I_1 较大或 TA 励磁电流增大到铁芯饱和（如图 4 - 18 中的 s 点）时，对应的 L_μ 值减小，由式（4 - 34）可知励磁回路的分流增大，反过来，又促使励磁电感 L_μ 进一步下降，于是，励磁电流 I_μ 迅速增大，直到 L_μ 的变化率较小。应当说，当等效的 L_μ 较小时，图 4 - 17 中几乎不发生变化的漏感和电阻成分将重新起到主要的作用。

铁芯越饱和则励磁电流 I_μ 就越大，差动保护的不平衡电流 I_{unb} 也就越大，并且随一次电流的增加呈现非线性的增加。

由式（4 - 34）还可以确定，在一次电流 I_1 不变时，如果二次负载 Z_L 越大，则 Z_2 越大，励磁回路的分流越大，铁芯越容易饱和。因此，在工程中应设法降低二次负载 Z_L。

另外，根据上述的分析还可以知道，TA 的一次稳态电流太大时，将引起励磁电流增加得更多，从而也会导致传变误差增大。这就是电流互感器 10% 误差曲线设计要求"限定最大短路电流"的原因。如图 2 - 38（b）所示，要求 $I_{k.max} \leqslant I_{max}$，以便保证稳态工频电流的稳态误差不大于 10%，其中，$I_{k.max}$ 为最大的短路电流，I_{max} 为 TA 稳态传变误差为 10% 时所对应的最大电流值。

衰减非周期分量的变化率通常小于工频分量，可以粗略地看成是一个低频分量，于是，由式（4 - 34）或 TA 等效电路图 4 - 17 可以知道，衰减时间常数越大，频率越低，励磁电流 I_μ 就越大；不衰减的非周期分量就是频率为 0（衰减时间常数为 ∞）的直流分量，基本上都流入励磁回路，形成励磁电流。因此，非周期分量的存在将大大增加 TA 的饱和程度，由此产生的误差称为电流互感器的暂态误差。差动保护是快速动作的，必须考虑非周期分量引起的暂态不平衡电流。

上述分析的是单侧电流互感器的暂态特性和误差。对于线路差动保护来说，外部短路的非周期分量贯穿于线路两侧的一次电流中，由线路一侧 TA 的极性端流入，由线路另一侧 TA 的非极性端流入，如图 4 - 11（a）中的 $\dot{I}_k$。因此，当线路两侧采用相同型号的 TA 时，两侧 TA 由非周期分量引起的暂态误差有相似的特征，而极性相反，于是，由式（4 - 35）可知，大部分的暂态误差可以被相互抵消。但是，当线路两侧采用不同型号的 TA 时，就必须考虑最大不平衡电流的出现：一侧 TA 没有暂态误差，而另一侧 TA 的暂态误差达到最严重的程度。为此，在设计时，应当在线路两端设法采用相同型号的 TA，以便减小 TA 的暂态误差。

在微机保护中，采用数字滤波器也能在一定程度上起到降低电流互感器暂态影响的作用。

顺便指出，电流互感器一次侧电流消失后，励磁电流瞬时值 $i_\mu(t)$ 也变为 0，但由于磁滞回线具有"磁滞"效应，导致铁芯中将存在残留的磁通，此现象称为剩磁。剩磁的大小和方向与一次电流消失时刻的励磁电流有关。当一次侧通入交变电流后，可以较快地消除剩磁现象。

2. TA 饱和的影响和特征

按照 10% 误差曲线选择 TA 之后，TA 基本上不存在严重的稳态饱和问题，但是，在暂态过程中，受非周期分量等因素的影响，TA 还会存在暂态饱和的现象，尤其是两侧 TA 变比不同的情况下，可能出现两侧 TA 的暂态饱和不一致，从而导致电流差动保护的误动，为此，必须采取避免 TA 饱和的措施。

由于短路电流中的故障分量受电感电流不能突变的制约，故障分量的电流必定从 0 开始上升，而此时的 TA 在负荷电流的作用下（近似分析时，可忽略负荷电流的影响），还工作在线性传变区，因此，在 TA 二次回路接入微机保护时，TA 的饱和通常出现在电流峰、谷值附近（约短路后的 1/4 周波）或之后，如图 4-19（a）的 $i_m(t)$ 所示。也就是说，合理地选择 TA 变比后，在刚短路的约 1/4 周波时间之内，一般不存在 TA 饱和的问题。在图 4-19、图 4-20 中，t_0 为短路时刻，为了清晰和方便比较，假设负荷电流为 0，TA 变比 $n_{TA}=1$。

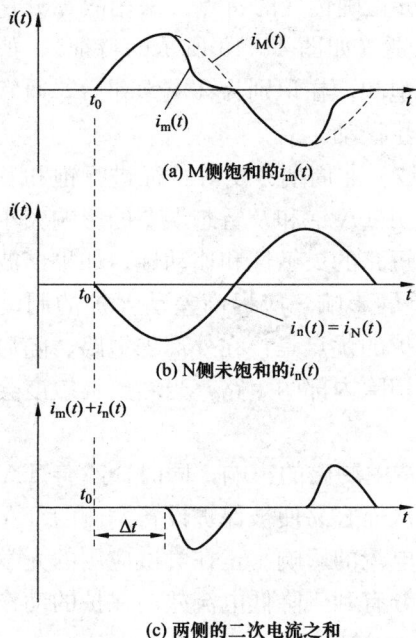

图 4-19 外部短路时的电流示意图

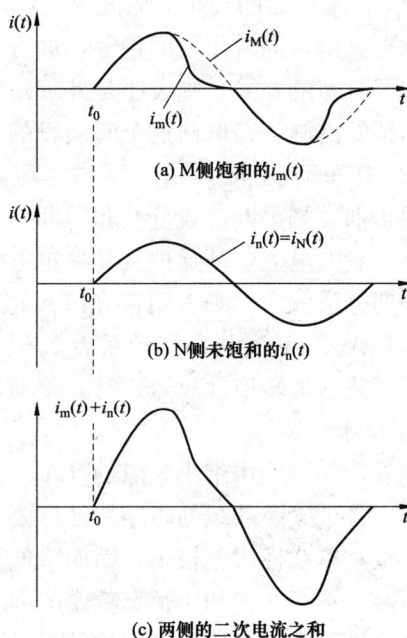

图 4-20 内部短路时的电流示意图

外部短路时，线路两侧的一次电流分别为 $i_M(t)$ 和 $i_N(t)$，理想情况下满足 $i_M(t)+i_N(t)=0$，对于二次电流，有 $i_m(t)+i_n(t)=0$。但是，如果 N 侧的二次电流能够准确传变，如图 4-19（b）所示，而 M 侧的二次电流受 TA 饱和影响，将 $i_M(t)$ 传变为图 4-19（a）所示的 $i_m(t)$，那么二次侧的动作电流为 $i_m(t)+i_n(t)$，出现了如图 4-19（c）所示的输出电流，经过相量计算后，有一定数值的动作量 $|\dot{I}_m+\dot{I}_n|$ 存在，有可能造成电流差动保护的误动。为此，必须采取措施避免 TA 饱和的影响，解决问题的方法仍然是寻找差异或特征。

为了进行比较，将内部短路时 M 侧 TA 饱和的电流波形、N 侧未饱和的电流波形以及 $i_m(t)+i_n(t)$ 电流均示于图 4-20 中。比较图 4-19 和图 4-20 可以发现，外部短路引起 TA 饱和时，$i_m(t)+i_n(t)$ 出现的时间比 $i_m(t)$ [包括 $i_n(t)$] 出现的时间要晚一个 Δt（约 1/4 周波）；而内部短路时，$i_m(t)+i_n(t)$ 与 $i_m(t)$ 几乎同时出现。于是，利用此特性差异就构成了 TA 饱和的识别方法。

在微机保护中，系统无故障时，启动元件 KA 随时计算 $i_m(t)$、$i_n(t)$ 中的故障分量，因此，基本上可以识别短路发生的时刻 t_0，再与动作量 $i_m(t)+i_n(t)$ 出现的时刻进行比较，如果二者出现的时刻几乎相同（允许一定的小差异），则表明是内部短路，可以开放差动保护；如果二者出现的时刻存在 $\Delta t\geqslant(4\sim5)$ ms 的差异，则表明是外部短路引起了 TA 饱和，

导致出现了 $i_m(t)+i_n(t)\neq 0$。这种识别的机理可以称为"时间差"特征，在微机保护中经常采用。

3. 抑制 TA 传变误差影响的对策

综合了上述分析的特征之后，目前，针对 TA 饱和与暂态误差的影响，微机保护采取的主要对策如下：

(1) 在刚短路的约 1/4 周波内，利用 TA 几乎能够正确传变的特点，采用故障分量电流与差动电流是否同时出现的特征，进行 TA 饱和的识别（如图 4 - 19 所示的特征）。如果二者出现了时间的差异，则表明是外部短路引起的 TA 饱和。在识别为 TA 饱和后，通常采取短时闭锁的措施，即取消这个时间段的差动计算，防止误动。

(2) 在短路发生的约 1/4 周波之后，可以采用谐波、非周期分量等特征进行饱和及暂态分量的识别。如果谐波成分及非周期分量较低，则表明 TA 饱和及暂态误差的影响较小，可以使用一般的电流差动保护及其整定方案，提高内部短路的灵敏性和速动性；如果谐波成分及非周期分量偏大，则表明存在 TA 饱和及暂态误差的影响，应提高差动保护的制动系数 K，防止误动。这种提高制动系数 K 但不闭锁差动保护的优点是：在外部先短路、随后再发生内部短路（即转换性故障）时，差动保护仍然可以切除内部的短路，当然，灵敏度会受到一定的影响。

此外，如果采用带小气隙的 TA，则可以减少铁芯中剩磁的影响，同时，改善 TA 的暂态特性。带小气隙 TA 的磁路特性主要取决于气隙，从而容易使被保护设备两侧的 TA 特性趋于一致，非线性误差较小，因而降低了暂态不平衡电流的影响。正在尝试应用的光学及电子互感器，不存在饱和、暂态畸变的问题，此特点十分有利于降低电流差动保护的动作值和斜率 K，进而提升电流差动保护的灵敏度。

4.4.2.5 TA 断线的影响及对策

由式（4 - 15）可以看出，当线路一侧的 TA 发生断线时，在一定负荷电流的情况下，容易使差动保护误动。例如，M 侧 TA 断线后，有 $\dot I_m=0$，但 $|\dot I_n|=I_L$，于是，得

$$\begin{cases} 动作量=|\dot I_m+\dot I_n|=|\dot I_n|=I_L \\ 制动量=K|\dot I_m-\dot I_n|=K|\dot I_n|=KI_L \end{cases} \tag{4-37}$$

由于 $K<1$，因此式（4 - 37）的关系满足差动保护的一个动作条件：$|\dot I_m+\dot I_n|\geqslant K|\dot I_m-\dot I_n|$。于是，在负荷电流的影响下，只需要再满足 $I_L\geqslant I_{op}$ 的条件，则差动保护就会误动。

下面介绍两种 TA 断线的识别方法。

1. TA 断线识别

线路出现零序电流时，如果某两相电流有一定的数值且几乎不变，而另一相则由有一定数值的电流变为小于 $0.06I_N$，那么经过一定延时后，可判定电流小于 $0.06I_N$ 的那一相发生了 TA 断线。延时的时间是为了区别于非全相运行状态，在非全相状态运行时，三个相别的电流差动保护是不会误动的。

判断出 TA 断线后，可通过事先的整定设置，选择闭锁或不闭锁线路差动保护。如果选择闭锁差动保护，还可以进一步选择闭锁三相或者只闭锁断线相。

2. 设计双侧启动的逻辑方式

图 4-21（a）的启动方式与图 3-24 类似，电流差动元件需经过启动元件的开放才能跳闸，以便确保可靠性。在两侧电流同步测量情况下发生短路时，差动元件与启动元件几乎同时动作，于是，才满足保护动作的条件；在两侧电流不同步测量时，只有差动元件动作，但启动元件不动作，不会导致误动，此外，经延时还可以发出差动元件异常（主要为不同步）的报警信号。

对于图 4-21（a）所示的启动方式，在一定负荷电流下发生 TA 断线时，断线侧既满足电流启动又满足差动元件动作的条件，因此，仍然会造成误动。

改进的方法就是采用图 4-21（b）所示的双侧电流启动方式。利用光纤通道可以互相传输较多信息的优势，线路两侧不仅可以互相传输电流的相量，应用于差动保护动作方程的计算；还可以传输启动的信息，相互开放对侧的保护。这样，在一侧发生 TA 断线情况下，另一侧电流不会受到影响，不会出现电流也启动的情况，因此，图 4-21（b）的方案可以有效地防止 TA 断线引起的误动。当然，在短时间内相继出现 TA 断线与短路的重叠情况，属于稀有的工况，目前的继电保护方案还难以兼顾。

但是，图 4-21（b）所示的启动方式在单电源的空载线路上发生内部短路时，负荷侧可能因为无电流而无法启动，又会导致拒动。于是，可以采用图 4-21（c）所示的双侧综合启动方式。在单电源的空载线路上发生内部短路时，负荷侧的电压会因短路而降低，满足启动的条件。

在图 4-21（c）中，电压启动元件可以采用电压低及负序电压高构成"或"的启动方式，称为复合电压启动方式，如图中虚线框所示（本侧电压启动中，未详细展开）。这样，在线路内部短路时，两侧可以互相开放，没有影响；在一定负荷电流情况下发生 TA 断线时，可防止误动，并可以快速报警。

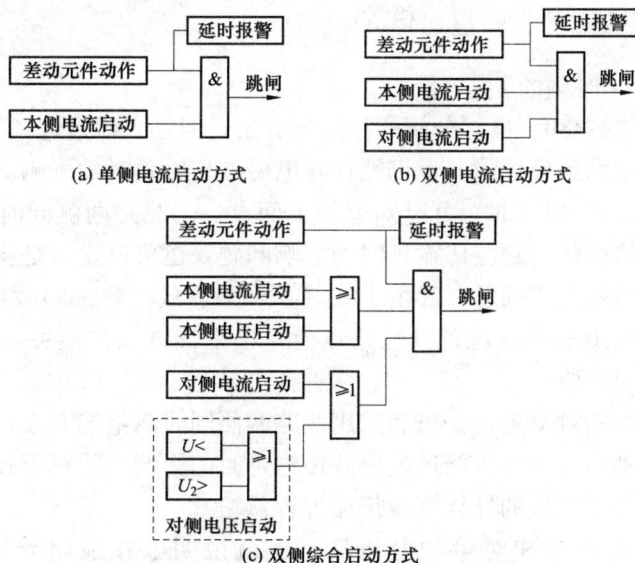

(a) 单侧电流启动方式　　　　　　(b) 双侧电流启动方式

(c) 双侧综合启动方式

图 4-21　差动元件与启动的配合逻辑

*4.4.2.6　电磁波传输延时的影响及对策

线路差动保护是将一个"点"的基尔霍夫电流定律应用于一条输电线路中，此时，需要考虑电磁波传输过程的延时影响。下面，不解释复杂的波传输过程，仅从物理概念上说明电磁波传输过程的延时影响。

如图 4-22 所示，在 M 侧附近发生短路时（如 K1、K2 处），故障分量在短路时刻（设为 t 时刻）就被 M 侧的 $\dot{I}_M$ 测量到，但是，即使按照最快的光速 v 传输，则 N 侧需要经过 $t=l/v$ 的延时之后，才能测量到 $\dot{I}_N$ 的故障分量，其中，l 为线路的长度。于是，将电磁波的传输速度按照光速来分析，有

$$\dot{I}_M(t) + \dot{I}_N\left(t+\frac{l}{v}\right) = 0 \tag{4-38}$$

式中　$\dot{I}_M(t)$ ——t 时刻的 $\dot{I}_M$ 相量；

　　　$\dot{I}_N\left(t+\dfrac{l}{v}\right)$ ——$t+\dfrac{l}{v}$ 时刻的 $\dot{I}_N$ 相量。

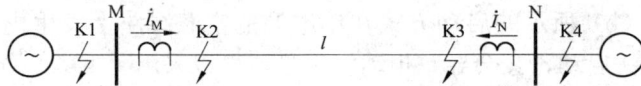

图 4-22　传输延时影响的说明图

类似地，在 N 侧附近发生短路时（如 K3、K4 处），故障分量在短路时刻（设为 t 时刻）就被 N 侧的 $\dot{I}_N$ 测量到，而 M 侧需要在 $t=l/v$ 之后才能测量到 $\dot{I}_M$ 的故障分量。于是，有

$$\dot{I}_M\left(t+\frac{l}{v}\right) + \dot{I}_N(t) = 0 \tag{4-39}$$

式中　$\dot{I}_M\left(t+\dfrac{l}{v}\right)$ ——$t+\dfrac{l}{v}$ 时刻的 $\dot{I}_M$ 相量；

　　　$\dot{I}_N(t)$ ——t 时刻的 $\dot{I}_N$ 相量。

式（4-38）、式（4-39）虽然分析的是故障分量，但是，通过进一步分析还可以确定，对于负荷分量以及外部的远处故障，也仍然存在电磁波传输延时的影响。

分析式（4-38）、式（4-39）可以知道如下两点：①线路两侧同时测量的电流不符合基尔霍夫电流定律，这就是电磁波传输延时的影响问题，也可以说，是将一个"点"的定律应用于一条"线"之后带来的问题；②由于式（4-38）、式（4-39）对延时修正的要求是相反的，因此，在不知道短路点位置（短路点位置正是继电保护最关心的特征量）的情况下，无法进行传输延时的修正。

于是，工程中常用的对策是：①仍然采用线路两侧同时测量的方案；②对于不太长的输电线路，采用提高制动系数的方法躲过电磁波传输延时的影响；③对于较长的输电线路，需采用波传输方程进行差动电流的计算（波传输方程从略）。

经过上述各种影响因素和对策的分析后，也就说明了在线路差动保护动作方程式（4-15）中，制动系数一般取 $K=0.5\sim0.8$ 的原因，即不仅要考虑稳态误差（$0.05K_{st}K_{np}I_k$）的影响，还要考虑暂态误差、TA 饱和、电磁波传输过程延时等的影响。制动系数取 $K=0.5\sim0.8$ 也经过了多年的运行检验。

下面，将影响线路光纤差动保护的主要因素及其对策归纳出来，如表 4 - 1 所示。

提前作个说明，在变压器、发电机、母线、电抗器、电动机等设备的电流差动保护中，两侧（或多侧）的电流信号基本上都是就近测量，没有电磁波传输延时的影响。

表 4 - 1　　　　　　　　　　影响线路光纤差动保护的主要因素及其对策

主要的影响因素	主要的对策	对策的公式
稳态不平衡电流	采用具有制动特性的动作方程	式（4 - 15）
TA 变比	（1）尽量采用相同变比的同型号 TA； （2）TA 变比不同时，归算到同一侧	式（4 - 6）
线路的异地两侧 需要同步测量	（1）利用光纤通道的传输机制，实现两侧同步对时； （2）利用电气量关系，进行对时确认	式（4 - 22）
分布电容电流	计算容电流的影响，并进行补偿	式（4 - 26）
负荷电流	（1）故障分量差动（突变量差动）； （2）零序差动	式（4 - 31） 式（4 - 32）
TA 饱和 与暂态误差	（1）制动系数中考虑 TA 暂态误差； （2）识别出饱和后，提高制动系数，或短时闭锁； （3）采用带小气隙的电流互感器； （4）滤波	
TA 断线	（1）识别（可设置为闭锁或不闭锁）； （2）采用双侧综合启动方式	
电磁波传输延时	（1）提高制动系数； （2）长线路需采用波传输方程计算差动电流	

*4.4.3　电流幅值差动保护

在光纤通信的条件下，除了上述广泛应用于输电线路的光纤分相电流差动保护之外，还可以利用正常运行和外部短路时线路两侧测量电流的幅值（有效值）几乎相等的特征，即 $I_M = I_N$，从而构成光纤电流幅值差动的保护方式。

在正常运行和外部短路时，计及各种影响因素后，两侧电流的有效值应当满足

$$(1 - K_{er})I_N < I_M < (1 + K_{er})I_N \qquad (4 - 40)$$

式中　I_M、I_N——线路两侧测量电流的有效值；

K_{er}——最大的相对误差系数，参考电流差动保护的误差分析和运行经验，可取 $K_{er} = 0.25 \sim 0.4$。

将式（4 - 40）改写为

$$|I_M - I_N| < K_{er}I_N \qquad (4 - 41)$$

于是，只要破坏了式（4 - 41）的条件，就可以确定为：不属于正常运行和外部短路的范畴，而是发生了内部故障。因此，由式（4 - 41）的相反条件，可得"肯定为内部短路"的动作方程为

$$|I_M - I_N| \geqslant K_{er}I_N \qquad (4 - 42)$$

或

$$|I_M - I_N| \geqslant K_{er}\max\{I_M, I_N\} \qquad (4 - 43)$$

应用式（4 - 43）构成的保护可称为电流幅值差动保护，也可以采用与式（4 - 15）、式

（4-18）、式（4-19）相类似的动作方程。电流幅值差动保护的主要优点是：①线路两侧不必满足同步测量的条件；②不受振荡与过负荷的影响。但是，主要的缺点是：在振荡中心附近发生短路时，故障线路两侧测量电流的幅值几乎相等，不满足式（4-43）的动作条件，从而出现保护的死区。因此，电流幅值差动保护不能单独使用。

在每台的保护装置中，考虑到"每个功能需要防误动，多个功能配合防拒动"的思想，因此，可以充分利用光纤电流差动保护和光纤电流幅值差动保护的各自优点，将二者结合使用，取长补短。当线路两侧满足同步测量条件时，以性能优良的光纤电流差动保护为主要的保护方式；当线路两侧不满足同步测量条件时，光纤差动保护将退出使用，此时，在振荡中点附近之外发生短路的情况下，电流幅值差动保护还可以实现快速动作，发挥电流幅值差动保护的优势。

在应用电流幅值差动保护时，影响因素及对策可参考表4-1。另外，至少还应当注意两点：①必须与故障启动元件相结合，确保式（4-43）的 I_M 和 I_N 都是故障后的电流有效值；②与比率制动特性相类似，设置一个电流的最小动作门槛 I_{op}，如式（4-16）。

应当说明的是，介绍电流幅值差动保护的出发点还是希望读者能够参与继电保护的特征分析和研究。

练 习 与 思 考

4.1 在已经学习过的继电保护原理中，哪些是反应输电线路一侧电气量变化的保护？哪些是反应输电线路两侧电气量变化的保护？两者在原理和保护范围上有何区别？

4.2 为什么纵联保护能够实现快速跳闸？

4.3 哪些通道类型可以应用于构成纵联保护？各有什么特点？

4.4 将电力线载波通信应用于纵联保护时，为什么通常只发送"有""无"高频信号？

4.5 将电力线载波通信应用于继电保护时，高频信号通常有哪几种工作方式？分别有哪几种逻辑应用方式？

4.6 光纤通信有何特点？

4.7 在电力线载波通信中，请说明各元件的主要作用及其基本要求。

4.8 高频闭锁式、高频允许式、高频跳闸式纵联保护分别应用了故障的哪些特征？

4.9 在闭锁式高频距离保护中，对启动元件和阻抗元件分别有什么要求？

4.10 在图4-7所示的闭锁式高频距离保护中，三个时间元件的时间大约是多少？其作用是什么？

4.11 在闭锁式高频距离保护中，为什么启动元件的动作时间要求快于方向阻抗元件？为什么启动元件的灵敏度要求高于方向阻抗元件？

4.12 在一般情况下，闭锁式高频距离保护与距离Ⅰ段相比较，哪种保护的动作速度更快？为什么？

4.13 参考闭锁式高频距离保护的逻辑示意图，试绘制出高频跳闸式距离保护的逻辑示意图。

4.14 何谓功率倒向？如何克服功率倒向的影响？

4.15 以闭锁式高频距离保护的逻辑示意图为基础，在闭锁式高频距离保护和闭锁式高频方向保护中，试进行二者性能优劣的比较。

4.16 纵联差动保护的基本工作原理是什么？对两侧的测量信号有何要求？

4.17 在差动保护中，为什么要求两侧电流互感器的型号尽可能设计为同型号？如果两侧电流互感器的型号不相同时，如何防范其影响？

4.18 在差动保护中，为了方便，通常采取何种方法计算稳态不平衡电流？

4.19 在比率制动特性的电流差动保护中，为什么要设计一个最小的启动值？

4.20 请将学习过的各种继电保护原理进行比较，并说明电流差动保护有何优点？

4.21 试分析：①电流差动保护为什么不受串补电容的影响？②电流差动保护为什么受振荡的影响较小？③在发生转换性故障时，电流差动保护能否正确动作？为什么？

4.22 纵联保护本身能否具备远后备保护的功能？

4.23 试分析影响高频距离保护的因素有哪些？

4.24 对于输电线路的光纤差动保护，主要采取了什么方法实现线路两侧的同步测量？在利用光纤通道的采样时刻同步调整方法中，有何基本前提？

4.25 在输电线路的光纤差动保护中，如何消除分布电容的影响？

4.26 在输电线路的光纤差动保护中，负荷电流有何影响？如何消除负荷电流的影响？

4.27 对于电流互感器的二次侧负载阻抗，有何要求？为什么？

4.28 在一定负荷电流的情况下，请说明 TA 二次侧断线的影响。

4.29 影响光纤差动保护的因素有哪些？主要采取了何种对策？

4.30 在高频保护中，对线路两侧电气量的测量，是否要求同步？为什么？

4.31 如何识别 TA 饱和？

4.32 如何识别 TV、TA 的断线？

第5章 自动重合闸

5.1 自动重合闸的作用及其基本要求

5.1.1 自动重合闸的作用

运行经验和统计数据表明，架空线路的故障大都是"瞬时性故障"，例如，由雷击引起的绝缘子表面闪络，大风引起的碰线，鸟类、树枝、风筝绳索等物体掉落在导线上引起的短路等。对于这些故障，当继电保护驱动断路器断开电源后，电弧即可熄灭，外界物体（如鸟类、树枝等）也被电弧烧掉而消失，故障点的绝缘可恢复，故障随即自行消除。为此，将这类故障称为瞬时性故障。对于瞬时性故障，如果重新将断开的断路器再合上，就往往能够恢复正常的供电，从而减小停电的时间，提高供电的可靠性。

与瞬时性故障相对应的，还有一种故障情况称为永久性故障，例如，由线路倒杆、断线、绝缘子击穿或损坏等引起的故障。对于这些故障，当继电保护驱动断路器断开电源后，故障点仍然存在，通常需要人工处理才能恢复正常。对于永久性故障，即使重新将断开的断路器再合上，由于故障仍然存在，因此无法恢复正常的供电，继电保护还要再次动作于跳闸。

在电力系统中，输电线路是发生故障最多的元件，且架空线路的故障大都属于瞬时性故障，如果尝试着自动将断路器重新进行合闸，那么将会提高供电的可靠性。此任务就由一种称为自动重合闸（简称重合闸）的技术来完成。

在工程应用中，常用的线路重合闸技术还难以判断"是瞬时性故障还是永久性故障"。显然，对瞬时性故障，重合闸可以成功，线路恢复正常供电；对永久性故障，重合闸不可能成功。为此，常用重合成功的次数与总动作次数之比来表示重合闸的成功率，一般在 60%～90% 之间，此参数也间接地反映了瞬时性故障次数占总故障次数的比例，可作为统计数据之一来使用。准确的瞬时性故障次数占总故障次数的比例应当根据巡线结果进行统计。

在输电线路上采用重合闸的作用可归纳如下：

（1）在线路发生瞬时性故障时，可迅速恢复供电，缩短停电时间，提高供电的可靠性。

（2）对于双电源的高压输电线路，可以提高系统并列运行的可靠性，提高线路的传输容量。

（3）对断路器机构不良或继电保护误动而引起的误跳闸，可以起到纠正错误的作用。甚至在某些条件下必须加速切除短路时，可使保护装置先进行无选择动作，随后再采用重合闸或其他方法进行补救，以便快速恢复供电。

采用重合闸后，当重合于永久性故障时，也将带来不利的影响，如：

（1）对短路的设备将造成再一次的损害，同时，电力系统也将再一次受到故障的冲击，对高压系统还可能损害并列运行的稳定性。

（2）使断路器的工作条件变得更加恶化。因为断路器需要在很短的时间内连续切断两次短路电流，这种情况对于油断路器必须加以考虑。在断路器第一次跳闸切除故障时，由于电弧的作用已经使油绝缘介质的强度降低了，在重合后的第二次跳闸时，是在油绝缘强度已经降低的不利条件下进行的，因此，油断路器在采用重合闸以后，其遮断容量也存在不同程度的降低，一般约降低到 80%。

总之，是否采用重合闸，主要考虑两方面的因素：①瞬时性故障的几率很大，永久性故障的几率较小；②重合于永久性故障时，对系统稳定性的影响和设备损伤的程度还属于允许耐受的范围。

统计数据和工程实践表明，架空线路重合闸的利大于弊。因此，重合闸在高压架空线路中得到了广泛的应用。目前，正在研究识别瞬时性故障和永久性故障的方法，希望在永久性故障时不进行重合闸。

也正是基于上述的利弊分析，并考虑到变压器、高压母线、电缆线路等设备的故障大部分都是永久性故障，所以，重合闸技术极少应用于变压器、高压母线和电缆线路。

需要说明的是，本书只讨论一次重合闸方式。对于两次或多次重合闸方式，可参考一次重合闸方式的设计方案。

5.1.2 对自动重合闸的基本要求

根据生产的需要和运行经验的总结，对输电线路的重合闸提出了如下的基本要求。

（1）重合闸可由保护启动或断路器控制状态与位置"不对应"启动。"不对应"是一种简称，是指控制断路器的控制开关❶处于"合闸后"的命令状态，而断路器却处于"分闸"的位置（即命令为"合"，但实际为"分"，二者呈现了"位置不对应"的情况）。正常运行时，断路器受控制开关的控制，二者的位置状态应当是对应的，即均为合闸或均为分闸。

（2）动作迅速。在满足故障点去游离（即介质恢复绝缘能力）所需的时间、断路器灭弧室和传动机构准备好再次动作的条件下，重合闸的动作时间应尽可能短。因为从断路器断开到重合的时间越短，用户的停电时间就可以相应地缩短，从而减轻故障对用户和系统带来的不良影响。

重合闸动作的时间 t_{ARD} 可整定（整定原则见 5.2.3），一般采用 0.5～1.5s。

（3）不允许任意多次重合。重合闸动作的次数应符合预先的设定，大部分为一次重合闸，也有采用二次重合闸。当重合于永久性故障而断路器再次跳闸后，一般就不应再重合，因为多次重合于永久性故障时，将使系统和故障设备多次遭受冲击，可能使断路器损坏或无法切断短路电流，甚至破坏系统稳定性，从而扩大事故。

（4）在双侧电源的情况下，应考虑合闸时两侧电源间的同步问题，并满足所提出的要求（见 5.2 节）。

（5）动作后应能自动复归。当重合闸动作一次后，应能自动复归，准备好下一次再动作。对于雷击机会较多的线路，为了发挥重合闸的效能，这一要求更是必要的。

（6）手动或遥控断路器分闸时不应重合。当运行人员手动或遥控操作使断路器断开时，重合闸不应动作，以免影响正常的系统操作。

为了下面的叙述简便，"手动"一词包括了就地手动操作和远方的遥控操作。

（7）手动合闸于故障线路时不重合。因为手动合闸于故障线路时，此故障多属于永久性故障，通常是因为检修时的保安接地线没有拆除、缺陷未修复等，不仅不需要重合，而且还

---

❶ 运行人员通过控制开关可对断路器进行手动合闸或分闸操作。

要加速保护的跳闸。

（8）重合闸应具有接收外来闭锁信号的功能，满足强制闭锁重合闸的需要。如停止使用重合闸功能、高压母线保护动作于跳闸、断路器的气压或液压降低时，应闭锁重合闸的功能。

5.1.3　自动重合闸的分类

根据重合闸控制断路器相数的不同，通常可将重合闸分为单相重合闸、三相重合闸和综合重合闸。对于使用何种重合闸方式，需要结合系统的稳定性分析，选择最有利的重合方式。一般来说有：

（1）没有特殊要求的单电源线路，宜采用一般的三相重合闸。

（2）凡是选用简单的三相重合闸能满足要求的线路，应当选用三相重合闸。

（3）当线路发生单相接地故障时，如果使用三相重合闸不能满足稳定的要求，那么应当选用单相重合闸或综合重合闸。

5.2　三相一次重合闸

5.2.1　单侧电源线路的三相一次重合闸

三相一次重合闸（简称三重）是指，无论本线路发生何种故障，继电保护均动作于跳开三相断路器，随后启动重合闸，经过预定延时 t_{ARD} 后，发出重合命令，将三相断路器一起合上。此过程可归纳为"三跳三合"。在断路器重合之后，如果是瞬时性故障，那么故障已经消失，重合成功，线路恢复正常的运行，实现了重合闸的目的；如果是永久性故障，则继电保护将再次动作跳开三相断路器，不再重合。

从上述介绍的动作过程来看，单侧电源线路三相一次重合闸比较简单，基本上属于一个逻辑的判断过程。在满足逻辑条件时，只需要经过预定延时 t_{ARD} 后，在允许重合的条件下，发出重合命令即可。图 5-1 所示为单侧电源线路三相一次重合闸的原理框图，主要由启动重合闸（H6 及其左侧的逻辑）、重合闸延时 t_{ARD}（T8）、一次合闸逻辑，以及手动跳闸和手动合闸闭锁（F2 的"非"端）等部分组成。

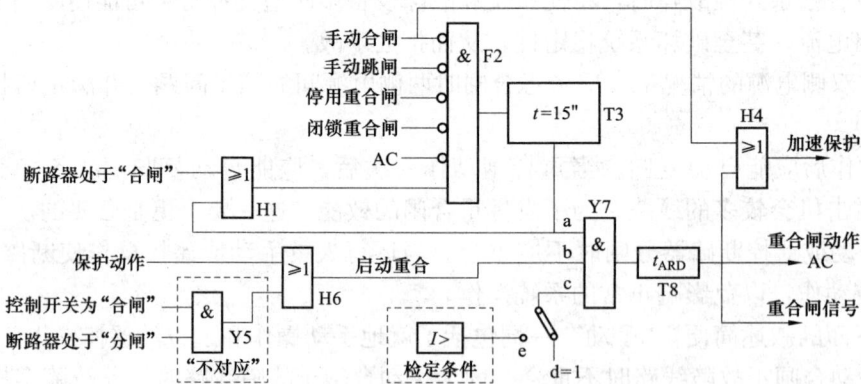

图 5-1　单侧电源线路三相一次重合闸原理框图

单侧电源的重合闸方式可通过切换片将 c、d 端连接，断开 c、e 端，于是，在图 5-1

中，Y7 的 c 端始终为 d 端的逻辑 1，不使用虚框部分的检定条件。

对于单侧电源的三相一次重合闸，其主要动作过程如下。

（1）手动合闸。在断路器合闸前，手动跳闸、停用重合闸、重合闸动作（AC）、闭锁重合闸等 F2 的"非"端逻辑均为 0。在手动合闸时，由运行人员通过操作控制开关，令断路器处于"合闸"状态，同时，手动合闸信号（为 1）经 F2 对 T3 进行清零，使 Y7 的 a 端为 0，Y7 输出 0，不开放重合闸出口回路。

如果手动合闸于正常的线路，则运行人员通过操作控制开关令手动合闸信号消失，断路器处于"合闸"状态，此状态使 H1 输出 1，经 F2（此时，无任何"非"的条件）启动时间元件 T3 开始计时，在 15s 后，T3 输出 1，使 Y7 的 a 端为逻辑 1，满足一个条件，准备好重合闸的回路。

如果手动合闸于故障，则不满足 T3 的 15s 条件，Y7 的 a 端为逻辑 0，于是，保护动作跳闸后，断路器处于分闸的状态，H1 输出 0，无法经 F2 去启动 T3 的计时，使 T3 的输出始终为 0，确保 Y7 的 a 端始终为 0，重合闸逻辑不会发出重合命令。

（2）正常运行。线路正常运行期间，手动合闸、手动跳闸、停用重合闸、重合闸动作、闭锁重合闸等 F2 的"非"端逻辑均为 0，而断路器处于"合闸"状态，经 H1 和 F2 输出 1，保持 T3 计时元件开始计时。当 T3 计时为 15s 后，就一直处于 15s 的状态，T3 输出 1，于是，Y7 的 a 端为逻辑 1，满足一个条件，重合闸回路始终处于准备动作的状态。另外，T3 输出 1 经 H1 和 F2 构成一种自保持的方式，在此状态下，即使继电保护动作于断路器跳闸或断路器自身的误动，都不会影响 T3 处于计时为 15s 的准备重合状态。

（3）启动重合闸。当继电保护动作跳闸后，由保护动作信号经 H6 输出 1，即可启动重合闸，此时，Y7 的 b 端又满足逻辑 1 的条件，于是，Y7 的 a、b、c 端均为 1，从而驱动重合闸的 T8 计时，当 T8 满足设定的时间 t_{ARD} 之后，即可发出重合闸动作命令，此命令需持续足够的时间（图中未画出），以保证断路器合闸。

将控制开关为"合闸"而断路器处于"分闸"的状态构成"与"的逻辑（如 Y5），就形成了重合闸的"不对应"启动方式，此时，也能经 H6 输出 1 使 Y7 的 b 端为 1，启动重合闸回路。这个启动条件可纠正断路器因各种原因引起的误跳闸，如断路器操动机构不良导致的误跳闸（也称偷跳）。

（4）仅允许一次合闸的逻辑。在发出重合闸动作信号后，AC 端为 1（T8 的输出还连接到 F2 的输入端），立即经 F2 对时间元件 T3 进行清零，使 Y7 的 a 端为 0，Y7 输出为 0，同时，在 T3 的 15s 计时之内，如果断路器处于"分闸"状态（如永久性故障的再次跳闸），则断路器"合闸"状态的逻辑为 0，于是，H1 的 2 个输入条件均为 0，令 H1 输出为 0，确保 T3 无法计时且被清零，从而不再进行第二次重合，也就是说，依靠此逻辑回路确保仅实现一次重合闸。

时间元件 T3 是重合闸逻辑的准备时间，也是"仅允许一次合闸"的重要元件。T3 必须考虑足够的重合时间以及可能再次跳闸（对永久性故障而言）的时间总和，一般设计为 15s。

（5）发出重合命令后。如果是瞬时性故障，那么在重合成功之后，断路器又处于"合闸"状态，此时，应对所有动作过的逻辑进行一次全部清零操作，并经 H1、F2 重新开始 T3 的计时，15s 延时后，就准备好下一次的重合了。但需要注意的是，重合闸动作的信号通常由运行人员通过手动才能复归，以便运行人员进行事件记录、了解动作行为，当然，重合闸信号并不影响重合闸逻辑的工作。

如果重合于永久性故障，则继电保护再次动作于跳闸，断路器的"合闸"状态为 0，且 T3 输出已经为 0，因此，二者的逻辑 0 使 H1 输出 0，进一步对 T3 进行清零操作，确保 Y7 不满足条件，从而实现不允许重合闸的再次动作。此不重合的状态持续到运行人员通过控制开关实现手动合闸后才能恢复。

（6）闭锁重合闸。手动跳闸、手动合闸或其他原因需要闭锁重合闸时，F2 相应的"非"端输入逻辑为 1，均可以使 F2 输出 0，促使 T3 清零，强制令 Y7 输出 0，从而达到闭锁重合闸的目的。其中，其他原因闭锁重合闸的条件包括停止使用重合闸功能、高压母线保护动作跳闸、断路器的气压或液压降低等。

（7）手动合闸或发出重合闸命令之后，经过 H4 给继电保护装置提供一个加速动作的命令（此逻辑对应于"后加速"方式，见 5.2.4）。

5.2.2　双侧电源线路的三相一次重合闸

1. 双侧电源线路重合闸的特点

在双侧电源的线路上实现重合闸时，除了应满足单电源重合闸的基本要求以外，还必须考虑如下的特点：

（1）当线路发生故障时，两侧的保护装置可能以不同的时限动作于跳闸。例如一侧为Ⅰ段无时限动作，而另一侧为Ⅱ段带时限动作，此时，为了保证重合闸尽可能成功，必须在故障点电弧熄灭和绝缘强度恢复之后，才允许重合闸。

（2）当线路故障跳开三相断路器之后，常常存在着重合闸时两侧电源是否同步，以及是否允许非同步重合的电流冲击问题。

因此，双电源线路的重合闸应当在单电源重合闸的基础上，采取一些附加的措施，以适应双电源工况的要求。

2. 双侧电源线路重合闸的主要方式

（1）快速重合闸。在现代高电压输电线路上，采用快速重合闸是提高系统并列运行稳定性和供电可靠性的有效手段。所谓快速重合闸，是指保护断开两侧断路器之后的 0.5～0.6s 内使之重合。在这样短的时间内，两侧等效电动势的角度（功角）摆开不大，系统不易失去同步，即使功角偏大一些，冲击电流对电力设备、电力系统的影响一般也在可以耐受的范围内，线路重合闸后会较快地拉入同步。

当然，使用快速重合闸必须满足如下的条件：

1）线路两侧都装有可以进行快速重合闸的断路器，如快速气体断路器等。

2）线路两侧装设了全线速动的保护，如光纤分相电流差动保护、高频距离保护等。

3）在重合瞬间，要求冲击电流对电力设备、电力系统的影响在允许范围内。

对于双电源系统，冲击电流周期分量的估算公式与式（3-43）相同，为了方便应用，重写如下

$$I = \frac{E_{SW}}{|Z_\Sigma|} = \frac{2E}{|Z_\Sigma|} \sin \frac{\delta}{2} \tag{5-1}$$

式中　E_{SW}——两侧等效电动势之间的电势差；

　　　Z_Σ——两侧等效电动势之间的系统综合阻抗；

δ——两侧等效电动势之间的夹角（功角），最严重时取 $180°$；

E——两侧等效的电动势，可取 $1.05U_N$。

按规定，由式（5-1）估算的电流不应超过下列的数值：

a）对于汽轮发电机，要求

$$I \leqslant \frac{0.65}{X''_d}I_N \qquad (5-2)$$

b）对于有纵轴和横轴阻尼绕组的水轮发电机，要求

$$I \leqslant \frac{0.6}{X''_d}I_N \qquad (5-3)$$

c）对于无阻尼或阻尼绕组不全的水轮发电机，要求

$$I \leqslant \frac{0.61}{X'_d}I_N \qquad (5-4)$$

d）对于同步调相机，要求

$$I \leqslant \frac{0.84}{X_d}I_N \qquad (5-5)$$

e）对于电力变压器，要求

$$I \leqslant \frac{100}{U_k\%}I_N \qquad (5-6)$$

式（5-2）～式（5-6）中　I_N——各设备的额定电流；

$\qquad\qquad\qquad X''_d$——次暂态电抗标幺值；

$\qquad\qquad\qquad X'_d$——暂态电抗标幺值；

$\qquad\qquad\qquad X_d$——同步电抗标幺值；

$\qquad\qquad\qquad U_k\%$——变压器的短路电压百分值。

（2）非同期重合闸。在线路两侧断路器跳闸且经过 t_{ARD} 延时确保故障点绝缘恢复后，不管两侧电源是否同步，即进行重合，在合闸的瞬间，两侧电源很可能是不同步的，这种方式就是非同期重合闸。

当符合下列条件且认为必要时，可采取非同期重合闸，否则，不允许采用非同期重合闸。

1）非同期重合闸时，流过发电机、变压器等设备的最大冲击电流不超过式（5-2）～式（5-6）的规定值。

2）非同期重合闸后所产生的振荡过程中，对重要负荷的影响较小，或者可以采取措施减小其影响时，例如，尽量使电动机在电压恢复后能自启动，在同步电动机上装设再同步装置等。

（3）检同期重合闸。当必须满足同期条件才能合闸时，需要使用检同期重合闸。由于实现检同期比较复杂，故经常采用下列简单的检同步方法。

1）系统的结构保证线路两侧不会失去同步。同一断面上具有 3 个以上电气联系的系统，此时，线路两端在电气上具有紧密的联系，如图 5-2 所示，由于同时断开所有电气联系的可能性极小，因此，当任一条线路断开后，系统几乎仍保持同步的状态。对于这种结构条件，合闸的冲击是较小的，于是，可以直接使用不检同步的重合闸。

2）在双回线中，检查另一回线路有电流的重合方式。如图 5-3 所示，Ⅰ回线跳闸后，

如果检定出Ⅱ回线有电流，则表明两侧电源仍然保持联系，一般是同步的，因此，可以直接重合；Ⅱ回线的重合闸与此类似。

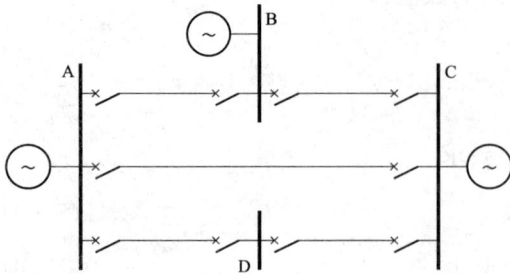

图 5-2　多电气联系的系统示意图　　　　　图 5-3　双回线中检查另一回线路有电流的重合闸示意图

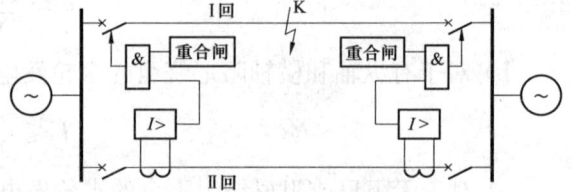

图 5-3 为Ⅰ回线的重合闸示意图，实际上，图中的检测电流元件和"与门"已经包括在图 5-1 "检定条件"的虚框中了，即增加了一个附加的检定条件。在图 5-1 中，通过切换片连接 c、e 端子，投入另一回线有电流的检定条件，允许电流元件的判别功能参与重合闸的逻辑识别。当Ⅱ回线有电流时，Y7 的 c 端为 1，满足 Y7 的一个条件，其余的动作过程与 5.2.1 介绍的一致；当Ⅱ回线没有电流时，Y7 的 c 端为 0，不允许重合。其中，电流元件的整定值需要躲过线路电容电流的影响。

3）必须检定两侧电源确实同步之后，才能进行重合。为此，通常在线路的一侧采用检查线路无电压时先重合，因另一侧断路器是断开的，不会造成非同期合闸；待一侧重合成功后，另一侧采用检同步的重合闸。这就是下面将介绍的具有检无压和检同步的重合闸。

3. 具有检无压和检同步的重合闸

输电线路的重合闸经常采用这种检定方式。

具有检无压和检同步的重合闸工作示意图如图 5-4 所示，设 M 侧为检定线路无电压（简称检无压），N 侧为检定同步（简称检同步）。二者的区别主要是：M 侧将低电压检定元件 KV1 替换图 5-1 虚框部分的检定元件，N 侧将同步检定元件 KV2 替换图 5-1 虚框部分的检定元件。

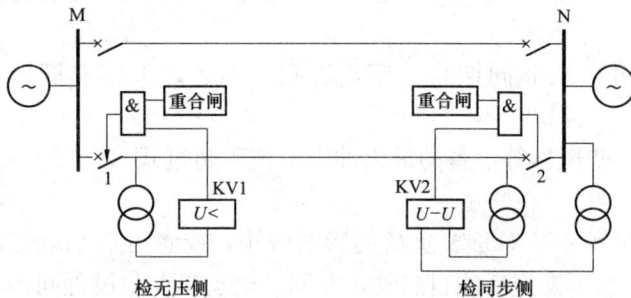

图 5-4　具有检无压和检同步的重合闸工作示意图

当线路两侧均三相跳闸后，启动重合闸逻辑满足启动条件，此时，线路处于失压状态，接于线路 TV 的检无压侧 KV1 动作，使图 5-1 中 Y7 的 c 端为 1，经过 t_{ARD} 延时后发出重合闸命令。当检无压侧重合成功后，断路器 2 的两端都有电压了，于是，KV2 检测母线电压与线路电压之间是否满足同步的条件，如果满足，则本侧 Y7 的 c 端为 1，允许检同步侧经延时合闸，于是，完成了重合闸的全部过程。

应当说明的是，在变电站中，对于重合闸的同步检定过程，无法像自动准同期装置那样可进行电压、频率和提前合闸角的调节与控制，而只是识别断路器两侧的电气量是否满足基本同步的条件。

显然，当检无压侧重合于永久性故障再次跳闸后，检同步侧的线路上还是处于失压的状态，无法满足 KV2 的检同步条件，不会发出重合闸命令。另外，如果 KV2 检测母线电压与线路电压之间不满足同步条件时，也不会发出重合闸命令。因此，检同步侧几乎不会重合于永久性故障；而检无压侧属于尝试合闸，如果重合于永久性故障，那么检无压侧的断路器就要在短时间内执行两次切断短路电流的任务，其工作条件会更恶劣。为了解决这个问题，通常在每一侧都装设检无压和检同步两种方式，利用切换片 SA 进行切换，使两侧断路器轮换使用不同检定方式的重合闸，以便使两侧断路器的工作条件接近相同。

对于使用检无压方式重合闸的一侧，在断路器正常运行时，如果断路器由于某种原因造成跳闸（如误碰跳闸机构、保护误动等），那么因对侧断路器并未动作，还处于合闸状态，使得线路上仍然有电压，于是，不满足检无压重合的条件，无法实现合闸，也就无法起到纠正错误的作用了，这是一个缺陷。为了解决这个问题，通常都是在检无压侧也同时投入检同步的功能，两者经"或门"构成并联工作，如图 5-5 的左侧所示（即增加图 5-1 中的检定条件）。此时，如遇有上述情况，则检同步元件能够起到作用，当满足同步条件时，可将误跳闸的断路器重新合上，达到纠正错误的目的。对于这种措施，还得分析一下是否会带来不利的影响。答案是：不会产生不利的影响。原因在于：正常情况下，当两侧断路器跳闸后，线路均失压，于是，检无压功能起作用，而与之构成"或门"条件的检同步功能，其母线侧仍然有电压，不满足检同步的条件，于是，根本不起作用。

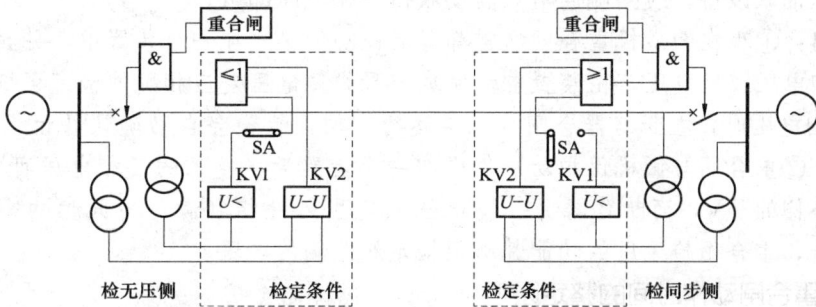

图 5-5 采用检无压和检同步重合闸的配置关系

必须强调的是，在使用检同步方式的那一侧，不允许投入检无压的功能。

这种重合闸方式的配置关系如图 5-5 所示，两侧重合闸均配置了检同步的功能，仅检无压侧才能投入检无压重合的功能，如图 5-5 左侧的 SA 处于连接的状态，但是，检同步侧必须断开检无压的切换片，如图 5-5 右侧的 SA 必须处于断开的状态。两侧断路器通过切换片实现轮换使用不同的检定方式。

采用检无压和检同步的重合闸原理与图 5-1 类似，仅仅是将图 5-1 中的检定条件（虚框部分）更换为图 5-5 的检定条件。在图 5-5 中，画出 KV1、KV2、切换片 SA 及"与门""或门"的目的是，更清晰地表明附加检定条件与图 5-1 的配合关系，实际上，它们都已经设计在重合闸功能中了。

重合闸中所使用的检无压元件 KV1 就是一般的低电压元件，其整定值的选择应保证仅在两侧断路器确实跳闸后，才允许重合闸动作。根据运行经验，通常整定为 0.3~0.5 倍额定电压。

在同步检定中，最理想的、无冲击电流的合闸条件是：断路器两侧的电压满足等电位的条件。对于工频电压，等电位的条件可以衍生出幅值、频率、相位均相等。但在实际工程中，几乎难以满足上述理想的条件，因此，通常允许正弦信号三要素存在一定的差异。

重合闸装置通过测量得到断路器两侧相同相别的电压相量（如 B 相），很容易计算出两侧电压幅值的差异是否在允许范围内。因此，在此基础上，较简单的检同步方法是：利用断路器两侧的电压差 ΔU 来反映幅值差异和相位的差异 θ，这就是图 5-5 中 KV2（即 $U-U$）元件的基本思想。另外，如果电压差 ΔU 在延时 t_{ARD} 之内都满足条件，则可以间接地判定断路器两侧的频率差异也在允许范围内。也就是说，利用 ΔU 在延时 t_{ARD} 之内都满足条件来反映同步检定的条件。

在断路器两侧的电压幅值基本相等的情况下，电压差 ΔU 与相位差 θ 的关系可以参考图 3-18（a），得

$$\Delta U = 2U\sin\frac{\theta}{2} \tag{5-7}$$

相位差 θ 的角度可以根据允许的冲击电流大小进行设定，如式（5-2）～式（5-6）的要求。通常取 $\theta = 20° \sim 40°$，代入式（5-7）后，即可确定允许的电压差 ΔU。

为了检定线路无电压和检定同步，就需要在断路器的两侧装设电压互感器或能够反应电压相量的电压抽取设备，线路侧通常只需要获得一相电压即可。

顺便指出：①现在的微机重合闸通常都与其他功能集成在一个装置中，并允许线路侧接入任意一个相电压或线电压，由装置自动完成与母线侧电压对应相别的检定识别。例如，线路侧接入 B 相电压时，在断路器合闸的正常运行期间，装置会自动确认并记忆 B 相为同步检定的电压。②重合闸与微机保护功能集成在一个装置后，接入的三相电压可能是母线侧，也可能是线路侧的 TV，而断路器另一侧电压只需引入一相（满足检同步的需要），此时，需要注意的是，重合闸检无压的功能都必须检定线路侧的电压。

5.2.3 重合闸动作时间的整定原则

目前电力系统广泛使用的重合闸还基本上难以区分故障是瞬时性的还是永久性的。对于瞬时性故障，必须经过一定的延时，等待故障点的故障消除、绝缘强度恢复之后，才有可能重合成功，而这个延时的时间与湿度、风速等气候条件有关。对于永久性故障，在重合闸之后断路器将再次跳闸，因此，必须考虑断路器内部的油压或气压恢复，以及绝缘介质和绝缘强度的恢复等因素，保证断路器能够再次切除短路电流。另外，与线路保护所介绍的可靠系数和时间整定相类似，还需要考虑一定的裕度。于是，按照以上条件和因素确定的重合闸最小延时，可称为最小重合闸时间。实际使用的重合闸时间应当不小于这个时间，通常根据重合闸在系统中所起的主要作用、实验参数和工程经验确定。

1. 单侧电源线路三相重合闸的最小时间

单侧电源线路重合闸的主要作用是尽可能缩短电源的中断时间，因此，重合闸的动作时间原则上越短越好，应按照最小重合闸时间进行 t_{ARD} 的整定。因为电源中断后，电动机的转速急剧下降，电动机被其负荷转矩所制动，当重合闸成功恢复电源之后，很多电动机要自启动，于是，断电时间越长，电动机的转速降得越低，导致自启动电流越大，往往又会引起电网电压的降低，反过来又造成自启动的困难或拖延其恢复正常工作的时间。

　　重合闸的最小时间应当考虑下列因素进行整定：

　　（1）在断路器跳闸后，要使故障点的电弧熄灭并使周围介质恢复绝缘强度是需要一定时间的，必须在这个时间之后进行合闸才可能成功；另外，还必须考虑负荷电动机向故障点反馈电流所产生的影响时间，因为，负荷反馈电流会延缓绝缘强度恢复的时间。

　　（2）在断路器动作跳闸后，其触头周围绝缘强度的恢复，以及消弧室重新充满油需要一定的时间，同时，操动机构恢复原状也需要一定的时间，以便准备好再次跳闸。重合闸必须在这个时间以后才能向断路器发出合闸命令，否则，如果重合于永久性故障时，就可能发生断路器无法断弧甚至爆炸的严重事故。

　　（3）启动重合闸通常是由保护动作而启动的，还应当考虑断路器的跳闸时间。

　　根据我国一些电力系统的运行经验，单侧电源线路三相重合闸的延时时间 t_{ARD} 整定为 $0.5\sim1.5s$ 较为合适。

　　2. 双侧电源线路三相重合闸的最小时间

　　在上述的因素中，双侧电源的重合闸最小时间除了不必考虑负荷反馈电流影响以外（因双侧均跳闸），其余的因素都应当予以考虑。另外，还应考虑线路两侧的继电保护可能以不同的时限切除故障。为此，从最不利的情况出发，每一侧的重合闸都应当以本侧出口处发生短路作为考虑整定时间的依据，即本侧先跳闸而对侧经延时跳闸，目的依然是确保本侧重合时故障已消除，且绝缘已恢复。

　　在没有配置全线速动保护的条件下，重合闸最小时间的示意图如图 5 - 6 所示，图中，假设故障发生在 0 时刻。于是，在断路器跳闸后，由"不对应"方式启动重合闸时，由图 5 - 6 （a）可得重合闸动作时间应整定为

$$t_{ARD} = (t_{p.2} + t_{QF2} + t_u) - (t_{p.1} + t_{QF1}) \tag{5-8}$$

式中　$t_{p.1}$——本侧保护 Ⅰ 段的动作时间（如 t_1^{I}）；

　　　　$t_{p.2}$——对侧保护 Ⅱ 段的动作时间（如 t_2^{II}）；

t_{QF1}、t_{QF2}——断路器 1、2 的动作时间；

　　　　t_u——断路器和故障点的灭弧时间、周围介质的去游离和恢复时间，以及裕度等。

　　一般情况下，有 $t_{p.2} = t_2^{\mathrm{II}} \geqslant 0.5s$，$t_{p.1} = t_1^{\mathrm{I}} \leqslant 30ms$。

　　如果保护 1 动作后直接启动重合闸，那么断路器 1 还没有动作，在 $t_{QF1} \approx t_{QF2}$ 的条件下，由图 5 - 6 （b）可得重合闸的动作时间为

$$t_{ARD} \approx t_{p.2} + t_{QF1} + t_u \tag{5-9}$$

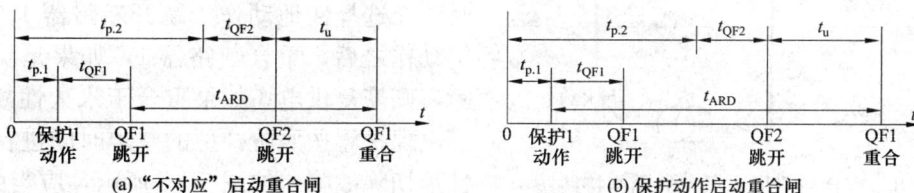

图 5 - 6　双侧电源的延时因素示意图

　　在式（5 - 9）中，忽略了继电保护瞬时动作的 $t_{p.1}$ 时间（通常 $\leqslant 30ms$）。

　　在线路两侧装设了全线快速动作的纵联保护条件下，两侧保护均可以快速动作，于是，

式（5-8）、式（5-9）中的 $t_{p.2}$ 应当更换为纵联保护最慢的动作时间。

5.2.4 继电保护装置利用重合闸信号的方式

考虑到断路器三相触头可能存在不同时合闸的情况，导致在三相重合闸（包括手动合闸）的过程中，会通过 $i_a(t) + i_b(t) + i_c(t) = 3i_0(t)$ 的方式分解出非故障的零序电流分量，因此，为了防止零序电流保护的误动，继电保护装置在收到合闸信号后，无延时的零序电流保护通常都额外地增加 $50 \sim 100\text{ms}$ 的延时，以便躲过三相断路器不同时合闸的影响。

此外，还需要讨论的是，继电保护如何利用重合闸的行为信息，尽快地加速切除故障。通常采用"前加速"和"后加速"两种配合的方式，这里的"前"和"后"均以重合闸动作作为叙述的基准时刻。所谓加速是指保护的动作时间被缩短的意思。如图5-7所示，将继电保护的动作延时 t_{set} 分解为 t_B 和 t_Y 两部分，其中，t_B 为保留的动作时间（也可以为0）；t_Y 为可以被加速的时间。当动作时间被加速后，时间延时由 t_{set} 被修改为 t_B 了。

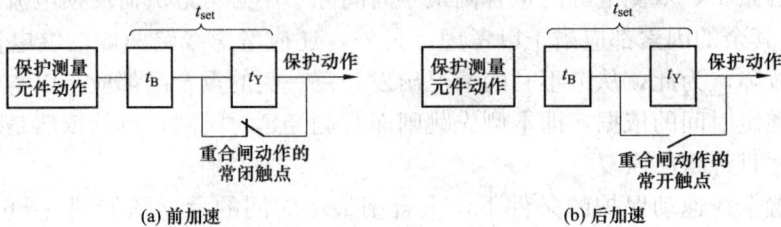

图5-7 继电保护利用重合闸信号的示意图

1. 前加速方式

如图5-7（a）所示，将重合闸的常闭触点并接在时间元件 t_Y 的两端。在重合闸动作之前，重合闸的常闭触点是闭合的，先将 t_Y 部分的时间短接，使保护的动作时间缩短为 t_B，这种方式被简称为前加速，即重合闸动作之前先加速保护。在重合闸动作之后，重合闸的常闭触点是断开的，继电保护恢复Ⅱ、Ⅲ段整定的时间 t_{set} 进行工作。

前加速方式的应用示意图如图5-8所示，仅在断路器1处配置了重合闸，且将图5-7（a）中的 t_B 设置为0（或其他值），另外，在每条线路上均装设了过电流保护，动作时限按照图2-11的阶梯型原则来配合，因此，在靠近电源端保护1处的动作时间就较长。为了加速故障的切除，可在保护1处采用前加速的方式，于是，当任何一条线路发生故障时，如图5-8中的K1点故障，第一次都由保护1瞬时、无选择性地动作于跳开断路器1。在重合闸动作之后，重合断路器1，如果是瞬时性故障，则恢复供电；如果重合于永久性故障，则继电保护将按照阶梯型的整定时间进行有选择性地切除故障，如图5-8所示，应当由保护3动作于跳闸。

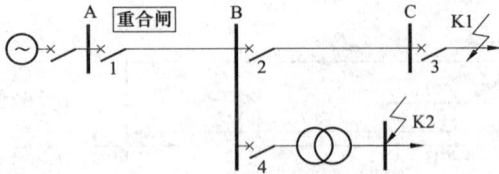

图5-8 重合闸前加速保护的网络接线图

为了使无选择性的动作范围不扩展得太长，一般规定在变压器低压侧短路时，保护1不应动作。因此，保护1的启动电流还应按照躲开相邻变压器低压侧的短路（如图5-8中的K2点短路）来整定。

（1）采用前加速的优点是：

1）能够快速地切除瞬时性故障。

2）可使瞬时性故障来不及发展成永久性故障，从而提高重合闸的成功率。

3）能保证发电厂和重要变电站的母线电压维持在 $0.6\sim0.7$ 倍额定电压以上，从而保证厂用电和重要用户的电能质量。

（2）采用前加速的缺点是：

1）起前加速作用的断路器，其工作条件恶劣，动作次数较多。

2）重合于永久性故障时，故障切除的时间可能较长。

3）如果重合闸或断路器 QF1 拒绝合闸，那么将扩大停电范围，甚至在最末一级线路故障时，都会使连接在这条线路上的所有用户停电。

目前，前加速保护的方式主要应用于 35kV 以下由发电厂或重要变电站引出的直配线路上，以便快速切除故障，保证母线电压能够维持在 $0.6\sim0.7$ 倍额定电压以上。

2. 后加速方式

如图 5-7（b）所示，将重合闸的常开触点并接在时间元件 t_Y 的两端。在重合闸动作之前，重合闸的常开触点是断开的，继电保护按照 Ⅱ、Ⅲ 段整定的时间 t_{set} 进行工作；在重合闸动作之后，重合闸的常开触点是闭合的，将 t_Y 部分短接，使保护的动作时间缩短为 t_B，这种方式被简称为后加速，即重合闸动作之后再加速保护。图 5-1 中 H4 的输出逻辑就是应用于后加速作用的。

考虑到重合闸功能可能由其他装置实现的，因此，微机保护还经常采用如下的两种方式来识别重合闸动作与否：①引入断路器的合闸位置触点，直接获得断路器的合闸状态信息；②在保护装置发出跳闸命令之后，测量到跳闸相先出现"无电流"（表明断路器已经跳闸），随后又测量到"有电流"，就表明重合闸已经动作。

采用后加速的基本依据是：某处继电保护第一次按照有选择性地动作，于是，在重合闸之后，如果该处的保护依然感受到有故障，那么极大的可能性就是在原有地点发生了永久性故障。因此，该处的保护可以加速跳闸，而不必再依靠延时来区分短路点的位置了。尤其是对于检无压和检同步的三重方式，在检无压侧合闸时，如果该侧保护 Ⅱ、Ⅲ 段的测量元件动作，就可以立即跳闸，因为此时的检同步侧还没有合闸，不可能是外部的故障。

后加速的方式广泛应用于 35kV 以上的网络及对重要负荷供电的线路上。因为在这些线路上一般都装设了性能比较完善的保护装置，如三段式电流保护、距离保护以及纵联保护等，因此，第一次有选择性地切除故障时间（瞬时动作或具有 0.5s 的延时）均为系统运行方式所允许的，而在重合闸之后加速保护的动作，就可以更快地切除永久性故障。通常加速的是 Ⅱ 段或 Ⅲ 段的动作时间。

规程已经明确说明：在重合闸后加速的时间内以及单相重合闸过程中，发生区外故障时，允许被加速的线路保护无选择性地动作于跳闸。当然，发生这种情况的几率是极少的。

（1）采用后加速的优点是：

1）第一次有选择性地切除故障，不会扩大停电范围，特别是在重要的高压电网中，一般不允许保护无选择性地动作，即不允许采用前加速方式。

2）保证永久性故障能快速切除，并仍然具有较好的选择性。

3）与前加速相比较，使用中不受网络结构和负荷条件的限制。

（2）采用后加速的缺点是：

1）每个断路器上都需要装设一套重合闸。

2）第一次切除故障时，可能带有延时。

需要说明的是，在微机保护时代，重合闸的功能可以很方便地集成在微机保护或其他装置中，并不增加过多的复杂程度和装置成本。另外，如果第一次切除故障的延时不满足要求时，通常都设法配置能够实现全线快速动作的纵联保护。因此，在高、中压等级的线路上，后加速的两个缺点已经不太明显了。

5.3　单相一次重合闸

以上所讨论的重合闸都是三相式的，即不论线路上发生单相接地短路还是相间短路，继电保护动作后均跳开三相断路器，而后由重合闸再驱动三相断路器合闸，即"三跳三合"。

但是，运行经验表明，在 220kV 及以上电压等级的架空线路上，由于线间距离较大，发生相间故障的机会比较少，而绝大部分的短路故障都是单相接地短路。2001 年全国高压输电线路单相接地短路占所有短路故障的比例如下：220kV 为 92.05%，330kV 为 98%，500kV 为 98.87%。在这种情况下，如果只把故障相断开，而未发生故障的另外两相仍然继续运行，然后再进行断开相的单相重合，就能够大大提高供电的可靠性和系统并列运行的稳定性；并且，重合时两侧系统仍然有两相维持着电气的联系，更便于重合。基于这些数据和分析，便产生了一种称为单相一次重合闸的重合方式，简称单重。

为此，采用单重方式时，必须具备选相的功能，以便在单相接地故障时，能够选择出唯一的故障相，从而实现只跳开单一故障相的目的。这也是 3.6 节故障选相的作用之一。

单相重合闸的基本动作过程如下：线路发生单相故障时，仅跳开故障相，经延时 t_{ARD} 后，再进行跳开相的重合；如果线路发生的是瞬时性故障，则单相重合成功，恢复三相的正常运行；如果重合于永久性故障，则跳开三相断路器，并不再进行重合。如果线路发生的是相间故障，则跳开三相，不进行重合。单相重合闸的动作过程可简述为：单相故障跳单相，重合于永久性故障跳三相；相间故障不重合。

在单相故障跳开故障相后，线路仅有两相在运行，这种方式称为非全相运行方式。在非全相运行期间，将产生一些不良的影响（见 5.3.2）。

5.3.1　重合闸与保护的配合

现在的高压线路微机保护都在内部设计了性能优良的选相元件，既满足选相跳闸的需要，又尽可能地防止非故障相对阻抗元件的不利影响。在此基础上，重合闸的主要构成示意图仍然如图 5-1 所示，另外，为了适应系统运行方式的需要，还通过整定的方法设置了重合闸的使用方式：单重方式、三重方式、综重方式（见 5.4 节）、重合闸停用方式。

图 5-9 所示为选相元件、保护功能与重合闸的主要配合关系示意图，图中的箭头表示信号的传递方向。下面按照重合闸的方式介绍保护与重合闸的配合过程。

1. 单重方式的配合

在单重方式条件下，重合闸通过 b 端向外提供一个"三跳方式"为 0 的信号，关闭 Y2。

（1）当线路发生单相接地短路时（设 $K_A^{(1)}$），由微机保护通过选相元件判断为 $K_A^{(1)}$，于是，投入 A 相保护元件，B、C 相和相间保护元件均不投入使用。如果 A 相保护动作，则立

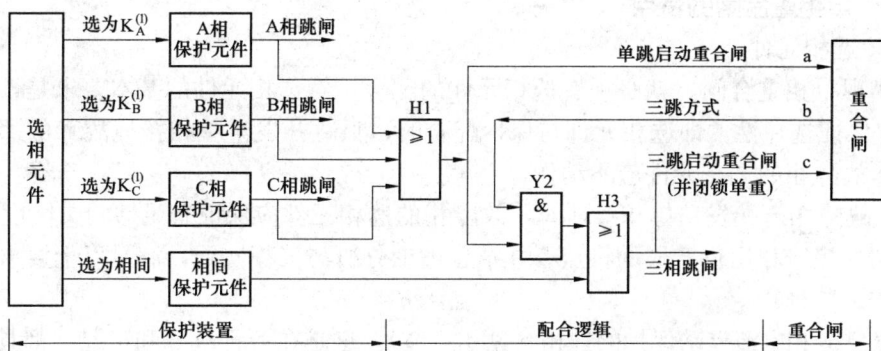

图 5-9 重合闸与保护的配合示意图

即发出 A 相跳闸的命令，同时，经 H1 向重合闸的 a 端发出启动重合闸的命令，而 Y2 已经被关闭，且相间保护元件的输出为 0，因此，不会经 H3 去驱动三相跳闸。随后，重合闸经过延时 t_{ARD} 后发出重合命令，而保护装置则通过有故障相电流或断路器合闸位置触点的识别，自动地判断出断路器已经处于重合的状态，于是，可以加速保护的动作时间，如图 5-7（b）所示（下同）。

单相跳闸后，线路进入到非全相运行状态，此时，应当退出会误动的保护功能，如零序电流的 I、II 段，或采取防止误动的措施。对于零序电流 III 段（末段），一般可通过其整定的动作时间 t_0^{III} 来躲过非全相的影响。

（2）当线路发生相间短路时，微机保护通过选相元件判断后，投入相应的相间保护元件（图 5-9 中仅用一个模块表示），如果相间保护动作，则立即经 H3 发出三相跳闸的命令，同时，保护的三跳信息经过 c 端通知重合闸，此时，由于重合闸设置为单重方式，所以，相间故障三跳后，对图 5-1 中的 T3 进行清 0 操作，实现闭锁单重功能的目的。

2. 三重方式的配合

在三重方式条件下，重合闸通过 b 端向外提供一个"三跳方式"为 1 的信号，开放 Y2。

（1）当线路发生单相接地短路时［设 $K_A^{(1)}$］，由微机保护通过选相元件判断为 $K_A^{(1)}$，于是，投入 A 相保护元件，B、C 相和相间保护元件均不投入使用。如果 A 相保护动作，则立即发出 A 相跳闸的命令，经 H1 启动重合闸，此时，Y2 的两个输入端均为 1，立即经 H3 驱动三相跳闸。随后，重合闸经过延时 t_{ARD} 后发出三相重合命令。

在重合闸功能的内部，可以很方便地设计为"三跳启动重合闸"的命令优先于"单跳启动重合闸"。

（2）当线路发生相间短路时，微机保护通过选相元件判断后，投入相应的相间保护元件，如果相间保护动作，则立即经 H3 发出三相跳闸的命令，同时，将三跳信号通知重合闸。此时，由于重合闸设置为三重方式，所以，此信号也可以作为启动重合闸的命令使用，随后，重合闸经延时发出重合命令。

3. 重合闸停用方式的配合

当停止使用重合闸时，停用重合闸的逻辑 1 经 F2 的"非"端对图 5-1 中的 T3 进行清 0，并通过图 5-9 的 b 端向外提供一个"三跳方式"为 1 的信号，开放 Y2。于是，任何故障均三跳，且不重合。

5.3.2 单相重合闸的特点

1. 故障选相元件

为了实现单相重合闸，就必须有选相元件的配合。对选相元件的基本要求是：

（1）应保证选择性，即选相元件与保护配合时，只跳开发生单相接地故障的那一相，而另外两个非故障相的选相元件应不动作。

（2）在故障相末端发生单相接地时，故障相的选相元件应保证有足够的灵敏度。

根据网络接线和运行方式的特点，并结合理论分析与工程实践，满足以上要求的常用选相元件有如下几种：

（1）光纤分相电流差动保护的选相（见4.4节）。这是在各种故障和工况下都具备优异性能的选相元件，包括转换性故障和发展性故障的选相，但是，需要光纤通道作为应用条件。

（2）突变量电流选相（见3.6节）。这是单一故障情况下性能优良的选相元件，有很高的灵敏度和选相能力。

（3）负序和零序电流比较相位的选相（参见文献7）。

（4）低电压选相。根据故障相电压降低的特征，用三个低电压元件进行故障相的识别。低电压的启动值应当小于正常和非全相运行时可能出现的最低电压。

低电压选相元件一般适用于小电源或单侧电源线路的受电侧（称为弱馈侧）。因为，经分析表明，只有分相电流差动和低电压选相元件才能在这一侧满足选择性和灵敏性的要求。当然，应当考虑 TV 断线的问题。

另外，还有阻抗选相元件、电流选相元件等。

2. 潜供电流的影响与动作时间的选择

如前所述，采用三相重合闸时，动作时间应当考虑故障点灭弧时间和周围介质去游离的时间、断路器及其操动机构恢复原状准备好再次动作的时间；而对于单相重合闸，动作时间的选择除了需要考虑上述这些因素之外，还应当考虑如下的问题：

（1）不论是单侧电源还是双侧电源，均应考虑两侧保护以不同时限切除故障的可能性。

（2）必须考虑潜供电流对延缓灭弧的影响。如图 5-10 所示，当故障相线路（以 C 相为例）自两侧切除后，由于非故障相依然保持连接的状态，因此，非故障相与断开相之间会通过分布电容和互感的作用，在断开相上产生影响，导致流经故障相断路器的短路电流虽然已经被断路器切断，但在故障点的弧光通道中，仍然存在着如下的电流影响：

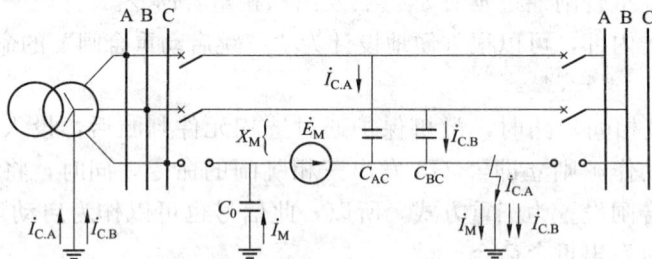

图 5-10　C 相接地切除后的潜供电流示意图

1）非故障相 A、B 的电压会通过相间的分布电容向短路点提供电流 $\dot{I}_{C.A}$、$\dot{I}_{C.B}$。当 A、B 相与 C 相之间的分布电容为 C_{AC}、C_{BC} 时，忽略线路阻抗的影响后，得 $\dot{I}_{C.A} = j\omega C_{AC}\dot{U}_A$、

$\dot I_{C,B}=j\omega C_{BC}\dot U_B$。

2）非故障相 A、B 的负荷电流会通过互感 X_M 的影响，在断开相上产生互感电动势 $\dot E_M$，此电动势通过故障点和故障相对地电容 C_0 而构成电流的环路。忽略线路阻抗的影响后，有 $\dot I_{M,max}\approx j\omega C_0\dot E_M=j\omega C_0(jX_M\dot I_L)$，其中，$X_M$ 为线路全长的互感；$\dot I_L$ 为健全相的电流；$jX_M\dot I_L$ 反映了最大的感应电压。

电容和互感影响的电流总和称为潜供电流。由于潜供电流的影响，将使短路时弧光通道的去游离受到阻碍，延缓了故障点的灭弧和绝缘的恢复。只有在故障点电弧熄灭且绝缘强度恢复以后，重合闸才有可能成功。因此，单相重合闸的动作时间还必须考虑潜供电流的影响。

通常，线路的电压等级越高、线路越长，潜供电流就越大。潜供电流的持续时间不仅与潜供电流的大小有关，还与故障电流的大小、故障切除的时间、弧光的长度以及故障点的风速等因素有关。因此，为了准确地整定单相重合闸的动作时间，国内外许多电力系统都是由实测数据来确定灭弧时间，并经过实际应用的验证。例如，在我国某电力系统的 220kV 线路上，根据实测数据确定单相重合闸期间的灭弧时间在 0.6s 以上。

3. 非全相运行的影响

在切除一相后的非全相运行期间，会出现负序和零序分量，将产生如下的不良影响：

（1）负序电流将在发电机转子中产生二倍频率的交流分量，引起转子的附加发热，转子中的偶次谐波将在定子绕组中感应出偶次谐波，与基波分量叠加后，有可能产生危险的过电压。

（2）零序电流会对附近的通信线路直接产生干扰。

（3）非全相运行时，会影响按照 2.3 节进行整定的零序电流保护，需要采取必要的防范措施，例如临时退出会误动的零序电流保护。另外，非全相运行期间，再发生短路时，属于复故障的性质，会极大地影响保护元件的正确测量，例如，非全相运行再发生接地故障时，零序电流中既有故障分量的成分，又有负荷分量的影响。

为此，通常不允许长期非全相运行，也正是由于这种原因，因此，在单相重合于永久性故障时，一般是直接跳三相。

4. 对单相重合闸的评价

（1）采用单相重合闸的优点是：

1）在绝大多数的情况下，能保证对用户的连续供电，从而提高供电的可靠性。当由单侧电源经单回线向重要用户供电时，对保证不间断供电更有显著的优越性。

2）在双电源的联络线上采用单相重合闸时，可以在故障时大大加强两个系统之间的联系，从而提高系统并列运行的稳定性。对于联系比较薄弱的系统，当三相切除并继之以三相重合闸时，很难满足同步检定的重合条件，而采用单相重合闸时就能避免两个系统的解列。

（2）采用单相重合闸的缺点是：

1）需要有按相操作的断路器。

2）在非全相期间，可能会引起本线路或其他线路的保护误动作，因此，需要根据实际情况，采取防止误动的措施。

由于单相重合闸具有以上特点，并在实际中证明了它的优越性，因此，已经在 220kV

及以上电压等级的线路上获得了广泛应用。对于 110kV 的电力网络，一般采用三相重合方式，只在由单电源向重要用户供电的某些线路或根据运行需要装设单相重合闸的重要线路上，才考虑使用单相重合闸。当然，不同区域的电力系统，将根据各自的运行经验和需要，采用不同的重合闸方式。

*5.4 综合重合闸简介

以上分别讨论了三相重合闸、单相重合闸的基本原理和需要考虑的一些问题。对于单相重合闸方式，如果发生各种相间故障时，通常是跳三相但不重合；而对于三相重合闸方式，如果发生单相接地故障时，也是跳三相再合三相的。这两种重合闸方式都有不够完善的地方，为此，可以设法将单相重合闸与三相重合闸的功能综合为一种重合闸方式，称为综合重合闸。综合重合闸的工作过程为：单相故障跳单相，相间故障跳三相，并重合一次；重合于永久性故障时，跳三相不再重合。

实现综合重合闸时，应综合考虑单相重合闸、三相重合闸的基本原则，汇总如下：

（1）单相接地短路时跳开故障相，然后进行单相重合闸；如重合不成功，则跳开三相不再重合。

（2）各种相间短路时跳开三相，然后进行三相重合闸；如重合不成功，则跳开三相不再重合。

（3）当选相元件拒绝动作时，应能跳开三相（按相间短路对待），并进行一次三相重合。

（4）对于非全相运行中可能误动的保护，应进行可靠的闭锁；对于在单相接地时可能误动的相间保护，应有防止单相接地误跳三相的措施。

（5）当一相断开后重合闸拒绝动作时，为防止线路出现长期非全相运行，应将其他两相自动断开。

（6）任意两相动作跳闸后，应当促使三相跳闸。

（7）在重合于永久性故障时，均应考虑加速切除三相，即实现重合闸后加速。

（8）在非全相运行期间，如果又发生另一相或两相的故障，保护应能有选择性地予以切除。上述故障如发生在单相重合闸的命令发出之前，则按相间故障对待，先切除三相，再进行一次三相重合；如故障发生在重合闸的命令发出之后，则按照重合后的方式对待，即切除三相不重合。

（9）对空气断路器或液压传动的油断路器，当气压或液压低至不允许实现重合闸时，应闭锁重合闸；但是，在重合闸的过程中，气压或液压低于运行值时，应保证重合闸动作的完成。

顺便指出，部分电力系统还可能根据本系统电网的特点和要求，采用"条件三重"的重合闸方式，如：①任何故障跳三相，仅单相故障才允许重合；②任何故障跳三相，仅三相故障不重合。显然，对于"条件三重"方式，也需要选相元件的配合。

练 习 与 思 考

5.1 重合闸的作用是什么？对重合闸有什么基本要求？

5.2 何谓瞬时性故障、永久性故障？是否从故障一开始就已经确定是瞬时性故障还是永久性故障？为什么？

5.3 重合闸的利弊是什么？应用重合闸的前提是什么？

5.4 三相一次重合闸、单相一次重合闸、综合重合闸的动作逻辑有何异同？各有什么优缺点？

5.5 在单电源线路的三相一次重合闸中，延时元件 t_{ARD} 的时间应当考虑哪些因素？t_{ARD} 是否越短越好？15s 计时元件的作用是什么？

5.6 在单电源线路的三相一次重合闸逻辑中，如何实现只允许一次重合闸？

5.7 常用的重合闸启动方式有哪些？在哪些情况下需要闭锁重合闸？

5.8 在双电源线路上，主要有哪些重合闸的方式？

5.9 对于具有检无压和检同步的重合闸，简述其逻辑动作过程。为什么检无压侧也需要投入检同步的功能？检无压和检同步分别检测何处的电气量？

5.10 对于检同步侧，为什么不允许投入检无压功能？

5.11 在两侧断路器上，为什么要轮换使用不同检定方式的重合闸？

5.12 继电保护装置如何利用重合闸的信号？其作用是什么？分别有哪些优缺点？主要应用在哪些场合？

5.13 在单相一次重合闸中，发生任何故障相别的相间短路时，如何实现跳三相且不重合？如何实现单相故障跳单相，且允许重合一次？

5.14 何谓潜供电流？考虑潜供电流的影响后，重合闸的延时应当增大还是减小？为什么？

5.15 三相跳闸后，是否存在潜供电流？为什么？

5.16 使用单相重合闸有何优缺点？

5.17 在单相重合闸中，是否需要考虑同期的问题？

5.18 三相重合闸的最小重合时间主要考虑哪些因素？单相重合闸的最小重合时间主要考虑哪些因素？

5.19 单相重合闸为什么要设置选相元件？你所了解的选相元件有哪些？其基本原理和优缺点是什么？

5.20 在单相重合闸方式下，什么情况下会出现三相跳闸且不重合？

第6章　变压器保护

6.1　变压器的故障类型和不正常工作状态

变压器是电力系统中十分重要的电气设备,广泛应用于升高或降低电压。变压器的故障会对供电可靠性和电力系统的安全运行带来严重影响,同时,大容量的电力变压器也是十分贵重的设备,因此,必须根据变压器的容量和重要程度,考虑装设性能良好、动作可靠的继电保护装置。

变压器的故障可以分为油箱内和油箱外两类故障。油箱内的故障包括绕组的相间短路、接地短路、匝间短路以及铁芯的烧损等。对于变压器来说,这些故障都是十分危险的,因为油箱内故障时将产生电弧,不仅会烧坏绕组的绝缘、烧毁铁芯,而且,由于绝缘材料和变压器油因受热而产生大量的气体,有可能引起变压器油箱的爆炸。油箱外的故障主要是套管和引出线上发生相间短路和接地短路,也会引起绝缘损坏和油箱发热。当然,这些故障也会危及系统的安全运行。因此,对于变压器发生的各种故障,继电保护装置应能尽快地将故障切除。实际表明,套管和引出线的相间短路、接地短路以及绕组的匝间短路是变压器故障中比较常见的故障形式,而变压器油箱内发生相间短路的情况比较少。

变压器的不正常运行状态主要有变压器外部短路引起的过电流,负荷长时间超额定容量引起的过负荷,风扇故障或漏油等原因引起的冷却能力下降等。这些不正常运行状态会使绕组和铁芯过热。此外,对于中性点不接地运行的星形联结变压器,外部接地短路时,有可能造成变压器的中性点过电压,威胁变压器的绝缘;大容量变压器在过电压或低频率等异常工况下,会导致变压器过励磁,引起铁芯和其他金属构件的过热。变压器处于不正常运行状态时,继电保护装置应根据其严重的程度,发出告警信号,使运行人员及时发现并采取相应的处理措施,以确保变压器的安全。

变压器油箱内故障时,除了变压器各侧电流、电压等电气量发生变化外,油箱内的油、气、温度(统称为非电量)等也会发生变化,因此,变压器保护分为电量保护和非电量保护两种。其中,非电量保护通常装设在变压器内部,例如,轻瓦斯保护动作于信号,重瓦斯保护动作于跳开变压器各电源侧的断路器;电量保护包括电流差动保护、过电流保护、过负荷保护、过励磁保护等。目前,也在研究局部放电等检测变压器健康状况的方法。本章将重点介绍变压器的电量保护。

6.2　变压器的差动保护

6.2.1　变压器差动保护的基本原理

在第4章中已经介绍了线路的电流差动保护原理,理论分析和实践证明,电流差动保护不仅能够正确区分内部和外部的故障,无延时地切除内部的各种故障,还具有诸多的独特优点。对于较长的输电线路,受可靠性、经济性和技术等方面的因素影响,制约了导引线电流差动保护在输电线路中的应用。

对于变压器来说，各侧电气量的位置距离比较近，所需要铺设的电缆较短，没有较长导引线的不足，所以，导引线电流差动保护方式在变压器保护中得到了广泛应用，并且成了变压器最主要的保护方式，构成了变压器的主保护。此外，正是由于各侧的位置距离比较近，因此，各侧之间的电气量同步测量也是很容易实现的，可以由同一台微机保护装置实现各侧电气量的同步测量。

1. 差动保护的基本原理

对于单相双绕组变压器，设变比为 $n_T = U_1/U_2 (= W_1/W_2 = I_2/I_1)$，如果忽略励磁电流的影响，那么在正常运行和外部短路时，按照规定的正方向（指向被保护设备），如图 6-1 所示，可得变压器高、低压侧的一次电流关系为

$$n_T \dot{I}_1 + \dot{I}_2 = 0 \qquad (6-1)$$

式中 $\dot{I}_1$、$\dot{I}_2$——分别为变压器高压侧和低压侧的一次电流。

考虑到 $n_T = W_1/W_2$，于是，式（6-1）相当于磁动势之和等于 0，即 $W_1 \dot{I}_1 + W_2 \dot{I}_2 = 0$。

将 TA 二次测量电流代入式（6-1），得

$$n_T (n_{TA1} \dot{I}_1') + (n_{TA2} \dot{I}_2') = 0 \qquad (6-2)$$

式中 $\dot{I}_1'$、$\dot{I}_2'$——分别为变压器高压侧和低压侧电流互感器的二次电流；

n_{TA1}、n_{TA2}——分别为变压器高压侧和低压侧的电流互感器变比。

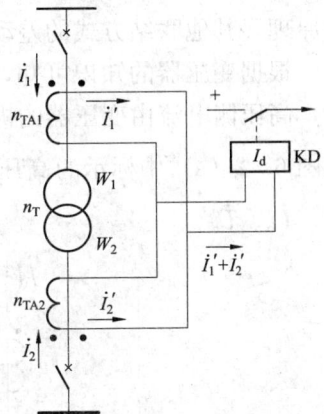

图 6-1 单相双绕组变压器的差动保护原理示意图

式（6-2）的实质是将 TA 二次的测量电流（$\dot{I}_1'$ 与 $\dot{I}_2'$）均折算为变压器低压侧的一次电流，即折算成图 6-1 中的 $\dot{I}_2$ 处电流。式（6-2）还可以改写为

$$n_T \frac{n_{TA1}}{n_{TA2}} \dot{I}_1' + \dot{I}_2' = 0 \qquad (6-3)$$

式（6-3）在微机差动保护中构成了一个二次测量电流的基本关系式，从理论上说，可应用于任意 TA 变比的场合。

由式（6-3）可知，如果选择变压器两侧的 TA 变比符合下式

$$n_T \frac{n_{TA1}}{n_{TA2}} = 1$$

即

$$\frac{n_{TA2}}{n_{TA1}} = n_T \qquad (6-4)$$

那么，TA 二次回路就会满足

$$\dot{I}_1' + \dot{I}_2' = 0 \qquad (6-5)$$

于是，可以在 TA 二次侧的 $\dot{I}_1' + \dot{I}_2'$ 处接入一个电流元件 KD（称为差动电流元件），如图 6-1 所示。这样，在正常运行和外部短路时，流过电流元件 KD 的电流为 0，电流元件 KD 不动作；而在两侧 TA 之间发生相间短路、接地短路时，流入电流元件的电流 I_d（$= \dot{I}_1' + \dot{I}_2'$）就反映了短路点的电流 $\dot{I}_k$（折算到 TA 二次侧的短路电流）。利用这个特征的差异

就构成了变压器的电流差动保护。当 $\dot{I}'_k$ 大于整定值时，差动保护就能迅速动作，切除故障。根据上述分析，差动保护的动作判据可先确定为

$$I_d = |\dot{I}'_1 + \dot{I}'_2| \geqslant I_{set} \tag{6-6}$$

式中：$I_d = |\dot{I}'_1 + \dot{I}'_2|$ 为差动电流的有效值；I_{set} 为差动保护的动作电流。

针对单相双绕组变压器，图 6-1 就是实现上述思路的电流差动保护原理接线图。基于这个思路，就构成了各种变压器差动保护的基本原理，当然，还有一些具体的特殊之处。

实际电力系统都是三相变压器或由三个单相变压器组成的变压器组，并且较多地采用 Yd11 的联结方式，如图 6-2（a）所示。因此，下面将重点分析 Yd11 联结的变压器差动保护原理，其他联结方式的差动保护分析与此类似。

根据变压器的知识可知，在负荷电流的情况下，按照变压器习惯的参考方向进行标注时，高压侧电流由变压器的极性端（*）流入，低压侧电流由变压器的极性端（*）流出，如图 6-2（a）中标示的高压侧（星形侧）电流 $\dot{I}^Y_A$、$\dot{I}^Y_B$、$\dot{I}^Y_C$ 和低压侧（三角形侧）电流 $\dot{i}^d_a$、$\dot{i}^d_b$、$\dot{i}^d_c$。

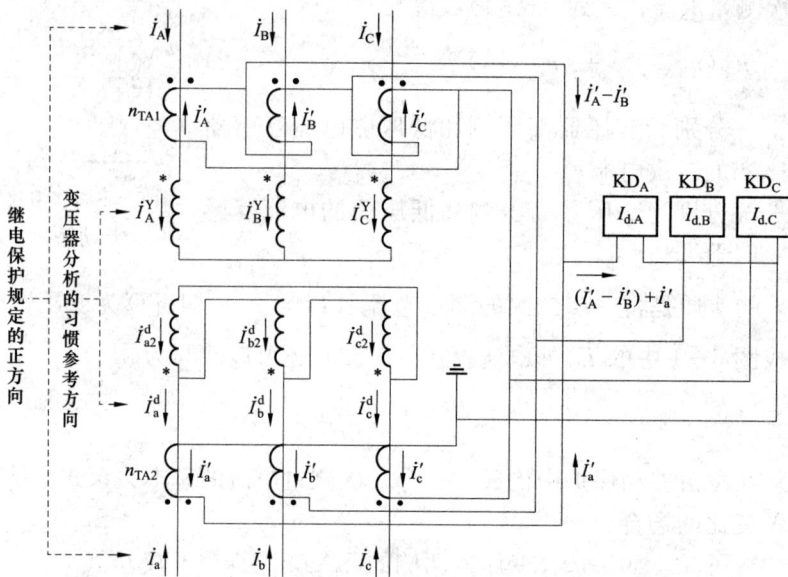

(a) 双绕组三相变压器差动保护原理接线

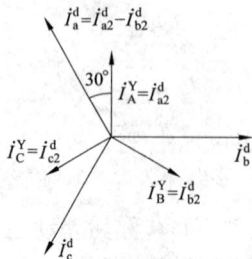

(b) 变压器高、低压侧的电流相量

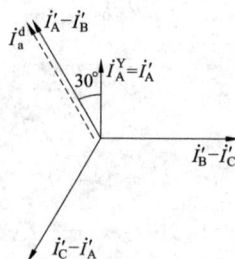

(c) 高压侧TA三角形联结的输出电流

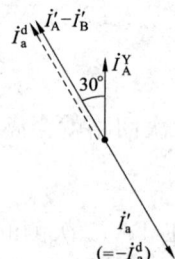

(d) 继电保护正方向的二次电流相量

图 6-2　双绕组三相变压器差动保护接线和相量图

为了方便地说明变压器高压侧与低压侧电流之间的相位关系，设低压侧绕组内部的电流分别为 $\dot{I}_{a2}^d$、$\dot{I}_{b2}^d$、$\dot{I}_{c2}^d$。这样，由于 $\dot{I}_A^Y$ 与 $\dot{I}_{a2}^d$（包括 $\dot{I}_B^Y$ 与 $\dot{I}_{b2}^d$、$\dot{I}_C^Y$ 与 $\dot{I}_{c2}^d$）为同一个铁芯柱上高、低压绕组中的电流，又按照极性端进、极性端出的方向标注方式，因此，二者基本满足同相位的关系，此外，低压侧引出线的电流 $\dot{I}_a^d$、$\dot{I}_b^d$、$\dot{I}_c^d$ 由联结方式确定，如 $\dot{I}_a^d = \dot{I}_{a2}^d - \dot{I}_{b2}^d$，于是，可以得到变压器高、低压侧引出线电流之间的相量关系，如图 6 - 2（b）所示。为了简便和清晰，图中先假设 n_T、n_{TA1}、n_{TA2} 的变比均为 1，并始终将 $\dot{I}_A^Y$ 作为各相量图的参考相量。

以变压器高、低压侧引线电流 $\dot{I}_A^Y$ 和 $\dot{I}_a^d$ 为例，由图 6 - 2（b）可以知道，$\dot{I}_A^Y$ 与 $\dot{I}_a^d$ 之间出现了 30°的相位差，即 $\arg(\dot{I}_a^d/\dot{I}_A^Y) = 30°$。这种相位关系正是按照变压器习惯的参考方向而得到的，也是 Yd11 联结称谓的来历。

对于变压器引出线的电流 $\dot{I}_A^Y$ 和 $\dot{I}_a^d$，如果直接按照图 6 - 1 的方式构成差动保护的接线，那么，必然会因为电流相位的 30°差异而在差动电流元件 KD 中出现很大的电流。这就是三相变压器 Yd11 联结方式的电流相位差异所带来的特殊问题，如果不设法消除，必将产生很大的不平衡电流。

2. 模拟式差动保护的接线方式

由于变压器高、低压两侧电流相位无法改变，如 $\arg(\dot{I}_a^d/\dot{I}_A^Y) = 30°$，因此对于三相变压器联结方式产生的电流相位差异问题，只能在 TA 的二次侧回路想办法予以消除。解决该问题的基本思路是：先设法在 TA 二次侧获得同一直线的两个相量（同方向、或反方向）；其次通过设计 TA 的变比，促使二次侧两个相量的幅值相等；再根据非内部短路时动作量为 0 的要求，设计两个二次侧相量是采用相加还是采用相减的方法，最终实现差动电流等于 0。当然，内部短路时差动电流不能等于 0，否则无法满足继电保护切除内部故障的基本要求。

为了消除高、低压侧引出线电流相位不同而产生的影响，通常都是将变压器三角形侧的三个电流互感器 TA 接成星形，而将变压器星形侧的三个电流互感器 TA 接成三角形，这样，就可通过 TA1、TA2 的二次侧联结方式将电流相位校正过来。如图 6 - 2（c）所示，高压侧 TA 的输出电流 $\dot{I}_A' - \dot{I}_B'$ 就与 $\dot{I}_a^d$ 保持同相位了。随后，再设计适当的 TA1、TA2 变比，就可以满足 $\dot{I}_A' - \dot{I}_B' = \dot{I}_a^d$ 的关系了。为了比较，将图 6 - 2（b）中的 $\dot{I}_a^d$ 相量平移到图 6 - 2（c）中，并用虚线相量表示。于是，按照图 6 - 2（a）的 TA 接线，在正常运行和外部短路情况下，流入差动电流元件 $I_{d.A}$ 的电流为

$$\dot{I}_{d.A} = (\dot{I}_A' - \dot{I}_B') - \dot{I}_a^d = 0 \tag{6-7}$$

应当说明的是，虽然图 6 - 2（b）、（c）绘制的是正序电流分量，但通过进一步的分析可知，按照图 6 - 2（a）的 TA 接线方式，在外部短路的负序电流分量作用下，流入差动电流元件的电流仍然等于 0。另外，由于零序电流不流出变压器三角形侧的外部，也不流出高压侧 TA 三角形联结的外部，因此，差动电流元件中均不存在零序电流的成分。换句话说，在式 (6 - 7) 中，$\dot{I}_a^d$ 项没有零序电流分量，而 $\dot{I}_A' - \dot{I}_B'$ 项中已经减掉了零序电流分量的影响。

式 (6 - 7) 就是变压器差动保护的名称来历。于是，图 6 - 2（a）就是经过电缆连接，采用三个差动电流元件 $I_{d.A}$、$I_{d.B}$、$I_{d.C}$ 构成的模拟式电流差动保护接线图。

以上分析的基础是基于变压器较为习惯的正方向标定参考方法。

由于正方向可以任意规定，仅在列写方程时影响某些项的正、负号，并不改变物理含义和方程的实质。因此，下面再引入继电保护规定的正方向，如图 6-2（a）中标示的 $\dot{I}_A$、$\dot{I}_B$、$\dot{I}_C$ 和 $\dot{I}_a$、$\dot{I}_b$、$\dot{I}_c$，于是，以 A 相为例，两种参考相量标定方法的关系是 $\dot{I}_A = \dot{I}_A^Y$、$\dot{I}_a = -\dot{I}_a^d$。

计及 TA2 一次侧电流 $\dot{I}_a$ 由极性端进入、二次侧电流 $\dot{I}_a'$ 由极性端流出时，二者的相位几乎相等，于是，由图 6-2（a）、（b）可知，满足 $\dot{I}_a' = -\dot{I}_a^d$ 的关系，这样，按照继电保护规定的正方向，在 TA 的二次侧就得到了如图 6-2（d）所示的电流相量，如 $(\dot{I}_A' - \dot{I}_B') + \dot{I}_a' = 0$。因此，按照继电保护规定的正方向，可得流入差动电流元件的电流分别为

$$\begin{cases} \dot{I}_{d.A} = (\dot{I}_A' - \dot{I}_B') + \dot{I}_a' \\ \dot{I}_{d.B} = (\dot{I}_B' - \dot{I}_C') + \dot{I}_b' \\ \dot{I}_{d.C} = (\dot{I}_C' - \dot{I}_A') + \dot{I}_c' \end{cases} \tag{6-8}$$

式中　$\dot{I}_{d.A}$、$\dot{I}_{d.B}$、$\dot{I}_{d.C}$——分别为流入三个电流元件的差动电流。

在正常运行和外部短路且忽略励磁电流的情况下，式（6-8）的差动电流均为 0；而在两侧 TA 之间发生相间短路、接地短路时，式（6-8）中至少有一相就反映了故障点的短路电流 $\dot{I}_k'$（折算到 TA 的二次侧，但不包含零序分量）。

在上述的分析中，假设 n_T、n_{TA1}、n_{TA2} 变比均为 1。下面，讨论 n_T、n_{TA1}、n_{TA2} 变比之间应当满足的具体关系。由于三相变压器的变比定义为 $n_T = U_{AB}/U_{ab} = I_a/I_A$，其中，$U_{AB}$、$U_{ab}$ 分别为变压器高、低压侧的额定线电压；I_A、I_a 分别为变压器高、低压侧引出线的额定电流。因此，根据图 6-2（a）与变比的关系，得

$$n_T = \frac{I_a}{I_A} = \frac{n_{TA2} I_a'}{n_{TA1} I_A'} = \frac{n_{TA2} I_a'}{n_{TA1} \dfrac{|\dot{I}_A' - \dot{I}_B'|}{\sqrt{3}}} = \frac{\sqrt{3}\, n_{TA2}}{n_{TA1}} \frac{I_a'}{|\dot{I}_A' - \dot{I}_B'|} \tag{6-9}$$

式中　n_T——变压器的变比；

n_{TA1}、n_{TA2}——变压器高、低压侧电流互感器的变比；

I_a'——低压侧 TA 的二次侧电流，接入到差动电流元件中；

$|\dot{I}_A' - \dot{I}_B'|$——高压侧 TA 的二次侧两相电流差，接入到差动电流元件中。

在正常运行和外部短路时，为了满足三相差动电流均为 0 的条件，由式（6-8）可知，必须要求 $I_a' = |\dot{I}_A' - \dot{I}_B'|$（此时，相位问题已经在 TA 接线时得到了解决）。于是，将 $I_a' = |\dot{I}_A' - \dot{I}_B'|$ 的关系代入式（6-9）中，可得 n_T、n_{TA1}、n_{TA2} 三者的变比应当满足下列关系

$$n_T = \frac{\sqrt{3}\, n_{TA2}}{n_{TA1}} \tag{6-10}$$

如果式（6-10）的关系得不到满足，那么就会出现不平衡电流。

对于 Yd11 联结的三相变压器差动保护，通过上述的分析可以归纳出如下的特点：

（1）高、低压侧引出线的电流之间存在 30°的相位差，于是，变压器三角侧的 TA 采用 Yy12（Y）联结，变压器星形侧的 TA 采用 Yd11（△）联结，消除了相位差的影响。

（2）变压器星形侧的 TA 采用 Yd11 联结后，接入差动元件的电流为两相电流差，其值为 TA 二次侧单相输出的 $\sqrt{3}$ 倍，于是，采用式（6-10）的变比限定关系，确保正常运行和外部短路时满足差动电流等于 0。

3. 微机差动保护的接线方式

对于微机差动保护，通常将变压器高、低压侧的 TA 均按照Y形方法直接接入到保护装置中，简化了 TA 的二次侧接线，如图 6-3 所示，然后由微机保护的软件实现式（6-3）、式（6-8）的计算，消除相位差异和变比差异的影响。通常将变压器的联结方式以"钟点数"的形式输入到微机保护中，可适应于变压器的多种联结方式，例如，图 6-3 所示的 Yd11 联结方式，其钟点数的形式可表示为 12/11。

在图 6-3 的微机保护接线方式中，均以继电保护规定的正方向作为参考方向，TA 二次侧的极性端与保护装置的极性端直接相连。图中，$I_{A.H}^*$、$I_{B.H}^*$、$I_{C.H}^*$ 表示应当接高压侧 TA 的极性端；$I_{A.L}^*$、$I_{B.L}^*$、$I_{C.L}^*$ 表示应当接低压侧 TA 的极

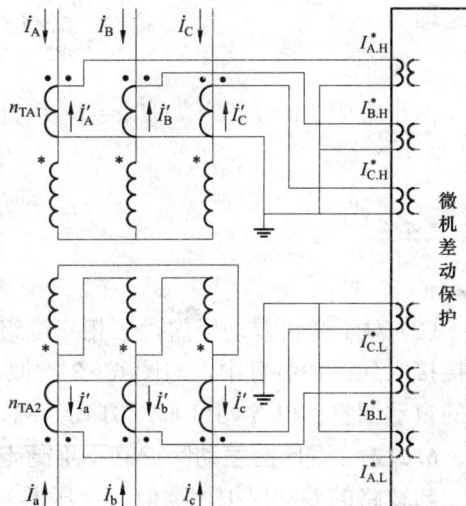

图 6-3 TA 与微机差动保护的接线方式

性端；未标注的非极性端连接在一起，接到 TA 的另一端，构成各相电流的通路。

*4. 三绕组差动保护的接线方式

电力系统还常常采用三绕组变压器。三绕组变压器的电流差动保护原理与双绕组变压器是类似的。图 6-4 所示是 Yyd11 联结方式下三绕组变压器电流差动保护的单相接线示意

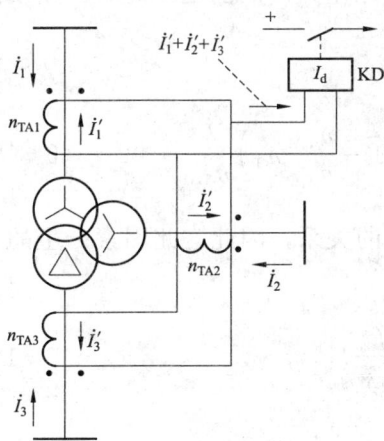

图，图中，$\dot{i}_1$、$\dot{i}_2$、$\dot{i}_3$ 为三侧规定的正方向，于是，接入差动电流元件的差电流为

$$\dot{I}_d = \dot{i}_1' + \dot{i}_2' + \dot{i}_3' \qquad (6-11)$$

式中 $\dot{i}_1'$、$\dot{i}_2'$、$\dot{i}_3'$——分别为高、中、低压侧 TA 的二次侧电流。

（1）对于模拟式的差动保护，三相三绕组变压器各侧电流互感器的接线方式和变比的选择也要参照 Yd11 双绕组变压器的方式进行调整，即△侧绕组的 TA 采用Y接线方式，Y侧绕组的 TA 采用△接线方式。在图 6-4 中，$\dot{i}_1'$、$\dot{i}_2'$、$\dot{i}_3'$ 应当对应于经过Y接线或△接线调整后的 TA 输出。设变压器 1—3 侧和 2—3 侧的变比为 n_{T13}、n_{T23}，在正常运行和外部短路时，折算到 $\dot{i}_3$ 侧后，变压

图 6-4 三绕组变压器电流差动
保护的单相接线示意图

器各侧电流满足如下关系

$$n_{T13}\dot{I}_1 + n_{T23}\dot{I}_2 + \dot{I}_3 = 0$$

参考式（6-10）的关系可知，变压器三角侧绕组的 TA 变比 n_{TA3} 应当乘以 $\sqrt{3}$ 的关系，因此，将三侧的 TA 二次电流及变比代入上式，可得

$$n_{T13}(n_{TA1}\dot{I}'_1) + n_{T23}(n_{TA2}\dot{I}'_2) + (\sqrt{3}\,n_{TA3}\dot{I}'_3) = 0$$

即

$$\frac{n_{T13}\,n_{TA1}}{\sqrt{3}\,n_{TA3}}\dot{I}'_1 + \frac{n_{T23}\,n_{TA2}}{\sqrt{3}\,n_{TA3}}\dot{I}'_2 + \dot{I}'_3 = 0$$

由于希望 $\dot{I}_d = \dot{I}'_1 + \dot{I}'_2 + \dot{I}'_3 = 0$，因此，由上式可得电流互感器变比的选择应当满足下式

$$\begin{cases} \dfrac{n_{TA3}}{n_{TA1}} = \dfrac{n_{T13}}{\sqrt{3}} \\[2mm] \dfrac{n_{TA3}}{n_{TA2}} = \dfrac{n_{T23}}{\sqrt{3}} \end{cases} \tag{6-12}$$

（2）对于微机差动保护，三相三绕组变压器各侧电流互感器的接线方式均按照星形方式直接接入到保护装置中，与图 6-3 类似，然后，由保护装置内部完成二次侧电流相位与变比的自动调整。以 Yyd11 联结方式为例，其钟点数表示形式为 12/12/11。

6.2.2　变压器差动保护的不平衡电流及其对策

与线路的差动保护相类似，变压器的差动保护也需要躲过不平衡电流 I_{unb} 的影响。下面以双绕组单相变压器为例，对不平衡电流产生的原因和消除方法分别进行讨论。

6.2.2.1　TA 变比差异产生的 I_{unb} 及对策

1. 模拟式的差动保护

变压器的变比是有标准的，同时，变压器两侧的电流互感器都是根据产品目录选取的标准变比，其规格种类是有限的，因此，三者的关系有时难以满足式（6-4）的 $n_T = n_{TA2}/n_{TA1}$ 要求，从而出现了计算变比与实际变比不一致（即变比差异）的问题，此时，差动回路中将流过不平衡电流。

将流入差动保护的电流进行适当地变换，得

$$\dot{I}_d = \dot{I}'_1 + \dot{I}'_2 = \frac{\dot{I}_1}{n_{TA1}} + \frac{\dot{I}_2}{n_{TA2}} = \frac{n_T\dot{I}_1 + \dot{I}_2}{n_{TA2}} + \left(1 - \frac{n_{TA1}}{n_{TA2}}n_T\right)\frac{\dot{I}_1}{n_{TA1}} \tag{6-13}$$

考虑到，正常运行和外部短路时，存在 $n_T\dot{I}_1 + \dot{I}_2 = 0$ 的关系，因此，此因素产生的不平衡电流就是式（6-13）中的后一项，即

$$I_{unb} = \left| \left(1 - \frac{n_{TA1}}{n_{TA2}}n_T\right)\frac{\dot{I}_1}{n_{TA1}} \right| = \frac{\Delta f_{za}}{n_{TA1}} I_1 \tag{6-14}$$

式中：$\Delta f_{za} = \left| 1 - \dfrac{n_{TA1}}{n_{TA2}}n_T \right|$ 称为变比差系数。

设外部短路时流过变压器高压侧的最大短路电流为 $I_{k.max}$，于是，在电流互感器和变压器变比不符合 $n_T = n_{TA2}/n_{TA1}$ 要求时，将 $I_{k.max}$ 代入式（6-14），可得流入差动保护的最大不平衡电流为

$$I_d = I_{\text{unb.max}} = \frac{\Delta f_{\text{za}}}{n_{\text{TA1}}} I_{\text{k.max}} \qquad (6-15)$$

Yd11 联结变压器的模拟式差动保护都是采用图 6-2 (a) 所示的接线方式。如果 TA 变比的选择不满足式 (6-10) 时，需要采取其他的方法消除由此产生的不平衡电流影响。常用的方法是：在 TA 二次回路中，采用中间变流器的方法进行 TA 变比差异的补偿，以便降低不平衡电流。相当于在一侧的 TA 二次回路中再接入一个变比可调节的小型 TA，本书不再赘述。

2. 微机差动保护

在 TA 变比不符合式 (6-10) 的关系时，微机保护可以直接应用式 (6-9) 的基本关系，再将测量电流均折算到 $\dot{I}_1'$ 侧（或 $\dot{I}_2'$ 侧），实现自动修正 TA 变比差异影响的目的，使正常运行和外部短路时，满足差动电流基本上为 0 的条件。因此，微机保护可以很好地消除 TA 变比差异的影响。当然，变压器的联结方式及 n_T、n_{TA1}、n_{TA2} 通常都作为基本参数输入到微机差动保护装置中。

在工程应用中，选择 TA 变比时，应当考虑最小动作电流的测量精度，还要兼顾最大短路电流时尽量不出现 TA 饱和的问题。

为了使符号清晰、简化，在本章以下的内容中，没有特殊说明时，都假设变压器各侧的电流均折算到低压侧，即 $n_T I_1$ 简单地记为 I_1，同时，以双绕组变压器为例进行研究。所有的分析和结论均可应用于三绕组变压器。

6.2.2.2　调压分接头产生的 I_{unb} 及对策

电力系统中经常采用带负荷调压的变压器，利用变压器分接头的位置来保持系统的运行电压和无功的调节。改变分接头的位置，实际上就是改变了变压器的变比 n_T。但电流互感器的变比只能根据变压器的正常变比（分接头未调整时）进行选择，在 TA 变比选定后，不可能根据运行方式再进行调整。

调节变压器分接头的位置时，设新的变比为 $n_T' = n_T + \Delta n_T$，那么，满足差电流为 0 的条件是

$$n_T' \dot{I}_1 + \dot{I}_2 = 0 \qquad (6-16)$$

将上式的左侧变换为

$$n_T' \dot{I}_1 + \dot{I}_2 = (n_T + \Delta n_T) \dot{I}_1 + \dot{I}_2 = (n_T \dot{I}_1 + \dot{I}_2) + \Delta n_T \dot{I}_1 \qquad (6-17)$$

因此，如果依然采用变压器标准变比 n_T 进行差动电流计算（即 $n_T \dot{I}_1 + \dot{I}_2$）的话，那么由式 (6-16)、式 (6-17) 可知，此时的不平衡电流为 $I_{\text{unb}} = \Delta n_T I_1$。

由于通常采用调压范围来反映 Δn_T 的变化，因此，考虑变比与电压的比例关系后，改变分接头位置产生的最大不平衡电流可表示为

$$I_{\text{unb.max}} = \Delta U I_{\text{k.max}} \qquad (6-18)$$

式中　ΔU——变压器分接头偏离额定值的最大值（百分比），如调压范围为 ±10% 时，取
　　　　$\Delta U = 0.1$；

　　　$I_{\text{k.max}}$——变压器高压侧的最大短路电流。

在理论上，虽然微机保护可以引入调压分接头的位置信息，在内部计算时，根据 $(n_T' n_{\text{TA1}} / n_{\text{TA2}}) \dot{I}_1' + \dot{I}_2' = 0$ 的关系，设法消除此因素所产生的不平衡电流，使差动电流为 0。

但是，考虑到分接头辅助触点及引入回路的可靠性不够高，且增加了回路的复杂性，因此，在目前的微机差动保护中，极少采用引入变压器分接头位置信息的方案，而通常都是采用提高动作斜率 K 值的方法，以防止调压分接头产生的 I_{unb} 影响。

6.2.2.3 TA 传变误差产生的 I_{unb} 及对策

变压器差动保护仍然需要考虑电流互感器的稳态误差、暂态误差以及饱和的影响，这部分的影响与对策已经在光纤电流差动保护中叙述过了，其结论可以应用于变压器差动保护中，不再重复。

需要强调的是，变压器两侧的 TA 变比不一样，所以，电流互感器的型号肯定不同，需固定取 TA 的同型系数 $K_{st}=1$。也就是说，此影响因素产生的最大稳态不平衡电流出现在：一侧 TA 没有误差，而另一侧 TA 误差达 10%。

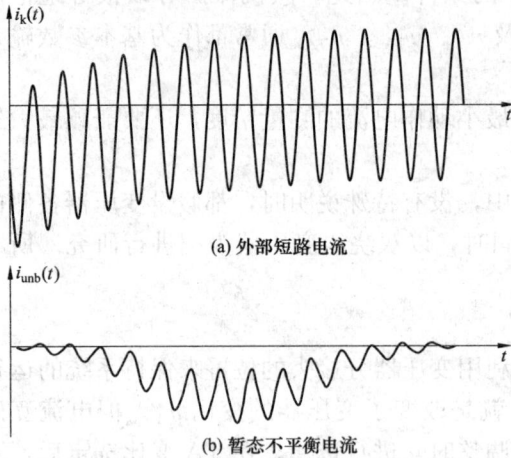

(a) 外部短路电流

(b) 暂态不平衡电流

图 6-5 外部短路的电流、差动保护暂态
不平衡电流的波形图

图 6-5 所示为外部短路的电流、差动保护暂态不平衡电流的波形图。由于 TA 励磁电流不能突变，因此短路刚开始时 TA 并没有饱和，不平衡电流不大；几个周波后，TA 开始饱和，暂态不平衡电流逐渐达到最大值；之后，随着一次电流非周期分量的衰减，暂态不平衡电流又逐渐下降，并趋于稳态不平衡电流。暂态不平衡电流 $i_{unb}(t)$ 的主要特征是：可能超过稳态不平衡电流 I_{unb} 的许多倍，且含有很大的非周期分量，其特性可能完全偏于时间轴的一侧。

相关文献验算了一个 TA 暂态分量对变压器差动保护影响比较严酷的算例：一侧 TA 有气隙，且非周期分量的衰减时间常数为 0.15s；另一侧 TA 无气隙，且非周期分量的衰减时间常数为 5s。验算的结论是：外部短路时，差动保护的最大不平衡电流约为 $0.25I_k/n_{TA}$。

减少 TA 传变误差影响的主要对策是提高差动保护动作方程中的制动系数，并采取数字滤波的方法。

6.2.2.4 励磁涌流产生的不平衡电流及对策

在前面的变压器差动保护原理分析中，均忽略了变压器励磁电流的存在。实际上，将变压器参数折算到二次侧后，按照继电保护规定的正方向，双绕组单相变压器的等效电路如图 6-6 所示，显然存在 $\dot{I}_1+\dot{I}_2=\dot{I}_\mu\neq0$ 的关系。在这种情况下，对于以 $\dot{I}_1+\dot{I}_2$ 作为动作量的差动保护，励磁回路相当于变压器内部短路的故障支路，励磁电流 $\dot{I}_\mu$ 全部形成了差动保护的动作量，这就是变压器励磁电流产生的不平衡电流，即

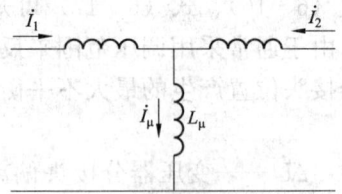

图 6-6 双绕组单相变压器等效电路

$$I_{unb}=I_\mu \tag{6-19}$$

三相变压器的情况也完全相同。励磁电流 I_μ 的大小主要取决于等效励磁电感 L_μ 的数

值，也就是取决于变压器铁芯是否饱和。正常运行和外部短路时，变压器不会饱和，励磁电流一般不会超过额定电流的 $2\%\sim5\%$，于是，通常在动作方程中考虑了励磁电流对变压器差动保护的影响。但是，在变压器空载合闸（空载投入，简称空充）或外部故障切除后的电压恢复期间，变压器电压从 0（或很小的数值）突然上升到运行电压时，变压器可能会出现严重的饱和情况，从而产生很大的暂态励磁电流，此时的励磁电流只流入变压器接通电源的那侧绕组，完全构成了差动保护

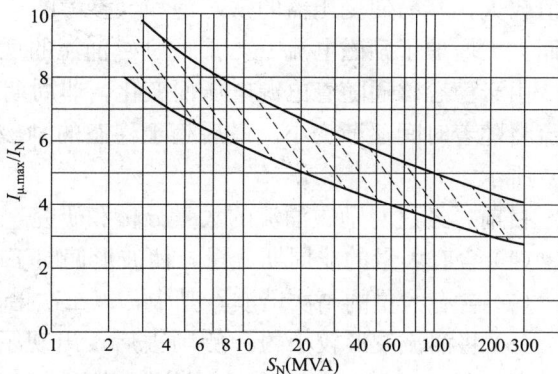

图 6-7　$I_{\mu.\max}$ 与 S_N 的关系曲线

的动作量。这个暂态励磁电流的大小与变压器容量、合闸角、剩磁等因素有关，其最大值可达额定电流的 $4\sim8$ 倍，因此，被称为励磁涌流。图 6-7 所示就是励磁涌流的最大值 $I_{\mu.\max}$ 与变压器额定容量 S_N 的关系曲线，其中，I_N 为额定电流。

　　由于励磁涌流很大，因此，若采用抬高动作电流来躲过其影响，势必极大地降低了差动保护在内部故障时的灵敏度，为此，一般通过其他措施来防止励磁涌流的影响，避免变压器差动保护的误动。如何防止励磁涌流的影响一直是变压器差动保护的核心问题之一。

1. 产生励磁涌流的机理及其特征

　　以单相变压器的空载合闸为例，来说明励磁涌流产生的原因及其特点，以便从中找出克服励磁涌流对差动保护影响的办法。下面，结合图 6-8，说明产生最大励磁电流的条件，应当说，这是对应于几种最不利条件的极端组合。

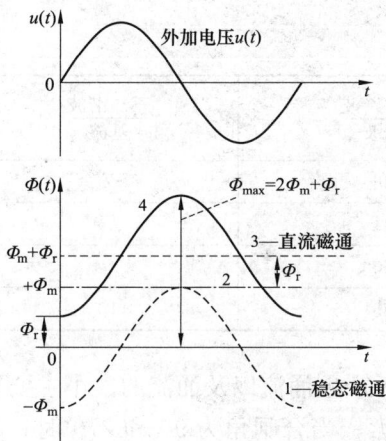

图 6-8　合闸角为 0°的最大暂态磁通示意图

　　（1）变压器外加电压与磁通的关系为 $u=W\dfrac{\mathrm{d}\Phi}{\mathrm{d}t}$（$W$ 为匝数），因此，变压器铁芯的磁通 $\Phi(t)$ 落后于外加电压 $u(t)$ 的角度为 90°，这样，假如在电源电压 $u(t)$ 为 0°时投入空载变压器（即合闸角为 0°，下同），则铁芯中将出现受电压 u 强制影响的稳态磁通分量，如曲线 1 所示。稳态磁通在 0 时刻对应的最大磁通为 $-\Phi_m$。

　　（2）由于铁芯的磁通不能突变，因而铁芯中必然出现一个非周期分量的磁通 $+\Phi_m$，如曲线 2 所示的起始点，以便与 $-\Phi_m$ 保持平衡的关系。近似分析非周期分量磁通 Φ_m 的影响时，可考虑其衰减较慢，极端情况取不衰减，如图中的点划线 2。

　　（3）考虑到变压器剩磁 Φ_r 的存在，最不利的情况是，剩磁 Φ_r 与非周期分量磁通的方向相同，二者叠加后出现了最大的直流磁通 $\Phi_m+\Phi_r$，如虚线 3 所示。

　　在上述这三个极端条件下，稳态量与非周期分量叠加后，磁通 Φ 由剩磁 Φ_r 开始变化，如曲线 4 所示，经过半个工频周期后，将产生最大的总磁通为 $\Phi_{\max}=2\Phi_m+\Phi_r$。该总磁通的

数值较大，容易使变压器的铁芯饱和（参考图 4-18 的磁滞回线），导致励磁电感 L_μ 很小，从而大大增加了励磁电流 i_μ，形成励磁涌流的现象，涌流的数值可达额定电流的 4～8 倍。

由于稳态磁通随着电源电压而变化，非周期分量的磁通又随着时间而衰减，因此，励磁涌流将随着时间逐渐变小，最后趋于稳态的励磁电流。励磁涌流波形的部分截图如图 6-9（a）所示。

目前，经过对励磁涌流的大量分析和研究，将其主要的特征归纳如下：

（1）含有大量的非周期分量，使波形偏向于时间轴的一侧。

（2）含有大量的高次谐波，其中，以二次谐波为主。

（3）将涌流波形较小的一侧削去后，出现了小于 180° 的间断角 θ_1，如图 6-9（b）所示。涌流越大，间断角 θ_1 越小，此特征简称为波形出现间断。

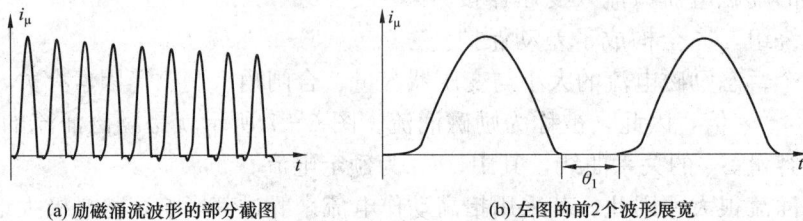

(a) 励磁涌流波形的部分截图   (b) 左图的前2个波形展宽

图 6-9   励磁涌流波形

需要说明的是，可以将正常工频正弦信号的对称波宽 180° 看成是间断角为 180°，因此，涌流的间断角是相对于 180° 而言的。

对几次实测的励磁涌流波形进行数据分析后，得到主要成分的比例如表 6-1 所示。

表 6-1   实测的励磁涌流谐波成分(%)

波形图编号 \ 谐波含量	直流 基波	二次谐波 基波	三次谐波 基波
1	66	36	7
2	80	31	6.9
3	62	50	9.4
4	73	23	10

从上面的分析还可以知道，在变压器空载合闸时，是否产生涌流以及涌流的大小主要取决于合闸角与剩磁。当合闸角为 0° 和 180° 时，励磁涌流最大；当合闸角为 90° 和 270° 时，励磁涌流最小，此时，主要受剩磁的影响。

对于三相变压器，空载合闸时三相电压是对称的，相位互差 120°，因此，当某一相的电压合闸角为 90° 或 270° 时，该相的励磁涌流最小，但另两相的合闸角肯定不等于 90° 或 270°，必定会出现励磁涌流，因此，三相变压器中至少有两相会产生励磁涌流。

2. 防止励磁涌流引起误动的对策

由于无法消除励磁涌流，因此，目前通常采取两种方法：①在整定值上躲过励磁涌流的影响（如差流速断保护），但会降低灵敏度；②识别出励磁涌流时短时闭锁差动保护，以防止误动，当励磁涌流特征衰减后，还可以允许保护动作。下面，针对变压器励磁涌流的特征，介绍三种微机保护常用的识别励磁涌流方法。

(1) 二次谐波制动的方法。二次谐波制动的方法是根据励磁涌流中"含有大量二次谐波"的特征而构成的。当检测到差动电流的二次谐波分量较大时，就短时闭锁差动保护，以防止励磁涌流引起的误动；当二次谐波分量较小时，开放差动保护。采用这种方法的保护称为二次谐波制动的差动保护。

二次谐波制动元件的动作判据为

$$\frac{I_{(2)}}{I_{(1)}} \geqslant K_2 \qquad (6-20)$$

式中　$I_{(1)}$——差动电流中的基波分量；

　　　$I_{(2)}$——差动电流中的二次谐波分量；

　　　K_2——二次谐波的制动系数。

K_2 按照躲过各种励磁涌流下最小的二次谐波含量进行整定，根据理论分析和工程经验，通常取 $K_2 = 15\% \sim 20\%$。

应当说，在短路情况下，$I_{(2)}$ 呈现衰减特征，但基波分量 $I_{(1)}$ 几乎不衰减，因此，比值 $I_{(2)}/I_{(1)}$ 基本上按照 $I_{(2)}$ 的特征进行衰减；而在励磁涌流的情况下，$I_{(1)}$、$I_{(2)}$ 均呈现一定的衰减特征，但比值 $I_{(2)}/I_{(1)}$ 的衰减速度相对要慢一些。直流分量、三次谐波分量与基波分量的比值也有类似的特征。

(2) 间断角鉴别的方法。间断角鉴别的方法是根据励磁涌流中"波形出现间断"的特征而构成的。间断角鉴别的方式有很多，这里只介绍一种容易理解的最简单方法。以图 6-9 (b) 的波形为例，经微机采样并取正的采样值后，相当于削去了波形为负值部分的采样值，于是，可以很方便地获得采样值为"正"的个数 n，如图 6-10 所示。由于微机保护的采样间隔 T_s 是一个固定的时间，因此，容易得到图中的角度 θ_2 为

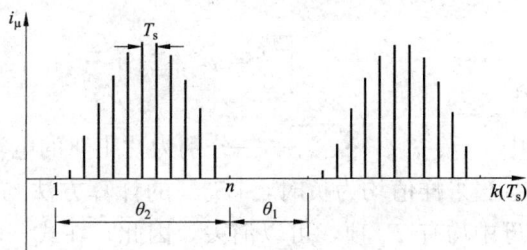

图 6-10　采样值为正的励磁涌流

$$\theta_2 = \frac{(n-1)T_s}{NT_s} 360° = \frac{n-1}{N} 360° \qquad (6-21)$$

式中　　　N——工频一个周期的采样点数，满足 $NT_s = T$，T 为工频周期。

上述方法相当于：先将正的波形转化为方波，然后再求取方波宽度所对应的角度。类似地，微机保护也很容易计算出间断角 θ_1，如求取采样值为"负"的个数就能够获得 θ_1。于是，当 θ_1 小于某个整定值（一般取 60°~65°）时，就认为励磁涌流较大，应当闭锁变压器差动保护。对于正常的、有一定数值的工频电流，应当满足 $\theta_1 \approx \theta_2 \approx 180°$。

考虑到采样间隔对应的角度分辨率（误差）和干扰影响等因素后，为了抑制干扰的影响并提高 θ_1 角度的分辨率，可以通过滤波器和提高采样频率（$f_s = 1/T_s$）等办法来获得更好的性能。

(3) 波形对称度鉴别的方法。波形对称度鉴别的方法是根据励磁涌流中"波形偏向于时间轴一侧"的特征而构成的。以图 6-11 的波形为例，设波形为正的面积为 $|S_+|$，波形为

负的面积为 $|S_-|$，那么，对于如图 6-11（a）所示的正常电流波形，有 $|S_+|/|S_-|\approx 1$；对于如图 6-11（b）所示的励磁涌流，有 $|S_+|/|S_-|>1+\rho$，其中，ρ 为不对称度的动作整定值。

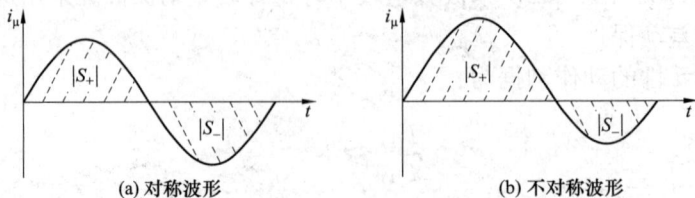

(a) 对称波形　　　　　　　　　　　(b) 不对称波形

图 6-11　波形对称度的示意图

为了适应于波形正、负面积任意大小的情况，波形不对称的程度通常采用下式计算

$$\frac{\max\{|S_+|,\ |S_-|\}}{\min\{|S_+|,\ |S_-|\}}>1+\rho \tag{6-22}$$

在图 6-10 所示的采样值示意图中，当采样值均为正时，可以采用梯形法近似求面积 $|S_+|$，即

$$|S_+|\approx\left|\frac{i_1+i_2}{2}T_s+\frac{i_2+i_3}{2}T_s+\frac{i_3+i_4}{2}T_s+\cdots+\frac{i_{n-1}+i_n}{2}T_s\right|$$

$$=\left|\frac{i_1}{2}+i_2+i_3+\cdots+i_{n-1}+\frac{i_n}{2}\right|T_s \tag{6-23}$$

式中　i_1、i_2、$\cdots$、i_n——分别为"正"的电流采样值。

当采样值均为负时，$|S_-|$ 的计算方法与式（6-23）类似。由于式（6-22）的分子、分母中均有 T_s 项，可以消去，因此，在式（6-23）中，可以不用 T_s 参与计算。

通过上述三种常用的励磁涌流识别方法来看，三种方法主要的目的是：设法将励磁涌流识别出来，短时闭锁差动保护，从而防止涌流情况下的误动。但是，这些闭锁的措施也带来了一定的负面影响，在变压器内部短路时，短路电流中的非周期分量、二次谐波分量如果达到上述的闭锁条件，那么，变压器差动保护也会被短时闭锁，此时，需要等待闭锁的条件逐渐消失后，差动保护才能动作，导致差动保护的速动性可能会受到一定的影响。另外，在空载合闸于故障变压器时，除了短路电流非周期分量、二次谐波分量的影响以外，还存在着励磁涌流的影响，这些成分的共同影响可能导致差动保护的速动性会受到进一步的影响。

在上述三种的励磁涌流识别方法中，既有一定的相似程度，又有一定的区别，在实际的微机保护中可以互相取长补短，结合使用。其中，利用全周傅里叶算法求取二次谐波时，自然具有较强的滤波和抗干扰性能，因此，二次谐波制动的方法应用最广泛，也最成熟。当然，还可以采取一些其他的识别方法，如：①$I_{(0)}/I_{(1)}\geqslant K$ 等，其中，$I_{(0)}$ 为直流分量的计算值，K 为闭锁的整定值；②识别基波分量、非周期分量和二次谐波的衰减程度，因为在短路期间，基波分量属于被电源所强制的成分，其稳态值几乎不衰减，而非周期分量和谐波分量均存在不同程度的衰减，并且励磁涌流中的基波分量也存在衰减的特征。

除了上述的影响因素以外，变压器差动保护也存在 TA 断线的影响问题，分析和对策均与线路差动保护类似，不再重复。下面，将影响变压器差动保护的主要因素及对策归纳出来，如表 6-2 所示。

表 6-2   **影响变压器差动保护的主要因素及对策**

主要的影响因素	主 要 对 策
高、低压侧引出线之间，电流相位存在 30°的差异	在差动保护的计算式（6-8）中，进行角度修正，消除了角度差异的影响
调压分接头	定值中予以考虑
TA 变比差异	归算到同一侧 [见式（6-9）]，消除了变比差异的影响
稳态不平衡电流	制动系数中考虑其影响
TA 饱和与暂态误差	(1) 制动系数中考虑 TA 暂态误差； (2) 识别出饱和后，提高制动系数，或短时闭锁； (3) 采用带小气隙的电流互感器； (4) 滤波
励磁涌流	识别涌流，并闭锁。主要方法有： (1) 二次谐波闭锁； (2) 间断角闭锁； (3) 波形不对称闭锁
TA 断线	断线识别（可设置为闭锁或不闭锁）

顺便指出，一般的纵联差动保护无法反应被保护范围内的纵向故障，如图 6-12（a）所示的一相绕组发生了纵向的匝间短路，此时，依然存在 $\dot{I}_1 + \dot{I}_2 = 0$，无法满足差动保护动作的条件；显然，在正常运行和外部短路时，也存在 $\dot{I}_1 + \dot{I}_2 = 0$。但是，对于变压器的差动保护来说，虽然设计时针对的是横向故障（相间短路、接地短路），然而，在图 6-12（b）所示的一相绕组上发生匝间短路时，变压器差动保护也能在相当程度上满足动作的条件，因为，任意位置的匝间短路均可以近似等效为图 6-12（b）所示的短路情况，相当于在 A 处引出一个虚拟自耦变压器的引出线，随后又在 A 与 N 之间发生了短路，从而破坏了 I_A 与 I_a 之间原有的固定关系（即 $n_T = I_a / I_A$），此时，在 W_1'' 绕组和 A、N 之间构成了短路环，出现很大的短路电流，于是，电流差动保护有可能能够动作。这是变压器（纵联）差动保护顺便带来的好处，当然，短路的匝数太少时，还是难以满足动作条件的。

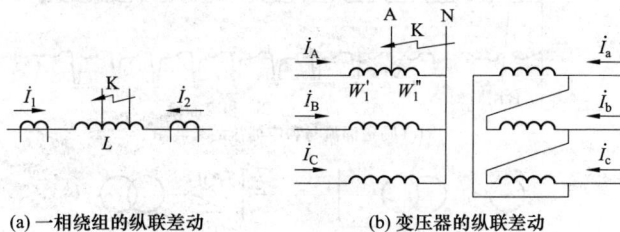

(a) 一相绕组的纵联差动   (b) 变压器的纵联差动

图 6-12 线圈的纵向短路

*6.2.2.5　变压器产生和应涌流的机理

如上所述，当变压器空载合闸时，受合闸角、剩磁、磁滞回线等因素影响，可能会产生励磁涌流。励磁涌流的成分可以分解为非周期分量、基波分量和各种谐波分量。

在图6-13（a）的并联变压器中，当断路器 QF 未合闸时，运行变压器 T2 中流入稳态的励磁电流，其数值较小；而当邻近的变压器 T1 进行空载合闸操作时，T1 如果出现励磁涌流 $i_{T1}(t)$，那么可能引起运行变压器 T2 上也产生励磁涌流 $i_{T2}(t)$，此时，运行变压器的励磁涌流也被称为和应涌流。准确分析和应涌流时，需要采用磁链方程，还需要考虑变压器励磁回路的非线性影响。下面用一种简略的方法介绍产生和应涌流的主要机理，以便于理解。

1. 和应涌流的初始阶段

如图6-13（a）所示，在变压器 T1 空载合闸的瞬间及较短的时间内（初始阶段），运行变压器 T2 的励磁阻抗 $Z_{\mu 2}$ 还没有发生变化，此时，对于工频分量、谐波分量来说，励磁阻抗 $Z_{\mu 2}$ 的数值是很大的。在这个条件下，可忽略 T2 励磁阻抗的影响，于是，除了合闸变压器 T1 为非线性元件之外，其余的系统可以近似看作是一个线性的系统。

在 S 端电动势作用下，如果在合闸变压器 T1 处产生了励磁涌流 $i_{T1}(t)$，那么在短时间内，可以忽略 T2 励磁阻抗变化的影响，此时，整个系统形成了 S 端电动势以及励磁涌流 $i_{T1}(t)$ 的共同激励作用。如果将 T1 的非线性以及励磁涌流 $i_{T1}(t)$ 的影响看成一个附加的电流源，如图6-13（b）所示，于是，可以将叠加原理应用于此时的电路分析。这样，在图6-13（b）所示的 $Z_s(f)=R_s+\mathrm{j}n\omega_1 L_s$、$Z_2(f)=R_2+\mathrm{j}n\omega_1 L_2$ 两侧，励磁电流 $i_{T1}(t)$ 中的每一种频率分量均按照该频率的阻抗 $Z_s(f)$、$Z_2(f)$ 进行分流，其中，ω_1 为工频角频率；$n=0$、1、2、3…分别代表非周期分量（以直流分量为主）、基波分量、2次和3次谐波分量等；$Z_s(f)$ 为电源系统的阻抗；$Z_2(f)$ 为 T2 的漏抗和励磁阻抗之和。这样，将分流到运行变压器 T2 侧的各种频率分量再叠加起来，就构成了 T2 和应涌流的初始阶段。

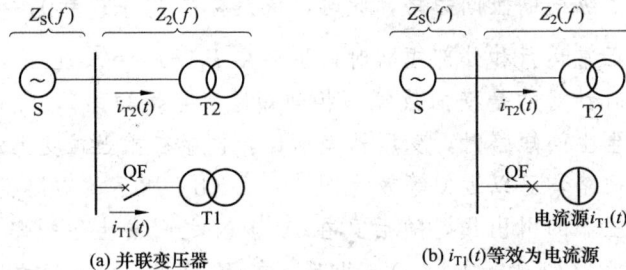

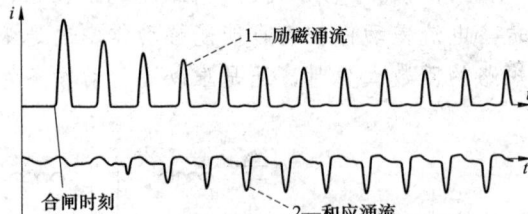

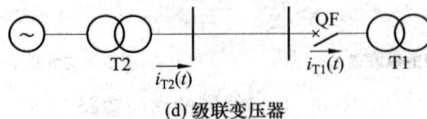

(a) 并联变压器　　　　　　　　　　(b) $i_{T1}(t)$ 等效为电流源

(c) 励磁涌流与和应涌流的录波图

1—励磁涌流
2—和应涌流

(d) 级联变压器

图6-13　和应涌流说明图

由于 T2 励磁阻抗和漏抗中的电阻分量较小，故较容易对非周期分量产生分流的作用。此外，由阻抗分流关系可知，在 $Z_s = R_s + j\omega_1 L_s$ 较大（系统为最小运行方式，包括 R_s 较大）时，增大了 T2 侧的分流作用，从而在变压器 T2 处产生了更大的和应涌流。

2. 和应涌流的发展阶段

在运行变压器 T2 侧的分流中，非周期分量基本上都流入 T2 的励磁回路，产生了偏磁的影响，促使 T2 的励磁电感 $L_{\mu2}$ 降低（参见图 4-18 非线性的磁滞回线）；而 T2 励磁电感 $L_{\mu2}$ 的降低又产生了两方面的影响：①从 T1 的励磁电流 $i_{T1}(t)$ 中，获得更多的工频及谐波分量的分流；②增大了电势供给 T2 的励磁电流。这样，在 T2 上进一步增大了励磁电流，如此反复，使得和应涌流的幅值呈现上升的趋势。因此，在分流作用与励磁电感 $L_{\mu2}$ 降低的共同影响下，形成了并联运行变压器 T2 和应涌流的发展阶段。在此阶段，已经将变压器 T2 按照非线性系统考虑了。

实际上，分流到 T2 侧的其他频率成分也会使 T2 的工作点趋向于饱和，也可能导致励磁阻抗 $Z_{\mu2}$ 降低。

3. 和应涌流的后续阶段

随着非周期分量、谐波分量的逐渐衰减，同时基波分量也逐渐衰减为较小的正常励磁电流，于是，和应涌流的影响也将逐步衰减。

合闸变压器 T1 产生励磁涌流的主要作用回路就在于系统阻抗 $Z_s(f)$ 与 T1 之间，因此，励磁涌流的衰减时间常数主要受 $(L_s + L_{T1})/(R_s + R_{T1})$ 的影响；而运行变压器和应涌流的衰减速度，主要取决于 T1、T2 两台变压器励磁阻抗与漏抗之间参数所形成的时间常数 $(L_{T1} + L_{T2})/(R_{T1} + R_{T2})$。后者的总电感与总电阻之比大于前者，因此，和应涌流的衰减要缓慢一些。在上述的时间常数中，R_s、L_s 为电源系统的电阻和电感；R_{T1}、L_{T1} 为合闸变压器 T1 的电阻和等效电感；R_{T2}、L_{T2} 为运行变压器 T2 的电阻和等效电感。

综上所述，和应涌流一般具有这样的趋势：幅值先增大再减小，最大值出现在合闸后的几周期，衰减速度比普通涌流缓慢，如图 6-13（c）的波形 2 所示。为了比较，图 6-13（c）中也同时记录了合闸变压器的励磁涌流，如波形 1 所示。

如果变压器 T2 的右侧接入电源或负载，则分析过程与上述相类似，仅仅需要在 $Z_2(f) = R_2 + jn\omega_1 L_2$ 中计及 T2 右侧接入电源或负载的影响即可。

在图 6-13（a）中，如果三相变压器 T2 的中性点不接地，那么具有零序电流特征的分量（三相同频率、同幅值、同相位）基本上不流入不接地的 T2 中，此时，T2 的和应涌流会有一定程度的降低。因此，励磁涌流的大小还与变压器的接地方式相关联。此外，具有零序电流特征的分量将被三角形绕组所阻隔。

对于如图 6-13（d）所示的级联变压器，当变压器 T1 空载合闸时，有可能产生励磁涌流，此时，该励磁涌流就直接流经变压器 T2，从而在 T2 处产生和应涌流。

分析表明，运行变压器的和应涌流与空充变压器的励磁涌流相比较，二者都是由偏磁引起的，具有相似的特征，只是变化趋势和衰减速度不同而已。和应涌流也会对差动保护产生不利的影响，到目前为止，对于和应涌流仍然采用与励磁涌流相似的识别方法和对策。

*6.2.2.6 增设 TA 改善差动保护的性能

目前，还提出了一种改善变压器差动保护性能的 TA 配置，以 Yd11 联结的变压器为例，如图 6-14 所示，在原有 TA1、TA4 配置的基础上，增加 TA2、TA3 两组电流互感器。

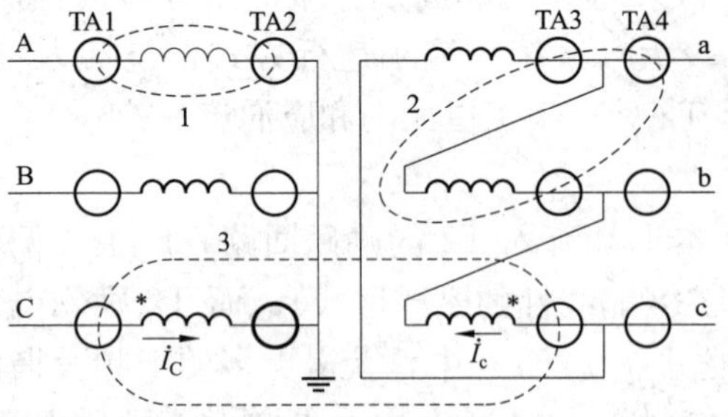

图 6-14　增设 TA 后的差动保护

（1）高压侧 A 相绕组的分相电流差动保护。利用基尔霍夫电流定律，由 TA1、TA2 的 A 相电流构成了差动保护，如虚线框 1 所示的保护范围，可以保护 A 相绕组的相间短路和接地短路，且不受励磁电流的影响，但不保护纵向的匝间短路。

（2）低压侧 b 绕组的分相电流差动保护。利用基尔霍夫电流定律，由 TA3 的 a、b 相和 TA4 的 a 相电流构成了差动保护，如虚线框 2 所示的保护范围，可以保护 b 绕组的相间短路和接地短路，且不受励磁电流的影响，但不保护纵向的匝间短路。

（3）单相差动保护。如图 6-14 的虚线框 3 所示，利用变压器的磁动势（安匝数）平衡原理，按图中标示的参考方向，在外部短路和正常运行时有 $W_1 \dot{I}_C + W_2 \dot{I}_c = 0$，其中，$W_1$、$W_2$ 分别为高、低压绕组的匝数；$\dot{I}_C$、$\dot{I}_c$ 分别为同一个绕组柱上的高、低压侧电流。于是，由 TA1 的 C 相和 TA3 的 c 相电流构成了单相的差动保护。该差动保护可以保护 C 相高、低压绕组的相间短路、接地短路和匝间短路，同时，高、低压两侧之间不存在电流相位的差异问题，但受励磁电流的影响，需要采取防止励磁涌流影响的措施，可作为匝间短路的主要保护方式之一。

其他相别差动保护的接线方式与上述类似。按照这种方式配置 TA 后，所有的相间和接地短路均可以由不受励磁电流影响、不受分接头影响的差动保护完成；而只有匝间短路的保护才需要考虑励磁电流和分接头的影响（6.4 节介绍的瓦斯保护也可以切除匝间短路）。这样，变压器相间短路、接地短路的差动保护性能就得到了极大的提高。

6.2.3　变压器差动保护的动作方程与整定计算

在下面的计算中，为了简便，均以 TA 的二次侧为讨论基础。

1. 具有制动特性的差动保护

与输电线路的差动保护相类似，变压器差动保护也较多地采用具有制动特性的动作方程，二者既有相似之处，也有不同之处。除了都需要考虑 TA 稳态和暂态误差的影响之外，变压器差动保护还有如下特点：①增加了变压器调压分接头引起的误差；②存在励磁涌流的影响；③就近测量各电气量，不存在波传输过程的影响。

如图 6-15（a）所示，$I_{\text{unb.max}}$（I_k）（曲线 1）为随短路电流 I_k 变化的最大不平衡电流曲线，变压器差动保护的制动特性（折线 2）应当位于 $I_{\text{unb.max}}(I_k)$ 曲线的上方，并有足够的可靠裕度。考虑了稳态和暂态误差、励磁涌流的影响和识别，并计及裕度之后，以 A 相差动保护及二次谐波闭锁为例，结合式（6-8），可以得到变压器差动保护的动作方程为

$$\begin{cases} |(\dot{I}_{A2} - \dot{I}_{B2}) + \dot{I}_{a2}| > K|(\dot{I}_{A2} - \dot{I}_{B2}) - \dot{I}_{a2}| & (6-24) \\[2mm] |(\dot{I}_{A2} - \dot{I}_{B2}) + \dot{I}_{a2}| > I_{\text{op}} & (6-25) \\[2mm] \dfrac{I_{(2)}}{I_{(1)}} < K_2 & (6-26) \end{cases}$$

三式中　$\dot{I}_{A2}$、$\dot{I}_{B2}$——变压器高压侧的 A、B 相测量电流；

$\dot{I}_{a2}$——变压器低压侧的 A 相测量电流；

K——制动系数，一般取 $0.25 \sim 0.5$；

I_{op}——启动电流（最小动作值），一般取 $(0.2 \sim 0.5) I_N$；

$I_{(1)}$、$I_{(2)}$——差动电流 $(\dot{I}_{A2} - \dot{I}_{B2}) + \dot{I}_{a2}$ 中的基波分量和二次谐波分量；

K_2——二次谐波的制动系数，一般取 $0.15 \sim 0.2$。

式（6-24）就是具有制动特性的动作方程，其中，各电气量都已经将测量电流折算到同一侧；式（6-25）为最小动作值的门槛；式（6-26）对应于二次谐波成分较小时，才允许动作。

式（6-24）也可以更换为式（4-18）、式（4-19）的制动方式，不再重复。

设 $\dot{I}_1 = \dot{I}_{A2} - \dot{I}_{B2}$、$\dot{I}_2 = \dot{I}_{a2}$，于是，可以将式（6-24）～式（6-26）简写为

$$\begin{cases} |\dot{I}_1 + \dot{I}_2| > K|\dot{I}_1 - \dot{I}_2| \\ |\dot{I}_1 + \dot{I}_2| > I_{op} \\ \dfrac{I_{(2)}}{I_{(1)}} < K_2 \end{cases} \qquad (6-27)$$

考虑到外部短路时有 $|\dot{I}_1 - \dot{I}_2| = 2I_k$，因此，为了了解动作特性与短路电流的关系，有时也用 $|\dot{I}_1 - \dot{I}_2|/2$ 作为制动电流，于是，式（6-27）转化为

$$\begin{cases} |\dot{I}_1 + \dot{I}_2| > K_1 \dfrac{|\dot{I}_1 - \dot{I}_2|}{2} \\ |\dot{I}_1 + \dot{I}_2| > I_{op} \\ \dfrac{I_{(2)}}{I_{(1)}} < K_2 \end{cases} \qquad (6-28)$$

式中 K_1——制动特性的斜率，为制动系数的 2 倍，即 $K_1 = 2K$，一般取 K_1 为 $0.5 \sim 1$。

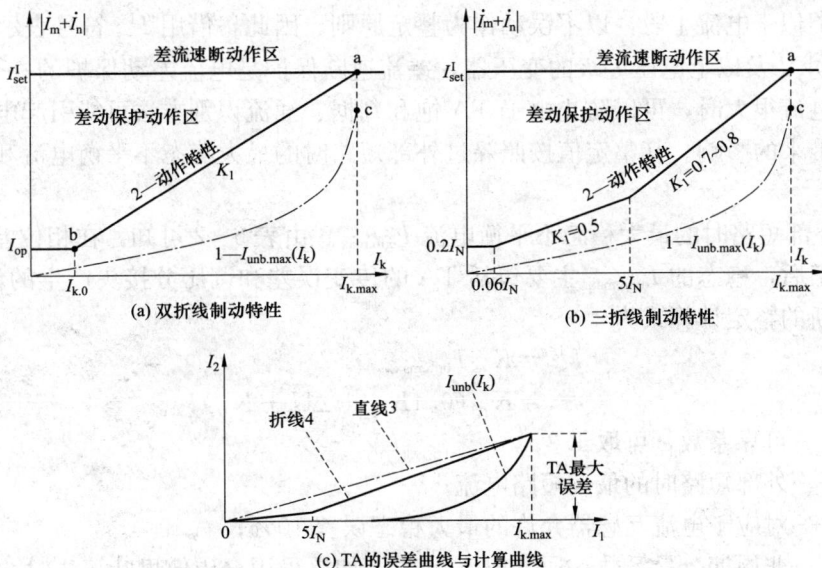

(a) 双折线制动特性

(b) 三折线制动特性

(c) TA 的误差曲线与计算曲线

图 6-15 变压器差动保护的制动特性曲线

按照式（6-28）的关系，绘制出制动特性，如图6-15（a）所示。具体参数按照如下方式确定。

（1）制动特性斜率 K_1 的确定。根据 6.2.2 部分的分析，可得制动特性斜率 K_1 的计算方法如下

$$K_1 = K_{rel}(0.1K_{np} + \Delta U + K_{tr}) \qquad (6-29)$$

式中　K_{rel}——可靠系数，取 1.3～1.5；

　　　0.1——对应于电流互感器允许的最大稳态误差 10%（考虑互感器为不同型号）；

　　　K_{np}——非周期分量系数，两侧同为 TP 型（带气隙）TA 时取 1，否则取 1.5～2；

　　　ΔU——变压器分接头偏离额定值的最大值（百分比），如调压范围为 ±10% 时，则取 $\Delta U = 0.1$；

　　　K_{tr}——暂态分量系数，可取 0.25。

（2）拐点 b 参数的确定。一般取 $I_{k.0}$ 为 (0.4～1)I_N。启动电流 I_{op} 为

$$I_{op} = K_1 I_{k.0} = (0.4 \sim 1)K_1 I_N \qquad (6-30)$$

（3）灵敏度验证。计算出最小的内部短路电流 $I_{k.min}$ 后，代入式（6-28），得

$$K_{sen} = \frac{动作量}{制动量} = \frac{|\dot{I}_1 + \dot{I}_2|}{K_1 \dfrac{|\dot{I}_1 - \dot{I}_2|}{2}} \geqslant \frac{2|\dot{I}_{k.min}|}{K_1|\dot{I}_{k.min}|} = \frac{2}{K_1} \qquad (6-31)$$

要求 $K_{sen} \geqslant 1.5$。

还可以将制动特性修改为如图 6-15（b）所示的三折线方式，这是一种工程中经常采用的制动方案，能够更好地适应于 TA 稳态误差和暂态误差的影响，同时，内部短路时能够获得更好的灵敏度。其基本思路是：如图 6-15（c）所示，将 TA 的最大误差曲线 I_{unb} (I_k) 由直线 3 的近似方法修改为折线 4。灵敏度的提高来源于直线 3 与折线 4 的差别，从而降低了制动量。三折线方式的动作方程从略，读者可自行分析。

2. 差流速断保护的整定原则

该保护类似于电流 I 段，以不误动作为整定原则。因此，借用 I_{set}^{I} 符号表示。

对于 220kV 及以上电压等级的变压器，差流速断保护是电流差动保护的一个辅助保护。当内部短路电流很大时，可以防止由于 TA 饱和判据、涌流识别方法可能引起电流差动保护延迟动作所带来的影响。其整定值按照躲过外部短路时的最大稳态不平衡电流和最大励磁涌流来整定。

（1）躲外部短路时的最大稳态不平衡电流 $I_{unb.max}$。由表 6-2 可知，在相位差和 TA 变比差异得到修正后，稳态的 $I_{unb.max}$ 主要包括 TA 的传变误差和调压分接头产生的误差，于是，得到差流速断的整定计算式为

$$I_{set}^{I} = K_{rel} I_{unb.max}$$
$$= K_{rel}(0.1K_{np} + \Delta U + K_{tr})I_{k.max} \qquad (6-32)$$

式中　K_{rel}——可靠系数，可取 1.3；

　　　$I_{k.max}$——外部短路时的最大短路电流；

　　　0.1——对应于电流互感器允许的最大稳态误差 10%；

　　　K_{np}——非周期分量系数，通常取 1.5～2（如果采用全周傅里叶算法时，可取 1.3）；

　　　ΔU——由变压器分接头调整引起的相对误差，一般取调整范围的一半；

K_{tr}——暂态分量系数，可取 0.25。

在式（6-32）中，考虑 TA 肯定为不同型，因此，已经取同型系数 $K_{st}=1$。

（2）躲过变压器最大的励磁涌流。整定计算式为

$$I_{set}^I = K_{rel} K_\mu I_N \qquad (6-33)$$

式中 K_{rel}——可靠系数，可取 $1.3\sim1.5$；

I_N——变压器的额定电流；

K_μ——励磁涌流的最大倍数（即 $K_\mu = I_{\mu.max}/I_N$），取 $4\sim8$，可以根据变压器的额定容量按图 6-7 的上限来选择。

按上述两个条件计算动作电流，选取最大者，并且所有电流都应当是折算到电流互感器二次侧的数值。对于 Yd11 联结的三相变压器，在计算故障电流和负荷电流时，要注意的是 Y 侧的 TA 接线方式（微机保护内包含了 30° 的转角接线），为此，通常在 d 侧计算比较方便。

在工程中，将式（6-32）、式（6-33）合并为一个计算方法，于是，差流速断保护的整定值为

$$I_{set}^I = K_T I_N \qquad (6-34)$$

式中 K_T——整定倍数，根据变压器容量的大小，K_T 推荐值如表 6-3 所示。

表 6-3 差流速断的 K_T 推荐值

变压器容量（MVA）	K_T 推荐值	变压器容量（MVA）	K_T 推荐值
6.3	$7\sim12$	$40\sim120$	$3\sim6$
$6.3\sim31.5$	$4.5\sim7$	120 及以上	$2\sim5$

在正常运行方式条件下，按保护安装处电源侧的两相短路来验证灵敏度，要求

$$K_{sen} = \frac{I_{k.min}}{I_{set}^I} \geq 1.2 \qquad (6-35)$$

应当说，在变压器内部短路时，差流速断保护不一定具备足够的灵敏度，该保护毕竟是一种辅助的保护方式。

*6.2.4 变压器零序电流差动保护

在上述介绍的变压器差动保护中，测量电流虽然采用的是相电流，但是都已经消除了零序电流的成分，如式（6-24）中的 $\dot{I}_{A2} - \dot{I}_{B2}$ 项就减掉了零序电流，而 $\dot{I}_{a2}$ 项一次侧本身就没有零序电流（变压器△侧），这样，变压器中性点接地侧发生内部单相接地短路时，灵敏度可能不够高。为此，可以增设零序电流差动保护。

对于如图 6-16（a）所示的接地变压器，在正常运行及外部短路时，有

$$(\dot{I}_A + \dot{I}_B + \dot{I}_C) + 3\dot{I}_{0.g} = 0 \qquad (6-36)$$

基于式（6-36）构成的零序电流差动保护，可以在高压侧绕组发生接地短

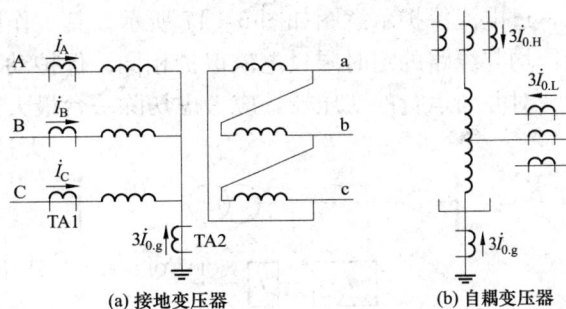

图 6-16 接地变压器的零序电流差动保护示意图

路时动作。但不足之处是：正常运行时无 $3\dot{I}_{0.g}$ 电流，难以验证 TA2 极性连接的正确性。

一种解决的办法是，考虑到 TA2 极性只可能存在连接正确和接反两种情况，于是，动作量可以取下面两种方式

$$\begin{cases} I_{0.d} = |(\dot{I}_A + \dot{I}_B + \dot{I}_C) + 3\dot{I}_{0.g}| & (6-37) \\ I_{0.d} = |(\dot{I}_A + \dot{I}_B + \dot{I}_C) - 3\dot{I}_{0.g}| & (6-38) \end{cases}$$

两种动作量对应的差动方程均动作时，才表明是内部接地短路，允许发出跳闸命令。外部接地短路且忽略误差时，在 TA2 极性正确情况下，式（6-37）等于 0；在 TA 极性接反情况下，式（6-38）等于 0。这种方案的优点是允许 TA2 的极性任意接，不会造成误动，但缺点是内部短路时可能存在一定的死区。

为了消除死区现象，可在第一次出现接地故障后，利用相量关系，确认并修改 $3\dot{I}_{0.g}$ 的 TA 极性，使外部接地故障时满足 $(\dot{I}_A + \dot{I}_B + \dot{I}_C) + 3\dot{I}_{0.g} = 0$ 的条件。此时，应当取消式（6-38）的作用。

对于如图 6-16（b）所示的自耦变压器，也可以采用类似的方法。在正常运行及外部短路时，有

$$3\dot{I}_{0.H} + 3\dot{I}_{0.L} + 3\dot{I}_{0.g} = 0 \qquad (6-39)$$

式中　$3\dot{I}_{0.H}$——高压侧的三相电流之和，即 $3\dot{I}_{0.H} = \dot{I}_{A.H} + \dot{I}_{B.H} + \dot{I}_{C.H}$；

$3\dot{I}_{0.L}$——低压侧的三相电流之和，即 $3\dot{I}_{0.L} = \dot{I}_{A.L} + \dot{I}_{B.L} + \dot{I}_{C.L}$；

$3\dot{I}_{0.g}$——接地中性线的零序电流。

6.3　变压器的后备保护

变压器的主保护通常采用差动保护和瓦斯保护（见 6.4 节），此外，还应当装设相间短路和接地短路的后备保护。后备保护的作用是为了防止外部短路引起变压器绕组的过电流，并作为变压器内部故障时的后备保护，也可以作为相邻设备（如母线、线路）保护的后备。

6.3.1　变压器相间短路的后备保护

变压器相间短路的后备保护通常采用过电流保护、低电压启动的过电流保护、复合电压启动的过电流保护以及负序过电流保护等，也有采用距离保护作为后备保护的情况。

1. 过电流保护

过电流保护示意图如图 6-17 所示，其工作原理以及整定计算、动作时限和灵敏度的校验，均与线路的定时限过电流保护相同。保护动作后，跳开变压器两侧的断路器。

对并列运行的变压器，应考虑切除一台最大容量的变压器时，在其他变压器中出现的最大过负荷电流 $I_{L.max}$，即

$$I_{set} = \frac{K_{rel} K_{ss}}{K_{re}} I_{L.max} \qquad (6-40)$$

式中　K_{rel}——可靠系数，一般取 1.2~1.3；

K_{ss}——电动机自启动系数，数值大于 1，应由网络接线与负荷性质确定；

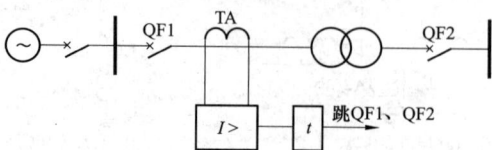

图 6-17　过电流保护示意图

K_{re}——返回系数，取 $0.85 \sim 0.95$；

$I_{L.max}$——最大负荷电流。

当各台变压器容量相同时，最大负荷电流可按下式考虑

$$I_{L.max} = \frac{n}{n-1} I_N \qquad (6-41)$$

式中　n——并列运行变压器可能的最少台数；

I_N——变压器的额定电流。

2. 低压启动的过电流保护

过电流保护按照躲过可能出现的最大负荷电流进行整定时，启动电流比较大，对于升压变压器或容量较大的降压变压器，灵敏度可能不容易满足要求。为此，可以采用低电压启动的过电流保护，即电流元件与低电压元件都动作才能够启动时间元件，如图 6-18 所示，但需要考虑增加电压互感器断线闭锁的功能，防止 TV 断线情况下的误动。

采用低电压启动后，电流元件的整定值就可以不必按照躲过最大的负荷电流 $I_{L.max}$ 进行整定了，而是按照大于变压器的额定电流进行整定。也就是说，在额定电流情况下要求电流元件能够可靠返回，即

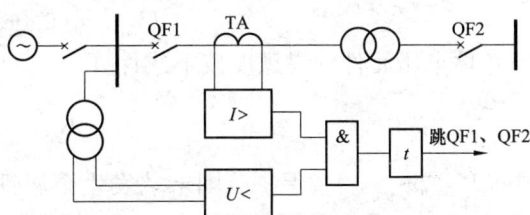

图 6-18　低压启动的过电流保护示意图

$$I_{set} = \frac{K_{rel}}{K_{re}} I_N \qquad (6-42)$$

式中　K_{rel}——可靠系数，一般取 $1.15 \sim 1.3$；

K_{re}——返回系数，一般取 $0.85 \sim 0.95$。

低电压元件的整定值按以下条件整定，并取最小值。

（1）按正常运行的最低工作电压能够可靠返回进行整定，即

$$U_{set} = \frac{U_{L.min}}{K_{rel} K_{re}} \qquad (6-43)$$

式中　$U_{L.min}$——最低工作电压，一般取 $(0.9 \sim 0.95) U_N$；

K_{rel}——可靠系数，一般取 $1.1 \sim 1.2$；

K_{re}——低电压元件的返回系数，一般取 $1.15 \sim 1.25$。

（2）按躲过电动机自启动时的电压进行整定。

当电压元件接在变压器低压侧时，一般取

$$U_{set} = (0.5 \sim 0.6) U_N \qquad (6-44)$$

当电压元件接在变压器高压侧时，一般取

$$U_{set} = 0.7 U_N \qquad (6-45)$$

低压元件的灵敏度按下式计算

$$K_{sen} = \frac{U_{set}}{U_{k.max}} \qquad (6-46)$$

式中　$U_{k.max}$——后备保护范围末端发生三相金属性短路时，电压互感器安装处的最大残压。

要求 $K_{sen} \geqslant 1.25$。

式（6-44）、式（6-45）是考虑异步电动机的堵转电压而定的。对于降压变压器，负荷主要在低压侧，在电动机自启动时，高压侧的电压要增加一个变压器的压降，所以高压侧的整定值高于低压侧。对于发电厂的升压变压器，负荷主要在高压侧，电动机自启动时，低压侧电压实际上将更高一些，但仍按式（6-44）整定，原因是：发电机在失磁运行时，其母线电压会比较低。关于失磁的内容将在第7章中介绍。

3. 复合电压启动的过电流保护

这种保护是低电压启动过电流保护的一个发展。所谓复合电压启动，就是在低电压元件的基础上，再增加负序电压元件，二者构成了"或"的启动条件，如图6-19所示。在对称短路时，低电压元件有较好的灵敏度；在不对称短路时，负序电压元件有较好的灵敏度。

负序电压元件的动作电压按躲过正常运行时的最大不平衡电压来整定，通常取

$$U_{2.set} = (0.06 \sim 0.12)U_N \tag{6-47}$$

负序电压元件的灵敏度按下式计算

$$K_{sen} = \frac{U_{2.min}}{U_{2.set}} \tag{6-48}$$

式中 $U_{2.min}$——后备保护范围末端发生金属性不对称短路时，电压互感器安装处的最小负序电压。

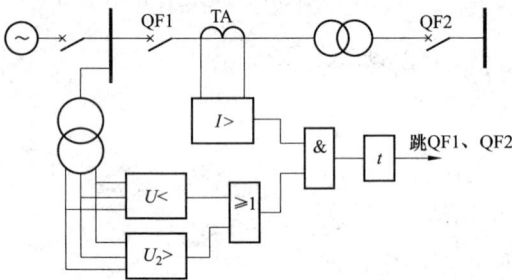

图 6-19 复合电压启动的过电流保护示意图

要求 $K_{sen} \geqslant 1.25$。

实际上，微机保护通常设计为图6-19所示的复合电压启动过电流保护方式，包含了图6-17、图6-18的保护方案，可以方便地进行选择使用。

在图6-19中，还可以将电流元件更改为负序电流元件，从而构成复合电压启动的负序电流保护。

应当说，在配电网的线路保护中，如果电流Ⅲ段保护的灵敏度不满足要求时，也可以采用这种低压启动或复合电压启动的过电流保护方式。

6.3.2 变压器接地短路的后备保护

接地短路是电力系统中最常见的故障形式，因此，对于中性点直接接地系统的变压器，一般要求在变压器上装设接地保护，作为变压器和相邻设备接地短路的后备保护。发生接地短路时，直接接地的变压器中性点处将出现零序电流，母线将出现零序电压，于是，变压器的接地后备保护通常都是反应零序分量构成的。

1. 单台变压器的零序电流保护

中性点直接接地运行的变压器都采用零序过电流保护作为变压器接地后备保护，通常设计为两段式。其中，零序电流保护Ⅰ段与相邻设备的零序电流保护Ⅰ段相配合；零序电流保护Ⅱ段与相邻设备的零序电流保护后备段（如Ⅲ段）相配合。应当说明的是，此处的Ⅰ、Ⅱ段只是变压器保护的习惯称谓，需要注意其配合的关系。根据尽量缩小故障影响范围的需要，变压器的每段零序电流保护可设两个时限，以较小的时限动作于缩小故障影响的范围，以较长的时限动作于跳开变压器各侧的断路器。

图 6-20 所示是双绕组变压器零序过电流保护的接线方式和保护逻辑，零序电流取自变
压器中性点。对于双母线运行方式，零序电
流保护动作后，先以较小的时限 t_1、t_3 跳
开母线联络断路器 QF（简称母联）。如果
故障消失，表明是另一条母线的故障，则长
延时的零序保护能够立即返回，使变压器能
够继续运行；如果故障不消失，则经长延时
t_2、t_4 后跳开各侧断路器。

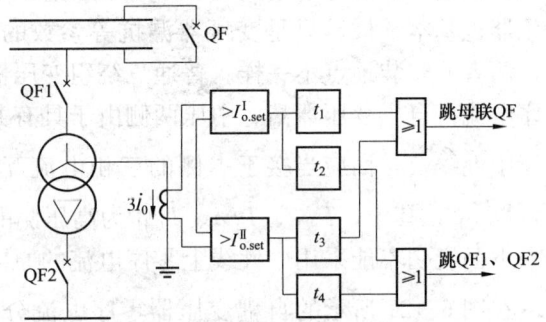

通常还引入变压器的星侧零序电压，与
零序电流构成方向元件，以便区分是内部短
路还是外部短路。变压器内部短路时，作为
变压器的接地后备保护；外部短路时，作为
相邻设备的接地后备保护。

图 6-20　双绕组变压器零序过电流保护的
接线方式和保护逻辑

变压器的零序后备保护仍然遵循：与谁配合，则电流定值和时间定值都应当同时与之配
合。以作为线路保护的后备为例，变压器零序电流保护 I 段的动作电流按下式整定

$$I_{o.set}^{I} = K_{rel} K_b I_{o.line.set}^{I} \tag{6-49}$$

式中　K_{rel}——可靠系数，取 1.2；

K_b——零序电流的分支系数；

$I_{o.line.set}^{I}$——相邻设备零序电流 I 段的动作电流。

零序电流保护 I 段的短时限取 $t_1 = 0.5 \sim 1s$，跳母线联络断路器；长时限取 $t_2 = t_1 + \Delta t$，
跳各侧断路器。

零序电流保护 II 段的动作电流与式（6-49）类似，只是式中的电流 $I_{o.line.set}^{I}$ 应更改为
$I_{o.line.set}^{III}$，动作时限 $t_3 = t_3^{III} + \Delta t$、$t_4 = t_3 + \Delta t$，其中，$t_3^{III}$ 为相邻设备后备保护（$I_{o.line.set}^{III}$）的动
作时限。

零序电流保护 I 段的灵敏度按照变压器母线处短路来校验，零序电流保护 II 段按相邻设
备末端短路校验。校验方法与线路的零序电流保护相同。

对于三绕组变压器，往往有两侧的中性点直接接地运行，此时，应该在两侧的中性点上
分别装设两段式的零序电流保护。各侧的零序电流保护作为本侧相邻设备的后备，以及变压
器主保护的后备。在动作电流整定时，需要考虑
另一侧接地故障的影响，灵敏度不够时可装设零
序方向元件。

2. 自耦变压器零序电流保护的特点

自耦变压器具有体积小、价格便宜、效率高
等优点，在大容量、高电压电力系统中获得了广
泛的应用。如图 6-21 所示，自耦变压器通常采
用三绕组方式，高、中压之间除了磁的联系外，
还有电的联系，采用中性点直接接地的星形
（YN）联结方式；第三绕组（低压绕组）和普通
变压器一样，与其他两侧之间只有磁的联系，通

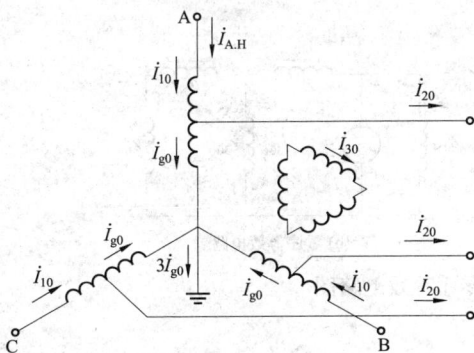

图 6-21　三相自耦变压器的零序电流分布

常采用三角形（d）联结方式。

自耦变压器的等效电路与 YNynd 联结方式的普通变压器完全一样，保护的配置与普通变压器也基本一样，只是变压器漏抗等参数的计算方法有所不同。但是，对于零序电流保护，两者的安装地点不一样。普通三绕组变压器的零序电流保护通常接入各侧接地中性线的零序电流；自耦变压器高、中压两侧由于具有共同的接地中性点，两侧的零序电流保护不能接于中性线上，而应当接于本侧的三相电流互感器所合成的零序电流上，如 $3\dot{I}_{10} = \dot{I}_{A.H} + \dot{I}_{B.H} + \dot{I}_{C.H}$，其中，$\dot{I}_{A.H}$、$\dot{I}_{B.H}$、$\dot{I}_{C.H}$ 为高压侧的三相测量电流。

下面说明不能采用中性线上零序电流的原因。

在图 6-21 所示的自耦变压器零序电流分布图中，$\dot{I}_{10}$、$\dot{I}_{20}$、$\dot{I}_{30}$ 分别为高、中、低压侧的零序电流；$\dot{I}_{g0}$ 为公共绕组的零序电流。于是，按照图 6-21 所标示的电流方向，可得变压器中性线上的电流 $3\dot{I}_{g0}$ 与高、中压侧零序电流之间的关系为

$$3\dot{I}_{g0} = 3\dot{I}_{10} - 3\dot{I}_{20} \tag{6-50}$$

设图 6-22（a）所示系统的 K 点发生接地短路，将参数折算到变压器 T 的中压侧后，零序等效电路如图 6-22（b）所示。其中，Z_{10}、Z_{20}、Z_{30} 分别为变压器 T 的高、中、低压侧等值漏抗；Z_{0M}、Z_{0N} 为变压器 T 的外部等效零序阻抗，包括了外部变压器、线路的零序阻抗；$\dot{I}'_{10}$ 为折算到中压侧的高压侧零序电流，即 $\dot{I}_{10} = \dot{I}'_{10}/n_{12}$，其中，$n_{12}$ 为变压器高、中压之间的变比。于是，由图 6-22（b）可得变压器高、中压两侧零序电流之间的关系为

$$\dot{I}_{20} = \frac{Z_{30}}{Z_{30} + Z_{20} + Z_{0N}} \dot{I}'_{10} = \frac{Z_{30}}{Z_{30} + Z_{20} + Z_{0N}} n_{12} \dot{I}_{10} \tag{6-51}$$

将式（6-51）代入式（6-50），得

$$3\dot{I}_{g0} = \left(1 - \frac{n_{12}Z_{30}}{Z_{30} + Z_{20} + Z_{0N}}\right) 3\dot{I}_{10} = \frac{Z_{20} + Z_{0N} - (n_{12} - 1)Z_{30}}{Z_{30} + Z_{20} + Z_{0N}} 3\dot{I}_{10} \tag{6-52}$$

由式（6-52）可见，流入中性线的电流 $3\dot{I}_{g0}$ 将随着中压侧的系统阻抗 Z_{0N} 而变化。当 $Z_{20} + Z_{0N} = (n_{12} - 1)Z_{30}$ 时，$3\dot{I}_{g0} = 0$；在 $Z_{20} + Z_{0N} > (n_{12} - 1)Z_{30}$ 和 $Z_{20} + Z_{0N} < (n_{12} - 1)Z_{30}$ 两种情况下，$3\dot{I}_{g0}$ 的相位相差 $180°$。考虑到 Z_{0N} 的变化范围可能很大，因此，自耦变压器中性线上零序电流 $3\dot{I}_{g0}$ 的大小和方向都不是确定的，难以构成零序电流保护。

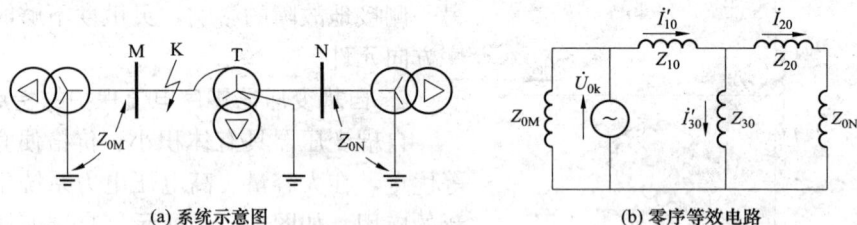

(a) 系统示意图　　　　　　　　(b) 零序等效电路

图 6-22　外部接地短路及零序等效电路图

3. 多台变压器并联运行的接地后备保护

对于多台变压器并联运行的变电站，通常采用一部分变压器的中性点接地运行，而另一

部分变压器的中性点不接地运行。这样，可以将接地故障电流的最大值限制在合理范围内，同时，也使整个系统的零序电流大小和分布情况受运行方式的影响尽量小一些，争取零序电流保护的保护范围比较稳定，提高零序电流保护的灵敏度。

如图 6-23 所示，T2 和 T3 中性点接地运行，T1 中性点不接地运行。K1 点发生单相接地故障时，T2、T3 由零序电流保护动作而被切除，T1 由于无零序电流，仍将带故障运行。此时，由于失去了接地的中性点，变成了中性点不接地系统的单相接地故障，将产生接近于额定电压的零序电压，非故障相电压将升高为额定电压的 $\sqrt{3}$ 倍（即 $\sqrt{3}U_N$），危及变压器和其他电力设备的绝缘，因此，通常需要装设中性点不接地运行方式下的接地保护，以便将 T1 切除。根据变压器绝缘等级的不同，中性点运行方式下的接地保护分别采用如下的保护方案。

（1）全绝缘变压器的接地保护。全绝缘变压器是指，在出现 $\sqrt{3}U_N$ 电压时，变压器的绝缘不会受到威胁。如图 6-23 的 K1 点单相接地时，T2、T3 跳闸后，T1 如果为全绝缘变压器，那么 T1 的绝缘就不会受到威胁。但是，此时的零序过电压仍将危及其他电力设备的绝缘，因此，需装设零序电压保护，以便将中性点不接地的变压器切除（当然，其他设备也需要考虑装设零序过电压保护）。

全绝缘变压器接地保护的原理接线如图 6-24 所示，其中，零序电流保护作为变压器中性点接地运行时的接地保护，与图 6-20 中单台变压器的两段式接地保护完全一样。零序电压保护作为中性点不接地运行时的接地保护，$3U_0$ 取自 TV 二次侧的开口三角绕组。

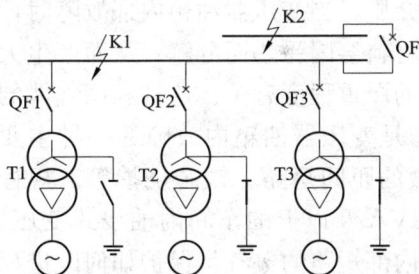

图 6-23 多台变压器并联运行

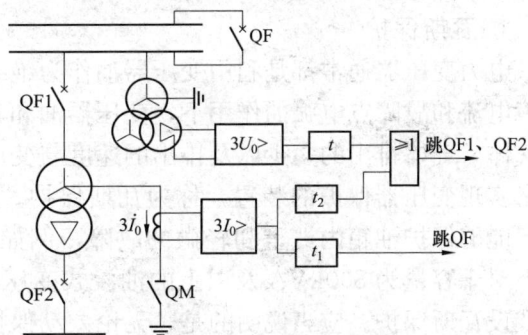

图 6-24 全绝缘变压器接地保护的原理接线图

零序电压保护的动作电压要躲过在部分中性点接地的电网中发生单相接地故障时的最大零序电压；同时，在发生单相接地且又失去接地中性点时，要有足够的灵敏度。考虑两方面的因素后，动作电压 $3U_0$ 一般取 $1.8U_N$。采取这样的动作电压的目的是，减少故障的影响范围。例如，图 6-23 的 K2 点发生单相接地故障时，T1 的零序电压保护不会启动，在 T2 和 T3 的零序电流保护将母联断路器 QF 跳开后，各变压器仍能继续运行；而 K1 点发生单相接地故障时，QF 和 QF2、QF3 跳开后，失去接地的中性点，T1 的零序电压保护才会动作。由于零序电压保护只有在失去中性点且系统中没有零序电流的情况下才能够动作，不需要与其他设备的接地保护相配合，因此，动作时限只需要躲过暂态电压的时间，通常取 $0.3 \sim 0.5s$。

（2）分级绝缘变压器的接地后备保护。220kV 及以上电压等级的大型变压器，为了降低造价，高压绕组采用分级绝缘方式，中性点绝缘水平比较低，在单相接地故障且失去中性点接地时，其绝缘将受到破坏。为此，可以在变压器中性点装设放电间隙（与图6-24中的接地刀开关QM并联，参见图6-26中的间隙F及TA01′）。当间隙上的电压超过设定的门槛值时，间隙迅速放电，形成中性点对地的短路，从而保护变压器中性点的绝缘。由于放电间隙不能长时间通过电流，因此，在放电间隙上装设零序电流元件，在检测到间隙放电时，迅速切除变压器。另外，放电间隙是一种比较粗糙的设施，气象条件、连续放电的次数等因素都可能会使其出现该动作而不能动作的情况，因此，还需要装设零序电压元件，作为间隙不能放电时的后备，动作于切除变压器。动作电压和时限的整定方法与全绝缘变压器的零序电压保护相同。

6.4　变压器保护的配置原则

　　本章上述各节主要介绍了变压器的电流差动保护、差流速断保护以及相间和接地短路的后备保护，这些保护原理都是反应电气量特征的，构成了电气量的主要保护方式。但是，对于变压器内部的某些轻微故障，上述电气量保护的灵敏度可能不能满足要求，为此，变压器通常还装设反应油箱内部的油、气、温度等特征的非电量保护。此外，对于某些不正常运行状态，如果有可能损伤变压器，也需要装设专门的保护。根据规程规定，在电流差动保护、差流速断保护，以及相间和接地短路的后备保护之外，变压器一般还应当考虑下列的保护方式。

1. 瓦斯保护

　　电力变压器通常都是利用变压器油作为绝缘和冷却介质。当变压器油箱内部故障时，在故障电流和故障点电弧的作用下，变压器油和其他绝缘材料会因受热而分解，从而产生大量的气体，气体排出的多少以及排出的速度与变压器故障的严重程度有关。这种利用气体的特征来实现变压器保护的装置，称为瓦斯保护。瓦斯保护是变压器油箱内故障的一种主要保护，能够保护油箱内严重和轻微的故障，例如绕组轻微的匝间短路、铁芯烧损等。规程规定，对于容量为800kVA及以上的油浸式变压器、400kVA及以上的车间内油浸式变压器，应装设瓦斯保护。应当说明的是，无论差动保护或其他内部短路的电气量保护如何改进提高性能，均存在一定的无法识别的保护死区（如小匝间短路），都不能代替瓦斯保护，反之，瓦斯保护也不能代替差动等电气量保护，因为油箱外部的故障，瓦斯保护反应迟缓，甚至难以反应。因此，电气量保护与瓦斯保护共同作用、相互补充，构成了较为完整的变压器保护。

　　瓦斯保护的主要元件是气体继电器，安装在油箱和储油柜之间的连接管道上，如图6-25所示。气体继电器有两个输出触点：一个反应变压器内部的不正常和轻微故障，称为轻瓦斯；另一个反应变压器内部的严重故障，称为重瓦斯。轻瓦斯动作于信号，使运行人员能够迅速地发现变压器的不正常和轻微故障，

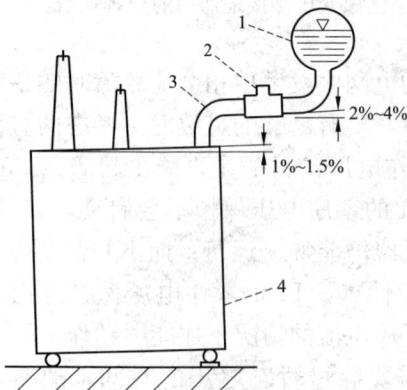

图6-25　气体继电器安装位置

1—储油柜；2—气体继电器；3—导油管；4—油箱

并及时处理；重瓦斯动作于跳开变压器的各侧断路器。

这里不介绍气体继电器的具体结构，仅说明其大致的工作原理。变压器内部发生轻微故障时，油箱内产生的气体较少且速度慢，由于储油柜在油箱的上方，因此，气体沿管道上升，使气体继电器内的油面下降，当下降到动作门槛时，轻瓦斯动作，发出告警信号。变压器内部发生严重故障时，故障点周围的温度剧增，并且迅速产生大量的气体，引起变压器内部的压力升高，迫使变压器油从油箱经过管道向储油柜方向冲去，气体继电器感受到的油速达到动作门槛时，重瓦斯动作，瞬时作用于跳闸回路，切除变压器，以防事故扩大。

2. 过负荷保护

变压器长期过负荷运行时，绕组会因发热而受到损伤。对 400kVA 以上的变压器，当数台并列运行，或单独运行并作为其他负荷的备用电源时，应根据可能过负荷的情况，装设过负荷保护。过负荷保护接于一相上，并延时作用于信号。对于无经常值班人员的变电站，必要时过负荷保护可动作于自动减负荷或跳闸。对于自耦变压器和多绕组变压器，过负荷保护应能反应公共绕组及各侧的过负荷情况。

过负荷保护类似于过电流保护，由电流元件和时间元件构成，区别主要在于整定值的差异。过负荷保护的电流整定值一般取为 $(1.1 \sim 1.3)I_N$。

3. 过励磁保护

频率降低和电压升高将引起变压器过励磁（也称过激磁），导致励磁电流急剧增加，铁芯及附近的金属构件损耗增加，引起高温。长时间或多次反复的过励磁将因过热而使绝缘老化。因此，高压侧为 500kV 及以上的变压器，应装设过励磁保护，在变压器允许的过励磁范围内，保护作用于信号；当过励磁超过允许值时，可动作于跳闸。过励磁保护反应铁芯的实际工作磁密和额定工作磁密之比（称为过励磁倍数）而动作。实际的过励磁保护通常通过检测变压器电压与频率的标幺值之比来计算，即

$$\frac{\dfrac{U}{U_N}}{\dfrac{f}{50}} \geq K_{ex} \qquad (6-53)$$

式中　U、f——测量电压和测量频率；

　　　K_{ex}——过励磁倍数的整定值。

4. 其他非电量保护

对变压器温度、油箱内压力升高，以及冷却系统的故障，应按照现行有关变压器的标准要求，专设可作用于信号或动作于跳闸的非电量保护，本书不再赘述。

结合本章介绍的电气量保护方法，下面介绍一种变压器保护的配置方案，以供参考。

为了满足电力系统稳定方面的要求，当变压器发生故障时，要求保护装置能够快速地切除故障。通常变压器的瓦斯保护和差动保护（对小容量变压器可以配置电流速断保护）已构成了内部短路的双重化快速保护。但是，对变压器引出线上的故障却只有一套差动保护。当变压器故障而差动保护拒动时，将由带延时的后备保护切除。为了保证在任何情况下都能够快速切除故障，对于大型变压器，应装设两套差动保护，即差动保护的双重化。

图 6-26 所示为 220/110/35kV 变压器的一种保护配置方案，为了清晰起见，图中采用粗线表示一次系统传输功率的导线。变压器为 YNynd 的联结方式，高压侧的中性点装设了

放电间隙 F，中压侧中性点直接接地运行。图中，TA1、TA2、TA3 表示高、中、低压侧的电流互感器，实际上，每侧都有多组 TA，仅画出一组表示接线方式；TA01、TA01′表示高压侧中性线及放电间隙的电流互感器；TA02 表示中压侧中性线的电流互感器；TV1、TV2、TV3 表示高、中、低压侧的电压互感器；带有数字的小方框表示各种保护。例如，方框 7 表示变压器高压侧装设了零序电流保护，由图 6-26 可见，其电压引自 TV1，电流引自 TA01、TA01′。

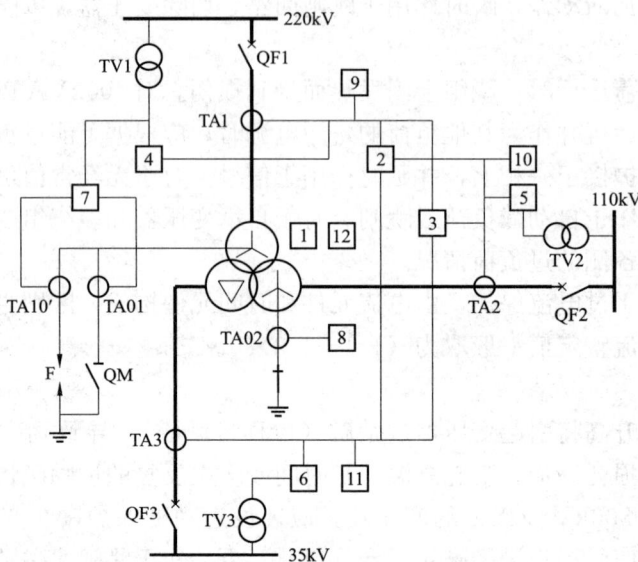

图 6-26　220/110/35kV 变压器保护的配置示意图

1—瓦斯保护；2—第一套差动保护（二次谐波制动）；3—第二套差动保护（间断角鉴别制动）；

4、5、6—高、中、低压侧的复合电压启动过电流保护；7—高压侧的零序电流、零序电压保护；

8—中压侧的零序电流保护；9、10、11—高、中、低压侧的过负荷保护；

12—其他非电量保护

练 习 与 思 考

6.1　电力变压器可能发生哪些故障和不正常运行状态？

6.2　试从原理方面来分析：变压器差动保护与线路差动保护有哪些异同？

6.3　对于 Yd11 接线方式的三相变压器，在正常运行时，高压侧与低压侧引出线的电流之间存在什么样的差别？常规差动保护和微机差动保护通常采取何种措施，才能消除这种差别？

6.4　不平衡电流与差动保护电流有何区别？哪些因素会产生变压器差动保护的不平衡电流？主要采取什么措施防止不平衡电流的影响？

6.5　何谓稳态不平衡电流、暂态不平衡电流？

6.6　变压器的励磁涌流是如何产生的？与哪些因素有关？

6.7　变压器的励磁涌流有何特征？变压器差动保护主要采取何种方法进行励磁涌流的识别？

6.8 在变压器空载合闸时，如果变压器已经有短路故障存在，那么变压器差动保护是否会受到影响？为什么？

6.9 针对变压器油箱内部的故障，通常应装设哪些保护？针对变压器油箱外部的故障，通常应装设哪些保护？针对异常运行状态，通常应装设哪些保护？

6.10 差动回路中的电流称为差流，但在某种意义下也可以称为"和流（即$\sum i$）"。差动保护的原理可以用差流来解释，也可以用"和流"来解释。请问：这两种说法是否存在矛盾？是否有前提？为什么？线路差动保护是否也有类似的情况？

6.11 变压器过电流保护采用低电压启动方式后，可以提高电流元件的灵敏度。假设低电压元件的整定值为 $0.7U_N$，那么，请分析此种方式的灵敏度比无低电压启动时提高了多少？

6.12 自耦变压器有何特点？在给自耦变压器配置保护时，哪些保护需要考虑这些特点？

6.13 变压器电流差动保护是否存在保护死区的问题？为什么？

6.14 变压器电流差动保护与瓦斯保护是否可以互相代替？为什么？

6.15 变压器电流差动保护是否可以保护相间短路、接地短路和匝间短路？请说明理由。

6.16 变压器的常规差动保护如图 6-2（a）所示，微机差动保护如图 6-3 所示，试分析：

（1）二者的不平衡电流差别。

（2）在保证不误动的情况下，哪种保护的灵敏度更高一些？为什么？

6.17 某降压变电站装设了两台变压器，已知：

（1）变压器参数为 7500kVA，35kV/6.6kV，Yd11 接线，$U_k\% = 7.5\%$。

（2）最大负荷电流为 800A，负荷自启动系数为 1.7，35kV 母线三相短路容量为 100MVA。

（3）设计电流元件的返回系数为 0.9，可靠系数取 1.2，要求灵敏系数大于 1.5。

试进行变压器过电流保护的整定计算。如果灵敏度不满足要求，应当如何解决？

第7章 发电机保护

7.1 发电机故障、异常运行及其保护方式

发电机是电能生产过程的关键设备，发电机的安全运行对保证电力系统的正常工作和电能质量起着决定性的作用，同时发电机本身也是十分贵重的电气设备，因此，应该针对各种不同的故障和不正常运行状态，装设性能完善的继电保护装置。

发电机的故障类型主要有定子绕组相间短路，定子绕组一相的匝间短路，定子绕组单相接地，转子绕组一点接地及两点接地，转子励磁回路的励磁电流消失等。

发电机的不正常运行状态主要有外部短路引起的定子绕组过电流，负荷超过发电机额定容量而引起的三相对称过负荷，外部不对称短路或不对称负荷（如单相负荷、非全相运行等）引起的发电机负序过电流，由突然甩负荷引起的定子绕组过电压，励磁回路故障或强励时间过长引起的转子绕组过负荷，转子绕组断线、励磁回路故障等造成转子低励或失磁，汽轮机主汽门突然关闭引起的发电机逆功率，以及发电机失步等。

针对以上的故障类型和不正常运行状态，按照发电机容量大小、类型等具体情况，发电机应配置的保护功能如下。

（1）对容量在 1MW 以上发电机的定子绕组及其引出线的相间短路，应装设纵差动保护❶。

（2）对直接连于母线的发电机，当定子绕组单相接地的故障电流（不考虑消弧线圈的补偿作用）大于表 7-1 规定的允许值时，应装设有选择性的接地保护装置。

表 7-1　　　　　　　发电机定子绕组单相接地故障电流的允许值

发电机额定电压（kV）	发电机额定容量（MW）		接地电容电流允许值（A）
6.3	<50		4
10.5	汽轮发电机	50～100	3
	水轮发电机	10～100	
13.8～15.75	汽轮发电机	125～200	2（氢冷发电机为 2.5）
	水轮发电机	40～225	
18～20	300～600		1

对于发电机-变压器组，当发电机容量在 100MW 以下时，应装设保护区不小于定子绕组串联匝数 90% 的定子接地保护；当发电机容量在 100MW 及以上时，应装设保护区为 100% 的定子接地保护。定子接地保护带时限动作于信号，必要时也可以动作于切除发电机。

（3）对于发电机定子绕组的匝间短路，当定子绕组星形接线、每相有并联分支且中性点侧有分支引出端时，应装设横差保护；200MW 及以上的发电机，有条件时可装设双重化的

---

❶ 本章的纵差动保护原理与线路差动保护、变压器差动保护相类似，此称谓的目的是为了区别于后续介绍的横差保护。

横差保护。

（4）对于发电机外部短路引起的过电流，可采用下列保护方式：

1）负序过电流及单元件低电压启动过电流保护，一般用于 50MW 及以上的发电机。

2）复合电压启动的过电流保护，一般用于 1MW 以上的发电机。

3）过电流保护，一般用于 1MW 以下的发电机。

4）带电流记忆的低压过电流保护，用于自并励发电机。

（5）对于不对称负荷或外部不对称短路引起的负序过电流，一般在 50MW 及以上的发电机上装设负序过电流保护。

（6）由对称负荷引起的发电机定子绕组过电流，应装设接于一相电流的过负荷保护。

（7）对于发电机定子绕组过电压，应装设带延时的过电压保护。

（8）对于发电机励磁回路的一点接地故障，对 1MW 及以下的小型发电机可装设定期检测装置；对 1MW 以上的发电机，应装设专用的励磁回路一点接地保护。

（9）对于发电机励磁消失的故障，在发电机不允许失磁运行时，应在自动灭磁开关断开时连锁断开发电机的断路器；对采用半导体励磁，以及 100MW 及以上采用电机励磁的发电机，应增设反应发电机失磁时电气参数变化的专用失磁保护。

（10）对于转子回路的过负荷，在 100MW 及以上并采用半导体励磁系统的发电机上，应装设转子过负荷保护。

（11）对于汽轮发电机主汽门突然关闭而出现的发电机变电动机运行的异常运行方式，为防止损坏汽轮机，对 200MW 及以上的大容量汽轮发电机，宜装设逆功率保护；对于燃气轮发电机，应装设逆功率保护。

（12）对于 300MW 及以上的发电机，应装设过励磁保护。

（13）其他保护。例如：当电力系统振荡影响机组安全运行时，300MW 及以上的机组宜装设失步保护；当汽轮机低频运行会造成机械振动、叶片损伤，对汽轮机危害极大时，可装设低频保护；当水冷发电机断水时，可装设断水保护。

为了快速消除发电机内部的故障，在保护动作于发电机断路器跳闸的同时，还必须动作于自动灭磁开关，断开发电机励磁回路，使定子绕组不再感应出电动势，切断短路电流的供给电势。

对于 100MW 及以上容量的发电机-变压器组，一般采用微机保护时应按双重化配置电气量保护。600MW 级及以上发电机组，应装设双重化电气量保护，有条件时非电气量保护也可进行双重化配置。对于发电机-变压器组的保护，一般还应包括高压厂用变压器和励磁变压器的保护。

发电机保护的种类很多，本章重点介绍基于电气量特征的定子绕组短路故障保护、定子单相接地保护、负序电流保护、失磁保护、失步保护和励磁回路的接地保护。

7.2 发电机定子绕组短路故障的保护

7.2.1 发电机定子绕组短路故障的特点

发电机定子绕组的中性点一般不直接接地，而是通过消弧线圈接地、高阻接地或不接地，因此，发电机的定子绕组都设计为全绝缘。尽管如此，发电机定子绕组仍可能由于绝缘老化、过电压冲击、机械振动等原因，导致发生单相接地和短路故障。由于发电机定子单相接地不会引起大的短路电流，类似于小电流接地系统的单相接地，不属于严重的短路故障，因此，发电机内部短路故障主要是指定子的各种相间和匝间短路。在发电机发生相间和匝间短路时，在被短接的绕组中将会出现很大的短路电流，一方面会危及系统的安全运行，另一方面又会严重损伤发电机的本体，甚至使发电机报废，危害十分严重，而发电机的修复费用也非常高，因此，发电机定子绕组的短路保护历来是发电机保护的研究重点之一。

发电机定子绕组的短路成因比较复杂，大体归纳起来主要有5种情况：①先发生单相接地，然后由于电弧引发故障点处的相间短路；②直接发生线棒间的绝缘击穿，形成相间短路；③先发生单相接地，然后由于电位的变化引发其他地点又发生另一点的接地，从而形成两点接地短路；④发电机端部放电构成相间短路；⑤定子同一相绕组之间发生了匝间短路。

近几年的发电机故障统计数据表明，在发电机及其机端引出线的故障中，相间短路是最多的，是发电机保护考虑的重点。虽然定子绕组匝间短路的概率相对少一些，但也有发生的可能性，也需要配置相应的保护。

7.2.2　发电机的纵差动保护

发电机纵差动保护的基本原理、动作方程与线路差动保护相同，只是发电机纵差动保护的两侧 TA 十分靠近，所以，直接采用电缆连接，很容易实现同步测量。另外，发电机的电容电流较小，对差动保护的影响一般可以忽略。其他的影响因素及对策可以参考表 4-1，因此，与线路差动保护相比较，发电机纵差动保护的制动系数可以设计得更小一些。但从另一方面来说，在灵敏度满足要求时，制动系数稍微大一些将有利于防误动。

发电机差动保护的原理示意图如图 7-1 所示，两侧电流的正方向均为指向发电机绕组，TA 二次的极性端接至微机保护的电流端子极性端。图 7-1（a）虚线框内表示了由单个继电器构成的差动保护连接方式。当然，发电机纵差动保护也有其独有的特点和特征，下面分别予以介绍。

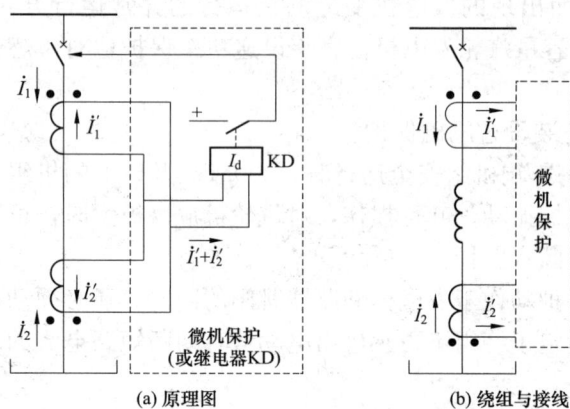

图 7-1　发电机纵差动保护原理图

1. 发电机纵差动保护的动作逻辑

由于发电机中性点为非直接接地，因此，当发电机内部发生相间短路时，会有两相或三相的差动保护同时动作。根据这一特点，在设计保护跳闸逻辑时，可以作相应的考虑。当至少两相差动保护动作时，可判断为发电机内部发生了相间短路；而仅一相差动保护动作时，若无负序电压，则判断为 TA 断线，若有负序电压，则判断为发生了一点在区内接地、另一点在区外接地的短路。这种动作逻辑的特点是：单相 TA 断线时不会误动，因此可省去专用的 TA 断线闭锁环节，且保护更安全可靠。

2. 发电机不完全纵差动保护的接线

普通的纵差动保护引入发电机定子机端和中性点的全部相电流 $\dot{I}_1$ 和 $\dot{I}_2$，如图 7-1 所示，这种方式的差动保护只能保护定子绕组的相间短路。在定子绕组发生同相的匝间短路时，如图 6-12（a）所示，此时，两侧电流之和仍然为 0，差动保护将不能动作，也就是说，普通的纵差动保护无法反应纵向的故障，包括匝间短路。

对于大型的汽轮发电机或水轮发电机，由于额定电流很大，通常每相定子绕组均为两个或者多个并联分支构成的，如图 7-2（a）所示为三个并联分支的发电机定子绕组。根据多分支发电机的这个特点，构成了一种称为不完全差动保护的原理和方法。下面，以图 7-2（a）的 A 相为例进行说明。

在设计发电机时，三个并联分支的参数基本上是相同的，先按照参数完全相同来对待，于是，在正常运行和外部短路时，有 $\dot{I}_1 + 3\dot{I}_2 = 0$。更通用的关系为

$$\dot{I}_1 + N\dot{I}_2 = 0 \tag{7-1}$$

式中　N——每相的并联分支总数，图 7-2 中，$N=3$。

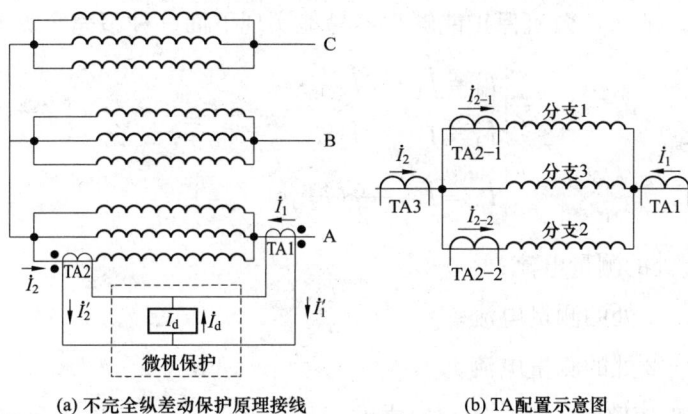

（a）不完全纵差动保护原理接线　　　　　（b）TA 配置示意图

图 7-2　发电机不完全纵差动保护原理接线（以 A 相为例）

在定子绕组内部发生相间短路时，会破坏式（7-1）的关系；在内部发生匝间短路时，短路电流会通过各相各分支之间的互感作用，也会破坏式（7-1）的关系；而正常运行和外部短路时，式（7-1）几乎均成立。因此，利用内部短路和其他工况的特征差异，就构成了基于式（7-1）的差动保护原理。由于式（7-1）的 $\dot{I}_2$ 只是中性点侧 A 相电流的一部分，因此，该保护被称为不完全纵差保护。为了与这种不完全纵差保护的名称相对应，有时又将普通的纵差动保护称为完全纵差保护。发电机不完全纵差动保护的优点是：既可以保护相间短路，又可以保护匝间短路。但在灵敏度方面，两种差动保护还是有区别的。

在不完全差动保护中，机端和中性点处的 TA 变比关系可以按照满足式（7-1）进行选择；也可以选择相同变比、相同型号的 TA，再由微机保护通过软件实现式（7-1）的平衡，这样做可以达到两侧的 TA 同型号并减小不平衡电流，相应的动作电流可降低，有利于提高保护的灵敏度。

分析表明，在图 7-2（a）中，常规的不完全差动保护采用单个差动元件时，如果中性点侧接入保护的分支电流越多（关系到 TA 的配置数量），则相间短路的灵敏度就越高，但匝间短路的灵敏度下降（分支电流全部接入时，对应于完全差动保护）；反之，分支电流接入少一些时，匝间短路的灵敏度高（尤其是接入 TA 的那个分支发生匝间短路时），但相间

短路的灵敏度将下降。因此，对于常规的不完全差动保护来说，还需要在相间短路和匝间短路的灵敏度之间，寻求一种折中而兼顾的方案。然而，对于微机保护，这已经不是问题了。微机保护的解决办法是：

（1）如图 7 - 2（b）所示，每相均接入机端和中性点的 TA（如 TA1、TA3），从而构成完全纵差动保护，确保相间短路的灵敏度。同时，在实际工程中，机端和中性点的 TA 也容易安装。

（2）利用微机保护的特点，在获得多个分支的测量电流后，可以与机端 TA1 电流组合出各种接线方式的不完全差动保护。因此，在图 7 - 2（b）所示的 TA 配置示意图中，可尽量增设 TA2 位置的电流互感器数量，TA2 位置的任一个分支电流均可以与 TA1 的电流构成不完全纵差动保护，此外，还可以组合出其他的不完全差动保护，从而提高匝间短路的灵敏度。当然，在 TA2 处的所有分支都装设 TA 后，可以取消 TA3 的配置❶。

以图 7 - 2（b）为例，除了装设了 TA1、TA3 之外，假设在三个并联分支上还安装了 TA2 - 1、TA2 - 2，那么，微机保护能够很容易地实现下面三种不完全纵差动保护的计算

$$
\begin{cases}
\dot{I}_\mathrm{d} = \dot{I}_1 + 3\dot{I}_{2-1} & (7-2) \\
\dot{I}_\mathrm{d} = \dot{I}_1 + 3\dot{I}_{2-2} & (7-3) \\
\dot{I}_\mathrm{d} = \dot{I}_1 + \dfrac{3}{2}(\dot{I}_{2-1} + \dot{I}_{2-2}) & (7-4)
\end{cases}
$$

式中　$\dot{I}_1$——TA1 处的测量电流；

$\dot{I}_{2-1}$——TA2 - 1 处的测量电流；

$\dot{I}_{2-2}$——TA2 - 2 处的测量电流。

正常运行和外部短路时，式（7 - 4）中的（$\dot{I}_{2-1} + \dot{I}_{2-2}$）/2 基本上反映了分支 3 的电流。

在完全差动保护和式（7 - 2）～式（7 - 4）的不完全差动保护中，任何一个满足动作条件时，均可以确定为发生了相间短路或匝间短路。如果完全差动保护不动作，而在式（7 - 2）～式（7 - 4）的不完全差动保护中，至少有一个动作，则可以判断为发生了匝间短路。

在图 7 - 2（b）的分支 1 上发生匝间短路时，式（7 - 2）有较高的灵敏度；在分支 2 上发生匝间短路时，式（7 - 3）有较高的灵敏度；在分支 3 上发生匝间短路时，式（7 - 4）有较高的灵敏度。

实际上，在图 7 - 2 所示的 TA2—j（j＝1、2）位置，可考虑配置 $N-1$ 个电流互感器，其中，N 为每相的并联分支总数。然后，参考式（7 - 2）～式（7 - 4）的方式，组合出多种不完全差动保护。

对于发电机的不完全差动保护，由于仅有中性点的部分分支电流参与计算，因此，在应用时要注意以下问题：

（1）TA 的误差影响。其中，稳态误差仍按照式（4 - 12）考虑，取为 $I_\mathrm{unb} = 0.1 K_\mathrm{st} K_\mathrm{np} I_\mathrm{k}$。

---

❶ 在 7.2.3 部分还会看到，按照图 7 - 2（b）的 TA 配置时，由 TA2 - 1 和 TA2 - 2 的测量电流还可以构成一种称为横差保护的方式。

（2）增加了误差源。除了通常的误差以外，不完全差动保护还存在一些特别的误差，如各分支参数的一些小差异（气隙不对称、电机振动等）引起的不平衡。

（3）整定值。相对于完全纵差动保护而言，由于不完全纵差动保护的误差增加了，因此，在整定时应考虑适当提高其动作门槛和制动系数。

（4）灵敏度。不完全纵差动保护的灵敏度与发电机中性点分支上 TA 的布置位置及 TA 的个数有密切的关系。分支 TA 安装的数量越多，就越有利于匝间短路的灵敏度；如果分支 TA 安装的数量较少，那么应进行必要的匝间短路灵敏度分析与计算。

3. 发电机纵差动保护整定计算

发电机纵差动保护的整定计算与线路差动保护、变压器差动保护相似。现以常用的比率制动特性为例，重写出动作方程如下

$$\begin{cases} |\dot{I}_1 + \dot{I}_2| > K_1 \dfrac{|\dot{I}_1 - \dot{I}_2|}{2} & (7-5) \\[3mm] |\dot{I}_1 + \dot{I}_2| > I_{op} & (7-6) \end{cases}$$

式中　$\dot{I}_1$、$\dot{I}_2$——发电机定子绕组两端的测量电流；

$\quad\quad I_{op}$——启动电流；

$\quad\quad K_1$——制动特性的斜率。

结合式（7-5）和式（7-6）之后，制动特性如图 7-3 所示。对纵差动保护的整定计算，实质上就是对图 7-3 中的参数 I_{op}、$I_{k.0}$ 及 K_1 进行整定计算。

（1）启动电流 I_{op} 的整定。启动电流 I_{op} 的整定原则是，躲过发电机额定工况下的最大不平衡电流。该不平衡电流主要由两侧的 TA 变比误差、二次回路参数即测量误差（简称为二次误差）引起。因此，启动电流为

$$I_{op} = K_{rel}(I_{er1} + I_{er2}) \quad\quad (7-7)$$

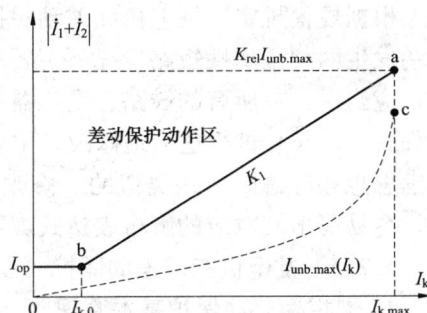

图 7-3　制动特性

式中　K_{rel}——可靠系数，取 1.5～2；

$\quad\quad I_{er1}$——保护两侧 TA 变比的误差，取 $0.06I_N$（I_N 为发电机的额定电流）；

$\quad\quad I_{er2}$——保护两侧的二次误差，包括二次回路引线差异，以及保护输入通道变换系数调整不一致等因素的影响，一般取 $0.1I_N$。

这样，将参数的取值代入式（7-7），得 $I_{op} = (0.24～0.32)I_N$，通常取 $0.3I_N$。

对于不完全纵差动保护，尚需考虑发电机每相各分支电流的差异，应适当提高 I_{op} 的整定值。在微机保护中，由于可用软件对纵差动保护两侧的输入电流进行精确地平衡调整，可有效地减小上述的稳态误差，因此发电机正常运行时，在微机保护中引起的差电流很小，启动电流主要是躲暂态不平衡。

（2）拐点电流 $I_{k.0}$ 的整定。拐点电流 $I_{k.0}$ 的大小，取决于开始产生制动作用的电流大小。由图 7-3 可以看出，在启动电流 I_{op} 及特性斜率保持不变的情况下，拐点电流 $I_{k.0}$ 的大小直接影响着差动保护的灵敏度和可靠性。通常，拐点电流取为

$$I_{k.0} = (0.5 \sim 1)I_N \quad\quad (7-8)$$

（3）制动线斜率 K_1 的整定。确定特性中的 a 点坐标，即（$I_{k.max}$，$K_{rel}I_{unb.max}$）。其中，$K_{rel}I_{unb.max}$ 需要考虑 TA 的稳态误差（10%）、暂态误差，以及二次回路参数差异和测量误差，计算式如下

$$K_{rel}I_{unb.max} = K_{rel}(10\% + K_{er2} + K_{tr})I_{k.max} \tag{7-9}$$

式中 K_{rel}——可靠系数，取 1.3～1.5。

$\quad\quad K_{er2}$——二次误差系数，一般取 0.1。

$\quad\quad K_{tr}$——暂态特性系数；当两侧 TA 变比、型号相同且二次回路参数相同时，$K_{tr} \approx 0$；当两侧 TA 变比、型号不相同时，K_{tr} 可取 0.05～0.1。

将以上参数的取值代入式（7-9）中，得 $K_{rel}I_{unb.max} = (0.26 \sim 0.45)I_{k.max}$。于是，可以近似取制动线的斜率 K_1 为

$$K_1 = \frac{K_{rel}I_{unb.max}}{I_{k.max}} = (0.26 \sim 0.45) \tag{7-10}$$

虽然按照上述方法计算的 K_1 值可能并不是直线 ab 的斜率，但差异是较小的，且可靠系数 K_{rel} 的取值范围已经包含了这些差异的影响。

在工程中，对于发电机完全纵差动保护，K_1 可取 0.3；对于不完全纵差动保护，K_1 可取 0.3～0.4。

根据规程规定，发电机纵差动保护的灵敏度是：差动电流与动作电流的比值。在发电机机端发生两相金属性短路情况下，要求 $K_{sen} \geqslant 1.5$。

应当说，在所有的线路、变压器和发电机的差动保护中，可能会对比率制动特性的动作方程式（7-6）进行适当地修改，主要是修改拐点 b 的坐标参数和斜率，但是，差动保护的基本思想和考虑因素是类似的。修改后的动作特性一般仍由直线组合而成，便于实现，因此，容易写出其对应的解析表达式，不再赘述。

7.2.3 发电机的横差动保护

1. 裂相横差动保护基本原理

对于大容量的发电机，通常每相都是由两个及以上的并联分支绕组组成的，如图 7-2 所示，这种同相的多分支绕组方式也称为裂相。在正常运行时，各分支绕组中的电动势相等，流过相等的负荷电流，利用此特点构成了一种称为横差动的保护，简称横差保护。下面以图 7-4 所示的两分支为例，说明横差保护的工作原理。

（1）正常运行及外部短路时，如图 7-4（a）所示，有 $\dot{I}_1 = \dot{I}_2$，因此，选择相同变比的 TA 后，按如图所示将 TA 二次侧反极性连接，于是，连接后的引出端电流为 $\dot{I}_1' - \dot{I}_2' = 0$，差动元件 I_d 不动作，其中，$\dot{I}_1' = \dot{I}_1/n_{TA}$，$\dot{I}_2' = \dot{I}_2/n_{TA}$。

（2）当一个分支绕组内发生匝间短路时，如图 7-4（b）所示，两个分支绕组的电动势将不相等，出现了环流成分 $\dot{I}_k$，这时，在差动元件中将会出现 $I_d = |\dot{I}_1' - \dot{I}_2'| = 2I_k/n_{TA}$，当此电流大于 I_d 的整定值时，保护将可靠动作。但是，当短路匝数 α 较小时，环流成分也较小，有可能小于 I_d 的整定值，所以保护有死区。

（3）当同相的两个并联分支绕组之间发生匝间短路时，如图 7-4（c）所示，只要这两个分支绕组的短路点存在电动势差，例如 $\alpha_1 \neq \alpha_2$，分别产生两个环流成分 $\dot{I}_k'$ 和 $\dot{I}_k''$，这时，

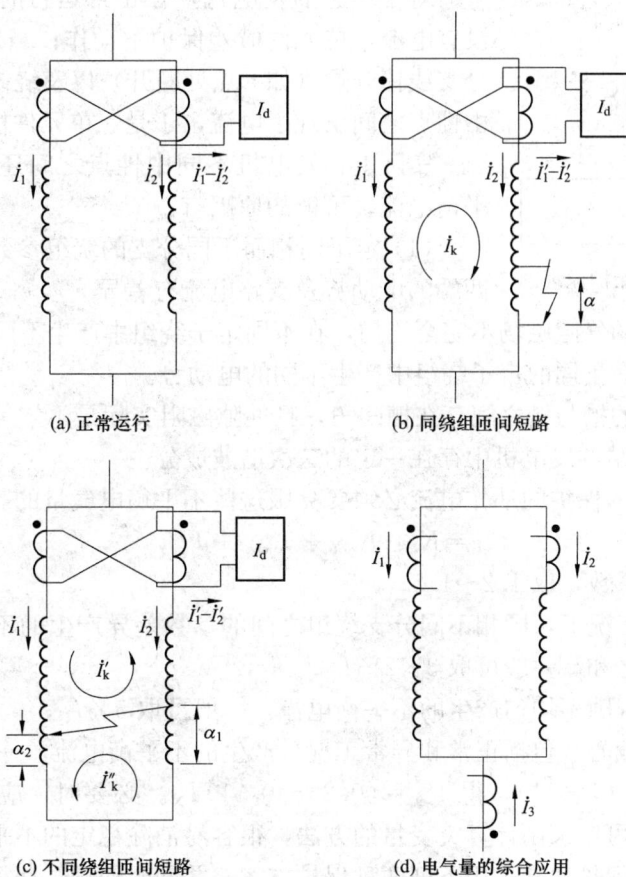

图 7 - 4 横差保护原理图

在差动元件中将会出现 $I_d = |\dot{I}_1' - \dot{I}_2'| = 2I_k'/n_{TA}$，当此电流大于 I_d 的整定值时，保护将可靠动作。当 $\alpha_1 = \alpha_2$ 时，相当于同电位两点之间短接，无电气量的差异，也存在死区的现象。

在如图 7 - 4（d）所示的 TA 配置情况下，以一次侧电流为例，微机保护可以综合地使用所测量到的电气量，方便地实现如下的保护功能：①应用 $\dot{I}_1 + \dot{I}_2 + \dot{I}_3$ 构成完全差动保护；②应用 $2\dot{I}_1 + \dot{I}_3$ 及 $2\dot{I}_2 + \dot{I}_3$ 分别构成不完全差动保护；③应用 $\dot{I}_1 - \dot{I}_2$ 构成横差保护。

顺便指出，在输电线路双回线运行时，也采取过与此原理一样的横差保护，只是在输电线路单回线运行时，必须退出使用，否则会误动；而发电机的裂相方式是固定的，因此，横差保护可以固定投入使用。

2. 单元件横差动保护基本原理

单元件横差保护适用于多分支的定子绕组且具有两个及以上中性点引出端的发电机，能反应定子绕组的匝间短路、分支线棒开焊，以及机内绕组的相间短路。其原理图如图 7 - 5 所示。

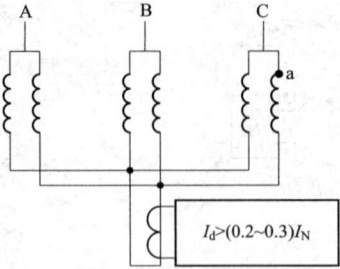

图 7-5 单元件横差保护原理图

对于理想的发电机，在正常运行时，两个中性点之间没有电流，单元件横差保护不动作；当定子绕组匝间短路、分支线棒开焊（如 a 点处断开）以及绕组相间短路时，两个中性点之间出现了电流，于是，单元件横差保护动作。

实际上，发电机不同中性点之间还是会存在一定的不平衡电流，可能的原因有：

（1）定子同相而不同分支的绕组参数不完全相同，致使两端的电动势及支路电流有差异。

（2）发电机定子的气隙磁场不完全均匀，在不同定子绕组中产生不同的电动势。

（3）转子偏心，在不同的定子绕组中产生不同的电动势。

（4）发电机绕组的槽与槽之间存在槽间角，且气隙磁阻实际是不均匀的，导致出现谐波分量，于是，星形联结的发电机中存在一定的三次谐波成分。

为此，单元件横差保护的动作电流必须要克服这些不平衡电气量的影响，其整定式为

$$I_{set} = K_{rel}(I_{unb1} + I_{unb2} + I_{unb3}) \qquad (7-11)$$

式中　K_{rel}——可靠系数，取 1.2～1.5；

I_{unb1}——额定工况下，同相不同分支绕组之间的参数差异产生的不平衡电流，由于是三相之和，一般可取 $3 \times 2\% I_N$；

I_{unb2}——磁场气隙不均匀产生的不平衡电流，一般可取 $5\% I_N$；

I_{unb3}——转子偏心（包括正常和异常工况）产生的不平衡电流，一般可取 $10\% I_N$。

将各参数代入式（7-11），得 $I_{set} = (0.25 \sim 0.31)I_N$。必要时，应采用实测值进行整定。当然，微机保护可以采用计算突变量的方法，很容易消除稳定的不平衡电流。对于稳定的不平衡电流，微机保护通常采用下列两种保护方案，并同时使用，获得最好的保护性能：

（1）提高动作值，躲过稳态不平衡电流的影响。该方案可以一直使用，但灵敏度会有所降低。

（2）增设突变量计算方法，消除稳态不平衡电流的影响，从而可以降低动作门槛，提高灵敏度。但该方案仅在短路的初始阶段有效。

经验表明，在很多情况下，发电机存在较大的三次谐波电流，因此，在单元件横差保护中，需要设计具有良好性能的、能消除三次谐波成分的滤波器。在消除了三次谐波之后，式（7-11）的整定计算中就不必考虑三次谐波电流的影响了。

7.2.4 纵向零序电压式定子绕组匝间短路保护

1. 基本原理

发电机定子绕组在同一分支的匝间短路或同相不同分支间的短路故障，如图 7-4（b）、（c）所示，此时，均会出现纵向不对称，即机端相对于中性点出现了不对称，从而产生所谓的纵向零序电压。该电压可由专用电压互感器的开口三角获得，要求 TV 的一次中性点与发电机中性点 N 通过高压电缆连接起来，且不允许接地，如图 7-6 所示。当测量到纵向零序电压超过定值时，保护动作。

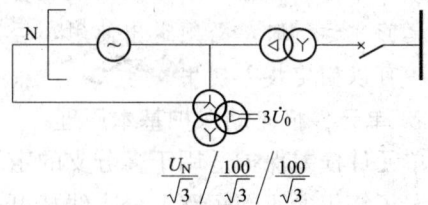

图 7-6 纵向零序电压保护的 TV 连接示意图

2. 纵向零序电压的整定

不同容量、不同型号的发电机，定子绕组的结构及线棒在各定子槽内的分布是不同的，因此，对于不同的发电机，在发生匝间短路时，匝间短路的类型以及最少短路的匝数也是不同的，从而使最大及最小的纵向零序电压值的差异很大。发生最小短路匝数的匝间短路时，在有些机组上产生的最小纵向零序电压可能只有 2～4V（TV 二次值），甚至更低。

在对纵向零序电压式定子绕组匝间短路保护进行整定计算时，首先应对发电机的结构进行研究，并估算发生最少匝数短路时的最小纵向零序电压。然后，据此进行整定和灵敏度的校验，同时，还需要考虑躲开各种影响因素引起的不平衡电压。

实用中，纵向零序电压的动作值整定为

$$U_{0.set} = K_{rel} U_{0.max} \qquad (7-12)$$

式中　K_{rel}——可靠系数，取 1.2～1.5；

　　$U_{0.max}$——区外不对称短路时产生的最大不平衡电压，可由实测或外推法确定。

运行经验表明，纵向零序电压的动作值一般可取为 2.5～3V。需要指出，该保护也需要滤除三次谐波的影响。

3. 增设负序方向元件

区外短路时，为防止匝间短路保护的误动作，可增设负序方向元件。负序方向元件的动作方向可根据不同发电机定子绕组的结构来确定。

对于匝间短路时能产生较大负序功率的发电机，例如定子绕组呈单星形连接的 125MW 汽轮发电机，负序方向元件的动作方向应指向发电机，此时，负序方向元件为允许式，即发电机内部匝间短路时，负序方向元件动作，开放纵向零序电压的匝间保护。

对于匝间短路时负序功率较小的发电机，可采用闭锁式，此时，负序方向元件指向外部。在外部故障时，应闭锁纵向零序电压的匝间保护，可防止误动。

7.3　发电机的定子单相接地保护

相对来说，发电机容易发生绕组线棒和定子铁芯之间的绝缘破坏，因此，发电机发生单相接地故障的比例很高，占定子故障的 70%～80%。相对于中、小型发电机来说，由于大型发电机定子绕组对地电容较大，当发电机机端附近发生接地故障时，故障点的电容电流比较大，将影响发电机的安全运行；同时，接地故障的存在，会引起接地弧光过电压，可能导致发电机其他位置的绝缘破坏，形成危害严重的相间或匝间短路。

当中性点不接地的发电机内部发生单相接地故障时，接地电容电流应在规定的允许值之内，如表 7-1 所示。大型发电机由于造价昂贵、结构复杂、检修困难，且容量的增大使得其接地的故障电流也随之增大，为了防止故障电流烧坏铁芯，有的大型发电机装设了消弧线圈，通过消弧线圈的电感电流与接地电容电流实现相互抵消，把定子绕组单相接地的电容电流限定在规定的允许值之内。

发电机中性点如果经配电变压器接地，而配电变压器的二次侧接小电阻 R_N，就构成了发电机的高阻接地方式，一次侧的等效电阻为 $n^2 R_N$，其中，n 为配电变压器的变比。因此，二次侧的小电阻就被高压侧反应为高阻接地方式。这种接地方式可限制发电机单相接地时的暂态过电压，防止暂态过电压破坏定子绕组的绝缘，但是，也增大了故障电流。因此，采用这种接地方式的发电机，其定子绕组的接地保护应选择尽快跳闸。

7.3.1　反应零序电压的定子单相接地保护

1. 零序电压的特征分析

假设 A 相在距离定子绕组中性点 α 处发生金属性单相接地故障，如图 7-7（a）所示，其中，C_G 为发电机定子绕组的各相对地电容；C 为发电机外部各元件的对地电容之和。

作近似估计时，机端各相的对地测量电压为

$$\begin{cases} \dot{U}_A = (1-\alpha)\dot{E}_A \\ \dot{U}_B = \dot{E}_B - \alpha\dot{E}_A \\ \dot{U}_C = \dot{E}_C - \alpha\dot{E}_A \end{cases} \tag{7-13}$$

式中　α——故障点到中性点的绕组数与全部绕组数之比。

对应的电压相量如图 7-7（b）所示，可求得零序电压为

$$\dot{U}_0 = \frac{1}{3}(\dot{U}_A + \dot{U}_B + \dot{U}_C) = -\alpha\dot{E}_A \tag{7-14}$$

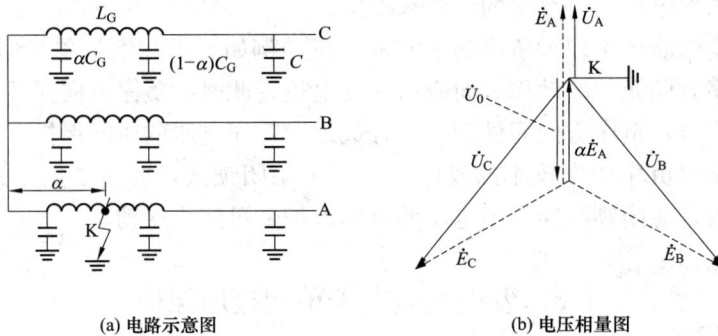

(a) 电路示意图　　　　　　　　　(b) 电压相量图

图 7-7　定子绕组单相接地示意图

式（7-14）表明，零序电压 $\dot{U}_0$ 将随着接地点的位置 α 而改变，且与 α 形成正比的线性关系。这就是定子绕组单相接地的零序电压特征。当机端接地时有 $\alpha=1$，零序电压最大，等于额定相电压。

通常发电机绕组的阻抗 ωL_G 都远小于对地的容抗，因此单相接地的零序等效网络如图 7-8 所示，其中，L 表示中性点消弧线圈的电感。当中性点不接地时，由图 7-8（a）可得故障点的接地电流为

$$\dot{I}_k = 3\dot{I}_0 = -j3\omega(C_G + C)\alpha\dot{E}_A \tag{7-15}$$

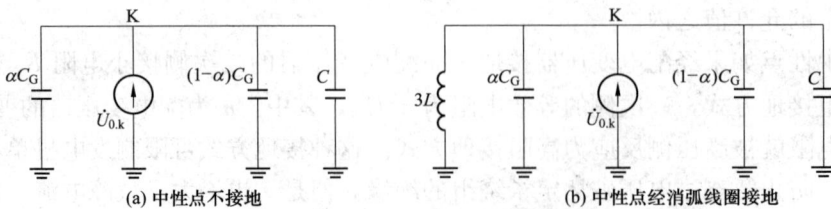

(a) 中性点不接地　　　　　　　(b) 中性点经消弧线圈接地

图 7-8　单相接地的零序等效网络

当中性点经消弧线圈接地时，由图 7-8（b）可得故障点的接地电流为

$$\dot{I}_\mathrm{k} = 3\dot{I}_0 = \mathrm{j}\left[\frac{1}{\omega L} - 3\omega(C_\mathrm{G}+C)\right]\alpha\dot{E}_\mathrm{A} \qquad (7-16)$$

由式（7-16）可知，经消弧线圈接地时，可以补偿故障点的容性电流。在大型发电机-变压器组的单元接线情况下，由于总电容不会变化，一般采用欠补偿的运行方式，即补偿的感性电流小于接地的容性电流，这样，有利于减小电力变压器耦合电容传递的过电压。

当发电机网络的接地电容电流大于允许值时，不论该网络是否装设了消弧线圈，接地保护均动作于跳闸；当接地电容电流小于允许值时，接地保护动作于信号，可以不必立即跳闸，由值班人员请示调度中心，转移接地发电机的负荷，然后平稳停机，进行检修。

2. 反应零序电压的定子单相接地保护

根据式（7-14），可以画出 TV 开口三角侧的 $3U_0$ 随接地点位置 α 变化的曲线图，如图 7-9 所示，于是，利用此特征就构成了基于基波零序电压的定子单相接地保护。图 7-9 中，U_op 为零序电压定子接地保护的动作电压，一般整定为 5～15V，于是，其有效的保护范围为 85%～95%，并受到接地点过渡电阻的影响。

由于发电机对地的容抗很大，可以忽略零序电流在绕组电感上的压降，因此，零序电压 $3U_0$ 既可以由机端获得，也可以由中性点处获得，$3U_0$ 获取方法如图 7-10 所示。如果由机端的电压互感器获得，则 TV 的变比为 $\frac{U_\mathrm{N}}{\sqrt{3}}\Big/\frac{100}{\sqrt{3}}\Big/\frac{100}{\sqrt{3}}$；如果由中性点处获得（也可以从发电机中性点接地的消弧线圈或者配电变压器的二次绕组获得），则 TV 的变比为 $\frac{U_\mathrm{N}}{\sqrt{3}}\Big/100$。两种方法获得的最大零序电压均为 100V，如图 7-9 所示；α 处接地时，基波零序电压的二次值为 $\alpha\times100\mathrm{V}$。应当注意的是，当该接地保护动作于跳闸且 $3U_0$ 取自发电机机端时，需要有 TV 一次侧断线的监视与闭锁措施。

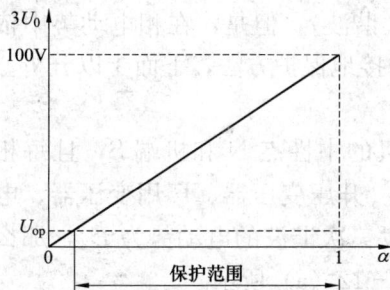

图 7-9　单相接地时 $3U_0$ 与 α 的关系曲线

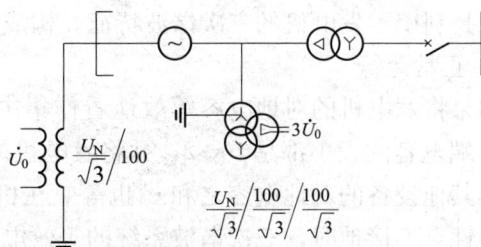

图 7-10　TV 的位置与变比

影响不平衡零序电压 $3U_0$ 的因素有：发电机的三次谐波电动势；发电机三相对地绝缘不一致而产生的电压差异；以及主变压器高压侧发生接地故障时，变压器高压侧的 $\dot{U}_0'$ 经分布电容 C_coup 耦合到发电机系统的零序电压 $\dot{U}_0''$（其值较小），如图 7-11（b）所示。

针对上述影响因素，目前的主要对策是：

（1）设计性能良好的滤波器，消除三次谐波的影响。

（2）消除三相对地绝缘不一致而产生电压差异的方法有：①提高动作电压；②增设零序

电压突变量的保护方案，如 $|U_0(0) - U_0(-2T)| \geqslant U_{\text{op}}$，其中，$U_0(0)$ 为当前的零序测量电压，$U_0(-2T)$ 为 2 周波前的零序测量电压。

（3）针对发电机-变压器组的接线方式，由于发电机、变压器以及发电机-变压器组的继电保护基本上为一个整体，因此，可采用变压器高压侧的零序电压（或零序方向）来闭锁发电机的接地保护，以避免进行复杂的耦合电压计算。也就是说，由变压器高压侧提供一个"是发电机-变压器组内部接地，还是外部接地"的信号。

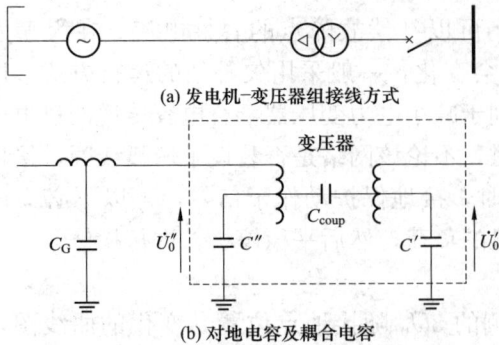

(a) 发电机-变压器组接线方式

(b) 对地电容及耦合电容

图 7-11　对地电容及耦合电容示意图

在图 7-11（b）中，C'、C_{coup}、C''、C_G 等参数不容易确定，因此，通过高压侧接地产生的 $\dot{U}_0'$，再计算出耦合电压 $\dot{U}_0''$ 的过程是比较困难的。

7.3.2　反应三次谐波电压的定子单相接地保护

7.3.2.1　特征分析及保护原理

由图 7-9 可以看出，在中性点附近发生定子单相接地时，由 $3U_0$ 构成的接地保护是无法动作的，其死区范围取决于 U_{op}，并受到接地点过渡电阻的影响。于是，需要进一步研究其他的接地保护方法，以便实现 100% 的定子接地保护，即任何位置的接地故障均能够通过继电保护设备予以发现。

由于发电机气隙磁通密度难以实现理想的正弦分布（如定子槽开口的影响），另外，还存在铁磁饱和的影响，因此，在定子绕组中，感应的电动势除了基波分量以外，还含有高次谐波分量。其中，三次谐波分量具有零序性质的特征（三相相同），虽然在线电动势中能够被相互抵消（三角形联结的主要目的就是消除这种三次谐波），但是，在相电动势中依然存在。正是利用了发电机的三次谐波特征，构成了另一种接地保护方法，下面予以分析。

1. 正常运行

如果将发电机的对地电容等效地看作集中在发电机的中性点 N 和机端 S，且每相的 N 端和 S 端电容的大小都是 $C_G/2$，并将发电机端引出线、升压变压器、厂用变压器、电压互感器等其他设备的对地电容之和 C 也等效在机端，并设三次谐波的电动势为 E_3，那么在发电机中性点不接地时，三次谐波系统的等效电路如图 7-12（a）所示。

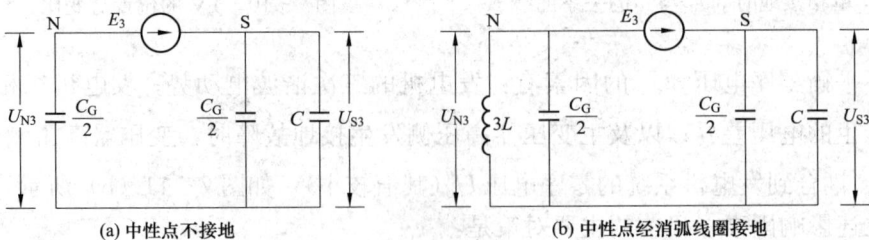

(a) 中性点不接地

(b) 中性点经消弧线圈接地

图 7-12　正常运行时三次谐波系统的等效电路图

由图 7 - 12（a）可求得机端及中性点的三次谐波电压分别为

$$\begin{cases} U_{S3} = \dfrac{C_G}{2(C_G + C)} E_3 \\[3mm] U_{N3} = \dfrac{C_G + 2C}{2(C_G + C)} E_3 \end{cases} \tag{7-17}$$

于是，机端三次谐波电压 U_{S3} 与中性点三次谐波电压 U_{N3} 之比为

$$\frac{U_{S3}}{U_{N3}} = \frac{C_G}{C_G + 2C} \tag{7-18}$$

由式（7 - 18）可见，在正常运行时，发电机中性点侧的三次谐波电压 U_{N3} 总是大于机端的三次谐波电压 U_{S3}。仅当发电机孤立运行（即引出线断开，$C = 0$）的情况下，才有 $U_{N3} = U_{S3}$。

当发电机中性点经消弧线圈接地时，等效电路如图 7 - 12（b）所示。为了了解一定的量化关系，假设基波的电容电流被完全补偿（读者可自行分析其他补偿度的情况），即

$$\omega L = \frac{1}{3\omega(C_G + C)} \tag{7-19}$$

于是，根据图 7 - 12（b），可得中性点 N 侧对三次谐波的等效电抗（$3L$ 与 $C_G/2$ 的并联）为

$$X_{N3} = \frac{3\omega(3L)\left(\dfrac{-2}{3\omega C_G}\right)}{3\omega(3L) - \left(\dfrac{2}{3\omega C_G}\right)} \tag{7-20}$$

将式（7 - 19）的关系代入式（7 - 20），并整理得

$$X_{N3} = -\frac{6}{\omega(7C_G - 2C)} \tag{7-21}$$

同理，可得机端 S 侧对三次谐波的等效电抗（$C_G/2$ 与 C 的并联）为

$$X_{S3} = -\frac{2}{3\omega(C_G + 2C)} \tag{7-22}$$

因此，机端三次谐波电压 U_{S3} 与中性点三次谐波电压 U_{N3} 之比为

$$\frac{U_{S3}}{U_{N3}} = \frac{X_{S3}}{X_{N3}} = \frac{7C_G - 2C}{9(C_G + 2C)} \tag{7-23}$$

式（7 - 23）表明，在接入消弧线圈后正常运行时，中性点的三次谐波电压 U_{N3} 比机端的三次谐波电压 U_{S3} 更大。即使在发电机引出线断开后（即 $C = 0$），也至少满足

$$\frac{U_{S3}}{U_{N3}} = \frac{7}{9} \tag{7-24}$$

综合上述的正常运行情况分析，并进行归纳后可知，尽管发电机的三次谐波电动势 E_3

随着发电机的结构及运行状态而改变，但是，机端三次谐波电压 U_{S3} 与中性点三次谐波电压 U_{N3} 的比值总是符合下列的关系：①发电机中性点不接地时，满足式（7-18）；②发电机中性点经消弧线圈接地时，满足式（7-23）。因此，在发电机正常运行时，满足 $U_{N3} \geqslant U_{S3}$ 的条件，即 $U_{S3}/U_{N3} \leqslant 1$。

2. 定子单相接地

当发电机定子绕组在距中性点 α 处发生单相金属性接地时，三次谐波系统的等效电路如图 7-13 所示。于是，无论中性点是否接有消弧线圈，总是存在下列的关系

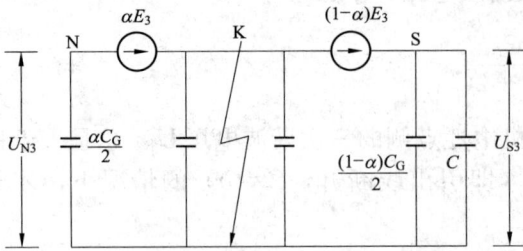

图 7-13 接地时三次谐波系统的等效电路图

$$\begin{cases} U_{S3} = (1-\alpha)E_3 \\ U_{N3} = \alpha E_3 \end{cases} \qquad (7-25)$$

根据式（7-25）的关系，绘制出三次谐波的机端电压 U_{S3} 和中性点电压 U_{N3} 随接地点 α 变化的曲线，如图 7-14（a）所示。

3. 保护原理

由图 7-14（a）可以确定，定子单相接地时，在 $\alpha < 0.5$ 以内，均满足

$$\frac{U_{S3}}{U_{N3}} > 1 \qquad (7-26)$$

正常运行时，如式（7-18）、式（7-23）所述，有 $U_{S3}/U_{N3} \leqslant 1$。于是，根据二者的特征差异，就可以将式（7-26）构成定子接地保护的动作判据；并且，越靠近中性点接地，比值 U_{S3}/U_{N3} 越大，或者说，特征越明显。因此，利用此特征就可以反应距中性点约 50% 范围内的接地故障。

在式（7-25）中，二者的比值为

$$\frac{U_{S3}}{U_{N3}} = \frac{1-\alpha}{\alpha} \qquad (7-27)$$

根据式（7-27）的关系，绘制出 U_{S3}/U_{N3} 随接地点 α 变化的曲线，如图 7-14（b）所示的曲线 1，其中，$U_{S3}/U_{N3} = 1$ 为临界动作门槛（如图中的 a 点）。

将 $U_{S3}/U_{N3} > 1$ 的接地保护与 $3U_0$ 保护的曲线 2 共同绘制于图 7-14（b）中，可以发现两种保护方式起到了很好的互补作用，并且存在很大的重叠区，因此，将二者结合后，就可以实现定子绕组的 100% 接地保护。

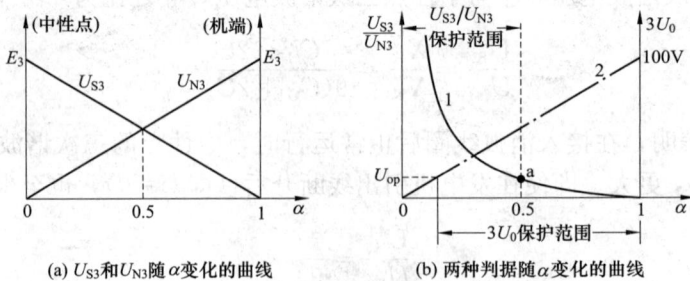

(a) U_{S3} 和 U_{N3} 随 α 变化的曲线　　(b) 两种判据随 α 变化的曲线

图 7-14 三次谐波分量随 α 的变化曲线

7.3.2.2 反应三次谐波电压比值的定子单相接地保护

将三次谐波电压比值的特征公式（7-26）转化为具体实现的动作方程为

$$\left|\frac{U_{S3}}{U_{N3}}\right| > \beta_1 \qquad (7-28)$$

式中 β_1——整定比值，要求 $\beta_1 > 1$。

需要指出的是，在中性点经消弧线圈的定子接地故障分析中，假设了 $3\omega^2 L(C_G + C) = 1$，而实际的发电机不满足此假设，因此，在发电机中性点不接地、经消弧线圈接地或经配电变压器的高阻接地时，整定比值 β_1 是有区别的。

7.3.2.3 反应三次谐波电压变化率的定子单相接地保护

式（7-28）的动作方程可以改写为 $|U_{S3}| > \beta_1 |U_{N3}|$，即 $|U_{S3}|$ 为动作量，$\beta_1 |U_{N3}|$ 为制动量。还可以对式（7-28）进行改进，其中，一种方案的动作方程为

$$|U_{S3} - K_p U_{N3}| > \beta_2 |U_{N3}| \qquad (7-29)$$

式中 K_p——调整系数，其表达式为 $K_p = U_{S3.L}/U_{N3.L}$，其中，$U_{S3.L}$、$U_{N3.L}$ 分别为正常运行时实测的机端和中性点三次谐波分量；

β_2——制动系数，通常 $\beta_2 \ll 1$，其取值主要由测量和计算误差决定，可取较小的数值。

这样，在正常运行时，动作量 $|U_{S3} - K_p U_{N3}| = \left|U_{S3} - \dfrac{U_{S3.L}}{U_{N3.L}} U_{N3}\right|$ 几乎为 0。如果近似取 $U_{S3.L} \approx U_{N3.L}$，那么式（7-29）可以改写为

$$\left|\frac{U_{S3}}{U_{S3.L}} - \frac{U_{N3}}{U_{N3.L}}\right| > \beta_2 \left|\frac{U_{N3}}{U_{S3.L}}\right| \approx \beta_2 \left|\frac{U_{N3}}{U_{N3.L}}\right| \qquad (7-30)$$

式中 $\dfrac{U_{S3}}{U_{S3.L}}$——机端三次谐波的变化率；

$\dfrac{U_{N3}}{U_{N3.L}}$——中性点三次谐波的变化率。

式（7-30）也可以写为如下的突变量表达方式

$$|\Delta U_{S3} - \Delta U_{N3}| > \beta_2 |\Delta U_{N3}| \qquad (7-31)$$

分析图 7-14（a）可知，与正常运行时测量的 U_{S3} 和 U_{N3} 相比较而言，若接地点在中性点附近，则 ΔU_{S3} 很大，而 ΔU_{N3} 很小（中点处 $\Delta U_{N3} = 0$），其结果是制动量 $\beta_2 \Delta U_{N3}$ 很小，于是，动作量远远大于制动量，从而实现了提高灵敏度的目的。此效果适合于 $\alpha < 0.5$ 的所有接地情况。

式（7-31）顺便带来的好处是，在机端附近接地时，ΔU_{N3} 显著增大且 ΔU_{S3} 很小，但因为 $\beta_2 \ll 1$ 而使制动量 $\beta_2 \Delta U_{N3}$ 不会很大，此时，动作量 $|\Delta U_{S3} - \Delta U_{N3}| \approx |\Delta U_{N3}|$ 仍然很大，于是，动作方程仍可灵敏地动作。

在式（7-31）中，即使不满足 $U_{S3.L} \approx U_{N3.L}$ 的近似条件，也仅仅是制动量存在一点差别而已，上述的分析结论仍然是成立的。另外，结合图 7-14（a）还可以看到，由于 $U_{N3} \propto \alpha$，因此，制动量 ΔU_{N3} 与 α 也满足正比的关系。于是，越靠近中性点接地时，制动量越小，保

护的灵敏度就越高；在 $\alpha > 0.5$ 范围内接地时，虽然制动量有所增大，但属于该保护顺便兼顾的范畴。在 $\alpha > 0.5$ 范围内接地时，完全可以由特征明显的 $3U_0$ 接地保护来发现接地故障。

此外，还可以将 $\dot{U}_{S3}$ 和 $\dot{U}_{N3}$ 的相量关系代入式（7-30）进行计算和判别。

*7.3.3　注入信号的100%定子单相接地保护

由发电机外部注入一个设定的频率信号，然后检测该信号是否经过接地点构成一个通路，如果测量到该频率的信号较强，或反应为其他的独有特征，则表明发电机发生了接地短路。这就是注入信号的100%定子单相接地保护的基本思想。这种检测方式可独立地检测定子接地故障，与发电机的运行方式无关，不仅在发电机正常运行的状态下可以检测，而且在发电机静止或是启动、停机的过程中同样能够检测故障。更可贵的是，这种方式对定子绕组各处故障检测的灵敏度几乎是相同的。

注入信号频率的选择应避开三次谐波频率和 $1/2$ 次的谐波频率，因为这些频率成分容易在发电机回路中引起谐振过电压；同时，需要考虑减小外加电源的容量，并提高保护灵敏度的要求。目前，注入信号的频率主要是 $12.5\mathrm{Hz}$ 和 $20\mathrm{Hz}$ 两种，由发电机中性点变压器或机端 TV 开口三角绕组处注入发电机的一次绕组中。

对于发电机中性点经接地变压器电阻 R_N 接地的方式，图7-15（a）示出了注入 $20\mathrm{Hz}$ 外加信号的接地保护示意图，图中，R 为分压电阻；α 为故障点到中性点的绕组数与全部绕组数之比；$\dot{U}_{20}$ 和 $\dot{I}_{20}$ 为保护可以测量得到的、对应于 $20\mathrm{Hz}$ 的相量；TN 为接地变压器。

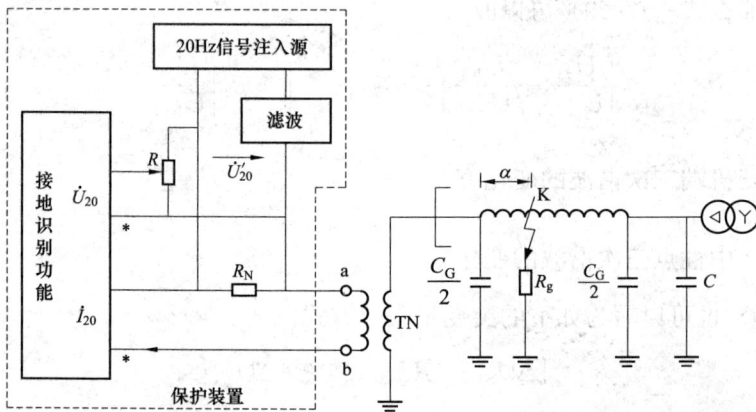

(a) 接地保护示意图

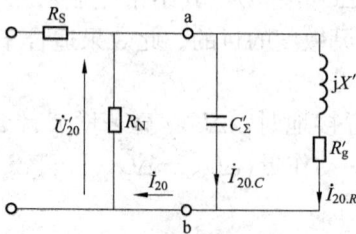

(b) 保护侧的等效电路　　　　　　　　(c) 相量关系

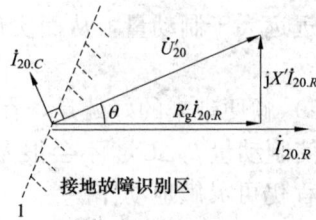

图7-15　注入 $20\mathrm{Hz}$ 信号的接地保护示意图

在图 7-15（a）中，将 a、b 两点右侧的电路均等效到 a、b 两点处，如图 7-15（b）所示（所有参数均换算到 a、b 两点处）。其中，通过分压电阻的关系，将测量电压 $\dot{U}_{20}$ 换算为 R_N 两端的电压 $\dot{U}'_{20}$；$\dot{I}_{20.R}$、$\dot{I}_{20.C}$ 分别为故障支路和电容支路的电流；C'_{Σ}、R'_g 分别为换算到 a、b 两点处的总电容和接地电阻；X' 为换算到 a、b 两点处的定子短路电抗；R_S 为注入信号源的内阻。

下面，针对定子绕组接地和正常运行两种情况，分析注入式接地保护的工作原理。

（1）定子绕组经电阻 R_g 接地时，可以画出如图 7-15（c）所示的相量关系图，其中 $\dot{U}'_{20}$、$\dot{I}_{20}$ 为保护可以测量得到的、对应于 20Hz 的相量。由于分布电容很小，其容抗很大，在接地故障情况下可以忽略电容电流 $\dot{I}_{20.C}$ 的影响，有 $\dot{I}_{20.R} \approx \dot{I}_{20}$，因此，根据图 7-15（c）的相量关系可知，$\dot{U}'_{20}/\dot{I}_{20} \approx \dot{U}'_{20}/\dot{I}_{20.R}$ 为感性，且满足 $R'_g I_{20.R} = U'_{20}\cos\theta$，于是，得

$$\frac{U'_{20}\cos\theta}{I_{20}} \approx \frac{U'_{20}\cos\theta}{I_{20.R}} = R'_g \tag{7-32}$$

式中　θ——$\dot{U}'_{20}$ 超前 $\dot{I}_{20}$ 的角度，即 $\theta = \arg(\dot{U}'_{20}/\dot{I}_{20})$。

式（7-32）也可以写为

$$R'_g \approx \mathrm{Re}\left(\frac{\dot{U}'_{20}}{\dot{I}_{20}}\right) \tag{7-33}$$

式（7-33）的含义是，先进行 $\dot{U}'_{20}/\dot{I}_{20}$ 的复数计算，然后只取计算结果的实部。

由此可见，定子接地故障时，$\dot{U}'_{20}/\dot{I}_{20}$ 为感性，式（7-32）计算的等效接地电阻 R'_g 与短路位置 α 无关，也与短路电抗 X' 无关。

还可以将 R'_g 换算成一次侧的接地电阻，即 $R_g = n_{TN}^2 R'_g$，其中，n_{TN} 为接地变压器的变比。

（2）正常运行时，接地电阻 R'_g 几乎为无穷大，该支路可以看成是断开的，于是，得

$$\frac{\dot{U}'_{20}}{\dot{I}_{20}} = \frac{\dot{U}'_{20}}{\dot{I}_{20.C}} = -jX'_{C\Sigma} \tag{7-34}$$

由式（7-34）可见，正常运行时，$\dot{U}'_{20}/\dot{I}_{20}$ 为纯容性，且数值很大，此时，$\dot{U}'_{20}$ 与 $\dot{I}_{20}$ 的相量关系如图 7-15（c）的 $\dot{U}'_{20}$、$\dot{I}_{20.C}$ 所示。但是，对应于式（7-32）的计算，其结果等于 0，类似于金属性接地的特征，因此，需要将正常运行时的状态甄别出来。另外，由图 7-15（b）还可以知道，在发电机的中性点附近发生单相接地时，图中的 $X' = 0$，于是，出现 C'_{Σ} 与 R'_g 并联的等效电路，导致 $\dot{U}'_{20}/\dot{I}_{20}$ 略稍呈现容性。为了区分正常运行与接地故障，最简单的解决方法是：引入一条区分正常运行与接地故障的分界线，如图 7-15（c）所示的虚线 1。虚线 1 是以 $\dot{U}'_{20}$ 作为参考相量，以超前 $\dot{U}'_{20}45°$ 作为分界线，当电流 $\dot{I}_{20}$ 的相量位于虚线 1 右侧阴影范围时，判定为定子接地故障。

综合上述（1）、（2）的分析，可得注入式定子接地保护的判据为：

1）当 $-225° \leqslant \theta = \arg(\dot{U}'_{20}/\dot{I}_{20}) \leqslant -45°$ 时，判定为正常运行。

2）当$-45°\leqslant\theta=\arg(\dot{U}'_{20}/\dot{I}_{20})\leqslant135°$时，判定为发生了定子接地故障，此时，应用式（7-32）计算等效的接地电阻R'_g，并换算为一次侧的接地电阻R_g。当满足$R_\mathrm{g}\leqslant R_\mathrm{set}$时，发出接地故障的信号，或作用于跳闸。

由上述的分析可知，注入20Hz检测信号的方式，不仅能够实现定子绕组100%的接地保护，还能够计算出接地电阻的大小，几乎与分布电容和接地位置无关，在发电机运行或停机中均可以使用。这是一种性能优良的接地保护方式，但需要20Hz信号注入电源等辅助设备。

当中性点接入消弧线圈时，如果从机端TV注入20Hz的检测信号，那么也能得到与式（7-32）、式（7-34）类似的结论。

7.4　发电机的负序电流保护

7.4.1　负序电流保护的作用

当电力系统发生不对称短路、非全相运行以及三相负荷不平衡时，在发电机定子绕组中将出现负序电流，从而在发电机气隙中建立起负序的旋转磁场，该磁场相对于转子为2倍的同步转速，因此，将在转子绕组、阻尼绕组以及转子铁芯等部件上感应出100Hz的倍频电流。倍频电流使得转子上电流密度很大的某些部位（如转子端部、护环内表面等）可能出现局部灼伤，甚至可能使护环受热而松脱，导致发电机的重大事故。此外，负序气隙旋转磁场与转子电流之间，以及正序气隙旋转磁场与定子负序电流之间所产生的100Hz交变电磁转矩，将同时作用在转子大轴和定子机座上，从而引起100Hz的振动，威胁发电机的安全。

负序电流在转子中所引起的发热量，正比于负序电流的平方与所持续时间的乘积。在最严重的工况下，假设发电机转子为绝热体（即不向周围散热），则不使转子过热所允许的负序电流和时间的关系可表示为

$$\int_0^t i_{2.*}^2\,\mathrm{d}t=I_{2.*}^2\,t=A \tag{7-35}$$

$$I_{2.*}=\sqrt{\dfrac{\displaystyle\int_0^t i_{2.*}^2\,\mathrm{d}t}{t}} \tag{7-36}$$

式中　$i_{2.*}$——流经发电机的负序电流标幺值（以发电机额定电流为基准，下同）；

　　　　t——电流$i_{2.*}$的持续时间；

　　$I_{2.*}^2$——在时间t内，$i_{2.*}^2$的平均值；

　　　A——与发电机类型和冷却方式有关的常数。

关于A的数值，应采用制造厂家提供的数据。其参考值为：对于凸极发电机或调相机，可取$A=40$；对于空气或氢气表面冷却的隐极发电机，可取$A=30$；对于导线直接冷却的100～300MW汽轮发电机，可取$A=6～15$等。

随着发电机组容量的不断增大，所允许的承受负序过负荷的能力也随之下降（A值减小）。例如，600MW汽轮发电机的A设计值为4，允许负序电流与持续时间的关系如

图 7-16 中的曲线 abcde 所示。A 值越小的机组，就要求配置性能更好的负序电流保护。

针对上述情况而装设的发电机负序电流保护，实际上是对定子绕组电流不平衡而引起转子过热的一种保护，因此，应作为发电机的主保护之一。

图 7-16 所示为两段式定时限负序电流保护动作特性与发电机允许负序电流曲线的配合情况。此外，由于大容量机组的额定电流很大，而在相邻元件末端发生两相短路时，短路电流可能不是很大，此时，采用复合电压启动的过电流保护往往不能满足作为远后备保护的灵敏度要求。在这种情况下，采用负序电流保护作为后备保护，就可以提高不对称短路时的灵敏度。

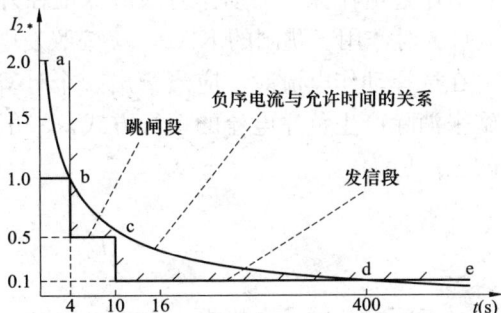

图 7-16 两段式定时限负序电流保护的动作特性

由于负序电流保护不能反应三相短路，因此，作为后备保护时，还需要装设一个单相式的低电压启动过电流保护，以专门反应三相短路。

发电机两段式负序电流保护及低电压启动过电流保护的示意图如图 7-17 所示，下面予以介绍（实际上，接入三相测量电流、电压后，负序电流过滤器和测量元件、时间元件、逻辑功能等均由微机保护内部实现）。

7.4.2 定时限负序电流保护

目前，对表明冷却的汽轮发电机和水轮发电机，大都采用两段式定时限负序电流保护的配置，其原理示意图如图 7-17 所示。负序电流接入 KA2 和 KA3 两个电流元件，其中，KA2 具有较大的整定值，经时间元件 KT1 延时后，动作于发电机跳闸，作为防止转子过热和后备保护的功能；KA3 则具有较小的整定值，当负序电流超过发电机的允许值时，经时间元件 KT2 的延时后，发出发电机的不对称过负荷信号。

另外，接于相电流的过电流元件 KA1 和接于线电压上的低电压元件 KV，组成了单相式的低压启动过电流保护，以专门反应三相短路。此低压启动的过电流保护与负序过电流保护是并联工作的，也经过 KT1 的延时后，动作于跳闸。

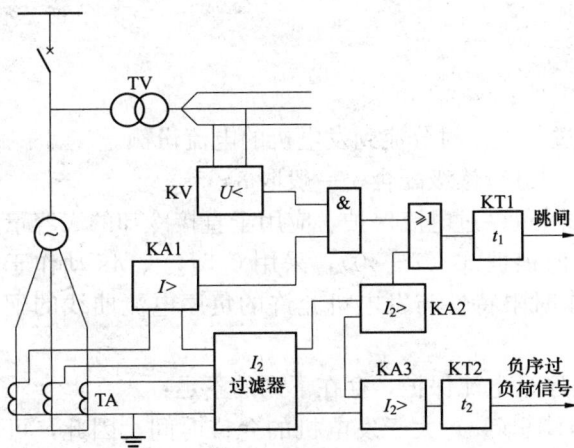

图 7-17 负序电流保护及过电流保护示意图

负序过电流保护的整定值可按以下原则考虑。

（1）对作用于过负荷信号的 KA3，应按照躲开发电机长期允许的负序电流以及最大的不平衡负序电流来整定（均应考虑返回系数）。根据有关规定，汽轮发电机的长期允许负序电流为 6%～8% 的额定电流；水轮发电机的长期允许负序电流为 12% 的额定电流。因此，一般情况下，KA3 的整定值可取为

$$I_{2.set.*} = 0.1 I_{2.\infty.*} \tag{7-37}$$

式中　$I_{2.\text{set}.*}$——负序过电流保护的整定值；

　　　$I_{2.\infty.*}$——长期允许的负序电流。

　　负序过电流保护的动作时限应保证在外部不对称短路时的选择性，一般取 t_2 为 5～10s。

　　(2) 对作用于跳闸的 KA2，应按照发电机短时间允许的负序电流来整定。

　　在选择动作电流时，应当给出一个计算时间 t_{cal}，在这个时间内，值班人员有可能采取措施来消除产生负序电流的运行方式，一般取 $t_{\text{cal}}=120\text{s}$，于是，由式（7-35）可得动作电流的整定值为

$$I_{2.\text{set}.*} \leqslant \sqrt{\frac{A}{t_{\text{cal}}}} = \sqrt{\frac{A}{120}} \tag{7-38}$$

　　对表面冷却的发电机组，$A=30\sim40$，代入式（7-38），得

$$I_{2.\text{set}.*} = (0.5 \sim 0.6) \tag{7-39}$$

　　此外，由于是动作于跳闸的保护，因此，其动作电流还应当与相邻元件的后备保护在灵敏系数上相配合，以便满足越靠近故障点灵敏度越高的要求。如图 7-18 所示的接线中，发电机和变压器上都有独立的负序过电流保护作为后备，那么，当高压母线上 K 点发生不对称短路时，发电机负序过电流保护 $I_{2.G}$ 的灵敏系数应比变压器的负序过电流保护 $I_{2.T}$ 低一些，也就是说，发电机的 $I_{2.G}$ 保护应当与变压器的 $I_{2.T}$ 保护进行配合。引入一个配合的可靠系数 K_{rel}，则发电机负序过电流保护的动作电流整定值应为

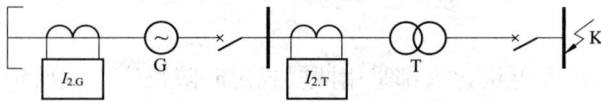

图 7-18　灵敏系数配合的示意图

$$I_{2.\text{set}.*} = K_{\text{rel}} K_b I_{2\text{T}.\text{set}.*} \tag{7-40}$$

式中　K_{rel}——可靠系数（用于配合），取 1.1；

　　　$I_{2\text{T}.\text{set}.*}$——变压器负序过电流保护的整定值；

　　　K_b——分支系数，对应于变压器流过 $I_{2\text{T}.\text{set}.*}$ 时分流到发电机的电流份额。

　　保护的动作时限仍然按照后备保护的原则进行逐级配合，一般取 3～5s。

　　如果将按照上述原则整定的两段式定时限负序过电流保护，应用于直接冷却的大容量发电机，例如 $A=4$ 的 600MW 机组上，其定值根据式（7-40），采用 $0.5I_{2\infty}$、4s 动作于跳闸和 $0.1I_{2\infty}$、10s 作用于信号，其保护动作时限特性与发电机允许的负序电流曲线的配合情况标示于图 7-16 中。

　　由图 7-16 可见，对于两段式定时限负序过电流保护，存在下列的不足：

　　(1) 在曲线 ab 段内，保护装置的动作时限（4s）大于发电机的允许时间，因此，可能出现发电机已被损坏而保护尚未动作的情况。

　　(2) 在曲线 bc 段内，保护装置的动作时限小于发电机的允许时间，从发电机能继续安全运行的角度来看，在不该切除的时候就将发电机切除了，因此，没有充分利用发电机本身所具有的承受负序电流的能力。

　　(3) 在曲线 cd 段内，保护装置动作于信号，通知值班人员进行处理。但是，当负序电流靠近 c 点附近时，发电机所允许的时间与保护装置动作的时间相差很小，于是，可能出现这样的情况：保护发出信号后，值班人员还没有来得及处理时，负序电流存在的时间就已经超过了允许的时间。由此可见，在 cd 段内只动作于发出信号，也是不够安全的。

（4）在曲线 de 段内，保护根本不反应。

由以上的分析可以看出，两段式定时限负序过电流保护的动作特性与发电机允许的负序电流曲线不能很好地实现配合。此外，在负序电流变化时，它也不能反应发电机转子的热积累过程。例如，当出现负序电流连续升降，或在较大的负序电流持续一段时间后又降低到较小的数值时，都可能使转子损坏，而保护中的电流和时间定值却无法反应这种变化。因此，为了防止发电机转子遭受负序电流的损坏，在 100MW 及以上、A<10 的发电机上，应装设能够模拟发电机允许负序电流曲线的反时限负序电流保护。

7.4.3 反时限负序电流保护

反时限负序电流保护能将负序电流与持续时间结合起来，共同构成保护的动作参量，可有效地防止发电机转子表面的过热。该保护的电流通常取自发电机中性点 TA 的三相电流。

负序反时限特性曲线如图 7-19 所示，由上限定时限、反时限、下限定时限三部分组成。发电机负序电流大于上限定值 $I_{2.up}$ 时，按照整定的时间 t_{up} 动作；负序电流大于下限定值（启动值）$I_{2.op}$ 时，既可以开始 t_1 的计时，又可以启动反时限的功能，当 t_1 和反时限的任一个条件满足时，均可以动作于跳闸。

负序反时限特性能真实地模拟转子的热积累过程，并能模拟散热，即发电机发热后若负序电流消失，则热积累并不立即消失，而是慢慢地散热消失。如果此时负序电流再次增大，则上一次的热积累就成为该次计算的初值了。

反时限部分的动作方程为

$$(I_{2.*}^2 - K_2)t \geqslant A \tag{7-41}$$

式中 $I_{2.*}$——发电机负序电流的标幺值；

K_2——发电机发热同时也散热的效应系数；

A——与发电机类型和冷却方式有关的常数。

反时限负序电流保护的逻辑示意图如图 7-20 所示。

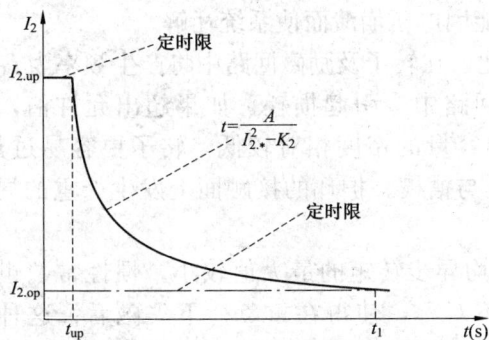

图 7-19 负序反时限特性曲线

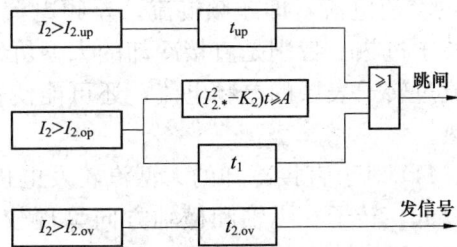

图 7-20 反时限负序电流保护的逻辑示意图

图 7-20 中，也顺便画出了负序过负荷保护的示意图，其中，$I_{2.ov}$、$t_{2.ov}$ 分别为负序过负荷的电流和时间定值。

7.5　发电机的失磁保护

7.5.1　发电机失磁运行及后果

发电机失磁故障是指发电机的励磁突然全部消失或部分消失。引起失磁的原因有转子绕组故障、励磁机故障、自动灭磁开关误跳闸、半导体励磁系统中某些元件损坏或回路发生故障、误操作等。各种失磁故障综合起来看，有以下几种形式：励磁绕组直接短路或经励磁电机的电枢绕组闭路而引起的失磁；励磁绕组开路引起的失磁；励磁绕组经灭磁电阻短接而失磁；励磁绕组经整流器闭路（交流电源消失）引起的失磁。

当发电机完全失去励磁时，励磁电流将逐渐衰减至 0。由于发电机的感应电动势 $\dot{E}_d$ 将随着励磁电流的减小而减小，因此，其电磁转矩也将小于原动机的转矩，从而导致转子加速，使发电机的功角 δ 增大。当功角 δ 超过静稳定极限角时，发电机与系统失去同步。发电机失磁后，将从电力系统中吸取感性无功。在发电机超过同步转速后，转子回路中将感应出频率为 $f_G - f_s$ 的电流（其中，f_G、f_s 分别为发电机和系统的频率），此电流将产生异步转矩。当异步转矩与原动机转矩达到新的平衡时，即进入稳定的异步运行状态。

当发电机失磁进入异步运行时，将对电力系统和发电机产生以下的影响：

(1) 需要从电力系统中吸取很大的无功功率，以建立发电机的磁场。所需无功功率的大小，主要取决于发电机的参数（X_1、X_2、X_{ad}）以及实际运行的转差率。与水轮发电机相比，汽轮发电机的同步电抗 $X_d(= X_1 + X_{ad})$ 较大，所需无功功率较小。假设失磁前发电机向系统送出无功功率为 Q_1，而在失磁后从系统吸取无功功率为 Q_2，则系统中将出现 $Q_1 + Q_2$ 的无功功率缺额。失磁前带的有功功率越大，失磁后的转差就越大，所吸取的无功功率也就越大，因此，在重负荷下失磁而进入异步运行后，如不采取措施，发电机将因过电流使定子过热。

(2) 从电力系统中吸取无功功率后，还将引起电力系统的电压下降。如果系统的容量较小或无功功率的储备不足，则可能使失磁发电机及其邻近的电力设备的电压低于允许值，从而破坏了负荷与各电源之间的稳定运行，甚至可能因电压崩溃而使系统瓦解。

(3) 失磁后发电机的转速超过同步转速，因此，在转子及励磁回路中将产生频率为 $f_G - f_s$ 的交流电流，即差频电流。差频电流在转子回路中会引起损耗，如果超出允许值，将使转子过热。特别是直接冷却的大型机组，其热容量的裕度相对较低，转子更容易过热；而流过转子表层的差频电流，还可能使转子本体与槽楔、护环的接触面上发生严重的局部过热。

(4) 对于直接冷却的大型汽轮发电机，其平均异步转矩的最大值较小，惯性常数也相对较低，转子在纵轴和横轴方向呈现较明显的不对称，使得在重负荷下失磁后，这种发电机的转矩、有功功率要发生周期性的摆动。这种情况下，将有很大的电磁转矩会周期性地作用在发电机轴系上，并通过定子影响到机座，从而引起机组振动，直接威胁着机组的安全。

由于汽轮发电机的异步功率比较大，调速器也较灵敏，因此，当超速运行后，调速器立即关小汽门，使汽轮机的输出功率与发电机的异步功率很快达到平衡，在转差率小于 0.5% 的情况下，即可稳定运行。故汽轮发电机在很小转差（$f_G - f_s$）下异步运行一段时间，原则上是完全允许的。此时，是否需要并允许异步运行，主要取决于电力系统的具体情况。例如，当电力系统的有功功率供应比较紧张，同时，一台发电机失磁后，系统能够供给它所需要的无功功率，并能保证电力系统的电压水平时，则发电机失磁后就应该继续运行；反之，若系统没有能力供给失磁发电机所需要的无功功率，并且系统中有功功率有足够的储备时，则发电机失磁后就不应该继续运行。

对水轮发电机而言，考虑到：①异步功率较小，必须在较大的转差下（一般达到 1% ～ 2%）运行，才能发出较大的功率；②调速器不够灵敏，时滞较大，甚至可能在功率尚未达到平衡以前就大大超速，从而使发电机与系统解列；③同步电抗较小，如果异步运行，则需要从系统吸取大量的无功功率；④纵轴和横轴很不对称，异步运行时，机组振动较大等。因此，水轮发电机一般不允许在失磁后继续运行。

在发电机上，尤其是在大型发电机上，应装设失磁保护，以便及时发现失磁故障，并采取必要的措施，如发出信号、自动减负荷、动作于跳闸等，以保证发电机和系统的安全。

本节主要以隐极发电机为例，说明失磁过程的电气量特征以及保护的一种构成方案。对于凸极发电机的失磁过程及其保护方案，限于篇幅，不再介绍，读者可阅读相关文献。

7.5.2 发电机失磁后的机端测量阻抗

发电机失磁后的机端测量阻抗能够反应失磁故障的特征，这部分的分析是为失磁保护的构成方式奠定基础。

发电机与无穷大系统并列运行时，其等效电路和相量关系如图 7 - 21 所示。图中，$\dot{E}_d$ 为发电机的同步电动势；X_d 为发电机的同步电抗；$\dot{U}_G$ 为发电机机端的相电压；$\dot{U}_s$ 为无穷大系统的相电压；$\dot{I}$ 为发电机的定子电流；X_s 为发电机与系统之间的联系电抗。并设：全部参数均已折算到发电机侧；$X_\Sigma = X_d + X_s$；φ 为受端系统的功率因数角；δ 为 $\dot{E}_d$ 超前 $\dot{U}_s$ 的夹角（即功角）。

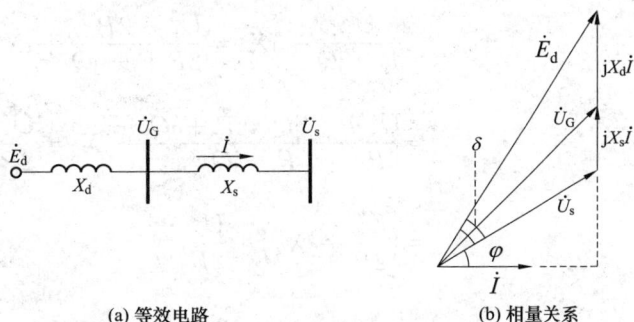

(a) 等效电路 (b) 相量关系

图 7 - 21 发电机与无穷大系统并列运行

根据图 7 - 21 （b）的相量关系，直接引用电机学的推导结果，可得发电机送出的有功功率、无功功率为

$$\begin{cases} P = \dfrac{E_d U_s}{X_\Sigma} \sin\delta \\[4mm] Q = \dfrac{E_d U_s}{X_\Sigma} \cos\delta - \dfrac{U_s^2}{X_\Sigma} \end{cases} \tag{7-42}$$

$$\tag{7-43}$$

受端的功率因数角为

$$\varphi = \arctan \dfrac{Q}{P} \tag{7-44}$$

在正常运行时，$\delta < 90°$。当不考虑励磁调节器的影响时，一般认为 $\delta = 90°$ 是稳定运行的极限；$\delta > 90°$ 后，发电机处于失步状态。

1. 发电机在失磁过程中的机端测量阻抗

发电机从失磁开始到进入稳态的异步运行，一般可分为三个阶段：失步前、临界失步点和失步后。下面分别介绍这三个阶段及其机端的测量阻抗。

（1）失磁后到失步前。在此阶段，励磁电流逐渐减小，$\dot E_d$ 随着励磁电流的减小而减小，发电机的电磁功率 P 开始减小［见式（7-42）］。由于原动机所供给的机械功率还来不及减小，于是，机械功率 P_M 大于电磁功率 P，引起转子逐渐加速，使 $\dot E_d$ 与 $\dot U_s$ 之间的功角 δ 随之增大，P 又要回升。在这一阶段中，由式（7-42）可以看出，$\sin\delta$ 的增大与 $\dot E_d$ 的减小大体上相互补偿，于是，近似当作电磁功率 P 不变。

与此同时，无功功率 Q 将随着 $\dot E_d$ 的减小和 δ 的增大而迅速减小，按式（7-43）计算的 Q 值将由正变为负，即发电机变为吸收感性的无功功率。

在此阶段中，将电磁功率 P 不变作为基本的近似分析条件，于是，图 7-21（a）所示的发电机机端测量阻抗 Z_G（本节简称为机端测量阻抗，其正方向为指向系统）为

$$Z_G = \frac{\dot U_G}{\dot I} = \frac{\dot U_s + jX_s \dot I}{\dot I} = \frac{\dot U_s \hat U_s}{\dot I \hat U_s} + jX_s$$

$$= \frac{U_s^2}{P - jQ} + jX_s = \frac{U_s^2}{2P}\frac{2P}{P - jQ} + jX_s$$

$$= \frac{U_s^2}{2P}\frac{P - jQ + P + jQ}{P - jQ} + jX_s = \frac{U_s^2}{2P}\left(1 + \frac{P + jQ}{P - jQ}\right) + jX_s$$

$$= \left(\frac{U_s^2}{2P} + jX_s\right) + \frac{U_s^2}{2P}e^{j2\varphi} \tag{7-45}$$

式中：$\varphi = \arctan\dfrac{Q}{P}$ 为受端系统的功率因数角；$\dot I \hat U_s = I(U_s\cos\varphi - jU_s\sin\varphi) = P - jQ$。

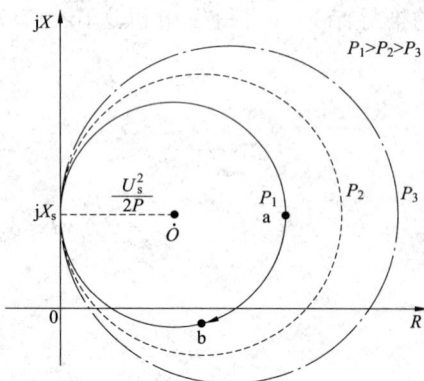

图 7-22　等有功的机端测量阻抗

在式（7-45）中，U_s、X_s 和 P 为常数，而只有 Q 为变量（进而转化为变量 φ），于是，式（7-45）是一个圆的标准方程式，圆心 $\dot O$ 坐标为 $(U_s^2/2P,\ jX_s)$，半径为 $U_s^2/2P$，在阻抗复平面上表示为如图 7-22 所示的圆 P_1。由于这个圆是在有功功率 P 不变的条件下做出的，因此，称为等有功阻抗圆。

由式（7-45）可知，测量阻抗 Z_G 的轨迹与 P 有密切关系，对应不同的 P 值就有不同的阻抗圆，且 P 越大时圆的半径越小（即 P 越大时 $U_s^2/2P$ 值就越小，圆心的位置就越向纵轴 jX 方向移动），但无论 P 为何值，阻抗圆均与坐标点 $(0,\ jX_s)$ 相切。

发电机失磁前，向系统送出无功功率，φ 角为正，测量阻抗位于第一象限；失磁后，随着无功功率的变化，φ 角由正变为负值。因此，测量阻抗 Z_G 也沿着圆周由第一象限过渡到第四象限，如图 7-22 所示，有功为 P_1 时由 a 点到 b 点的变化过程。

(2) 临界失步点。对汽轮发电机组，当 $\delta = 90°$ 时，发电机处于失去静态稳定的临界状态，故称为临界失步点。将 $\delta = 90°$ 代入式（7-43），可得输送到受端的无功功率为

$$Q = -\frac{U_s^2}{X_\Sigma} \tag{7-46}$$

式（7-46）中，Q 为负值，表明临界失步（失稳）时，发电机从系统吸收无功功率，且为一常数，故临界失步点也称为等无功点。此时，将 Q 作为常数对待后，参照式（7-45）的前几步推导，可得机端的测量阻抗为

$$Z_G = \frac{U_s^2}{P - jQ} + jX_s = \frac{U_s^2}{-j2Q} \frac{-j2Q}{P - jQ} + jX_s$$

$$= \frac{U_s^2}{-j2Q} \frac{P - jQ - (P + jQ)}{P - jQ} + jX_s = \frac{U_s^2}{-j2Q}\left(1 - \frac{P + jQ}{P - jQ}\right) + jX_s$$

$$= \frac{U_s^2}{-j2Q}(1 - e^{j2\varphi}) + jX_s \tag{7-47}$$

将式（7-46）的 Q 值关系以及 $X_\Sigma = X_d + X_s$ 代入式（7-47），并化简后可得

$$Z_G = \frac{X_\Sigma}{j2}(1 - e^{j2\varphi}) + jX_s = \frac{X_d + X_s}{j2}(1 - e^{j2\varphi}) + jX_s$$

$$= -j\frac{X_d + X_s}{2} + j\frac{X_d + X_s}{2}e^{j2\varphi} + jX_s$$

$$= -j\frac{X_d - X_s}{2} + j\frac{X_d + X_s}{2}e^{j2\varphi} \tag{7-48}$$

式（7-48）是一个以 φ 为变量的圆方程，圆心 $\dot{O}$ 坐标为 $\left(0, -j\frac{X_d - X_s}{2}\right)$，半径为 $\frac{X_d + X_s}{2}$，在阻抗复平面上表示为如图 7-23 所示的圆。参考图 7-21 可知，X_d 为发电机的同步电抗，但是，X_d 位于机端测量阻抗规定正方向的相反方向，所以，X_d 被机端测量阻抗感受为（$-jX_d$）。

图 7-23 所示的圆称为临界失步圆，也称为静稳阻抗圆或等无功阻抗圆，其圆周为发电机以不同的有功功率 P 临界失稳时的测量阻抗轨迹，圆内为静稳破坏区。

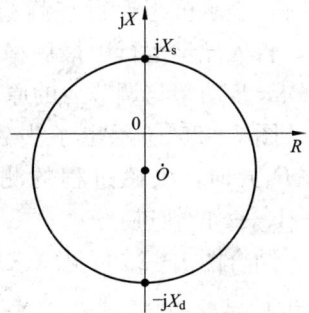

图 7-23 临界失步圆

顺便指出，还可以利用 3.4.3 的分析结果，将机端测量的 $U\cos\varphi \leqslant 0.707$ 作为失稳的判据，但存在这样的影响因素：通常情况下 $E_d \neq U_s$，应用 $U\cos\varphi$ 计算功角 δ 会带来误差。

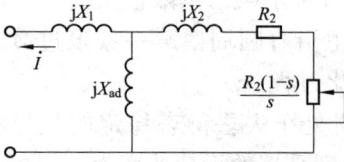

图 7-24　异步电机的等效电路图

（3）静稳破坏后的异步运行阶段。由电机学可知，在静稳破坏后的异步运行阶段，可用图 7-24 所示的异步电机等效电路来表示，其中，电流的正方向与图 7-21（a）一致；转差为 $s = f_G - f_s$。此时，由等效电路可得机端测量阻抗为

$$Z_G = -\left[jX_1 + \frac{jX_{ad}\left(\dfrac{R_2}{s} + jX_2\right)}{\dfrac{R_2}{s} + j(X_{ad} + X_2)} \right] \qquad (7-49)$$

1）当发电机空载运行失磁时，$s \approx 0$，$\dfrac{R_2}{s} \approx \infty$，此时，机端测量阻抗的最大值为

$$Z_G = -(jX_1 + jX_{ad}) = -jX_d \qquad (7-50)$$

2）当发电机在其他运行方式下失磁时，Z_G 将随转差 s 增大而减小。极限情况是 $f_G \to \infty$，$s \to \infty$，于是，$\dfrac{R_2}{s}$ 趋近于 0，此时，机端测量阻抗为最小值，即

$$Z_G = -j\left(X_1 + \frac{X_{ad}X_2}{X_{ad} + X_2}\right) = -jX_d' \qquad (7-51)$$

通过上述分析可知，在静稳破坏后的异步运行阶段，机端测量阻抗位于 $-jX_d'$ 到 $-jX_d$ 之间，如图 7-25 中的 c 点。

将上述三个阶段的测量阻抗结合起来，绘制出测量阻抗在失磁后的变化轨迹，如图 7-25 所示。发电机失磁前，如果有功功率等于 P_1，则测量阻抗位于第一象限的 a 点；失磁后，测量阻抗沿等有功阻抗圆（P_1 圆）向第四象限移动；当测量阻抗与临界失步圆（等无功阻抗圆）相交于 b 点时，表示机组运行在静稳的极限；越过 b 点以后，转入异步运行，最后稳定运行于 c 点，此时，平均异步功率与调节后的原动机输入功率相平衡。

图 7-25 还示出了失磁前有功功率等于 P_2（$<P_1$）时，失磁过程的测量阻抗轨迹，如图中 a'→b'→c' 的轨迹。

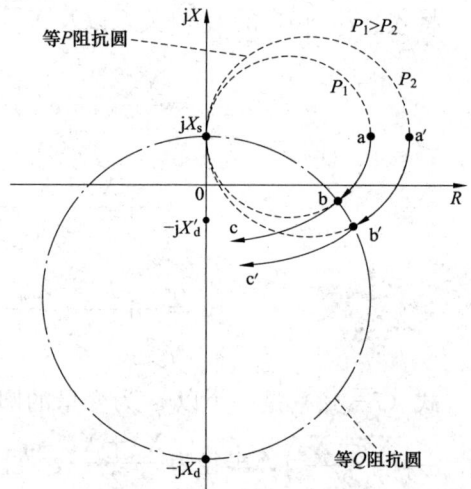

图 7-25　失磁后的机端测量阻抗轨迹

结合图 7-25 可见，求取图 7-23 临界失步圆的主要目的是：为了确定图 7-25 中的 b 点或 b' 点。

2. 发电机在其他运行方式下的机端测量阻抗

为了便于进行鉴别和比较，将图 7-25 中的失磁阻抗轨迹示于图 7-26 中，如虚线轨迹所示，失磁后的测量阻抗最终位于图中的 Z_{G4} 位置。下面，对发电机在其他几种运行工况下的测量阻抗轨迹作简要说明，并同时绘制于图 7-26 中。

（1）发电机正常运行的测量阻抗。当发电机向外输送有功功率和无功功率时，测量阻抗位于第一象限，如图 7-26 中的 Z_{G1}，Z_{G1} 与 R 轴的夹角 φ 为发电机运行时的功率因数角。当发电机只输出有功时，测量阻抗 Z_{G2} 位于 R 轴上。当发电机欠激运行时，向外输送有功功率，同时从系统吸收一部分无功功率（Q 值变为负），但仍保持同步运行，此时，测量阻抗 Z_{G3} 位于第四象限。

（2）发电机外部短路时的测量阻抗。当采用常用的 0° 接线方式时，经过选相元件后的故障相测量阻抗位于第一象限，大小与相位正比于短路点到机端之间的阻抗 Z_k（折算到机端），如图 7-26 中的 Z_{G5}。

（3）发电机与系统之间发生振荡时的测量阻抗。根据图 7-21 的等效电路和第 3 章的分析可知，当 $E_d = U_s$ 时，振荡中心位于 $\frac{1}{2}Z_\Sigma = \frac{1}{2}\mathrm{j}(X_d + X_s)$ 处。取极端情况 $X_s \approx 0$ 时，机端测量阻抗的轨迹沿着图 7-27 所示的直线 $\overline{OO'}$ 变化，对应于 $\delta = \delta_2 = 180°$ 时，有 $Z_G = -\mathrm{j}X_d/2$。

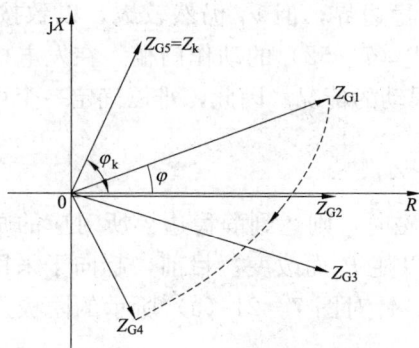

图 7-26 各种工况下的机端测量阻抗

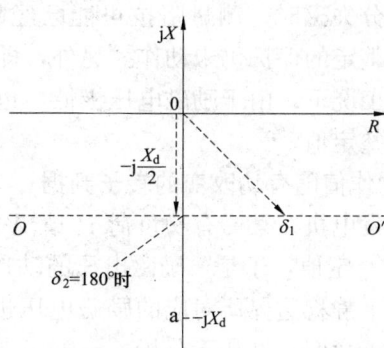

图 7-27 振荡时机端测量阻抗轨迹

考虑各种转差 s 的影响时，图 7-27 中的 a 点应当在 $-\mathrm{j}X_d$ 到 $-\mathrm{j}X_d'$ 之间。

（4）发电机自同步并列时，在发电机接近于额定转速且不加励磁而投入断路器的瞬间，工况与发电机空载运行时发生失磁的情况是一样的。但由于自同步并列的方式是在断路器投入后，很快就给发电机加上励磁的，因此，发电机无励磁运行的时间很短。对此工况，应当采取措施防止失磁保护误动。

3. 发电机失磁后的异步边界阻抗动作特性

失磁的发电机由同步运行最终转入异步运行，发电机的参数将在 $X_d(X_q)$ 与 $X_d''(X_q'')$ 之间随转差变化，转差越大，越接近 $X_d''(X_q'')$；转差为 0（同步）时，参数为 $X_d(X_q)$。因此，失磁发电机的参数以同步电抗 $X_d(X_q)$ 为极限，不可能超越同步电抗值。

为了检测发电机失磁后的异步运行状态，将上述分析的各种机端测量阻抗进行归纳后，通常将机端阻抗元件的动作特性设计为如图 7-28 所示的异步边界阻抗圆，以 $-\mathrm{j}X_d'/2$ 和 $-\mathrm{j}X_d$ 两点为圆的直径，测量阻抗进入圆内表明发电机已进入了异步运行状态。

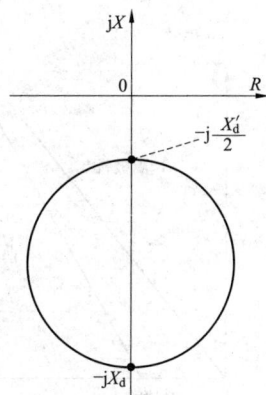

图 7-28 失磁的异步边界阻抗圆

也有采用图 7-23 所示的临界失步圆（静稳边界圆）作为判别失磁的阻抗特性，在失磁故障时要比图 7-28 所示的异步边界圆动作早，但需要注意的是，临界失步圆受振荡的影响要更大一些。

7.5.3 失磁保护的转子判据

由各种原因引起的发电机失磁，转子励磁绕组电压 u_f 都会出现降低，降低的幅度随失磁方式而不同，这是失磁故障的基本表征。失磁保护的转子判据，就是根据失磁后 u_f 初期下降（甚至到负值）的特点来判别失磁故障的。失磁保护的转子判据有以下两种。

1. 固定动作值的转子判据

由转子低电压元件来实现，可整定为

$$u_f = 0.8u_{f0} \tag{7-52}$$

式中 u_{f0}——发电机空载励磁电压。

对于整定值固定的失磁保护判据，存在以下的不足：在发电机输出有功功率较大的情况下发生部分失磁时，测量阻抗可能已经越过了静稳边界，但 u_f 仍然较大，以致按式（7-52）判据整定的保护仍未动作。另外，即使降低式（7-52）的动作门槛，在发电机进相的正常运行工况下，由于励磁电压极低，也会出现误动的情况。因此，难以确定一个可兼顾各种情况的整定值。

2. 动作值随有功改变的转子判据

如果发电机在某一有功负荷 P 情况下发生失磁时，则达到静稳边界所对应的励磁电压 u_f 也是某一定值，于是，励磁电压的动作门槛可以随 P 而改变。目前，趋向于采用按当前有功负荷下静稳边界所对应的励磁电压进行整定。针对图 7-21（a）所示的隐极发电机接入系统的示意图，作如下分析。

失磁后，励磁电压 u_f 降低，导致励磁电流 i_f 衰减，从而引起 E_d 的衰减。于是，在静稳边界处有 $\delta = 90°$，代入式（7-42）的有功计算式，并转换关系得

$$E_{d.lim} = \frac{X_\Sigma}{U_s} P \tag{7-53}$$

式中 $E_{d.lim}$——静稳极限时的发电机电动势。

以标幺值表示时，有 $U_s = 1$，另外，与 $E_{d.lim}$ 对应的静稳极限励磁电压 $u_{f.lim} = E_{d.lim}$，于是，式（7-53）转化为

$$u_{f.lim} = PX_\Sigma \tag{7-54}$$

式（7-54）表明，静稳极限的励磁电压 $u_{f.lim}$ 与有功功率 P 形成正比的关系。利用此特征就构成了动作值随有功改变的转子判据，简称 $U_f - P$ 判据，即

$$u_{f.lim} \leqslant PX_\Sigma \tag{7-55}$$

将式（7-55）绘制成如图 7-29 所示的曲线 1，阴影线以下为失磁保护动作区。在 $X_\Sigma = X_d + X_s$ 中，X_s 受系统运行方式的影响，难以确定其具体的数值，为此，实际整定时，可按照最常见的运行方式选取 X_s 的数值。

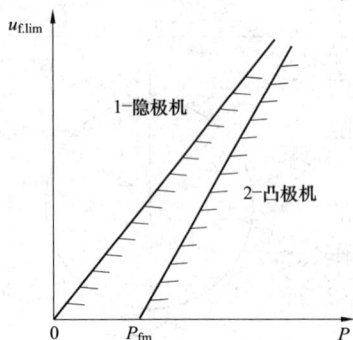

图 7-29 静稳极限时 $u_{f.lim}$ 与 P 的关系曲线

由于凸极机的分析比较复杂，此处不再推演，只

给出相应的结论。凸极发电机在没有励磁时，仍能送出凸极功率 P_T，且维持同步运行。凸极功率 P_{fm} 表示为

$$P_{fm} = \frac{U_s^2}{2} \frac{X_d - X_q}{X_{d\Sigma} X_{q\Sigma}} \qquad (7-56)$$

凸极机只有在 $P > P_{fm}$ 时，才有为维持静稳所必需的最低励磁电压要求。于是，绘制出凸极机静稳极限励磁电压 $u_{f.lim}$ 随有功功率 P 的变化曲线，如图 7-29 中的曲线 2 所示，阴影线以下为失磁保护动作区。

7.5.4 失磁保护的构成方式

大型发电机失磁后，当电力系统或发电机本身的安全运行遭到威胁时，应将故障的发电机切除，以防止故障的扩大。完整的失磁保护通常由上述分析的发电机机端测量阻抗判据（见图 7-28 或图 7-23）、转子低电压判据（见图 7-29），以及变压器高压侧低电压判据、定子过电流判据构成。一种发电机失磁保护的构成逻辑示意图如图 7-30 所示。

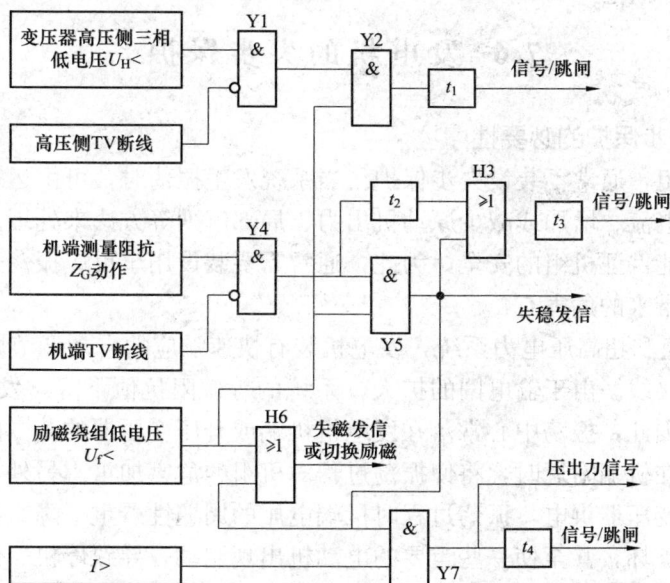

图 7-30 发电机失磁保护的构成逻辑示意图

通常采用机端测量阻抗判据作为失磁保护的主判据，以静稳边界圆（见图 7-23）为例进行说明。当定子静稳判据（Z_G）和转子低电压判据（$U_f <$）同时动作时，判定发电机已经失磁失稳，满足与门 Y5 输出为 1 的条件，发出失稳信号，并经 H3 和 t_3 延时后切除发电机。若因某种原因，造成失磁时转子低电压判据（$U_f <$）拒动，则定子静稳判据（Z_G）也可以单独动作于切除发电机，此时，为了确保单个元件的动作可靠性，增加了 t_2 延时才允许经 H3 启动 t_3 的延时。

转子低电压判据（$U_f <$）动作时，还可以经 H6 发出失磁信号，并输出切换励磁的命令。

汽轮机失磁时，一般允许异步运行一段时间，此期间由定子过电流保护判据（$I >$）参与监视，即 Y7 逻辑的作用。若定子电流大于 1.05 倍的额定电流，表明平均异步功率超过 0.5 倍的额定功率，于是，发出压出力的命令，以便在发电机减少出力后，允许汽轮机继续

稳定异步运行一段时间。稳定异步运行一般允许 2～15min，于是，将 t_4 设计为 2～15min。这样，在 t_4 期间内，运行人员可以设法排除故障，以图重新恢复励磁，避免跳闸，这对安全运行具有很大的意义。如果在 t_4 内不能将出力降下来，而过电流判据（$I>$）又一直满足，则 t_4 延时后发出跳闸命令，以保证发电机本身的安全。

对于无功储备不足的系统，当发电机失磁后，但在发电机失去稳定之前，有可能变压器高压侧电压就达到了系统崩溃值，所以，在转子低电压判据（$U_f<$）动作且高压侧三相均反应为低电压（$U_H<$）时，说明发电机的失磁已经造成了对电力系统安全运行的威胁，于是，经过与门 Y2 和 t_1 的短延时，发出跳闸命令，迅速切除发电机，防止出现局部的电压崩溃。三相低电压元件一般应接在三个线电压上，在两相和单相短路时不会误动，其整定值通常取 0.85～0.9 倍额定电压；短延时 t_1 可取为 0.2s，躲过外部三相短路的切除时间。

图 7-30 中，当高压侧出现 TV 断线时，通过 Y1 闭锁三相低电压元件，防止误动。

7.6 发电机的失步保护

7.6.1 装设失步保护的必要性

对于中小型机组，通常不装设失步保护。当系统发生振荡时，可由运行人员判断，然后利用人工增加励磁电流、增加或减少原动机出力、局部解列等方法来处理。但是，对于大机组，这样处理将不能保证机组的安全，为此，通常需要装设用于反应振荡过程的失步保护。

一般认为失步带来的危害有：

（1）对于大机组和超高压电力系统，发电机装有快速响应的自动调节励磁装置，并与升压变压器组成单元接线。由于输电网的扩大，系统的等效阻抗值下降，发电机-变压器组的阻抗值相对增加，因此，振荡中心常落在发电机机端或升压变压器的范围内。

当振荡中心落在机端附近时，将使振荡过程对机组的危害加重。另外，机、炉的辅机都由接在机端的厂用变压器供电，振荡过程时机端电压的周期性严重下降，将使厂用机械设备的工作稳定性遭到破坏，甚至使一些重要的电动机出现制动，导致停机、停炉。

（2）振荡过程中，当发电机电动势与系统等效电动势的夹角为 180°时，振荡电流的幅值相当于振荡中心三相短路时流过的短路电流，如此大的电流反复出现，有可能使定子绕组的端部受到机械损伤。

（3）由于大机组的热容量相对下降，对振荡电流引起热效应的持续时间也有限制，因此，振荡时间过长有可能导致发电机定子绕组过热而损坏。

（4）系统振荡通常是由短路及网络操作引起的，短路、切除及重合闸操作都可能引起汽轮发电机轴系的扭转振荡，甚至造成严重的事故。

（5）在短路伴随振荡的情况下，定子绕组端部先遭受短路电流产生的应力，继而又要承受振荡电流产生的应力，使定子绕组出现机械损伤的可能性增加。

由于失步将带来上述危害，因此，通常要求发电机失步保护在振荡的第一、二个周期内能够可靠动作。

7.6.2 失步保护原理

要求失步保护只反应发电机的失步情况，能可靠地躲过系统短路和同步摇摆，并能在失步开始的摇摆过程中，区分加速失步和减速失步。目前，典型的失步保护主要基于反应发电机机端测量阻抗变化轨迹的原理。

1. 利用测量阻抗变化轨迹的失步保护

正如 7.5 节的分析，发电机在失步运行的过程中，发电机的等效电抗应当是在 $X'_d \sim X_d$ 之间变化的。但是，为简洁起见，可设振荡中心位于机端 $[$ 即 $Z_\Sigma = j(X'_d + X_T + X_s) = j2X'_d]$，且忽略电阻分量，于是，失步保护的工作原理可以采用图 7-31 来说明。图中，R_1、R_2、R_3、R_4 为 4 个整定值（可以取 $R_3 = -R_2$、$R_4 = -R_1$），此 4 个整定值与纵轴一起将阻抗平面分为 1~6 共 6 个区域。正常运行时，机端测量阻抗位于 1 区。于是，各种工况的识别过程如下：

（1）加速失步时，测量阻抗的轨迹从 $+R$ 向 $-R$ 方向变化，由 1 区开始依次穿过 2、3、4、5、6 区，这个顺序过程表明：系统已经失步了，且为加速失步。当测量阻抗由 6 区再落到 1 区时，几乎完成了一个振荡周期的过程，计一次失步周期。

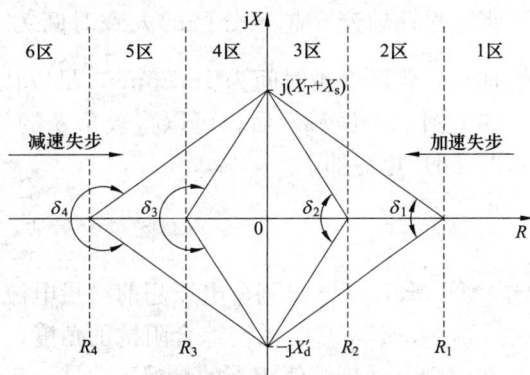

图 7-31 失步保护的分区识别示意图

在发电机的机端，功角计算通常取为 $\delta = \arg(\dot{E}_d / \dot{U}_s)$。于是，在机端测量阻抗由 1 区向 2~6 区的变化过程中，功角 δ 的变化是由 0° 向 360° 方向变化的，表明 $\dot{E}_d$ 越来越超前于 $\dot{U}_s$。因此，该测量阻抗变化顺序的特征反映了加速失步的过程。

（2）减速失步时，测量阻抗的轨迹从 $-R$ 向 $+R$ 方向变化，依次穿越 6、5、4、3、2、1 的过程表明：系统已经失步了，且为减速失步。当测量阻抗按照上述顺序再回落到 1 区时，几乎完成了一个振荡周期的过程，计一次失步周期。

机端测量阻抗的这个穿越过程对应：功角 δ 的变化是由 360° 向 0° 方向变化的。因此，该测量阻抗变化顺序的特征反映了减速失步的过程。

（3）当测量阻抗由 1 区突然落到图中的某一区（如 3 区），随后又较长时间几乎不变时，可以判定为系统发生了短路。

（4）当测量阻抗由 1 区变到 2 区、再变到 3 区（或 4 区），随后又以相反的方向返回到 1 区时，可以判定为系统出现了同步摇摆，即出现了可恢复的摇摆。

这样，上述各种工况的特征是十分清楚而明确的。因此，判定为加速失步时，可以作用于降低原动机的出力；判定为减速失步时，可以作用于提高原动机的出力。若在加速或减速信号发出后，仍然没有平息振荡，那么就依据失步周期的次数（也称滑极次数），决定是否跳闸。当失步周期次数达到设定值时，失步保护动作于跳闸。

*2. 利用功角变化的失步保护

在上述的失步保护方法中，由于电阻定值 R_1、R_2、R_3、R_4 通常是固定的数值，无法与临界失步点的功角 $\delta = \pm 90°$ 相对应。如图 7-31 所示，在固定 R_1 的情况下，当系统综合阻抗 Z_Σ 增大时，δ_1 也增大；当系统综合阻抗 Z_Σ 减小时，δ_1 也减小。另外，如果 R_1 整定值偏大，那么在系统正常运行时，机端测量阻抗就可能已经位于图 7-31 中的 2 区了。

考虑到功角 δ 变化是振荡的最主要特征，于是，更合理且免整定的方案是：采用攻角 δ 作为图 7-31 的分区边界点。

按照 $\delta = \pm 90°$ 为失稳的功角边界，将失稳功角范围 $90° \sim 270°$ 平均分为 4 个角度区，对应的角度边界点分别为 $90°$、$135°$、$225°$、$270°$，其中，隐含了 $180°$ 的边界点。这样，在一个匀速振荡的周期内，振荡轨迹穿越 2、3、4、5 区的时间基本相等，也便于在振荡较剧烈时，还能够在各分区内完成攻角 δ 的计算。按照这种功角分界点的设计后，参考 3.4 节的分析可得，振荡轨迹穿越各分区的大致时间为 $t = \dfrac{135° - 90°}{360°} T_{os}$。即使按照 $T_{os.min} = 0.15s$ 考虑，那么，各区穿越时间为 $18.75ms$，足以让微机保护完成若干次的 δ 值计算。

参考图 3-18（a）后，可以将攻角 δ 的计算转换为 $U\cos\varphi$ 的计算。为了方便应用，将式（3-56）重写如下

$$\cos[\varphi + (90° - \varphi_k)] = \cos\frac{\delta}{2} \tag{7-57}$$

式中　$\varphi = \arg\dot{U}/\dot{I}$ ——测量电压超前测量电流的角度；

　　　$\varphi_k = \arg Z_\Sigma$ ——系统综合阻抗的角度，为已知的参数。

在两侧电动势幅值相等的情况下，式（7-57）基本上反映了振荡中心电压与额定电压的比值 U_{os}/E。于是，与上述 δ 角度边界点对应的 $U\cos\varphi$ 值分别为 0.707、0.383、0、-0.383、-0.707。

在确定了 $U\cos\varphi$ 分界点后，各种工况的识别过程与机端测量阻抗的方法是类似的。

如第 3 章所述，还可以将 $U\cos\varphi$ 与 $U\sin\varphi$ 识别方法结合起来，用 $U\cos\varphi$ 方法识别失步，再用 $U\sin\varphi$ 判断振荡中心的位置，以便确定动作的逻辑以及是否跳闸。

7.7　发电机励磁回路的接地保护

发电机励磁回路（包括转子绕组）的绝缘破坏会引起转子绕组匝间短路、励磁回路一点接地故障以及两点接地故障。在发电机的各种故障中，励磁回路的一点接地故障比较常见，而两点接地故障也时有发生。励磁回路一点接地故障时，对发电机并未造成危害，但是，如果对一点接地故障不采取措施，继而发生两点接地故障后，将严重威胁发电机的安全。

当发电机励磁回路发生两点接地故障时，故障点流过相当大的故障电流，将烧伤转子本体；由于部分绕组被短接，励磁电流增加，可能因过热而烧伤励磁绕组；部分绕组被短接后，使得气隙磁通失去平衡，从而引起振动，特别是多极发电机还会引起严重的振动，甚至会造成灾难性的后果。此外，汽轮发电机励磁回路两点接地时，还可能使轴系和汽轮机磁化。因此，需要在励磁回路一点接地时发出信号，同时，应避免励磁回路的两点接地故障。

7.7.1　发电机励磁回路一点接地保护

1. 直流电桥式励磁回路一点接地保护

利用电桥原理构成的一点接地保护原理如图 7-32（a）所示，图中，励磁绕组 LE 对地的绝缘电阻为分布参数，此分布电阻可以用位于励磁绕组中点的集中电阻 R_y 来表示，R_y 的

数值很大。励磁绕组中点两侧的电阻 R_{L1}、R_{L2} 构成了电桥的两臂，将外接电阻 R_1、R_2 构成电桥的另外两臂。在 R_1 和 R_2 的连接点 a 与地之间接入电流测量元件 KA，相当于把 KA 与绝缘电阻 R_y 串联后接于电桥的对角线上，如图中的虚线所示。在正常情况下，调节电阻 R_1，使流过电流元件 KA 的不平衡电流最小，并使 KA 的动作电流大于这个不平衡电流。调节 R_1 的目的包含了消除 R_{L1} 与 R_{L2} 之间的差异影响，使电桥达到平衡。

如图 7-32（b）所示，当励磁绕组的某一点 K 经过渡电阻 R_g（$\ll R_y$）接地后，电桥失去了平衡，此时，流过电流元件 KA 的电流由故障点的位置和过渡电阻 R_g 的大小决定。当故障电流大于 KA 的动作值时，KA 动作。

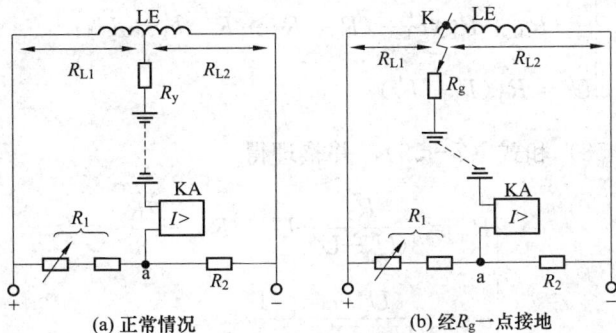

图 7-32 直流电桥式励磁回路一点接地保护原理图

当励磁绕组的正端或负端发生接地故障时，这种保护方式的灵敏度很高。然而，当故障点位于励磁绕组的中点附近时，即使发生金属性接地，则电桥依然满足平衡的条件，保护无法动作，因而存在死区。

2. 切换采样式励磁回路一点接地保护

切换采样式一点接地保护又叫"乒乓"式一点接地保护，这是一种变电桥设计思路的应用，可解决电桥式保护在中点接地时存在死区的缺点。通过电子开关的切换，改变电桥两臂的电阻值大小，使电桥没有一个固定的平衡点，从而实现一点接地保护没有死区的目的。

图 7-33 所示为切换采样式励磁回路一点接地保护的原理图，图中，S1、S2 为两个电子开关，由微机按照一定的时间间隔控制电子开关的通、断切换；R_g 为接地电阻；接地点 K 发生在距负极端的 α 处；R 为固定数值的电阻，为防止保护监视电路对励磁回路造成附加的不利影响，可设计为 $20\sim 30\text{k}\Omega$；R_1 为测量电阻（常设计为 $200\sim 300\Omega$），在 R_1 的两端可得到测量电压 U，并设励磁回路的直流电动势为 U_f。

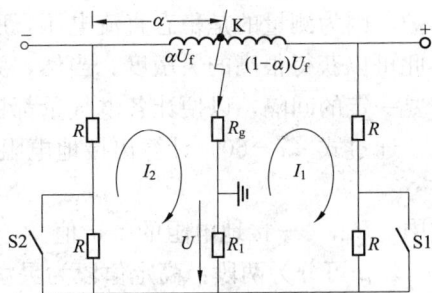

图 7-33 切换采样式励磁回路
一点接地保护原理图

（1）当 S1 闭合、S2 打开时，可得到 R_1 两端的测量电压为 U，对应的回路电流设为 I_1 和 I_2，于是，在此状态下，可列出电流 I_1、I_2 的回路方程和 U 表达式为

$$\begin{cases} (R+R_1+R_g)I_1-(R_1+R_g)I_2=(1-\alpha)U_f \\ -(R_1+R_g)I_1+(2R+R_1+R_g)I_2=\alpha U_f \\ U=R_1(I_1-I_2) \end{cases} \quad (7-58)$$

（2）当 S1 打开、S2 闭合时，可得到 R_1 两端的测量电压为 U'，对应的回路电流设为 I_1' 和 I_2'（图 7-33 中省略了 U'、I_1' 和 I_2' 的标注）。于是，在此状态下，可列出电流 I_1'、I_2' 的回路方程和 U' 表达式为

$$\begin{cases} (2R+R_1+R_g)I_1'-(R_1+R_g)I_2'=(1-\alpha)U_f \\ -(R_1+R_g)I_1'+(R+R_1+R_g)I_2'=\alpha U_f \\ U'=R_1(I_1'-I_2') \end{cases} \quad (7-59)$$

联立求解式（7-58）和式（7-59），并整理得

$$\begin{cases} R_g=\dfrac{R_1}{3(U-U')}U_f-R_1-\dfrac{2R}{3} & (7-60) \\ \\ \alpha=\dfrac{U}{3(U-U')}+\dfrac{1}{3} & (7-61) \end{cases}$$

式中 U——S1 闭合、S2 打开时，R_1 两端的测量电压；

$\qquad U'$——S1 打开、S2 闭合时，R_1 两端的测量电压；

$\qquad U_f$——励磁电压；

R_1、R——监视回路的电阻，为已知的确定值。

于是，在图 7-33 的基础上，再增加一个励磁电压 U_f 的测量回路（类似于失磁保护的 U_f 测量），就可以得到 U_f、U、U' 的测量值，代入式（7-60），即可求得过渡电阻 R_g 的大小，并由式（7-61）确定故障点位置 α。其中，U 和 U' 可能为正的测量值，也可能为负的测量值，应按照实测的大小及符号代入式（7-60）、式（7-61）中。这种原理的一点接地保护，因为测量的是稳态直流电压，所以与转子回路对地电容的大小无关，也与电感无关，因此可以获得很高的灵敏度。当然，为了测量稳定的 U 和 U'，电子开关 S1、S2 的控制时间需要一定的间隔，以便让各电气量都稳定之后再进行测量。

通过式（7-60）计算出接地电阻 R_g 后，转子一点接地保护的动作判据为

$$R_g \leqslant R_{set} \quad (7-62)$$

式中 R_{set}——接地电阻的整定值。

R_{set} 可分为两段：高定值段为灵敏段，仅发信；低定值段可发信，也可动作于跳闸。

由于汽轮发电机和水轮发电机所采用的冷却方式有所不同，对地的绝缘电阻 R_y 也有差异，因此，对于水轮发电机、空冷及氢冷汽轮发电机，一般取 $R_{set}=10\sim30k\Omega$；对直接水冷的励磁绕组，一般取 $R_{set}=5\sim20k\Omega$。时间延时可整定为 $1\sim10s$。

切换采样式接地保护具有电路简单、测量方便、易于微机实现的优点，因此，这种原理的保护在目前的工程中应用普遍。需要注意的是，对于自并励机组，其励磁电压中含有较强的谐波分量，必须在采样回路中设计能够滤除高次谐波分量的硬件滤波和数字滤波措施。

在上述原理的基础上，还演变出了多种其他的具体方法，包括对电子开关 S1、S2 的监视，允许励磁电压 U_f 出现波动等，不再赘述。需要注意的是，这种方式的一点接地保护不允许双重化配置，否则会影响电子开关切换过程的工况识别和测量。另外，在停机和完全失磁的状态下，由于没有励磁电压的作用，因此该保护也无法应用。

3. 叠加直流式励磁回路一点接地保护

叠加直流式励磁回路一点接地保护原理图如图 7-34 所示。图中，S 为电子开关，由微机按照一定的时间间隔控制电子开关的通、断切换；R_g 为接地电阻；接地点 K 发生在距负极端的 α 处；R_1、R_2 为固定数值的电阻，为防止保护监视电路对励磁回路造成附加的不利影响，可设计为 $40 \sim 50\text{k}\Omega$；E 为经整流后的直流电源。设励磁回路的直流电动势为 U_f。

当电子开关 S 打开时，根据图 7-34 所示的闭环回路，可得

$$\alpha U_f + E = (R_g + R_1 + R_2)I_g \qquad (7-63)$$

式中　I_g——电子开关 S 打开时的测量电流。

当电子开关 S 闭合时，可得

$$\alpha U_f + E = (R_g + R_1)I_g' \qquad (7-64)$$

式中　I_g'——电子开关 S 闭合时的测量电流。

联立式（7-63）、式（7-64），得

$$R_g = \frac{(R_1 + R_2)I_g - R_1 I_g'}{I_g' - I_g} \qquad (7-65)$$

图 7-34　叠加直流式励磁回路
一点接地保护原理图

动作判据及整定方法与式（7-62）相同。

这种转子一点接地保护的灵敏度与故障点的位置 α 无关，不受分布电容的影响，也几乎与励磁电压 U_f 无关，同时，在启、停机时也能实现保护的功能，但需要配置外加电源 E。

除了上述方法以外，转子一点接地保护的工作原理还有叠加交流电压式、叠加方波电压式以及注入信号式等多种方式，不再逐一细述。

*7.7.2　励磁回路的两点接地保护

目前，励磁回路两点接地保护主要采用反应发电机定子电压二次谐波原理构成的。当发电机转子绕组两点接地或匝间短路时，气隙磁通分布的对称性遭到破坏，出现了偶次谐波，引起定子绕组每相感应电动势也出现了偶次谐波，因此，利用定子电压的二次谐波分量，就可以构成转子绕组两点接地及匝间短路的保护。

应当注意的是，外部不对称短路时，负序电流也会在定子中产生二次谐波分量。但是，通过分析可以发现，在转子绕组两点接地或匝间短路时，定子侧的二次谐波电压的相序与外部短路所形成的二次谐波相序正好相反。利用此特征可以将转子绕组两点接地、匝间短路与外部短路区分开来，实现励磁回路两点接地保护。

此外，由于切换采样式励磁回路和叠加直流式励磁回路一点接地保护可以测量接地电阻的大小，且与接地点的位置无关，利用此特点，在一定程度上可以应用于励磁回路的两点接

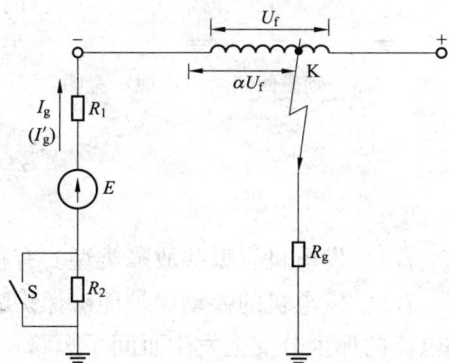

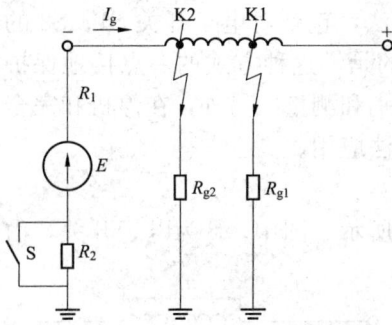

图 7-35 励磁回路两点接地示意图

地检测。如图 7-35 所示，一点接地时，设测量的接地电阻为 R_{g1}，而在两点接地时，测量的接地电阻为 R_{g1} 与 R_{g2} 的并联，相应地，测量电阻出现了突变，利用此特征可以应用于两点接地保护，但只能起到部分的作用。这种方法存在的不足是：一点接地时，如果接地电阻 R_{g1} 很小（甚至为金属性接地），那么发生两点接地时，测量电阻的变化很小，无法识别两点接地的故障；另外，一点接地时，由于某种原因导致接地电阻又变小了，此时容易被误判定为两点接地。

练 习 与 思 考

7.1 发电机有哪些故障类型？有哪些异常运行状态？

7.2 发电机的差动保护能够保护哪些故障类型？在不完全差动保护中，如果在没有引入电流的那个分支上发生匝间了短路，那么不完全差动保护是否能够动作？为什么？

7.3 试比较线路差动保护与发电机差动保护的异同。

7.4 发电机横差保护和单元件横差保护的应用条件是什么？二者分别可以保护哪些故障类型？

7.5 试分析：能否利用纵向负序电压构成定子绕组的匝间短路保护？

7.6 当发电机定子绕组发生单相经过渡电阻接地时，试分析：零序电压保护受过渡电阻影响的变化规律。

7.7 发电机为什么存在三次谐波分量？如何避免此三次谐波分量注入电力系统？

7.8 哪些保护的方式或组合能够实现定子绕组的 100% 接地保护？试比较它们的优缺点。

7.9 发电机定子绕组发生两点接地时，由何种保护来完成继电保护的功能？为什么？

7.10 在分析发电机的机端测量阻抗时，等有功、等无功的条件是什么？

7.11 当振荡中心并不位于机端，且系统综合阻抗 Z_Σ 存在阻抗角时，请绘制出机端测量阻抗的轨迹。此时，采用电阻分区的办法是否还能识别出振荡来？为什么？

7.12 在励磁回路一点接地的保护中，试分析切换采样式与叠加直流式的优缺点。

7.13 如果 $\dot{U}_2$ 取自发电机的机端，$\dot{I}_2$ 取自发电机的中性点，那么在下列 3 种情况下，分析负序功率方向元件的动作行为：

(1) 发电机发生外部不对称短路。

(2) 发电机发生内部不对称短路。

(3) 发电机发生匝间短路。

当 $\dot{U}_2$、$\dot{I}_2$ 均取自发电机的机端时，重复上述的分析。

7.14 试分析：发电机失步运行与失磁异步运行有何不同？

7.15 大容量发电机为何要采用 100% 定子接地保护？

7.16 大容量发电机为何要采用负序反时限过电流保护？

7.17　已知发电机的参数如下：$P_N = 25\text{MW}$，$\cos\varphi = 0.8$，$U_N = 10.5\text{kV}$，$X''_d = 0.122$，$E'' = 0.122$。试对发电机的比率差动保护进行整定计算。

7.18　某发电机的定子绕组具有如图 7-36 所示的结构示意图，请进行 TA 的综合配置设计，以便微机保护装置完成各种差动保护的功能，并说明哪些 TA 构成何种保护、监视何种故障？

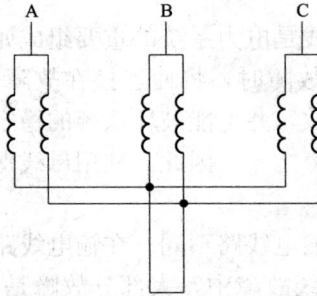

图 7-36　题 7.18 图

第8章 母 线 保 护

8.1 母线故障和装设母线保护的基本原则

发电厂和变电站（所）的母线是电力系统的重要组成元件。母线上通常连接着较多的电气设备和输电线，当母线上发生故障时，将使连接在故障母线上的所有电气设备都被迫停电，从而造成较大范围的停电事故，并可能破坏系统的稳定运行，使事故进一步扩大。可见母线故障是电气设备最严重的故障之一。因此，利用母线保护来消除或缩小故障所造成的后果，是十分必要的。

母线短路故障类型的比例与输电线路不同。在输电线路的短路故障中，单相接地短路约占故障总数的 80％以上；而在母线故障中，大部分故障是由绝缘子或断路器套管对地放电所引起的，母线故障的开始阶段大多表现为单相接地故障，而随着短路电弧的移动，可能会发展为两相或三相接地短路。

一般来说，对于电压等级不是很高的母线，可以不采用专门的母线保护，而是利用供电设备的保护就可以实现切除母线故障。例如：

（1）如图 8-1 所示的发电厂采用单母线接线，若接于母线的线路对侧没有电源，此时，就可以利用发电机的过电流保护动作于发电机的断路器，实现切除母线故障的目的。图中，母线故障时，由发电机保护动作于断路器 QF1、QF2。

（2）如图 8-2 所示的降压变电站，其低压侧的母线在正常时是分开运行的（即 QF1 断开），且低压母线上的线路为馈电线路。在此情况下，低压母线上发生故障时，就可以由相应变压器的过电流保护动作于变压器低压侧的断路器，实现切除低压母线故障的目的。图中，QF1 处于断开的状态，K 处母线故障时，由变压器 T1 动作于其低压侧的断路器 QF2，切除连接于 QF2 的母线。

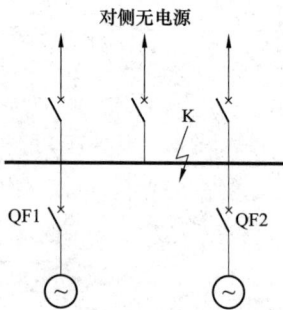

图 8-1 利用发电机的过电流
保护切除母线故障

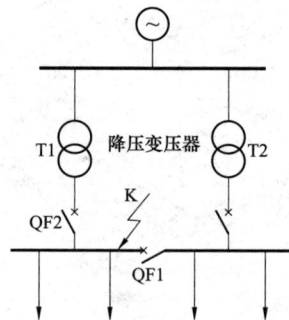

图 8-2 利用变压器的过电流
保护切除低压母线故障

（3）如图 8-3 所示的双侧电源网络（或环形网络），当变电站 B 母线上 K 点发生短路时，可以由保护 1、4 的第Ⅱ段动作予以切除。

当利用供电设备的保护装置切除母线故障时，故障切除的时间一般较长。此外，当双母

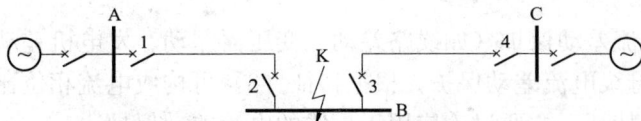

图 8-3 利用电源侧的保护切除母线故障

线同时运行或母线为分段单母线时，上述的保护方式不能保证有选择性地切除故障，即不能保证停电范围最小。超高压枢纽变电站和大型发电厂的母线联系着各个地区系统和各台大型发电机组，母线发生短路就直接破坏了各部分系统或各台机组之间的同步运行，严重影响电力系统的安全运行。虽然母线短路的几率比输电线路短路要低得多，但一旦发生短路，后果特别严重。因此，对那些威胁电力系统稳定运行、使发电厂厂用电及重要负荷的供电电压低于允许值（一般为额定电压的 60%）的母线故障，必须装设有选择性的快速母线保护。

因此，规程规定，在下列情况下应装设专门的母线保护：

（1）对 220kV 及以上电压等级的母线，应装设快速有选择地切除故障的母线保护。

（2）对发电厂和变电所的 35～110kV 电压的母线，在下列情况下应装设专用的母线保护：①110kV 双母线；②110kV 单母线、重要发电厂或 110kV 以上重要变电站的 35～66kV 母线，需要快速切除母线上的故障时；③35～66kV 电力网中，主要变电站的 35～66kV 双母线或分段单母线需快速而有选择地切除一段或一组母线上的故障。

8.2 母线差动保护基本原理

为了满足继电保护四性的要求，并考虑到母线长度较短的特点，为此，母线保护通常都是以基尔霍夫电流定律作为基本原理，由此构成了电流差动保护。

为了安全、可靠，包括防止电流互感器 TA 断线的误动，除了 $1\frac{1}{2}$ 断路器接线的母线以外，在有条件引入电压时，母线电流差动保护又往往和低电压元件一起构成"与"的逻辑关系，同时，也有利于 TA 断线的识别。低电压元件通常整定为额定电压 U_N 的 0.5～0.7 倍。由于低电压元件比较简单，因此后面不再涉及。

实现母线差动保护时，必须考虑在母线上一般连接着较多的电气元件（如线路、变压器、发电机等），因此，就不能像发电机的差动保护那样，只用简单的接线加以实现。但不管母线上连接着多少元件，实现差动保护的基本特征仍然是适用的，即：

（1）在正常运行和外部短路时，在母线上所有连接的元件中，按照指向被保护元件的电流为正方向的规定，可以将母线差动保护的原理表示为 $\sum \dot{I}_j = 0$，其中，$\dot{I}_j$ 表示各元件指向母线的一次侧电流。

（2）当母线上发生短路时，所有与母线连接的元件都向短路点提供短路电流（或流出残留的负荷电流），按照基尔霍夫电流定律，有 $\sum \dot{I}_j = \dot{I}_k$，其中，$\dot{I}_k$ 为短路点的总电流。

（3）从每个连接元件的电流相位来看，在正常运行和外部短路时，至少有一个元件的电流相位与其余元件电流之和的相位是相反的。具体来说，就是实际的流入电流与流出电流的相位是相反的；而当母线短路时，除电流等于 0 的元件之外，其他元件的电流是接近于同相位的。

与其他元件的电流差动保护（如线路差动、变压器差动、发电机差动）一样，根据特征（1）和（2）可构成母线电流差动保护，根据特征（3）可构成电流相位比较式差动保护。

本节将结合以上特征，主要讨论应用于母线的电流差动保护。

8.2.1 单母线差动保护

1. 基本原理

将单母线当作基尔霍夫电流定律的一个"点"之后，形成了母线电流差动保护的原理接线，如图 8-4 所示。图中，一次侧电流的正方向均为指向母线，于是，在正常运行和外部短路时，一次侧电流满足

$$\dot{I}_d = \sum_{j=1}^{N} \dot{I}_j = 0 \tag{8-1}$$

式中　$\dot{I}_j$——第 j 个元件指向母线的一次侧电流；

　　　N——母线所连接的元件总数。

将各元件的电流互感器变比代入式（8-1），得

$$\dot{I}_d = \sum_{j=1}^{N} \dot{I}_j = \sum_{j=1}^{N} n_{TA,j} \dot{I}'_j = 0 \tag{8-2}$$

式中　$\dot{I}'_j$——第 j 个元件指向母线的 TA 二次侧电流；

　　　$n_{TA,j}$——第 j 个元件的电流互感器变比。

如果各元件所选择的电流互感器变比是不同的，那么就应当按照式（8-2）将所有的测量电流均折算到一次侧，或折算到某一个元件的二次侧。例如，均折算到元件 1 的二次侧时，有

$$\dot{I}_{KA} = \dot{I}'_1 + \sum_{j=2}^{N} \frac{n_{TA,j}}{n_{TA,1}} \dot{I}'_j = 0 \tag{8-3}$$

式中　$\dot{I}'_1$——元件 1 的二次侧电流；

　　　$\dot{I}'_j$——除元件 1 之外，其余元件的二次侧电流；

　　　$\dot{I}'_{KA}$——接入电流差动元件 KA 中的电流。

如果各元件所选择的电流互感器具有同样的变比 n_{TA}，那么就可以构成如图 8-4 所示的简单接线。应当说，相当于以电流互感器为界，形成母线保护范围的一个区域，该区域内的短路均属于母线保护应当动作于跳闸的范围。图 8-4 中，TA 按照一次侧电流从极性端进、二次侧电流从极性端出为正方向，于是，将所有二次侧的极性端连接在一起，接至电流差动元件 KA 中。正常运行和外部短路时，流入差动元件的电流为

图 8-4　母线电流差动保护的原理接线图

$$\dot{I}_{KA} = \sum_{j=1}^{N} \dot{I}'_j = 0 \tag{8-4}$$

下面，按照各元件的 TA 变比相同来介绍，以便简化叙述，并设 TA 变比为 n_{TA}。

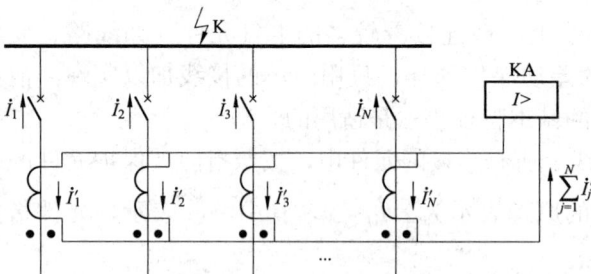

当母线发生短路（如图 8 - 4 中 K 点）时，所有连接元件的电流之和等于短路电流，即

$$\dot{I}_{KA} = \sum_{j=1}^{N} \dot{I}'_j = \frac{1}{n_{TA}} \sum_{j=1}^{N} \dot{I}_j = \frac{1}{n_{TA}} \dot{I}_k \tag{8-5}$$

式中　$\dot{I}_k$——故障点的全部短路电流。

2. 动作方程与整定计算

（1）比率制动特性的母线差动保护。目前，在微机母线差动保护中，主要采用比率制动特性的母线差动保护，其判据为

$$\begin{cases} \left| \sum_{j=1}^{N} \dot{I}'_j \right| \geqslant K \sum_{j=1}^{N} \left| \dot{I}'_j \right| \\ \left| \sum_{j=1}^{N} \dot{I}'_j \right| \geqslant I_{op} \end{cases} \tag{8-6}$$

式中　K——制动系数，通常取 $0.3 \sim 0.5$；

　　　I_{op}——启动电流。

制动系数 K 和启动电流 I_{op} 的整定原则：躲过外部短路时所产生的不平衡电流。

另一种制动特性是取最大的测量电流作为制动量，如下式

$$\begin{cases} \left| \sum_{j=1}^{N} \dot{I}'_j \right| \geqslant K \max\{ | \dot{I}'_1 |, \ | \dot{I}'_2 |, \ \cdots, \ | \dot{I}'_N | \} \\ \left| \sum_{j=1}^{N} \dot{I}'_j \right| \geqslant I_{op} \end{cases} \tag{8-7}$$

式中　$\max\{ | \dot{I}'_1 |, \ | \dot{I}'_2 |, \ \cdots, \ | \dot{I}'_N | \}$——在所有的测量电流绝对值 $| \dot{I}'_1 |$、$| \dot{I}'_2 |$、$\cdots$、

$| \dot{I}'_N |$ 中，取最大值。

比率制动特性母线保护判据建立在基尔霍夫电流定律的基础之上，反映了各个连接元件的电流相量和。在区外短路和正常运行情况下，能够可靠不动作；在区内短路时，有较高的灵敏性。因此，在微机母线差动保护中被广泛应用，具有良好的选择性。

（2）复式比率制动特性母线差动保护。普通的比率制动特性母线差动保护利用了穿越性故障电流作为制动电流，克服不平衡电流的影响，以防止外部短路时的误动。但在母线内部短路时，尤其是 $1\frac{1}{2}$ 断路器接线的母线中，可能有一部分的故障电流流出母线，从而加大了制动量（见 8.3 节），此时，式（8-6）的灵敏度有所下降。

为了提高比率制动母线差动保护的灵敏性，希望进一步降低内部短路时的制动电流。为此，提出了复式比率制动母线差动保护，其动作方程为

$$\begin{cases} \left| \sum_{j=1}^{N} \dot{I}'_j \right| \geqslant K' \left(\sum_{j=1}^{N} | \dot{I}'_j | - \left| \sum_{j=1}^{N} \dot{I}'_j \right| \right) \\ \left| \sum_{j=1}^{N} \dot{I}'_j \right| \geqslant I_{op} \end{cases} \tag{8-8}$$

在理想条件下，外部短路时，$\left|\sum\limits_{j=1}^{N} i'_j\right| = 0$，动作量很小；在内部短路时，$\left|\sum\limits_{j=1}^{N} i'_j\right|$ 为短路电流，数值很大，而 $\sum\limits_{j=1}^{N}|i'_j| - \left|\sum\limits_{j=1}^{N} i'_j\right| \approx 0$，极大地降低了制动量。于是，实现了提高内部短路灵敏性的目的。

（3）故障分量比率制动特性母线差动保护。与线路差动保护消除负荷分量影响的思路相类似，为了避免内部短路时因负荷电流而增大制动量的影响，通常也将故障分量应用于比率制动特性母线差动保护中，构成故障分量比率制动特性母线差动保护，以有效地提高内部短路的灵敏度。

故障分量比率制动特性母线差动保护的计算方法如下

$$\begin{cases} \left|\sum\limits_{j=1}^{N} \Delta i'_j\right| \geqslant K \sum\limits_{j=1}^{N} |\Delta i'_j| \\ \left|\sum\limits_{j=1}^{N} i'_j\right| \geqslant I_{\mathrm{op}} \end{cases} \tag{8-9}$$

式（8-9）中，故障分量的获取方法见式（3-88）。

综合上述的内容可以知道，母线差动保护的动作方程与其他元件的差动保护相类似。但是，母线差动保护仍有其特殊的问题需要解决。

8.2.2　双母线差动保护

双母线是发电厂和变电站广泛采用的一种母线接线方式。一般情况下，双母线经常同时运行，即母线联络断路器经常投入，而每组母线上连接一部分（大约1/2）供电和受电元件。这样，当任一组母线上发生故障时，如果通过继电保护快速地切除发生了故障的母线，那么只会影响到约一半的连接元件，而另一组母线上的连接元件仍可继续运行，这就大大提高了供电的可靠性。为此，要求母线保护具有识别故障母线的能力，即母线Ⅰ故障时仅切除母线Ⅰ，母线Ⅱ故障时仅切除母线Ⅱ。

1. 元件固定连接的双母线差动保护

一般情况下，双母线同时运行时，每组母线上连接的供电和受电元件是较为固定的，因此，有可能将单母线差动保护的方式应用于双母线上。

元件固定连接的双母线电流差动保护主要由三组差动保护组成，如图8-5（a）所示。图中，将每个隔离开关绘制成具体的合上或断开的状态，以便于理解。由图中的隔离开关位置可以看出，支路1、2连接在母线Ⅰ上，支路3、4连接在母线Ⅱ上。于是，根据基尔霍夫电流定律，可以组成如下三组的差动保护。

（1）由 TA1、TA2、TA6 与差动电流元件 KA1 组成了第一组的母线Ⅰ分差动保护，用以反应母线Ⅰ上的故障，如果该差动保护动作，则仅切除与母线Ⅰ连接的元件。其中，TA1、TA2、TA6 的二次侧电流之和（即 $i'_1 + i'_2 + i'_6$）接入 KA1，并经 KA3 返回到 TA1、TA2、TA6 的另一端。

（2）由 TA3、TA4、TA5 与差动电流元件 KA2 组成了第二组的母线Ⅱ分差动保护，用以反应母线Ⅱ上的故障，如果该差动保护动作，则仅切除与母线Ⅱ连接的元件。其中，

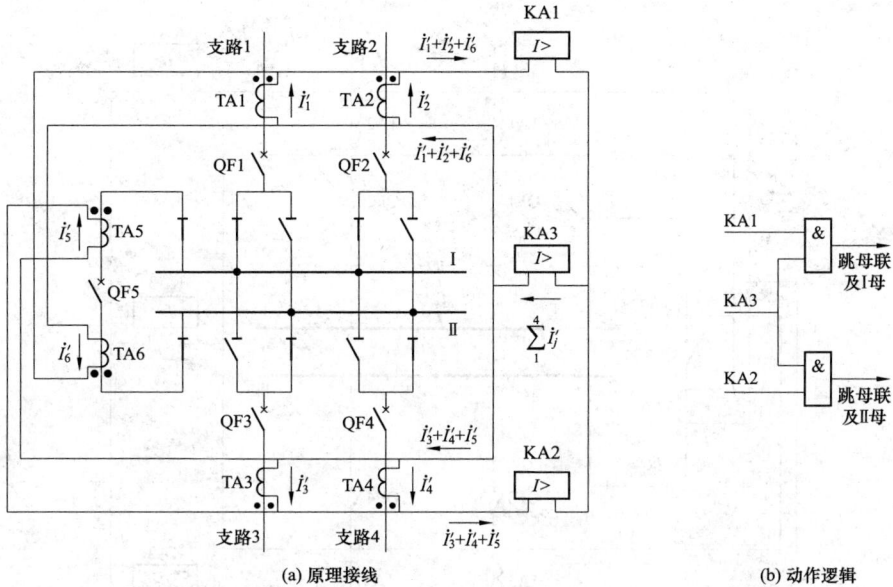

图 8-5 元件固定连接的双母线电流差动保护原理接线图

TA3、TA4、TA5 的二次侧电流之和（即 $\dot{I}'_3+\dot{I}'_4+\dot{I}'_5$）接入 KA2，并经 KA3 返回到 TA3、TA4、TA5 的另一端。

（3）由 TA1、TA2、TA3、TA4 与差动电流元件 KA3 组成了第三组的总差动保护（也称大差），反映了双母线与外部连接元件的所有电流之和，即 $\sum_1^4 \dot{I}'_j$。图 8-5 中，接入 KA3 的电流为 $\sum_1^6 \dot{I}'_j$，但 TA5、TA6 的测量电流在 KA3 处相互抵消了，因此，与 $\sum_1^4 \dot{I}'_j$ 一致。

三组差动元件构成了如图 8-5（b）所示的动作逻辑关系，形成了一个完整的保护方案。在固定连接的运行方式下，KA3 作为整个保护的启动元件（开放元件）；当固定连接方式被更改（例如母线倒闸操作）时，可防止外部短路时的误动。

图 8-5（a）中，将 TA6、TA5 进行交叉连接至第一组和第二组的分差动保护中，目的是允许、也需要存在一定的保护重叠区域，但绝不允许存在无保护的区域（死区）。如果存在保护的死区，则必须配置其他的保护功能，以便消除死区。

当正常运行和外部短路时，流经 KA1、KA2、KA3 的电流均为不平衡电流，保护装置应从整定值上躲过其影响，不会误动。

为了更清晰起见，将隔离开关断开的支路省略掉，如图 8-6 所示。当母线 I 上 K 点短路时，一次侧存在如下的关系

$$\begin{cases} \dot{I}_1+\dot{I}_2+\dot{I}_6=\dot{I}_k \\ \dot{I}_3+\dot{I}_4+\dot{I}_5=0 \\ \dot{I}_1+\dot{I}_2+\dot{I}_3+\dot{I}_4=\dot{I}_k \end{cases} \tag{8-10}$$

式中 $\dot{I}_k$——故障点的短路电流。

因此，在 TA 理想传变的情况下，二次侧有 $\dot{I}'_1+\dot{I}'_2+\dot{I}'_6=\dot{I}'_k=\dot{I}_k/n_{TA}$，KA1 能够动

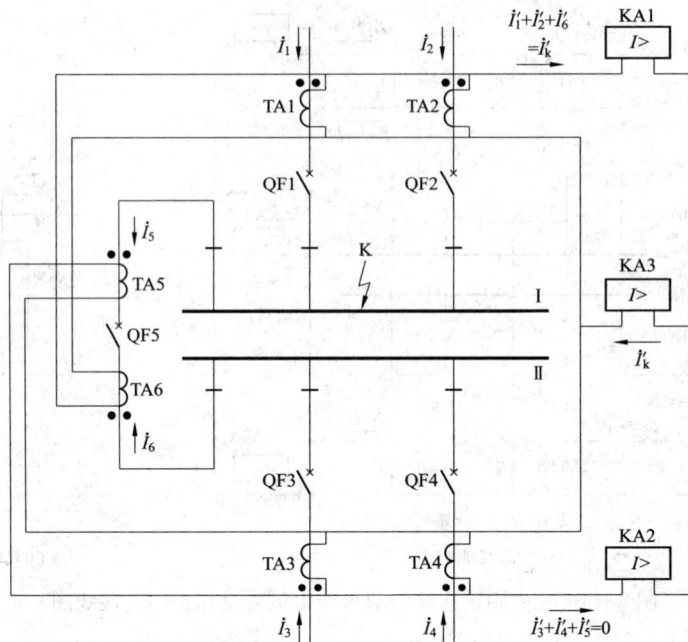

图 8-6　母线 I 短路时的电流分布

作；$i_3' + i_4' + i_5' = 0$，KA2 不动作；$i_1' + i_2' + i_3' + i_4' = i_k' = i_k / n_{TA}$，KA3 也能够动作。于是，由图 8-5（b）的逻辑可知，KA1 和 KA3 动作后，发出切除母线 I 所有连接元件的命令，跳开断路器 QF1、QF2 和 QF5，这样，就将发生故障的母线 I 从系统中切除了；而母线 I 短路时，属于母线 II 的外部短路，此时，KA2 的动作量为 0，不满足动作的条件，实现了无故障的母线 II 仍可继续运行的目的。

同理，当母线 II 短路时，只有 KA2 和 KA3 动作，跳开断路器 QF3、QF4 和 QF5，切除母线 II 的故障，母线 I 仍可继续运行。

应当说明的是，在图 8-6 中，如果 TA5 与 TA6 之间发生短路，那么属于母线 I 差动保护和母线 II 差动保护的重叠保护区域，两条母线均会被切除。当然，TA5 与 TA6 的位置通常是十分靠近的，这种故障几率是极低的。

在固定连接方式被破坏时，保护装置的动作情况将发生变化。例如，当连接支路 1 由母线 I 切换到母线 II 时（此过程称为倒闸操作），对于 KA1～KA3 差动元件为单个继电器的保护来说，由于差动保护的二次回路不能随着切换，因此，按照原有固定接线工作的 I、II 两条母线的差动保护，都无法正确反应母线上实际连接元件的"电流和为 0"条件，即破坏了式（8-4）的条件，于是，在 KA1 和 KA2 中将出现差电流，在这种情况下，保护的动作将无法判断是哪一条母线上发生了故障，这就是影响母线差动保护正确工作的因素之一。当然，KA3 仍然满足式（8-4）的条件，外部短路时不会误动。

因此，从保护的角度看，希望尽量保证固定接线的运行方式不被破坏，这就必然限制了电力系统调度运行的灵活性。这是 KA1～KA3 为单个继电器（传统保护）的主要缺点。

顺便指出，在固定连接方式被破坏时，虽然可以设法切换二次回路，但是，在切换 TA 二次回路、跳闸回路过程中，容易出现人为操作过程的差错（如 TA 接线错误、TA 开路等），将极大地影响母线保护的可靠性（安全性）。

2. 适应于倒闸操作的双母线差动保护

在微机保护中，只需要测量 TA1～TA6 的电流，然后由保护装置根据元件的连接方式，自动地在内部实现与 KA1～KA3 相同的差动保护功能。也就是说，将连接到母线 I 的所有电流进行相加，使之满足基尔霍夫电流定律，构成 KA1；将连接到母线 II 的所有电流进行相加，使之满足基尔霍夫电流定律，构成 KA2；除了母联电流之外，将其余的所有电流进行相加，使之满足基尔霍夫电流定律，构成 KA3。

在 8.3 节中将看到，微机保护还可以利用隔离开关的辅助触点来判断母线的运行方式，并通过测量电流进行确认等方法，在微机保护内部就可以很方便地完成测量电流的自动切换，从而构成适应于连接支路倒闸过程的双母线差动保护，基本上克服了传统差动元件为单个继电器时的缺点。

仍以图 8-6 为例，介绍连接支路 1 由母线 I 切换到母线 II 的过程。在支路 1 切换之前，支路 1 连接于母线 I，此时，接入 KA1 的电流为 $\dot{i}_1' + \dot{i}_2' + \dot{i}_6' = 0$，接入 KA2 的电流为 $\dot{i}_3' + \dot{i}_4' + \dot{i}_5' = 0$；在支路 1 切换到母线 II 之后，接入 KA1 的电流由软件调整为 $\dot{i}_2' + \dot{i}_6' = 0$，而接入 KA2 的电流由软件调整为 $\dot{i}_1' + \dot{i}_3' + \dot{i}_4' + \dot{i}_5' = 0$，使 KA1、KA2 均满足基尔霍夫电流定律。这样，双母线差动保护实现了既可以应用于元件固定连接的运行方式，又适应于支路倒闸切换的运行方式。

8.2.3 母联电流比相式母线差动保护

在上述双母线差动保护的基础上，母联电流比相式母线差动保护的适应性得到了改进，基本上克服了固定连接元件双母线电流差动保护缺乏灵活性的缺点。母联电流比相式母线差动保护也适合于母线进行倒闸操作的场合，其原理接线如图 8-7 所示。

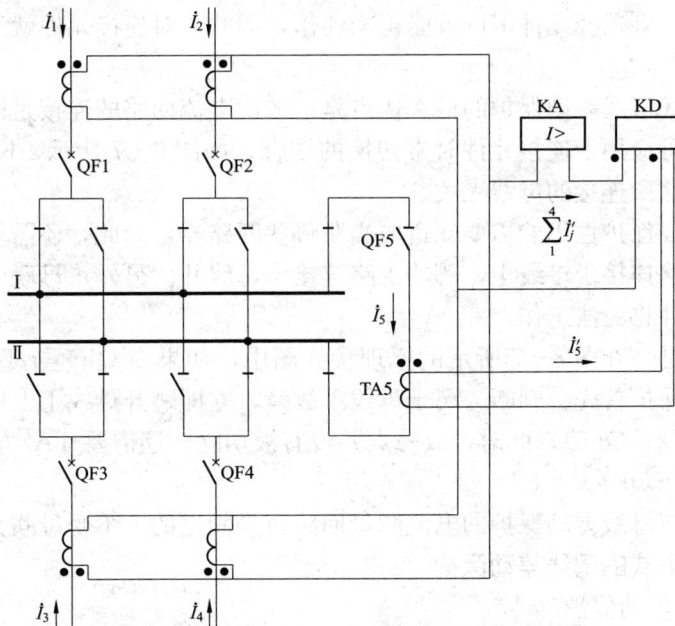

图 8-7 母联电流比相式母线差动保护的原理接线图

母联电流比相式母线保护包括一个启动元件 KA 和一个选择元件 KD。①除了母联电流之外，启动元件接在其余所有连接元件的二次电流之和回路中，相当于将双母线当作一个被保护的元件来对待，其作用是判断是双母线的内部短路还是外部短路。只有在双母线内部短路时，启动元件 KA 才动作，才能开放母线保护。②选择元件 KD 是一个电流相位的比较元件。比较的一个电流为所有对外连接元件的二次电流之和（除母联外），如图 8-7 中的 $\sum_1^4 i'_j$；另一个比较电流为母联的二次电流，如图 8-7 中的 i'_5。

这种母线保护的原理是，在母线内部短路故障时，通过比较 i'_5 与 $\sum_1^4 i'_j$（内部短路时对应于 i'_k）的相位关系，从而选择出发生故障的母线。当母线 I 故障时，流过母联的短路电流是由母线 II 流向母线 I 的，此时，由图 8-7 标示的 TA5 极性得 $i'_5 = -(i'_3 + i'_4)$，如图 8-8（a）所示；而当母线 II 故障时，流过母联的短路电流则是由母线 I 流向母线 II 的，此时有 $i'_5 = i'_1 + i'_2$，如图 8-8（b）所示。因此，若与总差动电流 $\sum_1^4 i'_j$（即 i'_k）进行比较，就会发现：在不同母线上发生故障时，母联电流 i'_5 的相位会出现 180° 的变化。于是，利用这两个电流的相位比较，就可以选择出故障母线，并切除故障母线上的全部断路器。

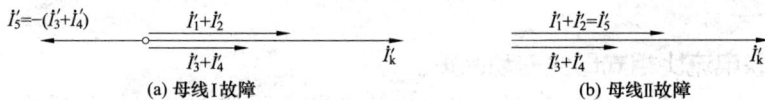

(a) 母线 I 故障　　　　　　　　(b) 母线 II 故障

图 8-8　不同母线故障时 i'_5 与 i'_k 的相位关系

基于这种原理，当母线故障时，不管各支路是连接在母线 I 还是母线 II 上，只要母联断路器中有电流流过，则选择元件 KD 就能正确动作，因此，对连接元件就无需提出固定连接的要求。

母联电流比相式母线差动保护的最大优点是：二次电流回路的连接是固定的，不必随倒闸过程进行切换，可应用于连接元件时常切换的场合。如图 8-7 所示，KA、KD 接入的电流是固定的，与支路所连接的母线无关。

当然，这种母线保护也仍然需要知道应当跳哪些断路器，因此，还需要识别各支路的运行方式，即哪些支路连接于母线 I，哪些支路连接于母线 II。另外，母联电流小于比较元件的门槛时，选择元件将无法工作。

还需要注意的是，在图 8-7 所示的原理接线图中，如果在 QF5 与 TA5 之间发生了故障，那么这种母线保护首先会判断为属于母线 I 故障，立即跳开母线 I 上所有连接支路的断路器（如 QF1、QF2、QF5），此时，故障点并没有被切除，还需要 TA5 的电流元件经小延时后，再跳开 QF3、QF4。

应当说，微机双母线差动保护的电流测量回路也是固定的，不受母联无电流的影响。

*8.2.4　其他形式的母线差动保护

1. 高阻抗母线差动保护

在母线外部短路时，一般情况下，非故障支路的电流不是很大，其 TA 不易饱和，但是，故障支路的电流则集中了各电源支路的电流之和，其值可能非常大，TA 就可能出现极度饱和，相应的励磁阻抗必然很小，极限情况接近于 0。这时虽然一次电流很大，但几乎全部流入励磁回路，导致二次电流近似为 0。这样，差动元件中将流过很大的不平衡电流，对基于基尔霍夫电流定律的电流差动保护将产生很大的影响，甚至会误动作。

为了避免 TA 饱和情况下母线保护的误动，可将图 8 - 4 中的电流差动元件改用内阻很高的电压元件 KV，如图 8 - 9 所示，从图中的 m、n 两点往电压元件方向看，阻抗值很大，一般为 $2.5\sim7.5\mathrm{k}\Omega$。假设母线上连接有 N 条支路，那么在正常运行时，流入电压元件 KV 中的电流为 $\sum_{j=1}^{N} i'_j = 0$，电压元件不动作。

若第 N 条支路的外部发生了短路，如图 8 - 9 所示，此时，很大的短路电流 i_N 可能使得 TAN（支路 N 的 TA）处于深度饱和的状态，于是，TAN 深度饱和后的等效电路如图 8 - 10 所示。图中，各参数均折算到同一侧；虚线框内为故障支路 TA 的等效回路；Z_μ 为励磁阻抗；Z_1 和 Z_2 分别为 TA 的一次和二次绕组漏抗；R 为故障支路 TA 至电压元件的二次回路阻抗值（包括连线阻抗）；R_u 为电压元件的内阻。

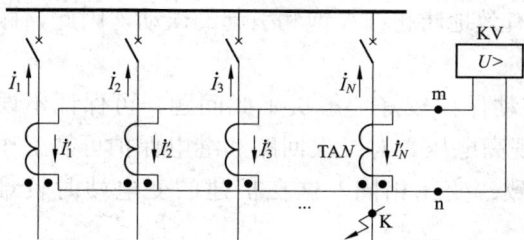

图 8 - 9 高阻抗母线差动保护原理接线图　　图 8 - 10 外部短路时高阻抗差动的等效电路

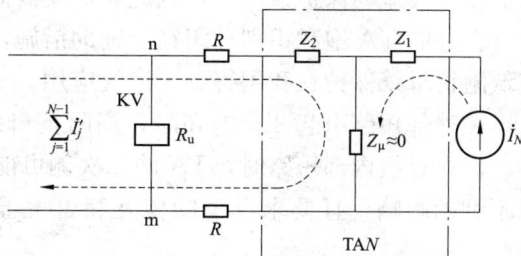

在外部短路时，若电流互感器无误差，则流入差动元件（无论是电流型还是电压型）的电流均为 $\sum_{j=1}^{N} i'_j = 0$，差动保护不动作。若故障支路的 TA 出现极度饱和的情况，其励磁阻抗 Z_μ 近似为 0，于是，一次电流全部流入励磁回路。由于电压元件 KV 的内阻 R_u 很大，因此，由图 8 - 10 可知，非故障支路的二次电流 $\sum_{j=1}^{N-1} i'_j$ 都流入故障支路 TA 的 $Z_\mu \approx 0$ 回路，造成电压元件中的电流仍然很小，不会动作。相当于所有支路的二次电流都被 $Z_\mu \approx 0$ 旁路了，因此，二次电流几乎都不流入电压元件中。

在内部短路时，所有引出线的电流都流入母线，所有支路的二次电流都流向电压元件，在 R_u 很大的条件下，电压元件的两端出现高电压，于是电压元件动作。当然，内部短路时，如果某个 TA 出现饱和的现象，那么饱和的 TA 也会产生一定的分流影响。

高阻抗母线差动保护的优点是接线简单、选择性好、灵敏度高，在一定程度上可防止外部短路且 TA 饱和时的误动作，但是，这种保护方式要求各个支路 TA 的变比相同，且 TA 二次侧的电阻及漏抗要小。为此，通常需要 TA 的二次侧尽可能地在配电装置处就地并联，以减小二次回路连线的电阻。因而这种保护一般只适应于单母线。此外，由于二次回路的阻抗较大，在母线内部故障出现较大短路电流时，TA 二次侧可能出现相当高的电压，因此，必须对二次电流回路的电缆和其他部件采取加强绝缘水平等安全措施。

2. 中阻抗母线差动保护

将图 8-4 电流差动保护与图 8-9 高阻抗差动保护的设计思想相结合，提高图 8-4 中电流元件输入电阻的数值（一般为几百欧），但小于高阻抗差动保护的内阻，从而既保留了比率制动特性，还利用了高阻抗差动保护具有耐受 TA 饱和能力的设计，使得差动回路两端的电压也不会很高，不需要采取加强绝缘水平的措施。由于这种保护差动回路的电阻高于图 8-4 的电流差动保护，而低于图 8-9 的高阻抗差动保护，故称为中阻抗母线差动保护。

*8.2.5 常见类型母线差动保护的特点

按照差动回路输入阻抗的大小对母线差动保护进行分类时，可分为低阻抗母线差动保护（一般为几欧）、中阻抗母线差动保护（一般为几百欧）和高阻抗母线差动保护（一般为几千欧）。

常规的母线保护和目前使用的微机母线保护均为低阻抗母线差动保护。低阻抗母线差动保护装置比较简单，一般采用先进的、久经考验的判据，系统的监视较为简单，有良好的运行经验。但是，低阻抗母线差动保护在外部短路使 TA 饱和时，会出现较大的不平衡电流，可能使母线差动保护误动作，因此，需要提高 TA 的饱和识别能力。目前，微机母线保护均具有良好的 TA 饱和识别和闭锁等辅助措施，能有效地防止 TA 饱和引起的误动，因此，微机低阻抗母线保护在我国得到了广泛应用。

在外部短路引起 TA 饱和时，高阻抗母线差动保护较好地解决了此问题，可保证不误动，但在母线内部短路时，TA 的二次侧可能出现高电压，对二次回路和继电保护可靠工作有不利的影响，且要求 TA 的传变特性完全一致、变比相同，这在扩建的变电站时较难做到。

中阻抗母线差动保护是将高阻抗的特性和比率制动特性进行了有效的结合，在处理 TA 饱和方面具有一定的优势。它以电流瞬时值作测量比较，当母线内部短路时，动作速度很快，动作时间一般小于 10ms。

按照母线的接线方式对母线差动保护进行分类时，可分为单母分段、双母线、双母线带旁路（专用旁路或母联兼旁路）、双母单分段、双母双分段、$1\frac{1}{2}$ 接线等母线差动保护。桥式接线和四边形接线的母线，不用专用的母线差动保护。

8.3 母线保护的特殊问题及其对策

鉴于母线在电力系统中的枢纽作用以及停电带来的极大影响，并考虑到母线发生故障的几率是很低的，因此，规程规定：当交流电流回路不正常或断线时，应闭锁母线差动保护，并发出告警信号；对 $1\frac{1}{2}$ 断路器接线可以只发告警信号，不闭锁母线差动保护。电流互感器断线的检测方法可参见 4.4.2。如果能够引入电压信号，那么将更有利于 TA 断线的识别。

下面，针对母线保护的特殊问题及其主要的对策，分别介绍如下。

8.3.1 电流互感器饱和问题及对策

由于母线的连接元件众多，在发生近端外部短路时，故障支路的电流可能非常大，其

TA 容易发生饱和，有时可达极度饱和。这种情况对于以差动保护作为主保护的母线而言，极为不利，可能会导致母线差动保护的误动作，为此，母线保护必须考虑防止 TA 饱和误动作的措施。在母线外部短路引起 TA 饱和时，能可靠地闭锁母线差动保护，同时，在发生区外短路转换为区内短路时，能保证差动保护快速开放、正确动作，仅切除发生短路的母线。

应用微机实现图 8-4 所示的母线差动保护时，通常都采用具有制动特性的动作方程，于是，在 TA 饱和不是非常严重时，制动特性可以保证母线差动保护不误动。但当 TA 进入深度饱和时，制动特性仍不能避免保护的误动，因此，需要采用其他的抗 TA 饱和的方法。结合微机保护的性能与特点，可采用如下几种抗 TA 饱和的基本对策，从而确保微机母线保护具有较高的稳定性和可靠性。

1. TA 饱和的同步识别法

(1) 在母线外部短路时，无论短路电流有多大，TA 在短路的最初阶段（约 1/4 周波内）不会饱和，在 TA 饱和之前差电流是很小的，母线差动电流元件不会误动作。于是，若以任何一个测量电流增大作为母线差动保护的故障启动元件，那么在区外短路时，启动元件会立即动作，但差动元件仅在 TA 饱和之后才会动作，二者出现电流增大的时间差约大于 4ms（一般不小于 1/4 周波）。

(2) 在母线区内短路时，启动元件与差动元件几乎同时动作。

TA 饱和的同步识别法就是利用了上述的特征差异，识别出外部短路的 TA 饱和，从而闭锁母线差动保护，防止误动。考虑到系统可能会发生区外转区内的母线转换性故障，因而 TA 饱和的闭锁应该是周期性的。另外，在识别出 TA 饱和后，还可以适当地提高一些制动系数，降低一些灵敏度的要求，但不退出母线差动保护，这样，在故障转换为内部短路时仍然能够动作于跳闸。

目前，TA 饱和的同步识别法经常应用于微机保护中。

2. 通过比较差动电流变化率来鉴别 TA 饱和

外部短路 TA 饱和后，二次侧电流波形出现缺损，在饱和点附近，二次侧电流的变化率突增；而当母线内部短路时，由于各条连接元件的电流都流入母线，差电流基本上按照正弦规律变化，不会出现变化率突增的情况。因此，可以利用差电流的这一特点进行 TA 饱和的鉴别。

如前所述，TA 进入饱和需要时间（如 1/4 周波），而在 TA 进入饱和后，又会在每周波一次电流过零点附近时，都存在一个不饱和的时段，在此时段内 TA 仍可不畸变地传变一次电流，此时，差电流变化率很小。利用这一特点也可以构成 TA 饱和的鉴别方法。

3. 波形对称原理

TA 饱和后，二次电流的波形发生严重畸变，1 周波内波形的对称性被破坏，于是，采用分析波形对称性的方法可以判定 TA 是否饱和。

4. 谐波制动原理

当发生区外短路引起 TA 饱和时，差电流的波形实际是饱和 TA 励磁支路的电流波形。当 TA 饱和时，故障支路的二次电流会出现波形缺损的现象，差电流中包含有谐波分量。随着 TA 饱和程度的加深，二次电流波形的缺损程度也随着加剧。但内部短路时，差电流波形中的谐波分量较少。

谐波制动原理就是利用了上述的特征，根据差电流中谐波分量的差异构成了 TA 饱和的鉴别方法。

8.3.2　母线运行方式的切换及保护的自动识别

母线保护应用于双母线接线方式时，还需要考虑连接支路的倒闸切换问题，这是双母线差动保护的影响因素之一。随着运行方式的变化，母线上各种连接元件可能需要在两条母线之间进行切换工作，导致差动保护中参与计算的二次电流也需要随之改变，以免破坏基尔霍夫电流定律，因此，希望母线保护能够自动地适应于运行方式的变化，免去人工干预以及由此引起的人为误操作。在微机母线保护中，通常利用隔离开关的辅助触点来判断母线的运行方式，再采用测量电流进行辅助确认。

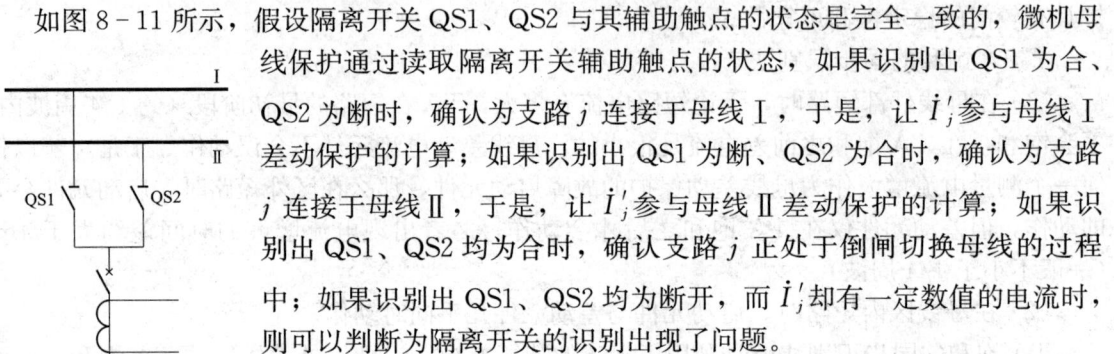

如图 8-11 所示，假设隔离开关 QS1、QS2 与其辅助触点的状态是完全一致的，微机母线保护通过读取隔离开关辅助触点的状态，如果识别出 QS1 为合、QS2 为断时，确认为支路 j 连接于母线 I，于是，让 i'_j 参与母线 I 差动保护的计算；如果识别出 QS1 为断、QS2 为合时，确认为支路 j 连接于母线 II，于是，让 i'_j 参与母线 II 差动保护的计算；如果识别出 QS1、QS2 均为合时，确认支路 j 正处于倒闸切换母线的过程中；如果识别出 QS1、QS2 均为断开，而 i'_j 却有一定数值的电流时，则可以判断为隔离开关的识别出现了问题。

为防止隔离开关辅助触点引入环节发生错误，有些母线保护还采用引入每副隔离开关的常开触点和常闭触点，以两对状态相反的触点组合来判断隔离开关的状态。但这种方法会因隔离开关辅助触点的不可靠（如接触不良、触点粘连、触点抖动等）而导致识别出错（这是辅助触点的共性问题），此外，还增加了二次回路的电缆。

图 8-11　识别支路 j
所连接的母线

基于微机保护具有强大的计算、自检及逻辑处理能力，于是，微机母线保护可以充分利用这些优势，将隔离开关辅助触点与测量电流识别两种方法相结合，构成了有效的运行方式自动识别方法。具体实现的方法是：在上述隔离开关辅助触点识别的基础上，再经过负荷电流的瞬时值或相量进行确认。如支路 j 连接到母线 I 后，电流 $i'_j(t)$ 参与母线 I 的差动计算，同时，母线 II 差动计算中取消电流 $i'_j(t)$，这样，在正常运行且 TA 理想传变的情况下，母线 I 差动保护和母线 II 差动保护均应当满足 $\sum i'(t)=0$ 的条件。此时，如果有一个差动元件不满足 $\sum i'(t)=0$ 的条件，则说明隔离开关识别出现了错误，应当发出告警信号。当然，在实际应用中，应当考虑负荷电流传变的误差影响，给 $\sum i'(t)=0$ 的条件设定一个小门槛。在微机母线保护确认了各连接支路与母线的对应关系后，还会形成母线 I、II 的"运行方式字"，应用于校验。

另外，在自动识别母线的运行方式之后，微机母线保护还会将"运行方式字"提供给运行人员确认，一旦自动识别出错时可由运行人员进行干预，确保可靠性。

微机母线保护的这种自动识别运行方式的方法，能有效地减轻运行人员的负担，提高母线保护动作的正确率。

应当说明的是，在切换支路（倒闸）的过程中，只要母线内部无故障，则母线保护的总差动元件（图 8-5 中的 KA3）是不会动作的，因此，总差动元件能够起到一个很好的防误动作用。

8.3.3 制动电流增大的影响及对策

1. $1\frac{1}{2}$ 断路器接线方式

对于如图 8-12 所示的 $1\frac{1}{2}$ 断路器接线方式，当母线内部短路时，在图中的 a、b 两点

之间，存在两个电流可以流通的回路，一是 $\dot{I}_2$ 流经的回路，二是 $\dot{I}_3$、$\dot{I}_4$ 构成的回路。虽然 a、b 两点间的阻抗 Z_{a-b} 极小，但电流总会依据并联阻抗的大小关系进行分流，因此，可能存在故障电流先流出母线、再流回短路点的情况，如图 8-12 中的 $\dot{I}_3$ 和 $\dot{I}_4$，简称为电流流出的现象。此时，差动电流（动作量）不会改变，但是，在制动量中，却增加了电流流进、流出部分所产生的影响，从而使比率制动特性的母线差动保护的灵敏度降低。分析如下：

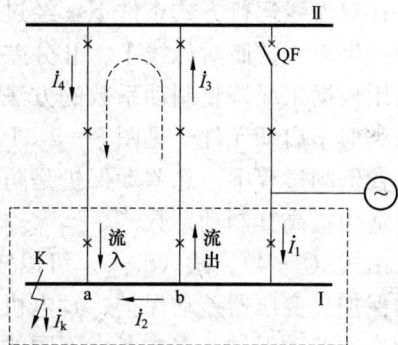

图 8-12 $1\frac{1}{2}$ 接线的短路电流流出示意图

在图 8-12 中，有 $\dot{I}_3 = \dot{I}_4$，于是，按照图示的电流标示方向，可得母线 I 的差动电流为

$$|\dot{I}_1 - \dot{I}_3 + \dot{I}_4| = |\dot{I}_1| = |\dot{I}_k| \tag{8-11}$$

当 $\dot{I}_3 = \dot{I}_4 = 0$ 时，制动电流为

$$|\dot{I}_1| + |\dot{I}_3| + |\dot{I}_4| = |\dot{I}_1| \tag{8-12}$$

当 $\dot{I}_3 = \dot{I}_4 \neq 0$ 时，制动电流为

$$|\dot{I}_1| + |\dot{I}_3| + |\dot{I}_4| = |\dot{I}_1| + 2|\dot{I}_3| \tag{8-13}$$

显然，在存在电流流出的情况下，制动电流中增加了 $2|\dot{I}_3|$ 项的影响。此外，在图 8-12 中，断路器 QF 合闸时仍然存在电流先流出、再流回短路点的可能。这就是母线保护需要注意的问题之一。

在 $1\frac{1}{2}$ 断路器接线方式情况下，受图 8-12 所示 a、b 两点之间阻抗关系的制约，流出电流占短路电流的比例不会太大，因此，可以采用略微提高制动系数的方法克服这种流出电流的影响。

2. 双母线接线方式

对于如图 8-13 所示的双母线保护，在母联 QF 断开的情况下，如果母线 II 发生内部短路，则短路电流将按照图中的虚线构成流通路径。此时，对于母线 I 分差动保护，差动电流为 $\dot{I}_1 + \dot{I}_2 = 0$，不会动作；对于母线 II 分差动保护，差动电流与制动电流相等（均为 $\dot{I}_3$），依靠小于 1 的制动系数可满足动作条件；但是，对于总差动（大差）保护，在差动电流中（$\dot{I}_1 + \dot{I}_2 + \dot{I}_3$），$\dot{I}_2$

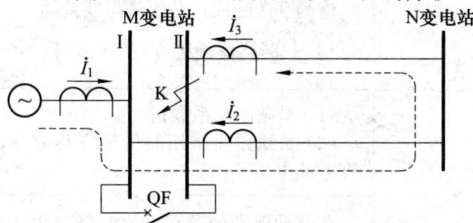

图 8-13 双母线的短路电流流出示意图

与 $\dot{I}_3$ 相互抵消，只有 $\dot{I}_1 = \dot{I}_k$ 为动作量，而制动电流为

$$|\dot{I}_1| + |\dot{I}_2| + |\dot{I}_3| = 3|\dot{I}_1| = 3|\dot{I}_k| \tag{8-14}$$

式中 $\dot{I}_1$、$\dot{I}_2$、$\dot{I}_3$——规定正方向的测量电流。

于是，制动电流增大了，从而使比率制动特性的总差动保护的灵敏度降低。

在双母线运行方式条件下，经过分析之后可以发现，流出电流主要是对总差动（大差）保护产生影响；而对母线Ⅰ、Ⅱ分差动保护，影响较小。因此，对于总差动（大差）保护可以采用根据工况调整制动系数的方法。例如：在正常运行（非倒闸过程）时，总差动保护的作用类似于启动元件［见图 8-5（b）］，此时可以降低制动系数，防止流出电流的不利影响；在倒闸过程中，总差动保护是防止误动的主要元件，因此，需要提高防误动的能力，此时应适当提高其制动系数。

由式（8-4）、式（8-5）可以知道，母线差动保护的基本原理与前面几章介绍的线路差动保护、变压器差动保护、发电机差动保护是类似的。这些差动保护的主要区别在于：不同元件的差动保护，需要考虑不同的影响因素及其对策。现将影响线路、变压器、发电机和母线差动保护的主要影响因素及对策列于表 8-1 中，便于对照和比较。

表 8-1 影响差动保护的主要因素及对策

主要的影响因素	电流差动保护				对策
	线路差动	变压器差动	发电机差动	母线差动	
稳态不平衡电流	√	√	√	√	采用制动特性
TA 变比差异	√	√	√	√	(1) 尽量采用相同变比的同型号 TA； (2) 归算到同一侧
异地同步测量	√				(1) 利用光纤通道的传输机制，实现两侧同步对时； (2) 利用电气量关系，进行对时确认
分布电容电流	√				计算电容电流的影响，并进行补偿
负荷电流	√	√	√	√	同时使用： (1) 普通差动； (2) 突变量差动； (3) 零序差动
TA 饱和与暂态误差	√	√	√	√	(1) 制动系数中考虑 TA 暂态误差； (2) 识别出饱和后，提高制动系数，或短时闭锁； (3) 采用带小气隙的电流互感器； (4) 滤波
TA 断线	√	√	√	√	检测 TA 断线，并闭锁母线差动 $\left(1\frac{1}{2}\text{断路器接线可只发信号}\right)$
电磁波传输延时	√				(1) 提高制动系数； (2) 长线路需采用波传输方程方程计算差动电流
两侧电流相位差		√			在差动保护的计算式（6-8）中，进行角度修正消除了角度差异的影响

续表

主要的影响因素	电流差动保护				对　策
	线路差动	变压器差动	发电机差动	母线差动	
调压分接头		√			定值中予以考虑
励磁涌流		√			识别涌流，并闭锁。主要方法有： (1) 二次谐波闭锁； (2) 间断角闭锁； (3) 波形不对称闭锁
连接支路更换母线 （倒闸操作）				√	隔离开关位置与电流构成自动识别
流出电流				√	提高制动系数，或根据工况调整制动系数

注　"√"表示有影响。

8.4　断路器失灵保护

断路器失灵是指在系统发生短路时，继电保护装置已经向断路器发出了跳闸的命令，但断路器拒绝动作。产生断路器失灵故障的原因是多方面的，如断路器跳闸线圈断线、断路器的操动机构失灵等。

在断路器失灵的情况下，仍必须设法切除故障，这就是断路器失灵保护（简称失灵保护）的作用。高压电网的断路器和保护装置，都应具有一定的后备作用，以便在断路器或保护装置失灵时，仍能有效地切除故障。相邻元件的远后备保护方案是最简单、合理的后备方式，既是保护拒动的后备，也是断路器拒动的后备。但是，在高压电网中，由于后备保护的动作时间较长，易造成事故范围的扩大，甚至引起系统失稳而瓦解。为此，对于电网中枢地区重要的 220kV 及以上主干线路，当系统稳定要求必须装设全线速动保护时，通常可装设两套电气回路完全独立的全线速动主保护（即双重化），于是，即使一套保护出现了拒动，而另一套保护仍能实现全线速动的主保护功能，从而有效地防止了保护的拒动；而对于断路器失灵，可配置专门的失灵保护，实现最终切除故障的目的。应当说明的是，如果出现了两套保护都拒动的极端情况，最终由上一级的远后备保护动作于切除故障。

实际上，失灵保护也是一种后备保护。如图 8-14 所示，在Ⅰ段母线出线支路 1 的 K 点发生短路时，由保护 1 动作向断路器 QF1 发出跳闸命令，当 QF1 正常工作时能够切除故障，失灵保护应当立即返回；但当 QF1 拒动时，则由失灵保护动作，先断开分段断路器 QF6（或母联），再断开与拒动断路器 QF1 连接在同一母线上的所有断路器，如图 8-14 中虚线所指示的断路器 QF1～QF3。从这里可以看出，失灵保护的动作范围与母线保护的动作范围是类似的，因此，有时将失灵保护的功能配置在母线保护中，或组装在同一保护屏上。

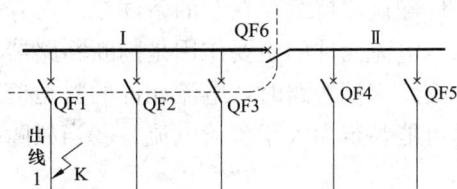

图 8-14　失灵保护跳闸范围说明图

1. 对断路器失灵保护的要求

(1) 失灵保护的误动与母线保护误动一样，影响范围很广，因此，必须有很高的可靠性（安全性）。

(2) 在保证不误动的前提下，失灵保护应以较短延时、有选择性地切除有关的断路器。

(3) 失灵保护的故障鉴别元件和跳闸开放元件，应对断路器所在线路或设备的末端短路时有足够的灵敏度。

(4) 双母线的失灵保护应能自动适应于连接元件运行位置的切换，即适应于支路的倒闸切换。

2. 断路器失灵保护的基本逻辑

失灵保护的逻辑示意图如图 8-15 所示，以图 8-14 的 I 段母线失灵为例，说明失灵保护的工作过程。

所有连接在 I 段母线上的出线支路的保护装置，在其动作于跳开本身断路器的同时，与"有电流"条件共同作用（如 Y1），经 H4 启动失灵保护的时间元件（t^{I}、t^{II}），此时间元件的延时应大于故障元件的断路器跳闸时间、灭弧时间以及保护装置返回时间之和，对于 220kV 及以上电压等级的系统，所配置断路器的跳闸时间、灭弧时间较短，一般可整定为 0.2~0.3s❶。这样，断路器正常切除故障时，失灵保护不满足延时的条件，不会动作于跳闸，并不妨碍正常的切除故障。如果故障元件的断路器（如 QF1）拒动，则时间元件满足设定的延时后，失灵保护动作于跳开所有连接在 I 段母线上的断路器（如 QF6、QF1~QF3），从而切除了 K 点的故障，起到了 QF1 拒动后的后备保护作用。"或"门 H4 说明，任一个出线支路的保护动作均可启动失灵保护。

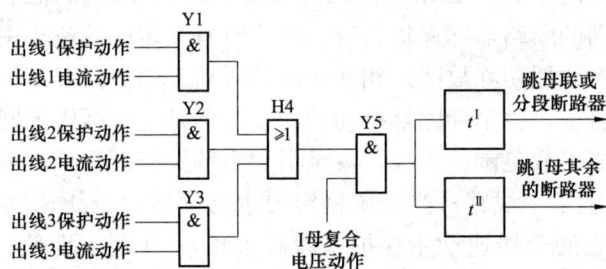

图 8-15　失灵保护逻辑示意图（以 I 段母线为例）

为了防止失灵保护误动，提高其动作的可靠性，通常增加两个开放的条件：

(1) 对于发出跳闸命令的保护，其所在支路的电流如果持续存在，则说明故障没有被切除；如果电流消失，则说明故障已经被切除，此时，应当令"启动失灵"的信号立即返回。如图 8-15 中 Y1 的输入条件，由保护 1 动作、出线 1 有电流构成"与"的逻辑，再由时间元件确认"持续存在"的条件。

电流元件的主要作用是判断断路器是否处于分闸的状态。对电流元件的要求是：①在连接支路末端短路时，电流元件的整定值应具有足够的灵敏度。在灵敏度满足要求的情况下，尽可能整定为大于负荷电流。②当故障线路电流消失后，电流元件应当尽快返回。

---

❶ 对于 220kV 及以上的线路，在 II 段保护的时间级差 Δt 中，应当考虑与断路器失灵保护的配合。

（2）母线电压低于整定值，或负序、零序电压高于整定值。这是利用了故障时电压低或有负序、零序电压的特征。

以线路为例，在线路末端发生任何类型的短路时，要求电流元件、低电压元件（或复合电压）具有足够的灵敏度。

当保护动作且有电流，以及复合电压元件动作时，才启动失灵保护的时间元件（t^{I} 和 t^{II}）。一般将时间元件分为两级，较短的一级（t^{I}）跳开分段断路器（或母联断路器），较长的一级（t^{II}）跳开所有的出线断路器。

对于微机失灵保护的功能，可在保护逻辑中设置电压开放回路；对非微机的失灵保护装置，电压元件的动作触点应分别与跳闸出口触点串接（构成"与"逻辑）。有专用跳闸出口回路的单母线及双母线断路器失灵保护，应装设电压元件；$1\frac{1}{2}$ 断路器接线的失灵保护不装设电压元件。

练 习 与 思 考

8.1　母线保护的基本原理是什么？

8.2　对于母联电流比相式的母线差动保护，是否存在应用的限定条件？为什么？

8.3　母线差动保护有何特殊问题？一般采用何种对策？

8.4　在断路器失灵保护中，电流元件和电压元件的整定原则是什么？

8.5　为什么说："在有条件引入电压时，母线电流差动保护又往往和低电压元件一起构成'与'的逻辑关系"？

8.6　在双母线连接元件进行倒闸操作期间，如果分别发生外部故障和母线故障，那么对于母联电流比相式的母线差动保护，是否能够正确工作？是否能够仅跳开故障母线？

8.7　对于母线电流差动保护和母联电流比相式的母线差动保护，试比较二者的优缺点。

8.8　在外部和内部发生短路时，TA 都可能出现饱和的情况。对此，母线保护是如何实现外部短路不误动，内部短路可靠动作的。

8.9　对于线路差动保护、变压器差动保护、发电机差动保护和母线差动保护，请比较制动系数的差异。比较时，如果考虑某项因素的影响，可假设该因素对各差动保护的影响是一致的。

附录 A　傅里叶级数算法简介

　　傅里叶级数算法可应用于：通过采样值求取基波及谐波的相量。该算法本身具有滤波作用。它假定被采样的模拟信号是一个周期性时间函数，除基波外还含有不衰减的直流分量和各次谐波，可表示为

$$
\begin{aligned}
x(t) &= \sum_{n=0}^{\infty} X_n \sin(n\omega_1 t + \alpha_n) \\
&= \sum_{n=0}^{\infty} \left[(X_n \sin\alpha_n)\cos n\omega_1 t + (X_n \cos\alpha_n)\sin n\omega_1 t \right] \\
&= \sum_{n=0}^{\infty} (b_n \cos n\omega_1 t + a_n \sin n\omega_1 t)
\end{aligned}
\tag{A-1}
$$

式中：n 为自然数（$n=0$，1，2，…）。

　　其中，$n=0$ 时，对应于直流分量；$n=1$ 时，对应于基波分量；$n \geqslant 2$ 时，对应于谐波分量。$b_n = X_n \sin\alpha_n$、$a_n = X_n \cos\alpha_n$ 分别为各次分量的正弦项和余弦项振幅。

　　在 0 时刻，由于各次谐波的相位可能是任意的，因此，把它们分解成有任意振幅的正弦项和余弦项之和。a_1、b_1 分别为基波分量的正弦项、余弦项的振幅。

　　对于工频电气量的保护，希望求取基波分量的幅值 X_1 和相位 α_1 或相量表达式，但难以直接求取，因此，转而设法求取基波分量的正弦项、余弦项的振幅 a_1 和 b_1。然后，再根据 $b_1 = X_1 \sin\alpha_1$、$a_1 = X_1 \cos\alpha_1$ 的关系，可获得 X_1 和 α_1 或相量表达式。即

$$
\dot{X}_1 = X_1 \angle \alpha_1 = X_1 \cos\alpha_1 + \mathrm{j} X_1 \sin\alpha_1 = a_1 + \mathrm{j} b_1
\tag{A-2}
$$

　　于是，可得

$$
\begin{cases}
X_1 = \sqrt{a_1^2 + b_1^2} \\
\alpha_1 = \arctan \dfrac{b_1}{a_1}
\end{cases}
\tag{A-3}
$$

　　在式（A-2）、式（A-3）中，X_1 和 a_1、b_1 均对应于振幅，因此，求有效值时，应除以 $\sqrt{2}$。

　　由式（A-2）可知，求取工频量的关键转化为求取 a_1 和 b_1 两个参数。根据傅里叶级数的原理，可以求出 a_1、b_1 为

$$
\begin{cases}
a_1 = \dfrac{2}{T} \displaystyle\int_0^T x(t) \sin\omega_1 t \, \mathrm{d}t
\end{cases}
\tag{A-4}
$$

$$
\begin{cases}
b_1 = \dfrac{2}{T} \displaystyle\int_0^T x(t) \cos\omega_1 t \, \mathrm{d}t
\end{cases}
\tag{A-5}
$$

在式（A-4）、式（A-5）的积分过程中，基波分量正、余弦项的振幅 a_1 和 b_1 已经消除了直流分量和整次谐波分量的影响，因此，傅里叶级数算法具有较好的滤波效果。

对于式（A-4）和式（A-5）的积分，通常采用梯形法则求得

$$\begin{cases} a_1 = \dfrac{1}{N}\left[2\sum_{k=1}^{N-1} x_k \sin\left(k\,\dfrac{2\pi}{N}\right)\right] & (A-6) \\[3mm] b_1 = \dfrac{1}{N}\left[x_0 + 2\sum_{k=1}^{N-1} x_k \cos\left(k\,\dfrac{2\pi}{N}\right) + x_N\right] & (A-7) \end{cases}$$

式中　N——基波信号的一周期采样点数；

　　　x_k——第 k 次采样值；

x_0、x_N——分别为 $k=0$、N 时的采样值。

以 $\omega_1 T_s = 30°$（$N=12$）为例，正弦和余弦的系数见表 A-1，于是，可以得到式（A-6）、式（A-7）的采样值计算公式为

$$\begin{aligned} a_1 &= \frac{1}{12}\left[2\left(\frac{1}{2}x_1 + \frac{\sqrt{3}}{2}x_2 + x_3 + \frac{\sqrt{3}}{2}x_4 + \frac{1}{2}x_5 - \frac{1}{2}x_7 - \frac{\sqrt{3}}{2}x_8 - x_9 - \frac{\sqrt{3}}{2}x_{10} - \frac{1}{2}x_{11}\right)\right] \\ &= \frac{1}{12}\left[(x_1 + x_5 - x_7 - x_{11}) + \sqrt{3}(x_2 + x_4 - x_8 - x_{10}) + 2(x_3 - x_9)\right] \qquad (A-8) \end{aligned}$$

$$\begin{aligned} b_1 &= \frac{1}{12}\left[x_0 + 2\left(\frac{\sqrt{3}}{2}x_1 + \frac{1}{2}x_2 - \frac{1}{2}x_4 - \frac{\sqrt{3}}{2}x_5 - x_6 - \frac{\sqrt{3}}{2}x_7 - \frac{1}{2}x_8 + \frac{1}{2}x_{10} + \frac{\sqrt{3}}{2}x_{11}\right) + x_{12}\right] \\ &= \frac{1}{12}\left[(x_0 + x_2 - x_4 - x_8 + x_{10} + x_{12}) + \sqrt{3}(x_1 - x_5 - x_7 + x_{11}) - 2x_6\right] \qquad (A-9) \end{aligned}$$

式中　x_0、x_1、x_2、$\cdots$、x_{12}——分别表示 $k=0$、1、2、$\cdots$、N 时刻的采样值。

式（A-8）、式（A-9）表明，通过采样值的加权代数计算，就可以求得基波的关键参数 a_1 和 b_1。

表 A-1　　　　　　　　　　　　**N＝12 时正弦和余弦的系数**

k	0	1	2	3	4	5	6	7	8	9	10	11	12
$\sin\left(k\,\dfrac{2\pi}{N}\right)$	0	$\dfrac{1}{2}$	$\dfrac{\sqrt{3}}{2}$	1	$\dfrac{\sqrt{3}}{2}$	$\dfrac{1}{2}$	0	$-\dfrac{1}{2}$	$-\dfrac{\sqrt{3}}{2}$	-1	$-\dfrac{\sqrt{3}}{2}$	$-\dfrac{1}{2}$	0
$\cos\left(k\,\dfrac{2\pi}{N}\right)$	1	$\dfrac{\sqrt{3}}{2}$	$\dfrac{1}{2}$	0	$-\dfrac{1}{2}$	$-\dfrac{\sqrt{3}}{2}$	-1	$-\dfrac{\sqrt{3}}{2}$	$-\dfrac{1}{2}$	0	$\dfrac{1}{2}$	$\dfrac{\sqrt{3}}{2}$	1

在分别求得 A、B、C 三相基波的实部和虚部参数后，还可以应用下列公式求得基波的对称分量，从而实现对称分量滤过器的功能，即

$$\begin{cases} \dot{F}_{A1} = \dfrac{1}{3}\left(\dot{X}_{1A} + a\dot{X}_{1B} + a^2\dot{X}_{1C}\right) \\[3mm] \dot{F}_{A2} = \dfrac{1}{3}\left(\dot{X}_{1A} + a^2\dot{X}_{1B} + a\dot{X}_{1C}\right) \\[3mm] \dot{F}_{A0} = \dfrac{1}{3}\left(\dot{X}_{1A} + \dot{X}_{1B} + \dot{X}_{1C}\right) \end{cases} \qquad (A-10)$$

式中　$\dot{F}_{A1}$、$\dot{F}_{A2}$、$\dot{F}_{A0}$——分别为 A 相正序、负序和零序的对称分量；

$\dot{X}_{1A}$、$\dot{X}_{1B}$、$\dot{X}_{1C}$——分别为 A、B、C 三相的基波相量；

$a = 1\angle 120°$。

傅里叶级数算法的误差主要来源于：①在式（A-1）中，将衰减的非周期分量按照直流分量来对待；②在短路过程中，谐波分量通常也是衰减的；③如果采用固定采样间隔 T_s，那么频率偏离工频时将产生误差。

如果将式（A-6）和式（A-7）改为下列表达式，即可求得任意 n 次谐波的振幅和相位，适用于谐波分析以及变压器保护的二次谐波闭锁。当然，被分析的最高谐波次数与采样频率之间，应满足采样定理。

$$a_n = \frac{1}{N}\left[2\sum_{k=1}^{N-1} x_k \sin\left(kn\,\frac{2\pi}{N}\right)\right] \tag{A-11}$$

$$b_n = \frac{1}{N}\left[x_0 + 2\sum_{k=1}^{N-1} x_k \cos\left(kn\,\frac{2\pi}{N}\right) + x_N\right] \tag{A-12}$$

式中　n——谐波次数。

在求取 n 次分量正弦、余弦项振幅 a_n 和 b_n 的过程中，已经消除了直流分量、基波和 n 次以外的整次谐波分量的影响。

附录 B 线路保护常用的可靠系数与灵敏系数参考表

线路保护常用的可靠系数与灵敏系数参考表见表 B-1。

表 B-1 线路保护常用的可靠系数与灵敏系数参考表

保护类型		可靠系数	灵敏度要求	
相间电流保护	Ⅰ段	1.2~1.3	≥15%~20%	
	Ⅱ段	1.1~1.2	≥1.25~1.5	
	Ⅲ段	1.15~1.25	近后备	≥1.3~1.5
			远后备	≥1.2
零序电流保护	Ⅰ段	1.2~1.3	≥15%~20%	
	Ⅱ段	1.1~1.2	≥1.25	
	Ⅲ段	1.1~1.2	近后备	≥1.5
			远后备	≥1.2
距离保护	Ⅰ段	0.8~0.85		
	Ⅱ段	0.8	≥1.25	
	Ⅲ段	0.8	近后备	≥1.5
			远后备	≥1.2
纵联距离保护	阻抗元件		线路末端短路时,灵敏度≥1.3~1.5	
	启动元件		上一行阻抗元件末端短路时,灵敏度≥2	

注 对于过量保护,可靠系数均大于1;对于欠量保护,可靠系数均小于1。

参 考 文 献

[1] 华中工学院. 电力系统继电保护原理与运行. 北京：水利电力出版社，1981.

[2] 贺家李，宋从矩. 电力系统继电保护原理. 4 版. 北京：中国电力出版社，2009.

[3] 朱声石. 高压电网继电保护原理与技术. 3 版. 北京：中国电力出版社，2005.

[4] 张保会，尹项根，等. 电力系统继电保护. 2 版. 北京：中国电力出版社，2009.

[5] 王梅义. 电网继电保护应用. 北京：中国电力出版社，1999.

[6] 王维俭. 电气主设备继电保护原理与应用. 2 版. 北京：中国电力出版社，2002.

[7] 杨奇逊，黄少锋. 微型机继电保护基础. 4 版. 北京：中国电力出版社，2012.

[8] 刘万顺，黄少锋，徐玉琴. 电力系统故障分析. 3 版. 北京：中国电力出版社，2010.

[9] 周孝信，卢强，杨奇逊，等. 中国电气工程大典—电力系统工程. 北京：中国电力出版社，2010.

[10] 陈怡，蒋平，万秋兰，等. 电力系统分析. 北京：中国电力出版社，2005.

[11] 叶东. 电机学. 天津：天津科学技术出版社，1994.

[12] 张淑娥，孔英会，高强. 电力系统通信技术. 北京：中国电力出版社，2005.

[13] 景敏慧. 变电站电气二次回路及抗干扰. 北京：中国电力出版社，2010.